普通高等教育"十一五"国家级规划教材

普通高等教育精品教材

数字工程的原理与方法

Principle and Methods of Digital Engineering

（第二版）

边馥苓　编著

测绘出版社

·北京·

内 容 提 要

　　数字工程是由地球科学、信息科学、计算机科学、通信科学、管理科学、经济人文科学等诸多学科的交叉而产生的一门新兴学科。本书从数字工程产生的背景入手,以实现"数字地球"为目标框架,全面介绍了数字工程技术中的基本概念、总体框架、支撑技术和实施方法,重点叙述了数字工程建设中信息的数字化存储、实时化传输、可视化表达与智能化应用。

　　本书可作为数字工程相关专业的本科生及研究生的教材,也可作为信息化建设过程中相关专业技术人员的参考资料,对测绘遥感、地理信息系统、信息管理、软件工程、电子商务等相关专业的学生、教师等也有一定的参考价值。

图书在版编目(CIP)数据

　数字工程的原理与方法 / 边馥苓编著. —2版. —北京 ：测绘出版社,2011.3

　普通高等教育"十一五"国家级规划教材

　ISBN 978-7-5030-2224-1

　Ⅰ. ①数… Ⅱ. ①边… Ⅲ. ①数字系统－系统工程－高等学校－教材　Ⅳ. ①TP271

　中国版本图书馆 CIP 数据核字(2011)第 015317 号

责任编辑　吴　芸　　　封面设计　李　伟　　　责任校对　董玉珍　李　艳

出版发行	测绘出版社			
地　　址	北京市西城区三里河路 50 号	电　　话	010－68531160(营销)	
			010－68531609(门市)	
邮政编码	100045			
电子邮箱	smp@sinomaps.com	网　　址	www.sinomaps.com	
印　　刷	北京建筑工业印刷厂	经　　销	新华书店	
成品规格	184mm×260mm			
印　　张	18.25	字　　数	450 千字	
版　　次	2006 年 12 月第 1 版　2011 年 3 月第 2 版	印　　次	2011 年 3 月第 2 次印刷	
印　　数	1001－4000	定　　价	48.00 元	
书　　号	ISBN 978-7-5030-2224-1/P · 519			

本书如有印装质量问题,请与我社联系调换。

第二版序

自 2006 年《数字工程的原理与方法》一书出版以来,已被多所高校用作本科生或研究生教材。由于并无"前车可鉴",难免经验不足,它作为教材还有很多值得商榷之处。随着技术的更新和发展,书中存在着的诸多瑕疵也逐渐开始显露。应众多读者的需求,决定修改后重新出版。

此次修改工作着重针对数字工程支撑技术和实施过程中新的技术手段的发展状况,对相关章节作了较大改动,其他章节也依据应用趋势及相关技术发展情况略作修订。参加本次资料搜集和修订编写的人员有:涂建光、王金鑫(第 1 章),熊庆文、江聪世(第 2 章),杨宗亮(第 3 章),周松涛(第 4 章),沙宗尧(第 5 章),张目、王少华(第 6 章),李小雷(第 7 章)等。

从"地理信息系统"到"数字工程"的跨越,摆脱了仅局限在"空间信息科学"范畴内讨论"智慧地球"的自然生态属性,更多地强调"空间信息科学"与"计算机科学"和"通信科学"的交叉和渗透。这个跨越催生了支持我们社会经济发展需要的数字工程技术,使它具备了鲜明特色:载体是数字的,信息是共享的,网络是连通的,传递是实时的,应用是可视的,决策是智能的。数字技术的进步及其发展趋势对人类自身及人类社会的影响将是颠覆性的。用数字眼光看世界是一种需要和趋势,它终将影响人类的思维和文化,并引导人类社会的发展方向!

我和我的百名博士弟子,在这个领域中探索了多年,虽然走南闯北万里路,但却没能读完万卷书,我们的认识和水平都很有限。"高调做事、低调做人"是我和弟子们的一贯作风。此书虽不成熟,但有探索!渴望同行给予批评指正。

边馥苓

2011 年元月于武汉

第一版序

自从 1996 年《地理信息系统原理和方法》出版至今已经近十年了。十年来，这本书引起了强烈的反响，很多高校都把这本书作为 GIS 及相关专业的本科生和研究生教材，直到现在还有人陆续询问和购买这本书。我想，它之所以能够产生这样的影响，其主要原因是这本书不仅阐明了 GIS 的基本理论，而且还顺应了技术发展的潮流，介绍了建立 GIS 工程的实用方法、技术与过程，理论与技术紧密结合。此书能为我国地理空间信息科学的教育与产业化做出一些贡献，作为一个该领域的教育工作者，我倍感欣慰和自豪！

现代 IT 技术的发展一日千里。1998 年，数字地球概念提出；2000 年，将 IP 地址从 32 bit 扩大到 128 bit 的 IPv6 协议正式确立；10 年前网络的带宽最大约为 45 Mb/s，2004 年商用最高光纤传输容量为 1.6 Tb/s；2000 年第三代移动通信技术格局形成，如今第四代移动通信技术已经提出；尤其是近两年来，网格技术日益成熟。由于 GT4 推出，标志着网格与 Web 技术完全融合时代的到来。此外，在遥感方面，如今的卫星遥感空间分辨率已达到亚米级，高光谱分辨率已达到 5～6 nm，500～600 个波段，等等。在当今的空间信息技术、计算机技术、宽带网络技术和快速通信技术的背景下，传统信息系统工程建设已发生了本质的跨越，上升为数字工程新阶段。

数字工程就是利用数字技术整合、挖掘和综合应用地理空间信息和其他专题信息的系统工程；是将相关地球信息数字化、网络化、可视化和智能化的理论与技术；是空间信息科学、计算机科学、通信科学的交叉学科。它将地球空间信息的各种载体向数字载体转换，并使其在网络上畅通流动，为社会各领域所广泛应用。

数字工程是数字思维运用于信息系统工程建设的必然结果。它致力于异源异构数据、网络、系统、平台的整合与集成，建立统一的以空间数据为载体的所有基础信息的可视化共享平台以及在此基础上与其他专业信息融合，并在数据仓库和数据挖掘等支撑技术支持下的数字行业综合应用平台，进而在数字行业应用基础上，实现高层次、高等级、智能化的决策级应用。数字工程的必然结果就是最终形成一个全球性的信息网格，数字城市、数字电力、数字国土、数字环保等都是格网上的节点。因此，数字工程是建设数字地球的技术、手段与过程。

目前，在数字工程的建设过程中存在着很多误区。例如，很多人把部门级的GIS 系统称为数字行业，把城市数码港网页或局部的"数码城市"模型称为数字城市。从本质上讲,数字工程强调的是体现"大平台、大技术、大共享、大应用"的新理念,而不是各自为政,互不联系的"信息孤岛"或"孤岛群岛"。

2003年,由武汉大学申报的"空间信息与数字工程"专业得到了教育部的批准,并于2004年开始招生。本书是为了这个新专业所编著,由涂建光、王金鑫(第1章),熊庆文、江聪世、王金鑫(第2章),杨宗亮、王少华(第3章),周松涛(第4章),沙宗尧、王金鑫(第5章),张目、王少华(第6章),李晓雷(第7章)等参与搜集素材、执笔完成,并由周松涛、王金鑫汇总校对。数字工程思想是我和我的200余名博士、硕士,在长达20多年来教学、科研及50余项GIS工程实践的概括和总结,是我一生的心血,是集体智慧的结晶。它反映了在当今高新科技和社会经济条件下,综合信息系统工程建设的客观规律,是对信息基础设施进行新一轮整合、集成与功能提升的指导思想,它在当今国家信息化建设进程中尤其是数字城市建设领域将起到重要作用。

数字工程是新的概念、新的学科、新的技术。还是我说过的那句话:虽不成熟,但有探索。愿以抛砖引玉之见,与同行共同探讨。由于时间仓促,水平有限,本书可能存在诸多瑕疵,欢迎广大读者批评指正。

边馥苓
2006 年 8 月

目　录

第1章 数字工程导论

20世纪90年代以来,随着计算机技术、通信技术、网络技术以及3S(遥感,remote sensing,RS;全球导航卫星系统,global navigation satellite system,GNSS;地理信息系统,geographic information system,GIS)技术的飞速发展,人类社会的信息化进程逐步加快,数字技术的广泛应用是其具体体现。数字(这里指数据)是信息的载体,是信息的基础,信息是数字的内涵。在信息化过程中,一方面社会经济的发展需要大量的信息;另一方面已经获得的大量数据(如卫星遥感数据、基础空间数据、统计数据、系统运行产生的更新数据等)却存储在数据库(或其他介质)中未被充分利用和挖掘。如何使这些海量数据转化为人们容易获取、理解和接受的信息和知识,如何使各个信息孤岛通过网络和通信技术连接起来,实现共享、协同和综合应用,从而使数据与信息更科学、更有效地为社会、企业和公众服务是信息化过程中需要重点解决的问题。在全球信息化背景下,数字工程这门新学科应运而生。

§1.1 用数字的眼光看世界

信息是大自然万事万物的一种属性。各种事物包括生命的和非生命的,都通过各自独特的方式与环境相互作用,表明它的存在。这种相互作用通常通过特定的信息表现出来,比如一块没有生命的岩石,它具有形状、质地、颜色、体积、重量、位置等属性信息,并通过吸热、散热、与雨水发生反应等理化过程与周围环境进行相互作用,在遥感影像上有它独特的信息图谱,表明它的客观存在性。因而信息也就自然成为人类认知自然与社会的媒介。人们正是通过信息,认识了自然界与人类自身,建立了庞大复杂的科学体系,进而推动了人类社会的迅猛发展。我们中国人处理信息的方式经历过几个阶段:结绳记事、甲骨钟鼎、韦编竹简、活字印刷、数字排版等。从一个侧面反映了人类从原始本能一直到今天数字技术的发展轨迹。由此可见,绳子、龟甲、器皿、竹简、布绢和纸张,都曾作为人们存储与传播信息的媒介,尤其是纸张,仍是当今普遍的和常用的信息媒体。但是,唯有信息技术比较发达的今天,才可能出现数字媒体这种崭新的媒体形式。就是将数字、文本、声音、图形、图像等多种信息以一定数字编码方式存储在磁盘、光盘、磁带、半导体存储器等介质上,并利用计算机技术进行处理、还原和利用,也称为多媒体技术。本质上,多媒体技术就是具有集成性、实时性和交互性的计算机综合处理声、文、图等信息的技术(王金鑫,2007)。

数字是人类在与大自然打交道的劳动中产生的,是人类文明的主要里程碑。上文谈到的结绳记事就是数字的起源,可见数字天生就具备精确刻画自然与社会规律的能力。与数字相伴而生的是数制,也就是计数的法则。根据进位基数的不同,有二进制、八进制、十进制、十六进制、二十进制、六十进制等。人们日常生活中常用十进制,而在计算机中常用二进制。有了数字与数制就有了计算,有了计算就有了数学,有了数学就有了科学的基础。可是,在计算机诞生之前,人类对数字的运用能力(或称计算能力)始终局限在人的生理能力范围内。人类的大脑虽然很"聪明",但在计算速度方面的能力却十分有限。世界上第一台计算机,虽然现在看起来笨重而丑陋,可它的计算速度却胜过当今任何一个大数学家。有了计算机这种工具,有很多人类不能完成的复杂的科学计算都可以通过计算机来完成,快而准确。比如,国家或全球尺度的气象模型数据,可通过计算机进行计算,可以大大提高中长期天气预报的能力。还有,网络实现了计算机端到端的连接,把全球的计算机都连接起来,其计算能力更是不可估量。计算机技术的诞生,使人们从数字角度全面认识和刻画客观世界成为可能。计算机技术与其他技术的融合和发展,产生了形形色色的"数字技术"。从概念上讲,数字技术就是指运用0和1两位数字编码,通过电子计算机、光缆、通信卫星等设备,来表达、传输和处理所有信息的技术。数字技术一般包括数字编码、数字压缩、数字传输、数字调制与解调等技术。上文所述的多媒体技术就是从媒体的角度对数字技术的一种描述。数字技术是当代信息技术的核心技术,它摆脱了本能和模拟技术的自然生态属性,实现了技术质的飞跃,对自然与社会的刻画更加广泛和深入,连味觉和触角都可以数字化。数字技术对自然、人类自身以及人类社会的影像是颠覆性的。随着数字技术应用的深入,数字逻辑最终影响了人类的思维与文化,引导和牵制着人类社会的发展方向(王金鑫,2007)。

与传统信息相比,数字信息有很多特点。第一,数字信息所占空间比较小。第二,数字信息具有综合与集成性。文本、音频和视频等各种类型的信息都可以用统一的数字的形式进行编码和存储,统一管理。第三,数字信息便于传输与共享。传统的信息媒体,如纸张,不但体积大,不便于运输,而且也不利于共享。一本书或一件文物损坏了或丢失了,其所承载的信息就无法恢复了。但如果数字化了,那么不但可以在网上快速传输,而且一本书可以有任意多的拷贝。第四,数字信息便于分析和应用。这是最重要的,数字信息可以进入计算机,可以对信息进行加工和处理,实现信息的增值服务。

把一定区域地表附近(包括地面上的和地面下的)的资源与环境信息按照数字技术的法则"装入或搬进"计算机就是地理信息系统。把以上区域范围扩展为全球范围而建立的巨大的空间信息系统就构成了数字地球的基本框架。因而可以粗略地说 GIS 和数字地球就是整个或部分区域的资源、环境在计算机中的缩影。资源与环境信息统称为地理空间信息。GIS 或数字地球就是在计算机软件和硬件技术支持下,以一定格式输入、存储、检索、显示和综合分析空间信息(包括相关非空间信息)的技术系统(边馥苓,1996)。GIS 或数字地球可以逼真地再现、模拟和仿真真实的地理环境与地理过程,因而,它们是建立在计算机、网络、通信、空间信息(主要指 3S)等现代信息技术之上的虚拟空间或称虚拟世界。这个虚拟空间建立在现实物质空间之上,它可以再现物质空间,但它又超越物质空间,具有网络化、智能化和虚拟化等特点,并可以与物质空间进行智能化的互动。有史以来,在很长的一段时间内,人们跟自然打交道很少考虑对环境的影响。后来,人们遭到了大自然的报复,才逐渐注意到环境的保护。可最初这种行为人们仅靠一些经验,仍具有很大的盲目性,况且有很多的环境负效应是潜在的,必须经过若干年的潜伏期之后才逐渐显露出来,这种情况仅靠人类自身的把握就更难。从另一个角度讲,人类与自然的相互作用就是从人的大脑到自然界,也就是从思维空间到物质空间,中间没有一个过渡或缓冲的地带。这样,人类活动的负效应就会在自然环境中积累,达到一定程度就会爆发,这就是全球性问题产生的根源。到了信息时代,情况就不一样了。人们通过数字技术,借助计算机,一方面,根据人们多少代的知识积累,建立科学的模型,可以准确地了解很多自然与社会演化的规律;另一方面,虚拟的地理空间也为我们提供了一个过渡和缓冲的中间实验场。我们把自己的思想和方案,首先在虚拟环境中实现。通过虚拟实践,把不合理的部分去掉或舍弃,加上合理的成分,再进行实验。经过这样反复的甄别和优化,形成比较科学的方案策略,最后再在现实物质空间中实现。这种虚拟空间到物质空间的智能互动,就使人们避免了很多的盲目性,对自然的负面影响自然会达到最低水平。例如要修一个大型的水利工程,可以把当地的三维虚拟地理环境调入计算机,可以按人们的设想把这个大坝"建起来",从直观上了解这个大坝建成后的情景;可以通过一定的模型测定这个大坝对周围地质、土壤、植被等环境的影响,估算大坝的灌溉效果与发电性能,估计各种洪水级别溃坝情况下洪水淹没与灾害损失等。我们可以通过网络虚拟会客厅,邀请身在全国甚至全世界顶尖的水利专家,对这个水利工程进行会诊和改良,形成科学严密的方案,并提供多种方案的优选,最终在现实世界中实现。再举一个例子,大家都知道,热核试验无论在荒岛还是沙漠,无论是地下、水下,还是地表、空中,都会对周围环境产生十分严重的、几乎不可逆转的影响。切尔诺贝利核电站泄漏事件就是一个活生生的例子。正因为如此,国际上缔结了禁止核试验的条约。是不是缔结了条约,就阻止了人们探索利用核技术的脚步了? 没有。事实上,核爆试验一天也没有停止过。只不过不是真实的核爆炸,而是虚拟的核爆炸。人们通过数字技术,逼真地在计算机里进行核爆试验,获得各种实验参数,达到与真核爆相同的结果,但对自然环境却没有任何影响。数字技术为什么具有这么神奇的魅力呢? 正是因为数字技术摆脱了本能和模拟技术的自然生态属性,虚拟空间里的技术行为不再具有自然生态的效应,却能使人们从中汲取知识与规律,获得珍贵的经验教训,这就为有效解决全球生态问题提供了一个崭新的途径。

复杂源于简单,简单可以演绎复杂,这就是复杂混沌学科的最新科研成果——涌现理论。信息技术使我们能够用最简单的二进制"数字",去"演绎"多姿多彩的大千世界,这恰是涌现理论的一个佐证。

自从"人猿揖别"的第一天起,人类就习惯用双眼观察世界、认识世界,本能使人们产生"改造自然,摆脱自然,征服自然"的渴望,奠定了人类文化的主题。然而,几千年的人类文明发展,人们取得了胜利,同时也遭到了报复,并最终危害到人类自身的生存。人们终于意识到人与自然的关系,不是征服与被征服,而是和谐共生。计算机技术发展的初衷并不是解决生态问题,可信息技术的进一步发展却无疑为解决全球问题提供了有效的途径。今天我们用数字的眼光看世界,世界不仅仅是五彩缤纷的大千世界,而且是秩序的数字,数字的秩序。数序的循环涌现中,世界呈现出山水相依、人境和谐的永恒。更重要的是,用数字的眼光看世界,是一种需要,是一种趋势,更是一种必备的素质。

§1.2　产生背景

世界上的任何事物都不是凭空产生的,必然是量变到质变的结果,是偶然性与必然性的辩证统一,数字工程也不例外。作为科技领域的一个新生事物,数字工程是当代学科交叉和技术交叉的结果,它的产生具有深刻的理论、技术、文化与社会背景。

从 20 世纪 90 年代开始,全球的信息技术(information technology,IT)进入了一个跨越式的大发展时期。计算机芯片技术从 x86 迅速跨入奔腾时代;个人计算机操作系统从 DOS 的命令行跨入视窗操作时代;网络从局域网、广义网到互联网并跨入宽带网络时代;高性能计算环境和网格计算的研究日新月异;卫星等通信技术发展迅猛等。20 世纪的最后十年,在 IT 强有力的推动下,从世界上最发达的国家开始,世界上发生了很多具有里程碑意义的重大科技事件。终于在世纪之交,数字地球的理念脱颖而出。正如上文所述,20世纪中期计算机技术的诞生与发展,尤其是世纪之交信息技术的迅猛发展与社会化的广泛应用,为数字工程的产生与发展奠定了坚实的基础。

1. 信息高速公路的产生

高速公路本是交通领域的范畴,特指高交通量的专供汽车分道高速行驶并全部控制出入的公路,是承载经济腾飞的基础设施。信息高速公路秉承了高速公路基础设施的内涵,是指建立在现代网络与通信技术基础之上的数字信息的高速通道。从1992年美国提出信息高速公路法案到1993年9月美国政府宣布实施国家信息基础设施(National Information Infrastructure,NII),其目的就是以因特网为雏形,兴建新时代的信息传输纽带——信息高速公路,使所有人都可以方便地共享网上海量的信息资源。信息高速公路是由通信网络、多媒体联机数据库以及网络计算机组成的一体化高速网络,向人们提供图、文、声、像等信息的快速传输服务,并实现信息资源的高度共享。信息高速公路由四个基本要素组成:

(1)信息高速通道。这是一个能覆盖全国的以光纤通信网络为主的,辅以微波和卫星通信的数字化、大容量、高速率的通信网。

(2)信息资源。把众多公用的数据库与图像库连接起来,通过通信网络为用户提供资料、影视、书籍、报刊等各类信息服务。

(3)信息处理与控制。主要是指通信网络上的高性能计算机和服务器,高性能个人计算机和工作站对信息在输入、输出、传输、存储、交换过程中的处理和控制。

(4)信息服务对象。利用多媒体和智能化处理手段同各类应用系统进行相互通信,用户可以通过通信终端享受丰富的信息资源服务,满足各自的应用需求。

信息高速公路可以通俗地理解为:以计算机技术和通信技术为路基、以光纤和电缆为路面的高速公路,而信息则是这条高速公路上通行的车辆。路越宽,跑的车就越多;车越大,拉的货就越多。

我国在"863"高新技术计划中已开始我国的信息高速公路研究,不失时机地制定了全国性信息高速公路规划。中国国家信息基础设施(China National Information Infrastructure,CNII)内容包括信息基础设施(信息源、信息传输网络、信息应用系统)、信息技术及产业、信息人力资源和信息软环境(信息政策、法规、标准和规范)。目前我国已有的信息网络基础包括中国公用分组交换数据网、中国公用数字数据网络、中国教育和科研网。

网络是与计算机具有同等重要意义的人类发明。计算机使人类从数字的角度认识世界成为可能,人们利用数字技术,积累了很多关于自然界与人类社会的数字信息。而网络使宏观的物理距离失去了意义,从而为数字信息实时的存储、传输、集成、处理、分析和应用提供了坚实的基础。在网络技术之前,人们已经建立了许多集中式的信息系统,这些系统是相互独立平行发展的,由于来源、尺度、基准、模型和语义的不同,这些系统形成了信息孤岛。网络技术的出现,则使这些孤岛之间的物理连接成为可能,为信息共享提供了物理通道,这是第一步,也是关键的一步。信息高速公路为数字工程的建设与集成提供了网络平台环境。

2. 国家空间信息基础设施建设

如果一个国家只是发展了高速公路,而公路上没有或缺少货源,那么这种基础设施的经济和社会效益就十分有限。信息高速公路上的货源主要是指国家(地球)空间数据和以此数据为基准框架的各种政治、经济、文化、科技和社会信息。由于流通的大量信息都与空间位置有关,各国政府都投巨资建设国家空间数据基础设施(National Spatial Data Infrastructure,NSDI),并在此基础上实现数字地球战略。

1994 年 4 月,当时的美国总统克林顿签署了"协调统一地理数据的获取和存储:国家空间数据基础设施(NSDI)"12906 号行政令,以此建立数字地球的空间基础。在随后的几年中,北美、欧洲、亚太地区及全球空间数据基础设施(Global Spatial Data Infrastructure,GSDI)的问题已经被提到议事日程上来。1995 年 2 月 26 日至 27 日,西方七国集团召开了信息社会部长级会议,正式提出了从工业化向信息化的转变,实现全球信息社会,并强调是行动纲领,为此制定了八项原则和十一项计划。其中的第六项为环境和自然资源管理计划,要将与环境和自然资源有关的各种数据库实现电子互连,使全球数据库一体化,并综合处理航天遥感数据。这意味着地理空间数据将进入全球联网阶段。

国家空间数据基础设施是属于国家信息基础设施的一部分,是连接信息高速公路和数字地球的桥梁,通过在信息高速公路上表达地理参考,使与地球有关的空间信息在互联网上准确地表达、描述和查询。国家空间数据基础设施主要包括空间数据协调、管理与分发体系和机构,空间数据交换网站,空间数据交换标准以及数字地球空间数据框架。空间数据交换网站是指地理空间数据的生产者、管理者和用户采用电子方式相连接的一个广域网络工作站。数字地球空间数据框架是国家空间数据基础设施的核心,它一般包括大地控制、数字正射影像、数字高程模型、交通、水系、行政境界、公共地籍等空间基础数据等。空间数据框架一方面为研究和观察地球要素及其地理分析提供最基本的空间数据集,另一方面为用户添加各种与空间位置有关的信息提供地理坐标参考。

国家空间数据基础设施强调基础数据的生产,其主要处理对象是数据。国家空间信息基础设施(National Spatial Information Infrastructure,NSII)用"信息"代替"数据"是因为由数据生成信息的决策过程多数由应用完成,国家空间信息基础设施除包括空间数据外,还包括面向应用领域的空间信息处理功能和应用,是更加全面的基础设施。国家空间信息基础设施把空间数据和空间信息处理功能结合起来,实现空间信息的集成、融合和互操作,其目的是为使用和共享地理空间信息提供一个基础环境。它包括通信网络、空间信息资源、空间信息处理服务和用户操作接口,并规范各专业部门对基础信息和处理功能的共享以及数据和系统集成与融合的框架。国家空间信息基础设施的通信网络把空间信息收集平台、空间信息资源数据库、空间信息处理计算机和用户终端连接起来,使空间信息流按需在各组成部分间流动。国家空间信息基础设施提供两种服务:一是为广大民众提供普通服务,用户通过终端可以查询环境、交通、旅游、公共设施等社会信息;二是为各个专用部门提供特殊的应用服务,包括资源开发、环境管理、生态监测等,为可持续发展提供信息和决策支持。

国家空间信息基础设施的建设为各类信息系统工程从信息孤岛到系统集成、信息共享的发展提供了物质基础和信息交换的规范,从宏观的角度一定程度上整合与解决了空间数据的异源、异构、异态和异质问题。虽然不能从根本上解决信息共享问题,却可以促使它们从面向数据处理到面向信息服务转变,并最终成为数字地球的信息节点。国家空间信息基础设施为数字工程的数据和标准平台建设提供了统一的空间数据框架,以及面向空间信息的整合、集成与挖掘。

3. 数字地球概念的提出

随着信息高速公路和国家空间信息基础设施的发展,数字地球应运而生。数字地球是美国副总统戈尔 1998 年 1 月 31 日在"数字地球——认识 21 世纪我们这颗星球"的报告中提出的一个通俗易懂的概念,它勾勒了信息时代人类在地球上生存、工作、学习和生活的时代特征,是全球空间数据基础设施的扩展和延伸。

所谓"数字地球"就是一种可以嵌入海量空间数据的、多分辨率的、三维的地球虚拟表示,并可以在其上添加许多其他与地球有关的数据;它是人们对真实地球及其相关现象统一的数字化重现和认识。其核心思想是用数字化的手段来整体性地处理与地球相关的自然和社会经济等方面的问题,最大限度地利用和优化配置各种资源,并使普通百姓能够通过一定方式方便地获得他们所想了解的地球相关信息。通俗地讲,就是利用数字技术将地球、地球上的活动及整个地球环境的时空变化装入电脑,并实现在网络上的流通,使之最大限度地为人类的生存与可持续发展以及日常的工作、生活、娱乐等服务。严格地讲,数字地球是以计算机技术、多媒体技术和大规模存储技术为基础,以宽带网络为纽带,运用海量地球信息对地球进行多分辨率、多尺度、多时空和多种类的三维描述,并利用它作为工具来支持和改善人类活动和生活质量。

数字地球概念的形成基于目前人类已经掌握或将要拥有的诸多高新技术的综合集成。如前所述,数字地球的最主要的基础设施建设是信息高速公路和国家空间数据基础设施,构筑数字地球的主要支撑技术包括六个方面。

1) 全球高速网络

数字地球中的海量数据存储在分布于世界各地的各种数据库中,这些数据由不同国家、不同组织及不同的部门来管理。海量数据的存储需要分布式数据库,部门对信息的应用和相互合作需要信息共享。然而,分布式数据库需要高速计算机信息网络的连接才能实现充分的共享。随着社会经济的全球化、资源环境的监测、预报与研究的全球化,信息共享和科研合作都需要高速计算机网络来实现信息的交流。为使数字地球服务于社会各领域和所有用户,也必须有高速网络才能实现海量数据的传输(承继成 等,1999)。网络宽带化、业务综合化是信息化社会通信网络的发展方向,也是实现数字地球构想的必不可少的途径。

2) 高分辨率卫星遥感数据的快速获取

高分辨率卫星影像可作为其他非空间数据的载体和框架,用于实现数字地球的空间定位。高分辨率卫星遥感数据的快速获取技术包括两个方面:一是高分辨数据,即 1 m 或优于 1 m 分辨率的遥感数据;二是快速获取(承继成 等,1999)。

卫星遥感是数字地球获取数据的主要手段。遥感卫星包括不同轨道高度、不同分辨率的陆地卫星系列、海洋卫星系列、气象卫星系列、测地卫星系列以及小卫星系列。民用遥感数据的空间分辨率从 1 m 到 4 000 m,军事领域的侦察卫星可以实现 1 m 分辨率的数据获取,甚至达到 cm 级的水平。美国、法国、日本、印度等国已研制出若干民用以及商业卫星系统并投入使用,可见光波段的分辨率从 30 m 提高到 6 m,如 Landsat、SPOT、ADEOS 等,具有 3 m 及 1 m 分辨率的商用卫星正陆续发射升天。美国的遥感卫星最高分辨率已经达到 0.61 m (QuickBird) 和 0.1 m (KH-11,12)。卫星遥感的光谱范围从紫外、可见光、红外到微波,波段从 1 个到 240 个以上。细分光谱可以提高和识别目标性质和组成成分的能力,现在的技术可以达到 5～6 nm(纳米)量级。目前一般对地观测卫星为 15～25 天的重访周期,通过发射合理分布的卫星星座可以每隔 3～5 天为人类提供反映地表动态变化的翔实数据。目前 100～500 kg 重的小卫星系列正在以其研究和开发周期短、投资小、配置灵活等特点在实现遥感数据的快速获取方面发挥越来越重要的作用。

3）虚拟现实技术

虚拟现实（virtual reality，VR）技术为人类观察自然、欣赏景观、了解实体提供了一种虚拟的身临其境的感觉。虚拟现实是近年来出现的高新技术，它综合并集成了计算机图形学、人机交互、传感与测量、仿真、人工智能、微电子等科学与技术。虚拟现实技术被界定为是数字地球概念提出的依据和关键技术。它通过技术系统生成虚拟环境，用户通过计算机进入虚拟的三维环境，通过人的视觉、听觉、嗅觉和触觉器官与人体的自然技能感受逼真的虚拟环境，身临其境地与虚拟世界进行交互作用，乃至操纵虚拟环境中的对象，完成用户构想的各种虚拟过程。虚拟现实技术应用于工程设计、数据可视化、飞行模拟、实验模拟、多媒体远程教育、远程医疗、旅游娱乐等方面，借助智能化技术，进行决策方案和规划设计的优化和完善，完成从"虚拟实践"到"现实实践"的过程，从而提高人类对重大决策和规划的科学性和掌控性，实现自然生态与人类社会的协调发展。

虚拟现实技术的发展必须有大容量的数据存储、快速的数据处理和宽频信息通道等技术的支撑。只有在上述技术的综合支持下，虚拟现实才能推动"数字地球"工程的发展，如虚拟战争、虚拟旅游、虚拟海港以及数字中国等。

4）元数据

元数据（metadata）是"关于数据的数据"或"关于信息的信息"，被比喻为数字地球的引擎。通过元数据可以对数字地球所关心的内容进行查询和浏览。元数据在地理空间信息中用于描述地理数据集的内容、质量、表示方式、空间参考、管理方式以及数据集的其他特征，是实现地理空间数据共享的核心标准之一。空间元数据标准内容分为：

（1）目录信息，对数据集信息进行宏观描述，适合在数字地球的国家级空间信息交换中心或在区域及全球范围内管理和查询空间信息时使用。

（2）详细信息，详细或全面描述地理空间信息的空间元数据标准内容，是数据集生产者在提供空间数据集时必须提供的信息。

目前，国际上研究空间元数据标准内容的组织主要有欧洲标准化委员会（CEN/TC287）、美国联邦地理数据委员会（Federal Geographic Data Committee，FGDC）和国际标准化组织的地理信息与地球信息技术委员会（ISO/TC 211）。

5）互操作技术

互操作是指不同应用（包括软、硬件）之间能动态地相互调用，并且不同数据集之间有一个稳定的接口，重点强调将具有不同数据结构和数据格式的软件系统集成在一起共同工作。它包括数据互操作和功能互操作两个层面。空间信息互操作技术、空间数据转换标准、转换格式及相关软件的研究也是实现数字地球构想的基础与关键技术。对于使用不同的计算机硬件、操作系统和空间数据管理软件的用户而言，要实现简单易行且完整无损地将空间数据在系统之间转换，需制定并遵循统一的空间数据转换标准，提供转换机制，保证数据接收者能正确调用所需数据。随着技术的发展，按照互操作规范开发的不同空间数据处理系统将逐步取代空间数据转换格式的中介作用，通过公共接口来实现不同系统之间的功能互操作以及异源异构数据之间的数据互操作。Web 服务是由服务组件通过某些网络协议提供的远程调用接口，通过标准的 Web 协议向用户提供有用的功能，实现平台的细节与业务调用程序进行松散耦合，为互操作提供了强有力的技术支持和保障。

目前，国际标准化组织的地理信息与地球信息技术委员会、开放地理信息系统协会

(OpenGIS Consortium,OGC)等组织都在积极开展互操作技术研究,寻求解决空间信息共享的方案。

6)科学计算

地球是一个复杂的巨系统,地球上发生的许多事件、变化和过程也十分复杂,呈现出非线性特征,时间和空间的跨度变化大小不一。只有利用高速计算机,才有能力来模拟和预测一些复杂的自然现象。地球信息具有区域性、分布性、共享性和综合性的特征,通过分布式对象计算技术建立一个共享的信息框架,完成分布式异构网络和系统下的各种数据库、数字图书馆和信息系统的集成,实现的信息访问、集成、融合和互操作,为各种科学实验、预测、分析、虚拟现实等提供丰富的海量的数据来源。利用数据挖掘(data mining)技术,我们将能够更好地认识和分析所观测到的海量数据,从中找出规律和知识。科学计算将使我们突破实验和理论科学的限制,建模和模拟可以使我们能更加深入地探索所搜集到的与地球有关的数据。

数字地球的提出,具有深刻的地缘政治、理论与技术内涵,已发展成为一个国家级和全球级的发展战略与科技制高点。在数字地球战略背景下,数字省区、数字城市、数字行业、数字战争、电子政务、电子商务等各种信息系统工程在全球范围内如火如荼地展开。数字地球早已超越了概念与技术的范畴,上升为21世纪关乎国家、地区和民族生存的发展战略。在各种技术支撑下,包括GIS、管理信息系统和办公自动化系统在内的传统信息系统建设工程已逐渐升格为服务于不同区域、不同领域的数字工程。

4. 数字思维与数字文化的形成

思维是指在表象、概念的基础上进行分析、综合、判断、推理等认识活动的过程,是人类特有的一种精神活动。在长期与大自然作斗争的劳动过程中,人们在改造了自然的同时,也改造了人类自身。人类自身的改造包括物质和精神两个方面,思维的进化是精神进化的主导方面。人类的思维经过了古代朴素的辩证思维、近代形而上学的机械思维和现代唯物辩证思维三个发展阶段。20世纪末以来,在数字技术的推动下,人类正进入当代数字思维新阶段。

所谓数字思维,就是人们从数字的角度并利用数字技术去感知、认识、描述和表现客观世界的现象与过程,并在此基础上,借助于数字技术进行分析、综合、判断、推理等认知的过程。数字思维继承和发展了唯物辩证思维的精髓与科学性,具有自己特殊的意识运动形式,是目前思维发展的最高级阶段(边馥苓 等,2003)。

在前三个阶段,思维在物质空间和思维空间相互作用的循环中产生和演化;而在数字思维阶段则不同。由于数字技术(信息技术)的发展,人类的生存空间得到了拓展,一种新的空间——虚拟空间(又称数码空间)诞生了。虚拟空间与物质空间相对应,但又高于物质空间。三种空间相对独立又相互重叠。数字思维的意识运动除了物质空间和思维空间的循环外,又增加了物质空间和虚拟空间、思维空间和虚拟空间以及物质空间、思维空间和虚拟空间之间的循环(边馥苓 等,2003)。意识运动的环节、形式和种类繁多而复杂,使数字思维具有更加卓越的认知能力,并有效避免了传统思维方式下人类活动的诸多盲目性。

数字思维方式作为人类思维发展的新突破,融合了人脑与电脑的优势,大大解放了人类的思维能力,使人们对自然规律和社会规律的认识更精确、更深刻、更丰富、更容易。一些在传统思维方式下不能和不易解决的问题,尤其是重大的全球性问题以及科技前沿课题,都可望在数字思维阶段找到有效的解决方法;人们可以把理论首先在虚拟空间进行模拟和仿真,即首先进行"虚拟实践",通过理论到虚拟实践的多次反复,然后,再在真实世界中实现,从而形成向自然界输入负熵或微熵的机制等。所有这些对于自然与人类社会的可持续发展具有十分重要的意义。

与数字思维相对应的文化就是数字文化——以数字形式表现的文化形态、内涵和传统及相关的生活习惯和思维方式。它是一种大众文化,是一种低成本运作的文化,具有公开性和开放性等特征(陈述彭,2004)。同样,数字文化是人文文化发展的新阶段、新形式。它作为一个新的文化循环,孕育着人类新的文化思想和人类社会新的进化机制。数字文化时代,人们开始对生命的本质进行再思考,有人提出与"碳"生命形式相对应的"硅"生命形式——空间智能体(geoagent)以及"化身人"的概念,进而提出了"网络进化"、"虚拟生存"等新的社会机制。正如《虚拟生存》一书所言,新的社会生存机制"创造了崭新的人类生活与生产方式,产生了新的组织与管理模式"。数字文化整合了传统文化与自然生态的矛盾,为解决人类面临的可持续发展问题提供了有效的方法、途径和工具。

技术的发展为人类社会的跨越提供了动力和条件,但唯有思维方式和文化形式的转变,才可能真正实现时代的跨越。数字思维为数字工程的建设提供了新的哲学理论、逻辑推理与科学方法的基础,数字文化为数字工程造就了存在与发展的良好氛围,反过来,数字工程的建设也推动了数字思维与数字文化的发展。数字工程是数字思维的具体体现,是数字文化的建设者(王金鑫 等,2004)。

5. 通信技术的发展

通信技术是 IT 领域发展最快的技术之一,已成为推动社会进步的重要因素,是人类现代文明的显著标志。现代通信技术包括以下三个领域:

(1) 有线通信技术,包括 IP(internet protocol)网络、综合业务数字网、宽带网技术(xDSL,cable modem)、光纤通信、ATM、网络电话等。

(2) 无线电通信,如微波通信、卫星通信等。

(3) 移动通信技术,包括无线上网、第三代移动通信(3G)、蓝牙技术、GPRS、第四代移动通信(4G)等。

有线通信技术中的光纤通信、ATM 技术、IP 网络、综合业务数字网等为各类专业数字工程节点提供了海量信息传输的通道。随着宽带 IP 技术的发展,在 IP 网上传输话音、视频等实时业务,保证服务质量等问题正逐步得到解决,并逐渐将话音、视频业务以及传统的数据通信业务转移到 IP 网上,出现了所谓的"Everything on IP"(即在任何传输通道上,可以保证异种网络的互通,其实质也就是让 IP 成为网络层的共同语言)的局面。宽带综合业务数字网(broadband integrated services digital network,B-ISDN)的概念正在走向消亡,取代它的将是宽带 IP 网,通信、广播、计算机网将融合会聚到宽带 IP 网上。数据的传输也从原先文本数据、图片、空间数据发展到包含大量多媒体信息、海量空间信息等复杂的混合处理方式,对各数字工程处理模式以及节点之间的信息传输、关联模式、服务形式都将产生巨大的影响。卫星通信、微波通信等无线通信技术的发展,特别是移动通信技术的发展使得各数字工程通信和服务实现了全球化和个人化。全球化和个人化通信是指未来的通信能将世界上任何人、在任何时候和任何地方都可以保持联系,不仅要能通话,而且还要传送数据甚至多媒体图像,个人通信技术的基础是无线移动通信。

移动数据通信是移动通信与数据通信相结合的产物,主要是通过无线的手段向移动用户提供数据及多媒体服务。GPRS、码分多址(code division multiple access,CDMA)、无线应用协议 WAP、蓝牙技术、3G、4G 等现代移动通信技术的发展使得基于空间位置的服务覆盖面更广、渗透性更强、更灵活。通信端不局限于个人计算机,个人数字助理(personal digital assistant,PDA)、手机、移动监控设备、单片机等都成为数字通信的主体。如同光传输技术,从点到点光传输到自动交换光网络,从面向连接到无连接。数字工程节点的概念也从"点"扩展到"端"。端与端之间通过宽带网络进行快速通信,是一种面向"无连接"的信息传输,每个端无须考虑数据和信息传递途径、服务端位置,从而形成一个透明的无线和有线交织的高速通信网络,如图 1-1 所示。我国现阶段的 GPRS、CDMA 技术、无线应用协议 WAP 等移动数据传输带宽还不够,移动终端操作相对复杂,提供了多媒体短消息、移动位置服务、移动上网、信息查询和简单的电子商务应用等,但端对端的透明连接模式在数字工程建设中已初现端倪。

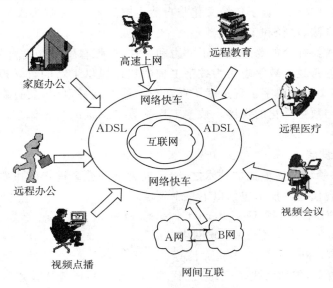

图 1-1　高速通信网络连接

网络与通信是一对密不可分的技术。如果说网络技术偏重于"修路"的话,那么通信技术则偏重于如何在"路"上"送货"。数字工程所涉及的数据通常包括海量的空间数据和非空间数据,要使这些数据在网上快速流通,除了需要更宽的"路面"外,还需要研究如何高效率地对这些数据进行压缩、运送和解压。通信技术作为数字工程的支撑技术,为其海量数字信息在端对端的网络通道上的快速流通提供了动力,使数字工程节点沿着通信网络延伸和拓展。

6. GIS 技术的发展

经过近半个世纪的发展,GIS 工程技术经历了单机上的 GIS 工程、基于内联网的企业级GIS 工程和基于互联网—网格的社会化 GIS 工程三个发展阶段。在现代信息技术的强大驱动下,GIS 工程技术发展速度极为迅速(边馥苓 等,2004a)。

从操作系统的发展看,GIS 所应用的操作系统经历了从最初的只有 UNIX 大型系统,到后来 Windows CE、Linux、VxWorker、Palm、OS 等小巧的嵌入式系统并用的发展过程;网络对GIS 的影响是本质意义上的,从网络 GIS 到 WebGIS,GIS 系统从面向专业科技人员转向面向广大民众,GIS 功能从空间数据管理转变为空间信息服务,倡导了异源异构数据的共享及异源异构系统协同工作的潮流;从开发语言和工具角度看,从早期的宏命令、函数库扩展,到今天的集成式开发环境,手段更加方便容易,开发效率大大提高;从工程开发技术方法角度看,GIS 软件工程开发从流程式、模块式到面向对象,再到流行的组件式,代码重用率更高,功能互操作性更强,软件工程效率更高。此外,虚拟现实、GML、快速 TB 级数据存储等技术的发展,也为 GIS 工程发展提供了技术上的保证;应用始终是 GIS 工程发展的最强大动力,在专业领域,随着数字地图应用的深入,简单的地理空间现象的数字化表现已经不能满足各种特定行业与领域对空间数据进行专业分析、处理与决策辅助的要求,以综合应用和决策支持为主的 GIS 逐渐成为发展的主流,如电力 GIS、国土 GIS、交通 GIS 等;在大众领域,随着经济全球化的发展,不同地域、不同行业的联系越来越紧密,社会对空间数据的需求不断增加,再加上网络与通信技术的发展与普及,基于空间位置服务的应用需求产生,GIS 逐渐发展成为以数据与信息服务为目的的空间信息服务系统,并以分布式 GIS、嵌入式 GIS、移动式 GIS、个人化 GIS 等形式从各个不同的层面服务于各行业(边馥苓 等,2004a)。

在各种技术因子的驱策以及新应用需求的推动下,以空间信息处理为主要对象的传统 GIS 逐步发展成为以空间信息为载体,以专业信息与空间信息的综合应用为主要对象的数字工程。传统 GIS 已演变为数字工程的一个基础支撑技术。准确地说,空间信息是 GIS 处理的主体,而在数字工程中,它仅为载体。

7．社会应用的需求

当前,信息化浪潮正以不可阻挡之势席卷全球,信息产业作为一种新兴的支柱产业越来越受到人们的重视,同时各行业对数字信息的需求也日益递增。首先,在经济全球化的今天,劳动力、生产、市场的空间分布、变化、布局对经济发展具有重要影响,企业决策数据与空间位置有着密切的关系,如客户的分布、客货资源、市场的地域分布等。在人类所接触到的信息中有 80％与地理位置和空间分布有关,这些信息不仅包括高分辨率的地球卫星影像,还包括数字地图以及经济、社会和人口等方面的信息。在市场竞争日益激烈的情况下,企业要求这些信息要"唾手可得",这就需要建立基于数字工程的信息基础设施。其次,随着社会经济的发展,人类的生存环境逐渐恶化,规模空间的灾害频繁发生,如飓风、暴雨、干旱、地震、海啸等,自然与人类社会的可持续发展面临严峻挑战。人类需要对全球变化、大范围现象发展动向、重点工程等领域进行全天候的实时动态监测,数字工程恰好为这些需求提供了可靠的技术手段和保障。此外,在更普遍的应用上,数字工程为局域的可持续发展决策提供技术支撑,如农田规划、病虫害防治、森林保护、水土保持、污染事故处理、局部环境监测等。最后,由于各种因素的影响,在现代的日常工作和生活中,不安定的因素不断增加。各种突发事故,如交通事故、医疗救助、工程抢险、突发灾害、刑侦案件、恐怖袭击、局部战争等,使人民的生命财产安全收到严重的威胁。利用数字工程技术,建立突发事故应急系统,迅速敏捷地反应,科学高效地处理,就可以把事故造成的损失降低到最低程度。此外,数字工程的建立,还可以提高政府机关的办公效率,提高行政决策的科学性,促进法制民主建设,提高国民的素质。正如上面所述,应用始终是数字工程发展的最强大动力(宁津生 等,2003)。

基于以上技术与应用因素的推动和发展,数字工程的建设与发展已具备了成熟的理论、技术、条件和环境。这门交叉学科的诞生,成为现代高新科技发展的历史必然。作为 IT 行业的从业者,我们有责任完善这门新学科的建设,促进该领域的技术发展,积极推进数字工程的建设与普及,为我国的 IT 产业发展及信息化进程做贡献。

§1.3　基本概念

20世纪中叶计算机技术的诞生,拉开了信息时代的序幕,使人们可以从数字的角度对地球进行再认识。计算机技术与其他技术的融合和发展,产生了形形色色的"数字技术",迅速渗透到人类生产和生活的各个领域。随着数字技术应用的深入,数字逻辑从一种符号、一种角度、一种方法上升为一种新的理论,并最终影响了人类的思维,产生了新的文化形式——数字已成为一种新的世界观。然而,我们必须清醒地认识到,数字技术的发展也是一个过程,注定不是一帆风顺的。半个多世纪的技术发展史表明:我们利用数字技术取得了巨大的成功。数字技术改变了我们的生产与生活方式,引起了人类社会结构的深刻变革,产生了新的思维与文化。但数字技术的发展同时存在很多的问题,最为严重的问题就是所谓的"信息爆炸"。我们利用数字技术获得了无穷无尽的关于地球的信息,然而其中被人们有效利用的信息却少之又少,绝大部分的信息都在数据库中"睡大觉",浪费了很多珍贵的资源。根本原因就是我们生产信息的能力很强大,而处理、分析和挖掘数据的能力却很弱。科技界越来越清醒地认知到,如何快速有效地利用海量数据与信息,为我们的决策提供强有力的支持,已成为数字技术发展的瓶颈。数字工程就是这一前沿领域的一种新的发展思维。

发明计算机技术的初衷是解决科学计算问题,可不久就自然被用于数据管理。于是就先后出现了文件系统、数据库、分布式数据库、数据仓库、数据网格等技术。经过半个世纪的发展,这些分布在世界各地的数据库"仓满屯流"。沃尔玛(Wal-Mart)的数据仓库始建于20世纪80年代,1988年仓库容量为12GB,1989年为24 GB,1996年为7.6 TB,1997年为24 TB(夏火松,2004)。并且现代的技术设备每时每刻都在采集和产生新的数据,数据库中的数据每天都在以几何级数增长,仅企业的数据每18个月就翻一番(夏火松,2004)。美国国家航空航天局(national aeronautics and space administration,NASA)的EOSDIS项目在10年中以3～5 MB/s的速度获取各种地球信息(陈述彭,2007)。但人们处理和分析数据的手段却相对滞后,大量的数据(包括空间数据和非空间数据)只能束之高阁。面对浩瀚的遥感空间数据,就连美国国防部也已经没有能力完全处理其侦察卫星没完没了拍摄下的照片(李德仁 等,2006)。

仅有数据库是不够的,为了业务的管理与决策,人们在各种数据库之上建立了各种各样的信息系统。利用计算机技术去管理一般企业信息,帮助企业进行经营管理和决策,就产生了管理信息系统(management information system,MIS);将计算机技术用于日常办公,提高机关人员的办公效率,就产生了办公自动化系统(office automation,OA);利用计算机技术去生产、管理和应用地理空间信息,便产生了地理信息系统。半个多世纪以来,信息系统的发展极为迅速,已经渗透到人们日常工作与生活的方方面面。就GIS来讲,其发展经历了一个数量上从少到多,功能上从简单到复杂,形式上从集中到分散的发展过程,在地理信息应用的诸多领域中取得了长足的发展,被称为"第三代地学语言"。

然而,传统信息系统存在着很多缺陷,而且随着网络和通信技术的快速发展,这些缺陷越来越突出。首先,传统信息系统通常都是相互独立的封闭集中系统,在各自系统范围内,功能比较强大,效率高;而系统与系统之间,几乎互不联系,不能很好地共享信息与功能,甚至一个企业内各部门的系统也相互独立。其次,传统信息系统的应用领域还局限于各自领域的部门级应用,没真正实现社会化的综合应用。最后,传统信息系统在功能上还比较薄弱,实际的应用仍偏重于信息的管理、处理与分析,综合应用与决策功能还十分欠缺。总之,传统信息系统都是一种具有物理边缘、技术边缘、功能边缘和逻辑思维边缘(习惯于在一个系统内解决问题)的集中系统。

源数据的"爆炸性",知识的"贫乏性",信息系统的"孤岛性"和决策的"脆弱性"已成为当代信息技术发展的瓶颈。如何解决这些问题,一直是信息科技前沿的热点与难点。事实上,这些问题的本身就是一个相互联系、相互制约、综合的复杂问题,涉及理论、技术、标准与社会环境等各个方面的要素。解决这些问题是一项长期的、复杂的系统工程。

因而,传统信息系统的理论与技术需要新的拓展。在当代新的理论与技术背景下,地球科学、信息科学、计算机科学、空间科学、通信科学、管理科学、经济人文科学等的交叉和融合,基础地理空间信息复合其他专业数字信息的综合应用促使了"数字工程"这门新学科的诞生。用"数字"概括一切"数字化"的信息,由注重专题的"系统"升格为强调综合应用的"工程",传统信息系统工程被归纳和包含于数字工程新领域。

数字工程具有更加丰富和广泛的内涵,它涵盖了更广泛意义上的空间和非空间信息的应用。数字工程就是利用数字技术整合、挖掘和综合应用地理空间信息和其他专题信息的系统工程,是地球相关数据的数字化、网络化、智能化和可视化的过程,是以遥感技术、测绘技术、海量数据的处理与存储技术、宽带网络技术、网格技术、快速通信技术、数据挖掘技术和虚拟现实技术等为核心的信息技术系统。它将地球信息的各种载体向数字载体转换,并使其在网络上畅通流动,为社会各领域所广泛应用。

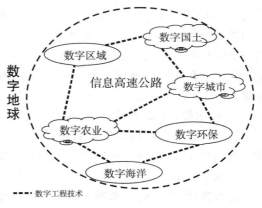

图 1-2　数字工程与数字地球关系

数字工程是建设数字地球的手段、工具和过程。在理论上,它以地球信息科学的体系以及系统工程和软件工程的方法为核心,强调信息机理与表达,各种数字信息的整合、融合、管理与处理,数据仓库与数据挖掘,地理现象与过程建模,地理信息系统工程化思想,综合信息系统工程结构,异源异构信息系统整合、集成、开发的模式与方法,信息系统软件工程、决策支持理论、数字思维方式与数字文化等,它的理论体系将随着数字工程的实践而不断地发展和完善。在技术实现上,以广域网为基础,将各种异源异构、不同领域、不同时间的工程信息系统进行网络和功能集成,建立面向信息共享的多平台立体体系;不再仅仅局限单项小工程,更注重于综合型大系统群的规划与建设。在应用上,以智力和知识资本为手段将分散的、形式不一的、不规则的信息资源加工成有形或无形资产,形成整个社会的公共基础信息。整合、集成、共享、协同是数字工程这门学科的关键词。

数字工程的目标就是建立广泛的信息基础设施,并在此基础上进行深度开发和整合应用各种信息资源,建立一个全球性的信息综合应用网格。各种数字工程,如数字城市、数字电力、数字国土、数字环保等都将成为网格上的节点,最终实现数字地球梦想。

虽然从物理构成上看,数字工程也是由硬件、软件、数据和人等组成的,与一般的信息系统并没有大的区别。然而,在逻辑上,数字工程更加强调底层基础(软硬件、数据、标准和安全)的集成性、共享性、统一性与可视性以及高端应用的分布性、广泛性、科学性与智能性。总之,数字工程倡导"大技术、大平台、大共享、大应用",是实现全球信息化的关键技术。

　　数字工程是当代学科交叉和技术交叉的结果。现代科技发展的趋势之一就是科学与技术的交叉性与融合性。这些交叉与融合的"地带",成为孕育新理论与新技术的"温床",许多新的学科在这里雨后春笋般"破土而出",数字工程正是这些新学科的典型代表,具有现代高新技术学科的典型特征。

§1.4　数字工程特点

1. 空间载体性

　　空间载体性是指关于地球的空间位置的概念。在不同时间、不同条件下,空间性在具有统一的坐标定位性的同时,还表现出时态性、变化性、不确定性和载体性(专业数据无法直接或可视地表达自身的专业信息,需要负载在特定的空间上才能表达处理)。在数字工程中存储、处理、传播和应用的信息大部分都与地理位置和空间分布有关,数字工程就是要把这些与地球及其相关现象有关的海量的、多分辨率、三维的、动态的数据按照地球上的地理坐标集成起来,形成一个完整的地球信息模型(冯学智 等,2004)。借助这个模型,基于统一的定位基准,可以快速、完整、形象地了解地球上每一个角落的相关自然与社会经济现象的宏观和微观的历史与现状。

2. 数字化、网络化、可视化、智能化

　　数字工程是数字地球战略的延伸和具体化,它的内容繁杂,应用领域广泛,其具体的表现形式也多种多样,但所有的数字工程都具有以下四种表现特性。

　　1)数字化

　　前面讲过,数字化是指利用计算机信息处理技术把声、光、电、磁等信号转换成数字信号,或把语音、文字、图像等信息转变为数字编码,以便于传输与处理。与非数字信号(信息)相比,数字信号具有传输速度快、容量大、放大不失真、抗干扰能力强、保密性好、便于计算机操作和处理等优点。以高速微型计算机为核心的数字编码、数字压缩、数字调制与解调等信息处理技术,通常称为数字化技术。数字工程的数字化是指对地球及其相关现象数字化的处理手段,以数字的形式获取、描述、存储、处理和应用一切与空间位置相关的空间数据及以此为载体的所有数据。数字工程数字化强调在统一的标准与规范基础上,基于数字工程的异源异构数据集成技术,实现信息采集与管理的数字化;将传统的信息载体向数字化载体转变,从而使数据更有利于在各系统之间进行处理、传输、存储和应用。各专业、各区域的各类信息以数字的形式进行转换、分析和再现,是实现数字化生存的前提。

　　2)网络化

　　网络化是指数字化的信息通过通信网络畅通无阻地流动,为广大用户提供访问和交互的机会和条件,各系统由网络连接起来形成广泛的信息流通。如基于数字工程的网络集成技术,实现城域网络的全面联通,构建数字城市的"神经网络系统"。

　　(1)城域网的全面联通:三网联通——电信网、有线电视网与互联网实现互联、互通,三网与各部门局域网的全面联通。

　　(2)通过网络将分散的分布式数据库和信息系统连接起来,建立互操作平台。

　　(3)建立数据仓库与交换中心。

（4）数据处理平台：多种数据的融合与立体表达、仿真与虚拟技术。

（5）信息共享平台：统一的信息处理、发布、检索、访问和应用环境。

通过网络建立互操作平台，建立数据仓库与交换中心、数据处理平台及数据共享平台。

3）智能化

智能化是指信息和知识应用的自动化，是实现数字或信息社会的关键。它可以大大提高社会对信息和知识的利用效率。例如，数字城市的建设中，在数字城市基础平台工程完成完善的基础上，基于数字工程的综合应用技术，实现城市行政管理部门、国民经济各产业以及居民日常生活的办公、生产、教育及娱乐等的智能化，并真正实现基于知识的决策支持。智能化所涉及的内容有：

（1）网上商务：网上贸易，虚拟商场，网上市场管理等。

（2）网上金融：网上银行，网上股市，网上期货，网上保险等。

（3）网上社会：网上影院、戏院，网上旅游，网上办理各种手续等。

（4）网上教育：虚拟教室，虚拟实验，虚拟图书馆等。

（5）网上医院：网上健康咨询，网上会诊，网上护理。

（6）网上政务：网上办公，网络会议等；如城市综合应急系统，城市发展综合决策支持系统等。

4）可视化

可视化是信息的直观表现，帮助人们直观地理解数据和信息所表现的形式，使信息和知识得到传播和普及。在数字工程统一的信息处理平台上，基于数字工程的网格计算、三维 GIS 数据模型、可视化与虚拟仿真技术，实现各类信息的直观表达。可视化的表达具有十分丰富的表现形式。

（1）数码城市：基于模型数据融合的城市街区景观立体真实再现。

（2）城市地理过程仿真：城市交通流量仿真，城市环境污染扩散仿真，城市规划设计虚拟现实仿真等。

（3）城域虚拟地理环境：比数码城市的范围更大，是虚拟现实技术、网络技术与地学的结合（详见第 4 章介绍）。

（4）虚拟社区：信息时代人们生活和娱乐的电子家园。

图 1-3　城市局部三维景观样例

3. 融合与集成性

地球上的任何信息都必须经过各专业领域进行数字化处理，并进行统一定位基准整合后，才能将空间信息作为其载体，并在高速网络上进行流通和处理。数字工程处理的信息具有多样性：不仅专业领域不同，而且数字化实体、数据处理方式、数字化过程、数字化表现形式等也多种多样。在对各专业领域的数字化信息进行处理和分析的同时，空间信息的完整性和统一性是完成数字化传输、处理、分析和应用的基本条件。在空间定位上，每个数字工程中的空间数据都必须能够纳入（或进行转换后纳入）到统一的坐标定位系统中，才能被其他数字工程节点所理解，并与它们自身包含的空间数据进行分析、传输、应用等协同工作来完成数字工程的各种应用,从而形成相互支撑的节点,为系统层次上的融合和集成打下基础。空间数据的统一定位性是各类数字工程服务于数字地球战略的基本保证。

数字工程技术为信息系统的融合和集成提供了技术基础。融合和集成是数字工程技术最显著的特点,是数字工程生命力之所在。上述数字工程的"四化"特性,都必须基于数字工程底层平台,即数据与系统集成平台上实现。

数字工程的融合(fusion)和集成(integration)主要体现在数据和系统两个方面。数据融合是指多种数据经过合成后不再保留原有数据的单个特征,而产生一种新的综合数据,比如假彩色合成影像。数据集成是指各种异源异构、不同时态、不同尺度、不同专业的数据在统一的地理框架下,以统一的空间定位为基础,以规范和协议为标准的无缝集成。例如,多种数据进行叠加,叠加的集成数据中仍然保存着原来数据的特征,如影像地图。系统集成是将不同平台、不同架构、地理分布的系统或数字工程节点在底层数据与网络集成的基础上进行改造或扩充后按照一定的规范和协议(网格接口)组成一个更高层次的数字工程节点,形成多层次的应用及服务系统,从而完成更加复杂和更深层次的系统应用。系统融合是数据仓库级的系统综合,所需数据不能通过单一的数据库来存储,其数据模型是一系列模型的集合,表现出不同的数据视图,例如,企业级的逻辑模型、特定主题的逻辑模型等,它们在物理上都是不同地域的异源异构数据库的联合(承继成 等,1999)。

人们获取地球相关数据方式的不同或者对客观世界认识和理解的差异,造成不同的信息系统具有不同的数据模型与数据结构,从而造成各个系统彼此相对封闭,系统间的数据交换困难。信息岛、城市岛在一定程度上保护了各自的信息安全,但同时也极大地约束了信息共享,各个系统相互成为"信息孤岛"。信息共享与互操作是技术与学科发展以及信息社会的必然需求,网络技术的飞速发展为信息共享创造了条件。数字工程技术对异源异构数据和系统的集成,本质上是对各种数据的异构性、完整性、多语义性与关联性等关键问题的解决提供技术支持,从而在纵向和横向上使不同系统进行协同工作。

4. 端对端连接

随着互联网的发展,网络资源飞速增长,怎样才能共享网络资源,发挥互联网的作用成为问题的关键。最简单的端对端(point to point,P2P)概念就是让任何人在任何地方都可以用最低级、最简单的个人电脑交换信息、文件和互相沟通,而不需要经过一个中央控制的服务器或控制中心(信息产业部计算机技术培训中心,2004)。

数字工程的端对端连接特性强调的是用户通信的透明化,即任何用户在通信的时候不必关心网络的连接、所通过的服务器或控制器、通信的方式、连接的协议、通信的标准等一系列与通信有关的技术细节,只需指出所需要获取的信息和资源,就可以自动地、智能化地从高速网络信息基础设施中获得,在用户之间进行实时、快速的信息交换,如同端对端的连接。它包括两重意义:一是系统与系统的端对端;二是数据采集与应用的端对端。

端对端网络大大方便了两个系统间的通信,而这两个系统是平等的。它是客户端—服务器模式的另一个选择。在系统端对端连接网络中,每个端既可以是服务器又可以是客户端,是直接的、双向的信息或服务的交换。其实质即代表了信息和服务在一个个人或对等设备与另一个个人与对等设备间的流动。它有以下三个特点。

1) 双向交换

端对端不是单向的,它的价值就在于交换。与 Web 中付费换取产品或服务交换不同的是,端对端扩大了交换的方式和范围,每个参与交换的用户都可能同时成为产品的生产者和消费者,整个网络更像一个物品丰富的繁荣的集市,令每个进入端对端网络的人都受益。

2)实时性

提供信息的方式和信息的质量是端对端概念中的又一重要特性。在端对端中,所有的信息都是通过高速网络进行传输和交换,这些信息可能存放在某一个通信端内,也可能通过某种服务方式"发布"在某个地方,确保信息的实时性。更有甚者,端对端依靠自己的资源进行直接连接,无须在其他服务器上分配空间,从而达到提供实时的可升级的信息。

3)目标性

目标在端对端中的地位超过了网络,信息和服务必须传输给确定的目标用户,这种传输是有目标的,而非盲目的。每个端在网络中都有确定的"身份",从而保证信息交换的安全性、准确性。

端对端技术为数字工程海量数据与信息在网络平台上快速实时地获取、采集、共享、传输和交换提供了一种技术支撑。在救灾、战争、打击犯罪等数字工程应用中,从现场数据采集到决策支持的整个过程都将实现数据或信息的端对端连接,这种连接是实时高效的。从某种抽象意义上讲,数字工程就是实现了基于网络和网格技术的数据仓库、信息系统及它们之间的端对端的连接;进而为各种信息资源的综合应用和深层开发提供了条件与环境。端对端的快速流通成为数字工程技术的一大特点。

§1.5　数字工程与 GIS 比较

"数字地球"的概念产生于 1998 年,但数字工程的思想和技术至今才提出。信息技术的每一次进步都不同程度地为数字工程思想的产生创造了条件。GIS 经过近半个世纪的发展,先后经历了单机 GIS、企业级 GIS 和社会化 GIS 三个阶段,极大地提高了空间数据的管理和应用水平。数字工程不是 GIS 的简单升级和扩展,而是从其应用范围、应用形式、技术支撑体系、实现模式等方面都有质的变化。对数字工程和 GIS 进行比较不但有利于了解数字工程技术体系,而且能更深刻地理解数字工程本质及其作用和意义。

1. 逻辑结构

从整体逻辑结构上看,数字工程是由基础平台(标准、软硬件、数据、网络、安全)、基础空间信息共享平台、信息综合应用与服务平台组成的工程平台体系,着重于众多系统的工程整合与集成。GIS 是反映现实世界(资源与环境)的现势和变迁的各类空间数据及其描述这些空间数据特征的属性,在计算机软件和硬件支持下,以一定的格式输入、存储、检索、显示和综合分析应用的技术系统。其逻辑结构通常是由数据处理、数据库服务、应用服务、表现等多层体系组成,着重于空间数据的管理、处理与应用。数字工程是包括 GIS 系统在内的众多信息系统在底层整合和集成基础上的综合应用(其逻辑结构关系图见图 1-6)。

2. 数据库技术

数字工程的数据库在形式上是由空间数据和专业数据库组成的数据仓库,空间数据只是载体。GIS 的数据库在形式上是空间数据和属性数据组成的空间数据库,地理空间数据是它的主体。两者相比,数字工程数据库强调以空间数据为载体的各类数据的综合应用,注重对分布式计算、数据挖掘、智能化表达等应用的支持;而 GIS 的数据库注重对空间数据的管理、处理与分析等各类应用的支持。

3．支撑技术

数字工程注重多个信息系统的融合和集成。计算机技术、通信技术、空间信息处理技术是数字工程的主要支撑技术。在高效传输网络基础上，利用数据挖掘、智能决策、数据仓库等技术，完成数据、网络、系统的整合。GIS 是面向空间信息应用的技术系统，数据库管理与空间分析是其主要的支撑技术。

4．应用比较

数字工程具有更加广泛的社会化应用模式，智能化的决策支持服务是其主要应用形式，具有层次深、等级高、领域广的应用特点，强调空间和非空间信息的综合应用和深层开发。GIS 注重于部门级应用模式，空间数据的管理与分析是其主要应用形式，地学领域是其固有的应用范畴。

总之，GIS 是具有物理边缘、技术边缘和功能边缘的集中系统。这种集中封闭的模式导致了逻辑思维模式的封闭，使人们习惯在一个系统框架内解决问题和难题，直接导致了空间信息孤岛和孤岛群岛的产生。以共享、协同工作为宗旨的数字工程在体系结构上是一个完全开放的结构，致力于各种异源异构信息与系统的融合和集成，在形式上完全融入网格体系，物理、技术、功能与逻辑思维的边缘不复存在（边馥苓 等，2004a）。

§1.6　数字工程总体框架

从前面的分析可知，数字工程是一种面向各领域应用、面向所有用户的广域分布的信息基础设施；是在现代高新科技背景下，各种信息系统建设由点到面发展的必然结果。为此我们从不同的角度概括出数字工程的总体架构，如图 1-4 所示。

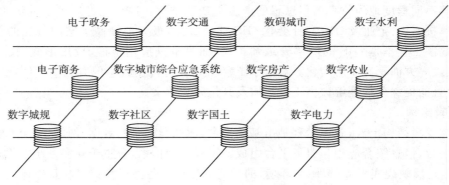

图 1-4　数字工程的整体结构

1.6.1　整体框架

从整体上看，数字工程的整体结构呈现出一种纵向多层次、横向网格化的立体网状结构特点。在每个节点上是各种数字工程的应用系统，而且每个系统都是纵向多层次的立体结构；横向上，每个应用节点基于网络网格技术连接成为一个有机的整体，形成一张布满全球的格网；此外，底层的应用系统可以形成更高层次的综合性节点。纵向和横向的延伸和拓展，整体上形成了数字工程全方位、多层次的立体应用空间（边馥苓 等，2004b）。

1.6.2 逻辑框架

从逻辑上看,数字工程是一个多平台、多层次的立体结构(见图 1-5),包括基础平台体系(软硬件平台、网络平台、数据平台、标准平台、安全平台)、基础信息共享平台和行业综合应用平台。图中的虚线三角形表示平台之间从下向上的支撑关系,横向箭头表示标准和安全贯穿于各个平台之中。

将图 1-5 展开,便可得到数字工程的逻辑结构图(见图 1-6)。一定程度上反映了各个平台的构成细节。

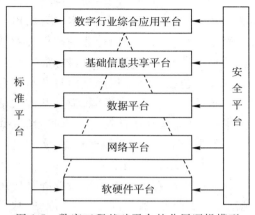

图 1-5 数字工程基础平台的分层逻辑模型

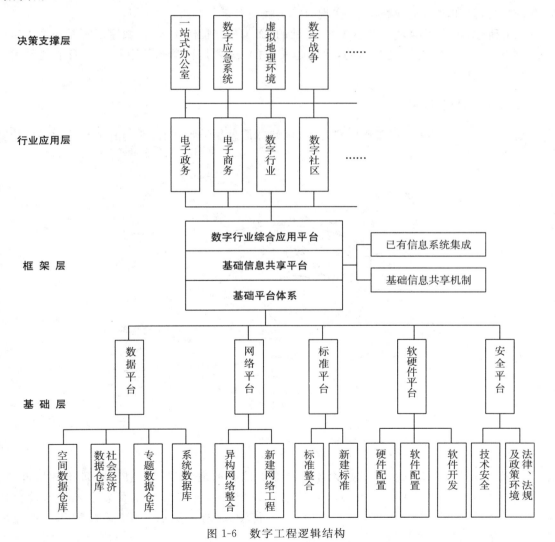

图 1-6 数字工程逻辑结构

　　基础平台层,包括数据平台、网络平台、标准平台和软硬件平台。基于对异源异构数据(空间数据和非空间数据,数字、文本、影像、声音等多媒体形式)和网络的集成,形成基础的数据平台和网络平台。通过部门行业规范标准的整合,形成统一的标准体系;通过对各种已有软硬件设施的整合、升级、开发和配置,构成了数字工程基础的软硬件平台。

　　框架层包括数字工程基础信息共享平台、数字行业综合应用平台以及基础平台。在基础平台的基础上,整合已有资源,建立基础共享数据仓库,并完善共享和更新机制建立共享信息交换中心,进而建立基础信息共享平台;在共享平台的基础上,综合各种社会经济统计数据,其他专题数据,充实并完善数据仓库,实现各种信息系统的功能互操作,在数据挖掘技术支持下,建立数字行业综合应用平台。

　　行业应用层在统一的数字行业综合应用平台上,整合、升级和新建各行业应用系统。如电子政务、电子商务、数字国土、数字规划、数字政法、数字教育、数字社区、数字家庭等。

　　决策支持层在数字行业应用层的基础上,结合各专业知识,基于数据挖掘、科学计算、人工智能、虚拟仿真和决策支持等技术,实现数字工程高等级、深层次的应用。

　　综上所述,数字工程是一个集成的、平铺的"面工程"或"网工程"。数字工程是一个有机的整体:数据是共享的,网络是畅通的,通信是实时的,决策是科学的。用一句话概括就是大平台、大共享、大应用。

1.6.3　理论框架

　　数字工程是一门建立在基础学科之上,以地球信息科学为核心,并与其他相关学科广泛交叉与融合的新学科(见图1-7)。

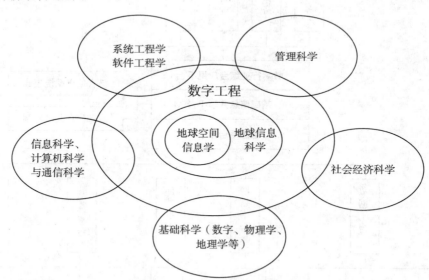

图1-7　数字工程与其他学科的关系

　　数字工程具有深刻而复杂的理论体系。除了核心的地球空间信息固有理论领域外,还包括与空间信息处理与应用相关的网络通信、工程建立、管理决策以及数字工程与社会环境的关系等理论与方法。这样,核心理论、信息传输、工程要素、管理决策模型和工程与环境相互作用的机制等就构成了数字工程的理论框架(见图1-8)。这些理论领域之间存在着不同的内在联系。

1.6.4　技术框架

　　数字工程是一系列现代高新技术的集成。从前面我们对数字工程的介绍可以看出,构筑数字工程至少需要计算机、网络(Web,包括互联网)、数据仓库(DW)、遥感、地理信息系统、全球卫

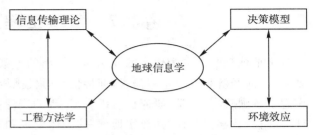

图 1-8　数字工程的理论框架

星导航系统、现代通信等技术的支持。然而,应用这些基础成熟的技术只能建立数字工程的基本框架,并不能实现完全意义上的数字工程,因为还有许多底层的和应用上的技术问题有待进一步的研究和发展,诸如异源异构数据的整合与集成技术、网络集成技术、宽带网络技术、3S集成技术、高分辨率遥感卫星影像的信息提取技术、海量数据的快速存储、传输与管理技术、高速并行计算与网格计算技术、信息共享与互操作技术、多元数据融合技术、三维再现与虚拟仿真技术、数字工程标准体系建立、数据挖掘技术、空间辅助决策技术等,所有这些技术按照在数字工程建设中的重要程度,可以概括为基础技术和关键技术两大类;而按照其在数字工程建设中的基本功能,可以分为四种类型:数据获取与集成技术、数据存储与管理技术、数据传输与共享技术、数据应用与表现技术(陈述彭,2004)。完整的数字工程技术体系如图1-9所示。

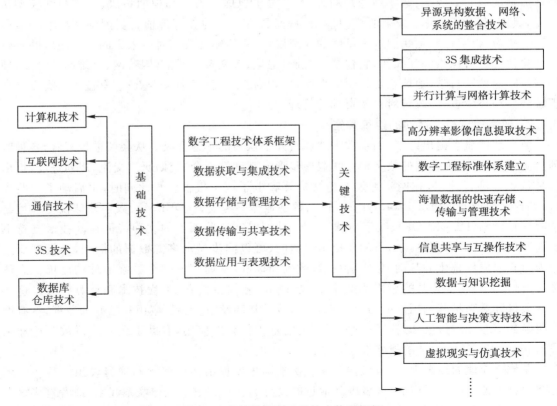

图 1-9　完整的数字工程技术体系框架

§1.7   数字工程发展现状

数字地球是继美国为代表的发达国家提出的国家信息基础设施和国家空间数据基础设施计划后,面向经济和社会发展需求,迎接信息时代挑战的又一重大的全球性战略计划。它的提出引起了各国政府、大学、研究机构以及 IT 界的广泛关注,许多国家正在探讨如何实施"数字地球"战略。数字工程作为"数字地球"的具体表现和实施方式,其技术的发展和完善将为"数字地球"的开展提供强有力支撑。

1.7.1   国际上数字工程发展和实施状况

美国地理信息产业的发展,使美国成为了发展和开创地理信息技术市场和产品市场的领导者。因此,数字地球这一概念的提出绝非偶然,它的出现有深刻的历史背景,符合美国政府一贯奉行的全球战略。国际数字地球的发展现状主要有以下几点。

1. 数字地球概念的多种理解

实际上,数字地球并没有一个统一的概念,不同的组织从不同的角度有不同的理解。美国国家航空航天局认为:数字地球是关于地球的数字化表达,它使得人们能够体验和利用大量的、集中的、有关地球的自然、文化、历史等数据;数字地球是组织信息的一个比喻,是关于所有地球数据的分布式收集;数字地球是动态的,是关于地球动力学知识的集成,它应包括模型仿真库,具有对地球过去与未来的模拟能力,从而具有巨大的教育价值。美国国家科学基金会(NSF)认为:数字地球是我们这个星球的虚拟展示,它能够使我们对所采集的关于地球的自然与文化信息进行探索和互操作;它包括了观测(卫星、天文台)、通信(因特网、万维网)、计算(硬件、软件、建模)、科学(地球系统科学等多学科),是技术与科学的聚合点;它有益于人类更好地理解环境和环境进程,改善对自然资源的管理。

2. 数字地球相关活动的组织实施

数字地球概念提出以来,围绕数字地球召开了众多的主题会议。从会议进程来看,各种跨部门协调机构、多种领域的数字地球联盟逐步形成制度性例会,定期研讨交流,规划进度,提出各种认识和项目建议,在网站上发布论文摘要和电子演示报告。与此同时,也启动了一些项目,如数字地球原型(DE Prototypes)研究、数字地球参考模型(DERM)、数字地球视觉环境与学习超越计划(DEVELOP)、数字地球 Alpha 计划等。这些项目的共同特征是高技术支持下的地理信息资源可视化展示,目的是提出完整的、可以同步显示多源数据的框架,以模型概念作为所有数据可视化的基础,集成新技术、数据和标准,从而完成一个数字地球的简单概念体系,并通过实现一些公共的标准为数字地球 Alpha 版提供信息、工程技术和计算引导。这些研究项目针对满足若干用户的需求作出展示,涉及基础设施、工程、应用和已有的数据,将有助于明确数字地球的价值和局部及世界范围内的基于位置的应用,有助于我们认清数字地球未来的需要,规划数字地球的战略框架。

在数字地球的浪潮中,大量机构和学者从不同角度提出多种概念和项目设想。某些学者有意无意地把一些进行中的、或者因其他目的设置的项目与数字地球联系起来,或者直接宣称就是其组成部分,认为是数字地球的基石。例如,与国际相关组织(ISCGM、GSDI)合作,创立全球数据集;推动对数字地球的认识(如中国会议);美国有 WMT、实验环境、3D 可视化工具、数据标准、数据内容、与面向教育的 DL 链接等。在计算科学、通信、地理制图学领域启动学术研究,基于 WMT 开发 DE 互操作等。一些国家(如以色列和加拿大)与组织(如欧洲集团)在数字地球活动中都加强了相互之间的合作。

3．国家空间数据基础设施发展历史

进入 20 世纪 80 年代后,信息作为一种资源得到了人们越来越多的重视,并已经开始改变政府处理问题的方式。应用地理空间数据解决资源、环境、人口、灾害等问题已成为现实,也成为一种强烈的需求。

随着空间数据管理的重要性增加,廉价和易于使用的计算机及其空间数据浏览软件的发展,网络和通信技术的进步,以及大量的且不断增加的用户的需求,推动了地理信息产业的快速发展,也使得地理空间数据对经济领域的影响日益广泛而深远。美国在 20 世纪 90 年代年提出国家空间数据基础设施计划,将空间数据基础设施定义为:空间数据的获取、处理、访问、分发以及有效利用所需的技术、政策、标准和人力资源。空间数据基础设施的核心是空间数据框架,即各种比例尺地图数据库。很显然,这里的空间数据与测绘业获得的空间数据是一致的,也就是说,测绘业的核心内容与空间数据基础设施建设的核心内容是相同的,也是法定的空间数据集。有了这种空间框架,我们才能将经济、社会、人文等各种信息加载上去,解决可持续发展的重大社会问题,推动国民经济发展和人民生活质量的提高。

空间数据基础设施的概念,伴随几个以其为主题的国际会议的召开,已经得到了国际业界的共识,并成为在全球范围内组织和使用空间数据的热点。美国、澳大利亚、新西兰、荷兰、英国等国是这一领域的先头军,加拿大已经建立了自己国家的空间数据基础设施,韩国、日本、印度尼西亚、新加坡、马来西亚、伊朗等国家相继开展了本国的空间数据基础设施建设。1996 年 9 月在德国波恩举行了空间数据基础设施第一次会议,开始了全球空间数据基础设施的对话。一致认为需要通过共同关心的内容以及国际论坛等来真正推动空间数据基础设施的发展。1997 年 10 月在美国召开了第二届空间数据基础设施会议,并形成了空间数据基础设施的结论和建议,认为空间数据基础设施是全球发达国家和发展中国家得到实质性和可持续发展所必需的、对执行全球公约极其重要的结论。并对空间数据基础设施作了定义:全球空间数据基础设施包括为确保在全球或区域范围内顺利实现其工作目标所必需的政策、机构职能、数据、技术、标准、分发机制以及资金和人力资源。

作为全球空间数据基础设施重要组成部分的区域空间数据基础设施也得到了迅速发展。在亚太地区,成立了亚太地区 GIS 基础设施常设委员会,成员由各国国家测绘机构负责人组成,其目标是建立地区性空间数据基础设施,并使其成为全球空间数据基础设施的一部分。

国家空间数据基础设施是以美国为首的西方发达国家,在信息高速公路建设基础上,以促进数字化地理信息的广泛共享和应用,促进整个社会信息化水平,进而促进信息经济增长的一项计划。数字地球是在国家空间数据基础设施基础上,从一个新的角度来研究地球,意在促进包括遥感技术及其产品在民用和军用领域的广泛应用,推动空间技术产业化,为信息产业的发展提供重要基础支撑。数字地球和国家空间数据基础设施的核心内容都是空间数据。

4．从数字地球到智慧地球

2008 年 11 月初,在纽约召开的外国关系理事会上,IBM 以题为《智慧地球:下一代领导人议程》的演讲报告,正式提出"智慧地球"的概念。智慧地球也称为智能地球,就是把感应器嵌入和装备到电网、铁路、桥梁、隧道、公路、建筑、供水系统、大坝、油气管道等各种物体中,并

且被普遍连接，形成"物联网"，然后通过超级计算机和云计算将"物联网"与现有的互联网整合起来，实现人类社会与物理系统的整合。

事实上，一些发达国家在20世纪90年代中期就开始了智能大厦、数字家庭、数字社区和数字城市的实验。有20个以上的世界范围组织建立了互联网制图实验服务器，遵守了数字地球的标准，所提供的数据大到全球地形图、海洋中各种探测，小到城市中的街道。其他组织也开发出工作中需要的计算机服务器，其中许多直接从数字地球的创意中得到启发。不同的网络浏览器，从基于万维网的简单应用、台式GIS软件到三维显示虚拟现实都正在得到改进或得到调试，使其在数字地球的标准下工作。这类似1992年出现的万维网的情形，当时只有二三十个万维网服务器，建这些服务器的人们却认识到了这一技术的巨大潜力。

此外，城市公共地理数据也已经与社会综合服务充分地结合起来了，如美国在线的"数字城市"网站，不仅发布了对美国约60个最有影响的大型城市的空间查询和定位服务，而且更具有数字时代特征的是它几乎囊括了所有当今城市的信息资源，如音乐、电影、市场、教育、餐饮、企业、旅游等，号称把握了城市的数字脉搏。除了这些城市外，欧洲其他地区数字工程的建设也具有各自的特点，根据自己的优势各有侧重，如数字化多伦多、数字化阿姆斯特丹等，意大利有数字社区网上村庄等。在亚洲，新加坡提出了"智能城市"，马来西亚提出了"多媒体超级城市"走廊等。

在上海世博会期间，上海市政府实现了对所有场馆的网络连接和信息交换，上海市建交委的交通数字系统为世博会的人车流量管理提供了优质服务，技术宽带无线通信应急系统可支持大量图像、视频和高速数据传输，用于场馆周边地区监控和突发事件应急处置。游客进入世博园区所看见的围栏，并不是普通的"铁疙瘩"，里面装了许多传感器，融合多种防入侵技术。不管推动围墙的是人还是风，都可以通过智能化技术，区分有意无意地侵入，并在一定程度上实行预警、跟踪等功能，为安全世博提供立体式探测。全球网民还可以足不出户，走进网上世博会，通过互联网体验世博会的精彩场景。

从各个城市和地区从制定的发展规划来看，它们的最终发展目标基本上是一致的，即以城市公共地理数据平台和网络基础设施为支撑，将任何物理上、逻辑上与地理空间位置有关的社会和经济各方面的信息进行有机的组织和管理，实现其在政府决策、电子政务、部门应用以及社会公众服务中的广泛应用。语音、视频和数据通信的协作、云计算以及无所不在的连接使得智慧城市成为可能，物联网进程已经开始，未来数字城市蓝图向我们展示了无所不在的"沟通"愿景（叶惠，2010）。

1.7.2 我国数字工程发展状况和特点

1. 我国的数字地球行动与空间信息产业的发展

在对数字地球的认识上，我国多数学者认为，数字地球不是一个孤立的科技项目或技术目标，而是一个整体性、导向性和具有挑战性的战略目标，要以其来引导地球科学、信息科学技术及其产业的发展。数字地球也不是某个部门、某个领域局部发展的思想和目标，是带有全局性的国家发展战略，在中国提出数字地球概念要符合我国国情。

从1998年开始，陆续有科技部、北京大学、中国科学院、高技术计划308主题等机构牵头组织研讨会、部门交流会及报告会等。1998年北京大学成立"数字地球工作室"，1999年2月中国科学院地学部成立"数字地球软课题组"，1999年4月由科技部和科学院组织了"数字地球战略软课题组"。1999 年 11 月,首届数字地球国际会议在北京召开,发表了"数字地球北京宣言",将数字地球推上一个高潮。国家计委主持的地理空间信息协调委员会自 2000 年进入实际运行阶段,2007 年,在全国 50 多个城市试点数字城市地理信息框架的试点建设。2010 年 11 月 10 日,中国城市科学研究会数字城市专业委员会在北京召开成立大会,并同时开通"数字城市专业委员会"网站和"数字城市·中国"网站。与此同时,各类专著也相继出版,如中国环境科学出版社出版的《数字地球》,科学出版社出版的《数字地球导论》、《数字地球百问》、《数字地球与空间信息基础设施》以及《数字地球——人类认识地球的飞跃》等。

我国空间信息基础设施建设与应用现阶段所取得的进展主要表现在以下方面:

第一,以跨部门地理空间信息共享服务平台建设为主要内容的国家、地区和城市空间信息基础设施建设迅速展开。国家启动了自然资源和地理空间基础信息库项目。各有关部门和一些省(区、市)开展了地区空间信息基础设施的规划和建设。城市地理空间信息共享服务平台的研究和建设全面展开。

第二,地理空间信息获取能力和数字化水平显著提高,国家基础性地理空间信息资源基础基本形成。环境与灾害监测预报小卫星星座等专用卫星系统以及新一代卫星导航系统的建设已经起步。遥感卫星地面系统的建设和整合取得进展。航空遥感数据获取平台技术更新加速,初步形成了多种经济成分共存的技术体系与服务市场。

第三,地理空间信息共享的关键技术和标准研发取得新进展。地理空间信息共享与互操作等关键技术研究取得了新突破,具有自主知识产权的部分成果实现了产业化。在引进和参照国际通用标准的基础上,结合我国空间信息基础设施的建设与应用,制定了一些与国际标准接轨的国家标准和行业标准。

第四,地理信息产业发展初具规模。地理信息服务业在通信、交通、能源以及社会管理和服务等各个领域发展迅速。车辆监控和卫星导航产业规模迅速扩大,国产终端市场占有率逐步提高,导航地图覆盖全国,并初步实现了及时更新。

第五,地理空间信息共享的管理协调机制进一步完善。国家地理空间信息协调委员会成员单位进行了扩充。全国大部分省(区、市)建立了地理空间信息协调机构,并牵头开展了地区空间信息基础设施规划、地理空间信息共享政策研究和地理空间基础信息库建设等工作。

在国家"863"计划、支撑计划等科技计划支持下,我国空间信息技术及软件产业已经取得了巨大发展。网格地理信息系统、真三维地理信息系统、高可信地理空间数据库管理系统、统计遥感和多源遥感数据综合处理与服务等系列技术系统被列为国家重点科研项目,网格环境下海量数据空间分析与处理服务、空间信息快速获取与自动化处理、网络化分发服务、多时态真三维地理信息数据库构建与整合、多源空间数据集成应用、自适应空间数据引擎、规模可伸缩空间数据模型、高分辨率多源卫星遥感、多种卫星导航定位数据获取与服务、特殊地区高精度智能导航定位等一批核心和关键技术获得了突破,取得了 120 项专利和 550 项著作权,改变了我国空间信息核心技术受制于人的被动局面(中华人民共和国科学技术部,2011)。

2. 我国数字城市及其他数据工程进展

目前,我国数字城市的发展机遇非常好,需求很旺盛。除了社会经济转型的机遇以外,还有技术进步所提供的机遇。移动通信、物联网、云计算、GPS、GIS、遥感技术包括手机功能也越来越多样化,而且技术创新速度也在加速。

数字城市的发展基本上经历了四个阶段。第一个阶段,网络的基础建设阶段;第二个阶段,城市各个部门、企业内部的信息化建设阶段;第三个阶段,城市政府与企业之间的互通互联阶段;第四个阶段,不仅政府、企业、公众之间互通互联,而且基本完成数字社区和数字城市的建设。再进一步就是通过传感器进一步实现从家庭到楼宇到城市的各个位置之间的广泛的互通互联阶段,这就是基于物联网的数字城市了。也就是说,数字城市的城市政府为老百姓的日常服务的大部分将通过网络来进行。目前,发达国家已经经历了前三个阶段,正在走向第四阶段。但我们国家很多的城镇现在数字城市建设还未起步,部分大城市还是处在第二阶段,仅有少数城市才刚刚迈向第三阶段(仇保兴,2010)。

数字地球不是某个部门、某个领域局部发展的思想和目标,是带有全局性的国家发展战略,在中国各类数字工程的建设要结合我国国情具体实施。在数字工程技术和理论指导下,中央各部委从不同的角度提出了具有各自行业特点的信息化建设规划,出台了相应的政策,加大了实施力度。

首先,从政策支持的层面看,我国明确提出要"以信息化带动工业化,发挥后发优势,实现社会生产力跨越发展"的战略目标,国家的信息发展规划进一步强调要把推进国民经济和社会信息化放在优先位置,科技部将"城市规划、建设、管理与服务的数字化工程项目"纳入了国家科技攻关计划,明确提出要把空间地理基础信息库作为我国全局性、战略性的重点来抓。

其次,从技术支撑角度看,近十多年来,全国多个城市和国内著名科研院校相继建立了一些专业数据库和应用系统,为数字城市的建设和研究积累了经验和数据。许多科研院所都具有较强的系统开发建设能力和丰富的产业化推进经验,为数字工程的建设提供了坚实的人力、技术、组织、政策及标准制定等方面的综合支持。与此同时,我国已建成中国公用计算机互联网、中国公用数字网、教育和科研网、中国联通公用数据网等国家数据通信网络,为数字城市、数字区域等工程的建设提供了公共通信网络平台。

第三,从全国各地开展数字工程建设的实践经验看,国内一些大城市积极投入到数字城市建设之中,纷纷提出了数字北京、数字上海(上海信息港)、数字广州、数字厦门、智能济南、香港数码港、澳门网络等工程设想,制定了相应的行动目标和实施方案,进行了各具特色的实践,建设数字城市已是大势所趋。2008年起,北京、上海、武汉、南京等被列入"十大无线数字城市计划"的城市已经基本完成基站、热点接入等基础设施建设,2009年进入以全面覆盖和应用为重点的二期、三期工程。与此同时,在通信运营商的大力推动下,一大批二、三线城市也开始了以TD-SCDMA等第三代移动通信技术为核心的"无线数字城市"项目(彭笑一,2009)。2009年,我国已开展了90多个数字城市建设与应用。

但是,我们也应该看到,面对日益激烈的国际竞争和国民经济社会信息化的需求,我国国家空间信息基础设施的发展仍然存在一些迫切需要解决的问题,主要表现在国家空间信息基础设施发展的统筹规划、协调管理和市场监管相对薄弱;部门、地区之间的信息共享机制尚未全面建立,信息安全保障水平有待提高;以企业为主体的技术创新体系处于起步阶段,促进空间信息成果向现实生产力转化的市场环境有待完善;信息获取关键技术的自主创新能力不足,遥感卫星和导航定位的数据源及核心技术过度依赖国外;地理空间信息库更新缓慢,标准化工作滞后;信息资源开发利用与共享水平较低,现有应用系统不能完全满足业务运行服务的实际需要。

同时还要认识到,许多城市投巨资进行城市信息化建设,但由于缺乏合理地引导,许多城市各自为政,低水平重复开发。信息共享、数据获取与更新机制和技术没有解决,许多必要的数据标准规范没有建立起来,致使一些已建成的"工程"成为"演示"系统,甚至建设工作半途而废,造成人力、物力资源的巨大浪费。因此,在全国迫切需要成熟的数字化技术来指导并规范城市规划、建设与管理信息系统的开发建设。其次,在我国信息化建设过程中,理论研究是远远落后于实际行动,尽管不同领域的专家从各自研究背景出发,试图建立各自领域的信息化理论以及学科体系,如数字城市、电子政务等。但由于自身专业和研究范围的限制,这些信息化理论以及学科体系通常是凌乱的、破碎的,对信息化问题很难有一个全面的认识。因此,把各个信息化研究领域和研究尺度的信息化理论纳入信息科学体系就非常迫切,用信息化理论指导信息化实践,从而促使各个领域的数字工程健康有序的发展。

今后,我国建设行业信息技术应用将会得到更快更大的发展,并逐步形成产业,成为城市现代化管理中不可缺少的工具。数字工程技术会在城市建设、村镇建设、工程建设中得到大规模应用,彻底扭转传统城市规划、建设与管理方式落后的局面,并成为我国用高新技术改造传统产业的主力军,促进技术、经济向更高层次发展。

思考题

1. 什么叫数字工程,同 GIS 工程相比有什么区别,它与数字地球的关系是怎样的?
2. 数字工程特点包括哪几个方面?
3. 叙述数字工程的技术支撑体系以及该体系与支撑环境的关系。
4. 简要叙述数字工程产生的背景和发展趋势。

第2章 技术支撑体系

数字工程的实现必须依赖诸多相关科学技术及方法,通过将这些技术有机地集成在一起,并通过相应的分析设计、集成、部署、配置、管理等手段使之发挥最大的效益,做到投入产出的最高效益比值。这些相关技术包括海量数据处理、数据仓库及数据挖掘、人工智能专家系统、嵌入式技术、虚拟现实及仿真技术、分布式计算技术、软件复用、服务器集群、统一建模语言技术等计算机信息处理技术,无线通信、移动通信、光纤通信、卫星通信等信息通信技术,信息加解密、病毒防火墙等计算机信息安全技术,网格计算与空间信息网格,遥感、全球导航卫星系统、地理信息系统及三者的集成。本章及后续的章节就其中几种重要的支撑技术做简要的介绍。

§2.1 数字工程应用系统与集成技术

2.1.1 概述

计算机软件与硬件给数字工程提供了最直接、最基础、最广泛的平台,数字工程建设与应用中的各类信息处理都要依靠计算机软硬件,数字工程项目从筹备酝酿、规划研究、分析设计、实现测试、部署应用等各个阶段均会利用计算机硬件技术发展所带来的最新成果、软件工具及软件系统。微电子技术的发展不断推出高性能价格比的计算机硬件,随着硬件水平的提高及各类有线、无线网络带宽日益接近或达到人们所需要的程度,相应的软件设计、开发及应用技术也不断地取得新进展,通信网络的普及使软件体系结构发生了重大变化,从基于桌面应用的单机版本到面向互联网的 Web 应用,在数字工程应用领域处处体现计算机技术的支持和应用。

2.1.2 软件体系结构

随着数字工程应用软件系统规模越来越大,结构越来越复杂,软件设计的核心已经转移到一个新的模式,而远非传统的"程序＝算法＋数据结构",这个新的模式就是系统总体结构的设计和规范。随着软件规模和复杂程度的增加,在软件设计过程中,人们所面临的问题不再仅仅是考虑软件系统的功能问题,还面临要解决更难以处理的非功能性需求,如系统性能、可适应性、可重用性等。这使得软件体系结构成为软件工程领域的研究热点(张友生,2004)。软件体系结构为数字工程应用软件系统提供了一个结构、行为和属性的高级抽象,由构成系统的元素的描述、这些元素的相互作用、指导元素集成的模式以及这些模式的约束组成(Shaw et al,1996)。

大型软件的体系结构设计总是在决定系统的成功与否中扮演至关重要的角色,如果选择了一个不合适的体系结构,就会造成惨重的损失。软件体系结构的设计是整个软件开发过程中关键的一步。对于当今世界上庞大而复杂的软件系统来说,没有一个合适的体系结构而实现一个成功的软件设计几乎是不可能的。不同类型的系统需要不同的体系结构，甚至一个系统的不同子系统也需要不同的体系结构。

1．软件体系结构的定义

软件体系结构已经在软件工程领域中有着广泛的应用，许多专家学者从不同角度和不同侧面对软件体系结构进行了刻画，较为典型的定义有以下几种。

(1)Perry 等(1992)曾这样定义：软件体系结构是具有一定形式的结构化元素，即构件的集合，包括处理构件、数据构件和连接构件。处理构件负责对数据进行加工，数据构件是被加工的信息，连接构件把体系结构的不同部分组合连接起来。该定义注重区分处理构件、数据构件和连接构件，这一方法在其他的定义和方法中基本上得到保持。

(2)Shaw 等(1996)认为软件体系结构是软件设计过程中的一个层次，这一层次超越计算过程中的算法设计和数据结构设计。体系结构问题包括总体组织和全局控制、通信协议、同步、数据存取，给设计元素分配特定功能，设计元素的组织、规模和性能，在各设计方案间进行选择等。软件体系结构处理算法与数据结构之上关于整体系统结构设计和描述方面的一些问题，如全局组织和全局控制结构，关于通信、同步与数据存取的协议，设计构件功能定义，物理分布与合成，设计方案的选择、评估与实现等。

(3)Garlan 等于 1994 年又采用如下的定义：软件体系结构是一个程序—系统各构件的结构、它们之间的相互关系以及进行设计的原则和随时间进化的指导方针。

(4)2003 年，Bass 等在《使用软件体系结构》(第 2 版)一书中给出如下的定义：一个程序或计算机系统的软件体系结构包括一个或一组软件构件、软件构件的外部的可见特性及其相互关系。其中，"软件外部的可见特性"是指软件构件提供的服务、性能、特性、错误处理、共享资源使用等。

2．软件体系结构的发展历史及应用现状

20 世纪 60 年代的软件危机使得人们开始重视软件工程的研究。起初，人们把软件设计的重点放在数据结构和算法的选择上，随着软件系统规模越来越大、越来越复杂，整个系统的结构和规格说明显得越来越重要。软件危机的程度日益加剧，现有的软件工程方法对此显得力不从心。对于大规模的复杂软件系统来说，对总体的系统结构设计和规格说明比起对处理的算法和数据结构的选择已经变得明显重要得多。在此背景下，人们认识到软件体系结构的重要性，并认为对软件体系结构的系统、深入的研究将会成为提高软件生产率和解决软件维护问题的新的最有希望的途径。

自从软件系统首次被分成许多模块，模块之间有相互作用，组合起来有整体的属性，就具有了体系结构。开发者常常会使用一些体系结构模式作为软件系统结构设计策略，但并没有规范地、明确地表达出来，这样就无法与他人交流。软件体系结构是设计抽象的进一步发展，满足了更好地理解软件系统，更方便地开发更大、更复杂的软件系统的需要。

事实上，软件总是有体系结构的，不存在没有体系结构的软件。体系结构(architecture)一词在英文里就是"建筑"的意思。把软件比作一座楼房，从整体上讲，是因为它有基础、主体和装饰，即操作系统之上的基础设施软件、实现计算逻辑的主体应用程序、方便使用的用户界面程序。从细节上来看，每一个程序也是有结构的。早期的结构化程序就是以语句组成模块，模块的聚集和嵌套形成层层调用的程序结构，也就是体系结构。结构化程序的程序结构(表达)和逻辑(计算的)结构的一致性及自顶向下开发方法自然而然地形成了体系结构。由于结构化程序设计时代程序规模不大,通过强调结构化程序设计方法学,自顶向下、逐步求精,并注意模块的耦合性就可以得到相对良好的结构,所以,并未特别研究软件体系结构。

　　软件体系结构虽脱胎于软件工程,但其形成同时借鉴了计算机体系结构和网络体系结构中很多宝贵的思想和方法,最近几年软件体系结构研究已完全独立于软件工程的研究,成为计算机科学的一个最新的研究方向和独立学科分支。软件体系结构研究的主要内容涉及软件体系结构描述、软件体系结构风格、软件体系结构评价和软件体系结构的形式化方法等。解决好软件的重用、质量和维护问题,是研究软件体系结构的根本目的。与当时的大型中央主机相适应,最初的软件结构体系也是主机结构,客户、数据和程序被集中在主机上,通常只有少量的图形用户界面,对远程数据库的访问比较困难。随着个人计算机的广泛应用,该结构逐渐在应用中被淘汰。

　　在20世纪80年代中期出现了客户端—服务器(Client/Server)分布式计算结构,应用程序的处理在客户(个人计算机)和服务器(主机或服务器)之间分担;请求通常被关系型数据库处理,个人计算机在接收到被处理的数据后实现显示和业务逻辑;系统支持模块化开发,通常有图形用户界面。客户端—服务器结构因为其灵活性得到了极其广泛的应用。但对于大型软件系统而言,这种结构在系统的部署和扩展性方面还是存在着不足。

　　互联网的发展给传统应用软件的开发带来了深刻的影响。基于互联网和Web的软件和应用系统无疑需要更为开放和灵活的体系结构。随着越来越多的商业系统被搬上互联网,一种新的、更具生命力的体系结构,“三层—多层计算”被广泛采用。客户端层(client tier)是用户接口和用户请求的发出地,典型应用是网络浏览器和胖客户端(如Java程序)。服务器层(server tier)是Web服务器和运行业务代码的应用程序服务器。数据层(data tier)是关系型数据库和其他后端(back-end)数据资源,如Oracle、SAP和R/3等。三层体系结构中,客户(请求信息)、程序(处理请求)和数据(被操作)被物理地隔离。三层结构是个更灵活的体系结构,它把显示逻辑从业务逻辑中分离出来,这就意味着业务代码是独立的,可以不关心怎样显示和在哪里显示。业务逻辑层现在处于中间层,不需要关心由哪种类型的客户来显示数据,也可以与后端系统保持相对独立性,有利于系统扩展。三层结构具有更好的移植性,可以跨不同类型的平台工作,允许用户请求在多个服务器间进行负载平衡。三层结构中安全性也更易于实现,因为应用程序已经同客户隔离。应用程序服务器是三层或多层体系结构的组成部分,应用程序服务器位于中间层。

　　如图2-1所示,应用程序服务器运行于浏览器和数据资源之间,一个简单的实例是,顾客在浏览器中输入地图查询请求,Web服务器将该请求发送给地图应用服务器,由应用服务器执行处理逻辑,将在数据库查询地图数据生产栅格或矢量地图,经Web服务器用户向用户浏览器做出响应。

　　自20世纪90年代后期以来,软件体系结构的研究成为一个热点。广大软件工作者已经认识到软件体系结构研究的重大意义和它对软件系统设计开发的重要性,开展了很多研究和实践工作。

　　3. 软件体系结构的风格

　　对软件体系结构风格的研究和实践促进了对设计的复用,一些经过实践证实的解决方案能够可靠地用于解决新的问题。体系结构风格的不变部分使不同的系统可以共享同一个实现代码。只要系统是使用常用的、规范的方法进行组织的,就可使其他设计者很容易地理解系统的体系结构。例如,如果描述系统为"客户端—服务器"体系结构风格,不必给出设计细节,就可以明白系统是如何组织和工作的。

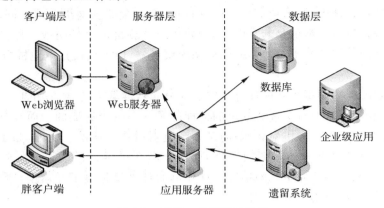

图 2-1　三层—多层体系结构

下面是 Garlan 和 Shaw 对一些经典体系结构风格的分类(Shaw et al,1996;张友生,2006),见表 2-1。

表 2-1　经典体系结构风格特点

体系结构名称	特　点
管道—过滤器	每个构件都有一组输入和输出,输入的数据流经过构件内部处理产生输出数据流。这个过程通常通过对输入流的变换及增量计算来完成。因此构件被称为过滤器,而连接件被称为管道。一个管道—过滤器风格输出的正确性不依赖过滤器顺序
数据抽象和面向对象组织	数据及对它们的操作封装在一个抽象数据类型或对象中。此类风格的构件就是对象,或抽象数据类型的实例。对象负责保持资源的完整性,通过方法调用来交互
基于事件的隐式调用	构件不直接调用一个过程,而是触发或广播一个或多个事件。系统中的其他构件中的过程在一个或多个事件中注册,当一个事件被触发,系统自动调用在这个事件中注册的所有过程。构件是一些过程或一些事件的集合
分层系统	分层系统是一个层次结构,每一层为上一层服务,并作为下层的客户。连接件通过决定层间如何交互的协议来定义,其拓扑约束包括对相邻层间交互的约束。每层只影响两层,同时只要给相邻层提供相同的接口,允许每次用不同的方法实现,同样为软件重用提供了强大的支持
仓库风格	仓库风格有两种不同的构件:中央数据结构说明当前状态,独立构件在中央数据存储上执行,仓库与外构件间的相互作用在系统中会有大的变化。若输入流中某类时间触发进程执行的选择,仓库是传统型数据库;若中央数据结构的当前状态触发进程执行的选择,则是黑板风格
C2 风格	C2 风格体系结构可以看成是按照一定规则由连接件连接的许多组件组成的层次网络;系统中的构件和连接件都有一个"顶部"和"底部";一个构件的"顶部"或"底部"可以连接到一个连接件的"底部"或"顶部";对于一个连接件,和其相连的构件或连接件的数量没有限制,但是构件和构件之间不能直接相连

2.1.3　分布式计算技术

计算机具有两种功能:一是存储信息,或者称为数据;二是处理数据。某项任务是分布式的,则指参与这项任务的一定不只是一台计算机而是一个计算机网络。因此,可以把计算机网络所做的工作归纳为两部分:分布式数据存储和分布式计算(distributed computing)(李晓栓,2003)。

在分布式数据存储中,网络使数据存储分布化,数据是放到网络上的不同的机器中,而不是仅存储在一台计算机。数据是共享的,网络的任何计算机可以透明地存取到不同来源的数据。程序所处理的数据往往来自于不同的数据库服务器,而不仅仅是本地机器,称为分布式数据存储。

分布式计算时网络侧重于它的计算功能。在分布式数据中,完成一件工作时,数据可能来自于网络中不同的机器,但对于这些数据的处理却是在本机中完成的。而在分布式计算环境中,数据的处理不只是在一台机器完成,而是多台机器协作完成的。比如,为了处理一项工作P,它由 P_A 和 P_B 两部分工作组成。如果我们把 P_A 放在机器 A 中完成,P_B 放在机器 B 中完成,那么它们就形成了一个分布式的计算。计算机的计算总是离不开数据,所以,在大部分情况下,分布式计算总是伴随着分布式数据。

分布式计算有两种典型的应用途径。第一种应用途径是将分布式软件系统看作直接反映了现实世界中的分布性,例如当今许多业务处理流程通常呈现一种分布式运作方式,负责加工或制造的工厂可能位于珠江三角洲一带,而负责销售与市场营销的部门则可能分别位于北京、上海和广州等城市,负责业务流程的软件系统也可作相应的分布式处理。第二种应用途径主要用于改进某些应用程序的运行性能,使它们比单进程、集中式的实现更具有效率,此时软件系统的分布性并不是现实世界中分布性的映射,而是为充分利用额外的计算资源而人为引入的。

采用分布式计算有着多方面的技术优势,主要包括以下方面。

(1)逻辑封装性。这是分布式模式中最具诱惑力的特征,这种模式的根基在于将以往全部由客户端完成的事务逻辑中的一部分从客户端分开。当公司需要动态改变一个应用软件的商业逻辑规则时,只要改变一个应用服务器的程序即可,而不需要更改客户端用户界面。这样就无须中断用户,也不需为用户重新发送新的界面软件或亲自上门为其安装调试和重新对用户进行培训,提高了工作效率。这种多级模式对于需经常、快速改变应用程序的行业很有帮助。

(2)瘦客户端。这种类型的应用在运行时最显著的特点就是减少甚至消除了传统的两级体系结构中,以客户端为中心或称为"肥客户"的模式。"肥客户"是用户感到十分苦恼的事情,用户为使用更强功能的软件,就必须付出高昂的维护费用,不断地为个人电脑的软硬件设备升级。瘦客户端结构的特点是通过网络将大部分的任务交给了服务器完成,减轻了客户端的功能负担,使其消肿成为了"瘦客户"。

(3)性能。性能的提高是被用户采用的主要原因。将复杂的应用和商业逻辑分离出来由专门的一台应用服务器来处理,既可以提高应用的执行速度,也可以减少网络调用的通信量。不过这种性能提高是有一定代价的,这就是开发时要将应用逻辑分割为客户端逻辑和服务器端逻辑,增加了设计的复杂性。

(4)安全性管理。在分布式计算模式中,由于所有的商业逻辑都驻留在服务器端,信息管理部门就可以十分方便地监控服务器的运行情况,很容易地控制访问服务器以及与服务器应用打交道人员的数量。这可以大大简化管理员对系统的管理,减轻系统维护的工作量,并确保系统的可靠运行。

分布式软件系统通常基于客户端—服务器风格,其中客户程序提出信息或服务的请求,而服务程序提供这些信息或服务。由于当前面向对象技术几乎已渗透到软件开发的每一个角落,先进的分布式软件开发方法当然离不开与面向对象技术的结合,因而分布式软件体系结构通常是客户端—服务器风格与面向对象风格的有效组合,典型的例子有对象管理组织(object management group,OMG)的公共对象请求代理体系结构(common object request broker architecture,CORBA)、Microsoft 的分布式组件对象模型(distributed component object model,DCOM)、Sun Microsystems 的 EJB(Enterprise JavaBeans)等。

2.1.4　异构系统集成技术——中间件

计算机技术迅速发展。从硬件技术看,CPU 速率越来越高,处理能力越来越强;从软件技术看,应用程序的规模不断扩大,特别是互联网及万维网的出现,使计算机的应用范围更为广阔,许多应用程序需在网络环境的异构平台上运行。这一切都对新一代的软件开发提出了新的需求。在这种分布异构环境中,通常存在多种硬件系统平台(如个人计算机、工作站、小型机等),在这些硬件平台上又存在各种各样的系统软件(如不同的操作系统、数据库、语言编译器等)以及多种风格各异的用户界面,这些硬件系统平台还可能采用不同的网络协议和网络体系结构连接。如何把这些系统集成起来并开发一个新的应用是非常现实而困难的问题。

1. 中间件的定义

为解决分布式应用软件异构及互操作问题提出了中间件(middleware)的概念。中间件是位于平台(硬件和操作系统)和应用之间的通用服务,如图 2-2 所示,这些服务具有标准的程序接口和协议。针对不同的操作系统和硬件平台,它们可以有符合接口和协议规范的多种实现。

那么可以说中间件是一种独立的系统软件或服务程序,分布式应用软件借助这种软件在不同的技术之间共享资源。中间件位于客户端—服务器的操作系统之上,管理计算资源和网络通信。中间件具有以下特点:

(1)满足大量应用的需要。

(2)运行于多种硬件和操作系统平台。

(3)支持分布计算,提供跨网络、硬件和操作系统平台的透明性的应用或服务的交互。

(4)支持标准的协议。

(5)支持标准的接口。

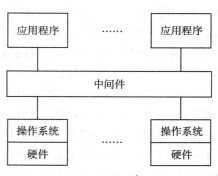

图 2-2　中间件层次

由于标准接口对于可移植性和标准协议对于互操作性的重要性,中间件已成为许多标准化工作的主要部分。对于应用软件开发,中间件远比操作系统和网络服务更为重要,中间件提供的程序接口定义了一个相对稳定的高层应用环境,不管底层的计算机硬件和系统软件怎样更新换代,只要将中间件升级更新,并保持中间件对外的接口定义不变,应用软件几乎不需任何修改,从而保护了企业在应用软件开发和维护中的重大投资。

2. 中间件的分类

中间件所包括的范围十分广泛,针对不同的应用需求涌现出多种各具特色的中间件产品。在不同的角度或不同的层次上,对中间件的分类有所不同。由于中间件需要屏蔽分布环境中异构的操作系统和网络协议，它必须能够提供分布环境下的通信服务，这种通信服务称为平台。基于目的和实现机制的不同，将平台主要分为以下几类：

（1）数据库中间件（database middleware，DM）。

（2）远程过程调用（remote procedure call，RPC）。

（3）面向消息的中间件（message-oriented middleware，MOM）。

（4）对象请求代理（object request brokers，ORB）。

它们可向上提供不同形式的通信服务，包括同步、排队、订阅发布、广播等，在这些基本的通信平台上，可构筑各种框架，为应用程序提供不同领域内的服务，如事务处理监控器、分布数据访问、对象事务管理器 OTM 等。平台为上层应用屏蔽了异构平台的差异，而其上的框架又定义了相应领域内的应用的系统结构、标准的服务组件等，用户只需告诉框架所关心的事件，然后提供处理这些事件的代码。当事件发生时，框架则会调用用户的代码。用户代码不用调用框架，用户程序也不必关心框架结构、执行流程、对系统级 API 的调用等，所有这些由框架负责完成。因此，基于中间件开发的应用具有良好的可扩充性、易管理性、高可用性和可移植性。

数据库中间件在所有的中间件中是应用最广泛，技术最成熟的一种。一个最典型的例子就是开放式数据库互联（open database connectivity，ODBC），ODBC 是一种基于数据库的中间件标准，它允许应用程序和本地或者异地的数据库进行通信，并提供了一系列的应用程序接口 API；当然，在多数情况下这些 API 都是隐藏在开发工具中，不被程序员直接使用。实际编程中，在写数据库程序的时候，只要在 ODBC 中添加一个数据源，然后就可以直接在自己的应用程序中使用这个数据源，而不用关心目标数据库的实现原理、实现机制，甚至不必了解 ODBC 向应用程序提供了哪些 API。不过在数据库中间件处理模型中，数据库是信息存储的核心单元，中间件完成通信的功能，这种方式虽然是灵活的，但是并不适合于一些要求高性能处理的场合，因为它需要大量的数据通信，而且当网络发生故障时，系统将不能正常工作。所谓有得必有失，就是这个道理，系统的灵活性提高是以处理性能的降低为代价的。

远程过程调用是一种广泛使用的分布式应用程序处理方法。一个应用程序使用 RPC 来远程执行一个位于不同地址空间里的过程，并且从效果上看和执行本地调用相同。事实上，一个 RPC 应用分为两个部分：服务器（Server）和客户端（Client）。服务器提供一个或多个远程过程，客户端向服务器发出远程调用。服务器和客户端可以位于同一台计算机，也可以位于不同的计算机，甚至运行在不同的操作系统之上。它们通过网络进行通信。相应的存根程序（Stub）和运行支持提供数据转换和通信服务，从而屏蔽不同的操作系统和网络协议。在这里 RPC 通信是同步的，采用线程可以进行异步调用。在 RPC 模型中，客户端和服务器只要具备了相应的 RPC 接口，并且具有 RPC 运行支持，就可以完成相应的互操作，而不必限制于特定的服务器。因此，RPC 为客户端—服务器分布式计算提供了有力的支持。同时，远程过程调用 RPC 所提供的是基于过程的服务访问，客户端与服务器进行直接连接，没有中间机构来处理请求，因此也具有一定的局限性。比如，RPC 通常需要一些网络细节以定位服务器；在客户端发出请求的同时，要求服务器必须是活动的，等等。

面向消息的中间件指的是利用高效可靠的消息传递机制进行与平台无关的数据交流，并基于数据通信来进行分布式系统的集成。通过提供消息传递和消息排队模型，它可在分布环境下扩展进程间的通信，并支持多通信协议、语言、应用程序、硬件和软件平台。目前流行的

MOM 中间件产品有 IBM 的 MQSeries、BEA 的 MessageQ 等。消息传递和排队技术有以下三个主要特点。①通信程序可在不同的时间运行：程序不在网络上直接相互通话，而是间接地将消息放入消息队列。因为程序间没有直接的联系，所以它们不必同时运行。消息放入适当的队列时，目标程序甚至根本不需要正在运行；即使目标程序正在运行，也不意味着要立即处理该消息。②对应用程序的结构没有约束：在复杂的应用场合中，通信程序之间不仅可以是一对一的关系，还可以进行一对多和多对一方式，甚至是上述多种方式的组合，多种通信方式的构造并没有增加应用程序的复杂性。③程序与网络复杂性相隔离：程序将消息放入消息队列或从消息队列中取出消息来进行通信，与此关联的全部活动，比如维护消息队列、维护程序和队列之间的关系、处理网络的重新启动和在网络中移动消息等是 MOM 的任务，程序不直接与其他程序通话，并且它们不涉及网络通信的复杂性。

2.1.5　集群技术

集群(cluster)是一组计算机作为一个整体向用户提供一组网络资源。这些单台的计算机就是集群的节点(node)。一个理想的集群是，用户从来不会意识到集群系统底层的节点，在用户看来，集群是一个整体，而非多个计算机系统，并且集群的管理员可以随意增加和删改系统的节点。集群并不是一个全新的概念，其实早在 20 世纪 70 年代计算机厂商和研究机构就开始了对集群系统的研究和开发。由于主要用于科学工程计算，所以这些系统并不为大家所熟知。直到 Linux 集群的出现，集群的概念才得以广为传播。

对集群的研究起源于其良好的可扩展性(scalability)。提高 CPU 主频和总线带宽是最初提高计算机性能的主要手段。但是这一手段对系统性能的提高是有限的。接着人们通过增加 CPU 个数和内存容量来提高性能，于是出现了向量机、对称多处理机(SMP)等。但是当 CPU 的个数超过某一阈值，像对称多处理 (symmetrical multi-processing,SMP)这样的多处理机系统的可扩展性就变得极差，主要瓶颈在于 CPU 访问内存的带宽并不能随着 CPU 个数的增加而有效增长。与 SMP 相反，集群系统的性能随着 CPU 个数的增加几乎是线性变化的。

集群计算的主题多种多样，许多研究人员正在研究有关分布式硬件体系结构和分布式系统软件设计的各方面问题，以开发利用潜在的集群并行性和集群可用性。建立一个集群系统的主要目的在于：固有的应用得以保障。集群系统以一种很自然的方式开始存在，例如，在我们的社会中，人们常常以群体的形式出现并彼此共享信息，公司、社团、班级等都是这样的概念。在从个人计算向集群分布式计算迁移的时候，往往可以保留原有在个人计算系统上的应用，直接将原有的应用重新在新的集群系统中运行，并获得性能的提升。这也是集群出现的一大原因。

集群系统的主要优点除了上面谈到的高可扩展性，还有高性能和高可用性。集群中的一个节点失效，它的任务可以传递给其他节点，从而有效地防止单点失效。负载平衡集群允许系统同时接入更多的用户。因为可以采用廉价的符合工业标准的硬件构造高性能的系统，集群具有很高的性价比。

虽然根据集群系统的不同特征可以有多种分类方法，但是一般我们把集群系统分为高性能科学集群、负载均衡集群和高可用性集群。

1. 高性能科学集群

高性能科学集群又称高性能计算(high performance computing,HPC)集群,简称 HPC 集群。这类集群致力于提供单个计算机所不能提供的强大的计算能力。简单地说,高性能计算是计算机科学的一个分支,它致力于开发超级计算机,研究并行算法和开发相关软件。高性能计算主要研究如下两类问题:大规模科学计算问题,如天气预报、地形分析和生物制药等;存储和处理海量数据,如数据挖掘、图像处理和基因测序等。顾名思义,高性能集群就是采用集群技术来研究高性能计算。

高性能计算的分类方法很多,从并行任务间的关系角度可将高性能计算分为高吞吐计算集群和分布计算集群两种。

1)高吞吐计算

有一类高性能计算,可以把它分成若干可以并行的子任务,而且各个子任务彼此间没有什么关联,在家搜寻外星人(search for extraterrestrial intelligence at home, SETI@HOME)就是这一类型应用。这一项目是利用互联网上的闲置的计算资源来搜寻外星人。SETI 项目的服务器将一组数据和数据模式发给互联网上参加 SETI 的计算节点,计算节点在给定的数据上用给定的模式进行搜索,然后将搜索的结果发给服务器。服务器负责将从各个计算节点返回的数据汇集成完整的数据。因为这种类型应用的一个共同特征是在海量数据上搜索某些模式,所以把这类计算称为高吞吐计算(high-throughput computing)。所谓的互联网计算都属于这一类。按照 Flynn 的分类*,高吞吐计算属于单指令多数据(single instruction/multiple data,SIMD)的范畴。

2)分布计算

分布式计算(distributed computing)刚好和高吞吐计算相反,它们虽然可以分成若干并行的子任务,但是子任务间联系很紧密,需要大量的数据交换。按照 Flynn 的分类*,分布式的高性能计算属于多指令多数据(multiple instruction/multiple data,MIMD)的范畴。

2. 负载均衡集群

负载均衡集群为企业需求提供了更实用的系统。集群中所有的节点都处于活动状态,它们分摊系统的工作负载,Web 服务器集群、数据库集群和应用服务器集群多属于这种类型。如名称所暗示的,该系统使负载可以在计算机集群中尽可能平均地分摊处理,对于运行同一组应用程序的大量用户,每个节点都可以处理一部分负载,并且可以在节点之间动态分配负载,以实现平衡,对于网络流量也是如此。通常,网络服务器应用程序接受了太多入网流量,以致无法迅速处理,这就需要将流量发送给在其他节点上运行的网络服务器应用,还可以根据每个节点上不同的可用资源或网络的特殊环境来进行优化。

3. 高可用性集群

高可用(high availability)集群,简称 HA 集群。它的出现是为了使集群的整体服务尽可能可用,以便解决计算硬件和软件的易错性。

计算机系统的可用性(availability)是通过系统的可靠性(reliability)和可维护性(maintainability)来度量的。工程上通常用平均失效间隔时间(mean time between failure,MTBF)来度量系统的可靠性,用平均修复时间(mean time to repair,MTTR)来度量系统的可

---

　*　1966 年 M. J. Flynn 提出按指令流和数据流的多少进行分类的方法。他首先定义:指令流是机器执行的指令序列;数据流是由指令调用的数据序列。然后,他把计算机系统分为四类:①单指令、单数据流(SISD)计算机;②单指令、多数据流(SIMD)计算机;③多指令、单数据流(MISD)计算机;④多指令、多数据流(MIMD)计算机。

维护性。于是可用性被定义为：MTTF/(MTTF＋MTTR)×100％。业界根据可用性把计算机系统分为如表 2-2 所示的几类。

表 2-2　计算机系统的可用性级别分类

可用性分类 （availability classification）	可用比例	年停机时间
常规系统（conventional）	99.5	3.7 d
可用系统（available）	99.9	8.8 h
高可用系统（highly available）	99.99	52.6 min
出错恢复系统（fault resilient）	99.999	5.3 min
容错系统（fault tolerant）	99.999 9	32 s

对于关键业务，停机通常是灾难性的。因为停机带来的损失也是巨大的。表 2-3 的统计数字列举了不同类型企业应用系统停机所带来的损失。随着企业越来越依赖于信息技术，由于系统停机而带来的损失也越来越大。

表 2-3　企业应用系统停机所受损失

应用系统	每分钟损失/美元
呼叫中心（call center）	27 000
企业资源计划（enterprise resource planning，ERP）系统	13 000
供应链管理（supply chain management，SCM）系统	11 000
电子商务（eCommerce）系统	10 000
客户服务（customer service）系统	27 000

高可用性集群致力于使服务器系统的运行速度和响应速度尽可能快。它们经常使用在多台机器上运行的冗余节点和服务来相互跟踪。如果某个节点失败，它的替补将在几秒或更短时间内接管它的职责。次节点通常是主节点的镜像，所以当它代替主节点时，它可以完全接管其身份，使系统环境对于用户是一致的。因此，对于用户而言，集群永远不会停机。HA 集群可以维护节点间冗余应用程序，用户的应用程序将继续运行，即使所使用的节点出了故障，正在运行的应用程序会在几秒之内迁移到另一个节点，而所有用户只会察觉到响应稍微慢了一点。但是，这种应用程序级冗余要求将软件设计成具有集群意识，并且知道节点失败时应该做什么。

集群的三种基本类型之间，经常会发生混合与交杂。于是，可以发现高可用性集群也可以在其节点之间均衡用户负载，同时仍试图维持高可用性程度。同样，可以从要编入应用程序的集群中找到一个并行集群，它可以在节点之间执行负载均衡。尽管集群系统本身独立于它在使用的软件或硬件，但要有效运行系统时，硬件连接将起关键作用。

集群计算模式是最经济的计算模式。集群系统允许用户把普通商用硬件系统组成机群，并根据需要随时在机群中增加新的硬件，提高系统的伸缩性和可用性，从而能够在价格相对低廉的中低端平台上享用过去只有高端系统才具备的高可伸缩性和高可用性，既提高了系统的性能，也降低了成本，同时实现了更多的计算机等于更快速度的目标。人们对集群计算的兴趣日益增加。集群得以推广应用取决于如下一些考虑：

（1）性价比：集群系统的并行性降低了处理的瓶颈，提供了全面改进的性能，也就是说，集群系统提供了更好的性能价格比。

（2）资源共享：集群系统能有效地支持不同位置的用户对信息和资源（硬件和软件）的共享。

（3）灵活性和可扩展性：集群系统可以增量扩展，并能方便地修改或扩展系统以适应变化的环境而无须中断其运行。

（4）实用性和容错性：依靠存储单元和处理单元的多重性，集群系统具有在系统出现故障的情况下继续运行的潜力。

（5）可伸缩性：集群系统能容易地扩大以包含更多的资源（硬件和软件）。

2.1.6　面向服务的体系结构与 Web 服务

1996 年，美国著名的 IT 市场研究和顾问咨询公司 Gartner 最早提出面向服务体系结构（service-oriented architecture，SOA）（李巍，2004）。随着软件开发方法的不断发展，企业级数字工程应用系统越来越复杂，使得 SOA 成为了应运而生的软件工程方法。2002 年 12 月，Gartner 提出 SOA 是"现代应用开发领域最重要的课题"并预测到 2006 年，采用面向服务的企业级应用将占全球销售出的所有商业应用产品的 80% 以上；还预计到 SOA 将成为占有绝对主流的软件工程实践方法（Rain，2005），主流企业应该在理解和应用 SOA 开发技能方面进行投资。近几年全球各大 IT 巨头纷纷推出面向服务的应用平台，纷纷表示将全面支持 SOA。

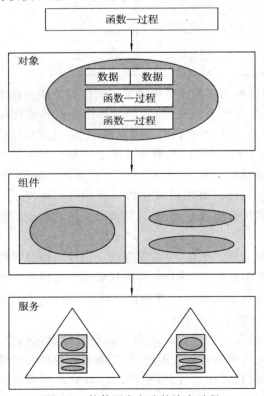

图 2-3　软件开发方法的演变过程

1. SOA 基本概念

应用软件开发方法在短短的几十年中经历了多次的进化，每一次的进化给人们带来的好处都是一样的，那就是提高生产效率、减低生产成本，给投资者带来更丰厚的回报。软件开发方法的进化历程有以下几次重大的过程：面向函数（面向过程）、面向对象、面向组件以及迎面而来的面向服务软件开发方法，如图 2-3 所示。每一种软件开发方法都解决了特定的问题，但同时又不得不面对新的问题，因此不断地催生新的方法和手段。

SOA 是一种体系结构模型，它可以根据需求通过网络对松散耦合的粗粒度应用组件进行分布式部署、组合和使用。服务层是 SOA 的基础，可以直接被应用调用，从而有效控制系统中与软件代理交互的人为依赖性。SOA 的核心思想是由擅长软件开发的技术人员把一个个的业务功能包装成一个个标准的服务，精通商业流程的专家通过组合这些服务可以很容易的搭建功能完善的企业应用，或者重新组合这些服务成为全新的应用以满足企业的不断变化的需求。

SOA 架构分为四大功能模块：开发服务、发布服务、查找服务、使用服务。服务提供者开发出各种各样的有用的服务，经过严格测试后把服务发布到公共的服务注册表上，服务请求者通过查找服务注册表获得所需要的服务,然后便可以使用所需要的服务了。SOA 架构可以抽象为如图 2-4 所示的模型。

SOA 可为企业计算带来如下益处(Luo et al,2004)。

1)更好地支持业务流程

SOA 并不是一个新事物,IT 组织如 BEA、IBM 等厂商如已经成功建立并实施 SOA 应用软件很多年了。SOA 的目标在于让 IT 变得更有弹性,以更快地响应业务单位的需求,实现实时企业(real-time enterprise,RTE),这是 Gartner 为 SOA 描述的远景目标。而 BEA 的首席信息官(chief information officer,CIO)Rhonda 早在 2001 年 6 月就提出要将 BEA 的 IT 基础架构转变为 SOA,并且从对整个企业架构的控制能力、提升开发效率、加快开发速度、降低在客户化和人员技能的投入等方面取得了不错的成绩。SOA 也不仅仅是一种开发的方法论——它还包含管理。例如,应用 SOA 后,管理者可以方便地管理这些搭建在服务平台上的企业应用,而不是管理单一的应用模块。其原理是,通过分析服务之间的相互调用,SOA 使得公司管理人员方便地拿到什么时候、什么原因、哪些商业逻辑被执行的数据信息,这样就帮助了企业管理人员或应用架构师迭代地优化他们的企业业务流程、应用系统。

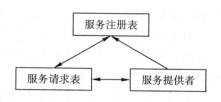

图 2-4　SOA 架构抽象模型

SOA 是在计算环境下设计、开发、应用、管理分散的逻辑(服务)单元的一种规范,这个定义决定了 SOA 的广泛性。SOA 要求开发者从服务集成的角度来设计应用软件;要求开发者超越应用软件来思考,并考虑复用现有的服务,或者检查如何让服务被重复利用;鼓励使用可替代的技术和方法(如消息机制),通过把服务联系在一起而非编写新代码来构架应用。经过适当构架后,这种消息机制的应用允许公司仅通过调整原有服务模式而非被迫进行大规模新的应用代码的开发,使得在商业环境许可的时间内对变化的市场条件做出快速的响应。SOA 的一个中心思想就是使得企业应用摆脱面向技术的解决方案的束缚,轻松应对企业商业服务变化、发展的需要。企业环境中单个应用程序是无法包容业务用户的(各种)需求的,即使是一个大型的企业资源计划解决方案,仍然不能满足这个需求在不断膨胀、变化的缺口。对市场快速做出反应,商业用户只能通过不断开发新应用,扩展现有应用程序来艰难地支撑其现有的业务需求。通过将注意力放在服务上,应用程序能够集中起来提供更加丰富、目的性更强的商业流程。其结果就是,基于 SOA 的企业应用系统通常会更加真实地反映出与业务模型的结合。服务是从业务流程的角度来看待技术的——这是从上向下看的,这种角度同一般的从可用技术所驱动的商业视角是相反的。服务的优势很清楚:它们会同业务流程结合在一起,因此能够更加精确地表示业务模型、更好地支持业务流程。相反我们可以看到以应用程序为中心的企业应用模型迫使业务用户将其能力局限为应用程序的能力。

2)有利于企业业务的集成

传统的应用集成方法包括点对点集成、企业消息总线或企业应用集成(enterprise application intergration,EAI)、基于业务流程的集成等,都很复杂、昂贵,并且不灵活。这些集成方法以快速适应基于企业现代业务变化不断产生的需求。SOA 的应用开发和集成可以很好地解决其中的许多问题。

SOA 描述了一套完善的开发模式来帮助客户端应用连接到服务上。这些模式定制了系列机制用于描述服务、通知及发现服务、与服务进行通信。

不同于传统的应用集成方法,在 SOA 中,围绕服务的所有模式都是以基于标准的技术实现的。大部分的通信中间件系统,如 RPC、CORBA、DCOM、EJB 和 RMI,也同样如此。可是它们的实现都不是很完美,在权衡交互性以及标准定制的可接受性方面总是存在问题,因为几乎所有的通信中间件系统都有固定的处理模式,如 RPC 的功能、CORBA 的对象等。SOA 试图排除这些缺陷,这是因为服务既可以定义为功能,又可同时对外定义为对象、应用等,这使得 SOA 可适应于任何现有系统,并使得系统在集成时不必刻意遵循任何特殊定制。

SOA 帮助企业信息系统在不用对现有的企业系统做修改的前提下,可对外提供 Web 服务接口,这是因为它们已经被可以提供 Web 服务接口的应用层做了一层封装,所以在不用修改现有系统架构的情况下,SOA 可以将系统和应用迅速转换为服务。SOA 不仅覆盖来自于打包应用、定制应用和遗留系统中的信息,而且还覆盖来自于如安全、内容管理、搜索等 IT 架构中的功能和数据。因为基于 SOA 的应用能很容易地从这些基础服务架构中添加功能,所以基于 SOA 的应用能更快地应对市场变化,为企业业务部门设计开发出新的功能应用。

图 2-5 提供了使用基于服务集成的企业应用的高级视图。与传统的企业应用集成架构的主要区别在于该系统使用基于标准的服务,并包括处理和数据服务、编排和组合。基于标准的服务成了应用间的集成点,服务的编排和组合增加了服务的灵活性、重用性和集成性。

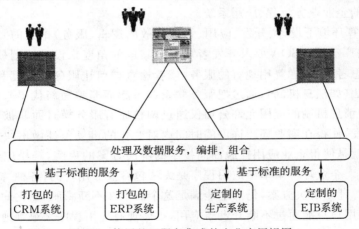

图 2-5　使用基于服务集成的企业应用视图

2．SOA 服务粒度

可以按基于服务的功能及发送和接收的数据数量来定义服务,如细粒度服务、粗粒度服务或组合服务。在 SOA 中服务粒度有两种相关的意思:一是服务是如何实现的,二是服务使用和返回了多少数据或多少消息。细粒度服务执行了最小的功能,发送和接收少量的数据。粗粒度服务执行了较大的业务功能,并交换了更多的数据。

细粒度服务是供粗粒度服务或组合服务使用的,而不是由终端应用直接使用的。如果应用是使用细粒度服务建立的,则应用将不得不调用网络上多个服务,并且发生在每个服务上的数据量较少,因而会对系统整体性带来影响。所以粗粒度服务的用户不能直接调用他所使用的细粒度服务。然而,由于粗粒度服务可能使用多个细粒度服务,因此它们不能提供粒度级的安全和访问控制。

组合服务可以使用粗粒度服务和细粒度服务进行组装。数据数量不是粗粒度服务和组合服务之间的区别。粗粒度服务例子如创建新客户,在这一过程的操作是:需要通过一些外部服务验证对客户进行验证,并在客户资源管理(customer resource management,CRM)应用系统中创建客户记录。组合服务例子可以是提供一个新的 DSL 线,这需要一个服务调用来验证订单、创建或验证客户,确认产品库存及为数据线分配资源。通过一组有效设计和组合的粗粒度服务,能够有效地组合出新的业务流程和应用程序。

3. Web 服务

Web 服务(Web Service)是一种构建应用程序的普通模型,并能在所有支持互联网通信的操作系统上实施运行。Web 服务令基于组件的开发和 Web 的结合达到最佳,基于组件的对象模型,如 DCOM、远程方法调用(remote method invocation,RMI)、IIOP 都已经发布、应用较长时间,但是这些模型都依赖于特殊对象模型协议,而 Web 服务利用简单对象访问协议(simple object access protocol,SOAP)和 XML 对这些模型在通信方面作了进一步的扩展以消除特殊对象模型的障碍。

Web 服务主要利用 HTTP 和 SOAP 使商业数据在 Web 上传输,SOAP 通过 HTTP 调用商业对象执行远程功能调用,Web 用户能够使用 SOAP 和 HTTP 通过 Web 调用的方法来调用远程对象。

Web 服务结构的客户根据 WSDL 描述文档,会生成一个 SOAP 请求消息。Web 服务都是放在 Web 服务器(如 IIS)后面,客户生成的 SOAP 请求会被嵌入在一个 HTTP POST 请求中,发送到 Web 服务器来。Web 服务器再把这些请求转发给 Web 服务请求处理器。请求处理器的作用在于,解析收到的 SOAP 请求,调用 Web 服务,然后再生成相应的 SOAP 应答。Web 服务器得到 SOAP 应答后,会再通过 HTTP 应答的方式把信息送回到客户端。

Web 服务体系主要包括以下几个方面。

1)三种组件

(1)服务提供者:提供服务,进行注册以使服务可用。

(2)服务代理:服务交换所,服务提供者和服务请求者之间的媒体。

(3)服务请求者:向服务代理请求服务,调用这些服务创建应用程序。

2)三种操作

发布或不发布(publish/unpublish):提供者向代理发布(注册)服务或不发布(移除)已注册的服务。

发现(find):由服务请求者向服务代理执行发现操作,服务请求者描述要找的服务,服务代理分发匹配的结果。

绑定(bind):在服务请求者和服务提供者之间绑定,这两部分协商以使请求者可以访问和调用提供者的服务。

3)统一描述、发现和集成

统一描述、发现和集成(universal description,discovery and integration,UDDI)是一个 Web 服务的信息注册规范,基于 UDDI 的 Web 服务注册可以被 UDDI 发现的方法是:在 Web 上有一种分布的注册服务,商务和服务以一种通用的 XML 格式描述,XML 中的结构化数据易于发现、分析和操作。

4)Web 服务描述语言

Web 服务描述语言(Web Services description language,WSDL)是一种 XML 语法,为服务提供者提供了描述构建在不同协议或编码方式之上的 Web 服务请求基本格式的方法。

WSDL 用来描述一个 Web 服务能做什么,它的位置在哪里,如何调用它等。在假定以 SOAP/HTTP/MIME 作为远程对象调用机制的情况下,WSDL 会发挥最大作用。UDDI 注册描述了 Web 服务绝大多数方面,包括服务的绑定细节。WSDL 可以看作是 UDDI 服务描述的子集。

WSDL 将服务定义为一个网络端点的集合,或者说端口的集合。在 WSDL 里面,端点及消息的抽象定义与它们具体的网络实现和数据格式绑定是分离的。这样就可以重用这些抽象定义:消息,需要交换的数据的抽象描述;端口类型,操作的抽象集合。针对一个特定端口类型的具体协议和数据格式规范构成一个可重用的绑定。一个端口定义成网络地址和可重用的绑定的连接,端口的集合定义为服务。因此一个 WSDL 文档在定义网络服务的时候使用以下的元素,不难看出,WSDL 给客户提供了一个模板,方便客户描述和绑定服务,见表 2-4。

表 2-4   WSDL 文档中的元素

元素名称	用途
类型	使用某种的类型系统(如 XSD)定义数据类型的容器
消息	通信数据抽象的有类型的定义
操作	服务支持动作的抽象描述
端口类型	一个操作的抽象集合,该操作由一个或多个端点支持
绑定	针对一个特定端口类型的具体协议规范和数据格式规范
端口	一个单一的端点,定义成一个绑定和一个网络地址的链接
服务	相关端点的集合

4. SOA 与 Web 服务

Web 服务作为 SOA 的最佳实践具有如下特征。

(1)标准:Web 服务的规范包括 SOAP、WSDL、UDDI、XML 以及其他一系列的标准,这些标准是每一个 Web 服务必须要实现的。目前绝大部分的 Web 服务产品都支持这些标准,尤其是各大国际 IT 巨头。

(2)松散的耦合:SOA 具有"松散耦合"组件服务,这一点区别于大多数其他的组件架构。该方法旨在将服务使用者和服务提供者在服务实现和客户如何使用服务方面隔离开来。服务提供者和服务使用者间松散耦合背后的关键点是服务接口作为与服务实现分离的实体而存在,这使服务实现能够在完全不影响服务使用者的情况下进行修改。

(3)互操作:每个 Web 服务产品之间的互操作在很大程度上决定了 Web 服务的成败,因此国际组织 WS-I 为 Web 服务互操作制定了标准以及测试包。

(4)基于中间件:Web 服务的大部分产品都基于某个中间件产品,因此可以把遗留应用中的功能组件包装成服务。因而这在很大的程度上可以保证现有的投资不至于浪费。

SOA 不是一定需要 Web 服务来实现,并且一个基于 Web 服务开发出来的应用也不代表就是一个基于 SOA 构架应用。Web 服务只是服务实现的一个典型,是实现企业 SOA 的一个组件(非必需组件)。SOA 为基于服务的分布式系统提供了概念上的设计模式。Web 服务则是基于标准的、可经济实惠地实现 SOA 的一项技术。

SOA 将 IT 资源透过服务这样一个在业务上有重要含义的概念来提供、共享,把 IT 与业务的距离更加拉近了一步。服务在涉及的层次上要比组件、函数、流程等更高,而且往往在业务上可以找到与之直接对应的概念或实体,如报价、订单。服务打破了 IT 系统间的藩篱,就像一家公司的各个部门,平常各自扮演特定对内或对外服务的角色,但彼此间如果能有效地通过共通的语言及文字,进行良好的沟通,便能协力达成更大、更高的目标。

随着 SOA 和 Web 服务的潮流,带来了组合式应用(composite application)的开发方式和观念,开始逐渐被大量应用在门户(portal)和集成(integration)上。组合式 Portal 的做法,就是通过 Portal 界面所提供的应用,往往不是真的在 Portal 服务器上执行,而是将 Web 服务即时抓过来,再加以呈现,同时汇总给 Portal 的使用者。在整合方面也是采用组合式的方式。通过高级工具来设定,使系统得以灵活地配合任务的调整,对各项以 Web 服务方式提供的服务进行不同形式的串联和协作,同时快速地加以部署。2004 年 3 月,BEA 发布了一个企业门户合理化(enterprise portal rationalization,EPR)战略,这个战略用来平衡 BEA WebLogic Platform 的 SOA 能力,凭借最好的行业实践和行业专家,帮助客户解决多年来形成的散乱的 Portal 和 Web 应用程序开发。

如果说 Web 服务等技术是 SOA 的血肉,那么正确的服务设计理念及系统运行平台则是 SOA 的灵魂。SOA 试图让 IT 能更快和业务同步,在规划上以提供弹性的业务服务为目标。从首席信息官到负责规划的系统分析人员,需要和业务单位、策略伙伴间有充分的沟通。首席信息官必须认识到,SOA 的建立将是一个为期数年的承诺,基础建设需要按部就班地进行,资助的模式也必须在 IT 和各个业务部门间建立,来陆续支援基础建设及各项业务服务的开发。

在中间件领域,SOA 架构日益成为中间件软件供应商争夺的新焦点。谁都希望自己能够先于竞争对手提供最优的 SOA 技术实现平台,BEA 也不例外。从技术上来说,Web 服务、组件技术的采用将有助于 SOA 的进一步普及,从业务上来说,企业用户要求性价比更高的应用系统,SOA 恰恰适应了这样的趋势。

2.1.7　海量数据管理与异构数据库集成

海量数据是指规模巨大、空前浩瀚的数据。现在数字工程应用涉及的很多业务部门中都需要操作海量数据,如规划部门有规划方面的数据,水利部门有水利方面的数据,气象部门有气象方面的数据,这些部门处理的数据量都非常大。它包括各种空间数据,报表统计数据,文字、声音、图像、超文本等各种环境和业务信息数据。

1. 海量数据管理的复杂性

(1)数据量过大,各种数据异常情况都可能存在。假如只有数十条数据,可以人为逐条检查、处理;有数百条数据时也能够考虑人工检查处理;但数据量累积到数千万、数十亿的级别时,那就不是手工操作能解决的了,必须通过工具如计算机程序系统进行处理,尤其海量的数据中,各种意外情况都可能存在,如数据中某处格式出了问题等,尤其在程序处理时,格式正确的数据还能正常处理,到了某个地方问题出现了,程序便因出现异常而终止。

(2)软件和硬件需要高,系统资源占用率高。对海量的数据进行处理,除了好的算法,最重要的就是合理使用工具,合理分配系统资源。一般情况,假如处理的数据过 TB 级,小型机是要考虑的,普通的机子假如有好的方法能够考虑,但是也必须提升 CPU 和内存的处理性能。

(3)需要很高技巧的处理方法。好的处理方法是数据分析师长期工作经验的积累,也是个人、团队的经验的总结。没有通用的处理方法,但有通用的原理和规则。

2. 海量数据高效处理措施

1)选用优秀的数据库工具及编写高效算法程序

现在的数据库工具厂家比较多,对海量数据的处理对所使用的数据库工具需要比较高,一般使用 Oracle、DB2 或微软公司发布的 SQL Server。在商业智能(business intelligence,BI)领域,数据库、数据仓库、多维数据库、数据挖掘等相关工具也要进行选择,像好的数据提取、转换和加载(extraction-transformation-loading,ETL)工具和好的联机分析处理(on-line analytical processing,OLAP)工具都十分必要,如 Informatic、Eassbase 等。处理数据离不开高效的算法程序,尤其在进行复杂数据处理时,必须使用程序自动高效进行。好的程序对数据的处理至关重要,这不但是数据处理准确度的问题,更是数据处理效率的问题。良好的程序应该包含好的算法,好的处理流程,高效率的运行处理,还应包括适当的异常处理机制等。

2)对海量数据进行分区操作、建立广泛的索引、建立缓存机制

对海量数据进行分区操作十分必要,例如针对按年份存取的数据,能够按年进行分区,不同的数据库有不同的分区方式,但是处理机制大体相同。例如 SQL Server 的数据库分区是将不同的数据存于不同的文档组下,而不同的文档组存于不同的磁盘分区下,这样将数据分散开,减小磁盘 I/O,减小了系统负荷,而且还能够将日志、索引等放于不同的分区下。

对海量的数据处理,对大表建立索引是必行的,建立索引要考虑到具体情况,例如针对大表的分组、排序等字段,都要建立相应索引,一般还能够建立复合索引,对经常插入的表建立索引时要小心。ETL(数据提取,extract;转换,transform;加载,load)流程中,当插入表时,首先删除索引,然后插入完毕,建立索引,并实施聚合操作,聚合完成后,再次插入前还是删除索引,所以索引要用到好的时机,索引的填充因子和聚集、非聚集索引都要考虑。

当数据量增加时,一般的处理工具都要考虑到缓存问题。缓存大小及配置的好坏也关系到数据处理的成败,例如,在处理 2 亿条数据聚合操作时,缓存配置为 10 万条/缓存区,对于这个级别的数据量是可行的。

3)加大虚拟内存、数据分批处理、使用临时表和中间表

假如系统资源有限,内存提示不足,则能够靠增加虚拟内存来解决。在某实际项目中对18 亿条的数据进行处理,使用配置为 1 GB 内存及 1 颗 2.4 G 主频 CPU 的主机时,对这么大的数据量进行聚合操作会提示内存不足,采用了加大虚拟内存的方法来解决,在 6 块磁盘分区上分别建立了 6 个 4 096 MB 的磁盘分区,用于虚拟内存,这样虚拟的内存则增加为 4 096×6+1 024=25 600 MB,解决了数据处理中的内存不足问题。

海量数据处理难因为数据量大,那么解决海量数据处理难的问题的一个技巧是减少数据量。先对海量数据分批处理,处理后的数据再进行合并操作,这样逐个击破,有利于小数据量的处理,不至于面对大数据量带来的问题。但是这种方法也要因时因势进行,假如不允许拆分数据,还需要另想办法。但是一般的数据按天、按月、按年等存储的,都能够采用先分后合的方法,对数据进行分开处理。

数据量增加时,处理中要考虑提前汇总。这样做的目的是化整为零,大表变小表,分块处理完成后,再利用一定的规则进行合并,处理过程中的临时表的使用和中间结果的保存都很重要,假如对于超海量的数据,大表处理不了,只能拆分为多个小表。假如处理过程中需要多步汇总操作,可按汇总步骤一步步来,不要一条语句完成,一口气吃掉一个胖子。

4)优化查询 SQL 语句、使用文本格式进行处理、定制强大的清洗规则和出错处理机制、建立视图或物化视图

在对海量数据进行查询处理过程中,查询的 SQL 语句的性能对查询效率的影响是很大的,编写高效优良的 SQL 脚本和存储过程是数据库工作人员的职责,也是检验数据库工作人

员水平的一个标准,在对 SQL 语句的编写过程中,例如减少关联,少用或不用游标,设计好高效的数据库表结构等都十分必要。笔者在工作中试着对 1 亿行的数据使用游标,运行 3 个小时没有出结果,这时一定要改用程式处理了。

对一般的数据处理能够使用数据库,假如对复杂的数据处理,必须借助程式,那么在程式操作数据库和程式操作文本之间选择,是一定要选择程式操作文本的,原因为程式操作文本速度快,对文本进行处理不容易出错,文本的存储不受限制等。例如一般的海量的网络日志都是 csv 格式,对其进行处理牵扯数据清洗,要利用程式进行处理,而不建议导入数据库再做清洗。

海量数据中存在着不一致性,极有可能出现某处的瑕疵。例如,同样的数据中的时间字段,有的可能为非标准的时间,出现的原因可能为应用程式的错误、系统的错误等,因此在进行数据处理时,必须定制强大的数据清洗规则和出错处理机制。

视图中的数据来源于基表,对海量数据的处理,能够将数据按一定的规则分散到各个基表中,查询或处理过程中能够基于视图进行,这样分散了磁盘 I/O,正如十根绳子吊着一根柱子和一根绳子吊着一根柱子的区别。

5)考虑操作系统问题,避免使用低配置、低性能硬件

海量数据处理过程中,除了对数据库、处理程式等需要比较高以外,对操作系统的需要也放到了重要的位置,一般是必须使用服务器的,而且对系统的安全性和稳定性等需要也比较高。尤其对操作系统自身的缓存机制、临时空间的处理等问题都需要综合考虑。

现在的电脑很多都是 32 位的,那么编写的程式对内存的需要便受限制,而很多的海量数据处理是必须大量消耗内存的,这便需要更好性能的机子,其中对位数的限制也十分重要。

6)使用数据仓库和多维数据库存储,利用采样数据进行数据挖掘

数据量加大是一定要考虑 OLAP 的,传统的报表可能五六个小时出来结果,而基于 Cube (一种数据结构,用于对数据进行快速分析)的查询可能只需要几分钟,因此处理海量数据的利器是 OLAP 多维分析,即建立数据仓库,建立多维数据集,基于多维数据集进行报表展现和数据挖掘等。

基于海量数据的数据挖掘正在逐步兴起,面对着超海量的数据,一般的挖掘软件或算法往往采用数据抽样的方式进行处理,这样的误差不会很高,大大提高了处理效率和处理的成功率。一般采样时要注意数据的完整性和防止过大的偏差。笔者曾对 1.2 亿行的表数据进行采样,抽取出 400 万行,经测试软件测试处理的误差为 5‰,客户能够接受。

更有一些方法,需要在不同的情况和场合下运用,例如使用代理键等操作,这样的好处是加快了聚合时间,因为对数值型的聚合比对字符型的聚合快得多。类似的情况需要针对不同的需求进行处理。

海量数据是发展趋势,对数据分析和挖掘也越来越重要,从海量数据中提取有用信息重要而紧迫,这便需要处理要准确,精度要高,而且处理时间要短,得到有价值信息要快,所以对海量数据的研究很有前途,也很值得进行广泛深入的研究。

3. 异构数据库集成

大型的数字工程应用系统往往是一个综合的计算机应用系统,由多个不同的功能系统组成,如 ERP、PDMS、GIS、OA、MIS 等,这些系统因数据对象不同、系统建设时间先后等原因有可能使用了不同的数据库系统。另外,企业或组织机构实施数字工程一般都要经历几个发展阶段,由于技术或市场等原因,在不同时期配置的数据库系统可能会不一样。这样,在一个数

字工程应用系统中,难免会包含几种不同的数据库系统。这里所说的不同,可能是基于不同数据模型的 DBMS,如关系型的或对象型的。也可能虽然都是关系型的,但不同商家的产品其 SQL API 不尽相同。这些就是数字工程应用系统中面临的异种数据库的集成问题。异种数据库集成的主要技术有以下几种。

1)数据的迁移和转换

利用数据转换程序,对数据格式进行转换,从而能被其他的系统接收。这种方法处理简单,已为大多数用户理解和接受。许多数据库管理系统 DBMS 都自带有一些数据转换程序,也为用户提供了方便。但这种方式当数据更新时会带来不同步的问题,即使人工定时运行转换程序也只能达到短期同步,这对于数据更新频繁而实时性要求很高的场合不太适用。

2)使用中间件

中间件是位于客户端与服务器之间的中介接口软件,是异构系统集成所需的黏接剂。现有的数据库中间件允许客户在异构数据库上调用 SQL 服务,解决异构数据库的互操作性问题。功能完善的数据库中间件,可以对用户屏蔽数据的分布地点、DBMS 平台、SQL 方言及扩展、特殊的本地 API 等差异。

使用中间件的异种数据库集成可使用以下四种方法之一或几种。

第一,通用 SQL API 即在客户端的所有应用程序都采用通用的 SQL API 访问数据库,而由不同的 DBMS 服务器提供不同的数据库驱动程序,解决连接问题。通用的 SQL API 又可分为嵌入式 SQL(embedded SQL,ESQL)和调用级 SQL(call layer interface,CLI)。ESQL 是将 SQL 嵌入到 C、Pascal、COBOL 等程序设计语言中,通过预编译程序进行处理,因而 SQL 的所有功能及其非过程性的特点得到继承。CLI 则采用一个可调用的 SQL API 作为数据存取接口,它不需要预编译过程,允许在运行时产生并执行 SQL 语句。由于 CLI 更为灵活,现在应用较广,如 Microsoft 的 ODBC、IBM 的 DRDA、Borland 的 IDAPI、Sybase 的开放客户端—开放服务器等。

第二,通用网关(gateway)是当前流行的中间件方案。在客户端有一个公共的客户端驱动程序(gateway driver);在服务器端有一个网关接受程序,它捕获进来的格式和规程(format and protocol,FAP)信息,然后进行转换,送至本地的 SQL 接口。

第三,使用通用协议。通用协议是指公共的 FAP 和公共的 API,并且有一个单一的数据库管理接口。公共 FAP 支持适用于所有的 SQL 方言的超级设置或容忍全部本地 SQL 方言通过。

第四,基于组件技术的一致数据访问接口。例如,Microsoft 推出的 UDA(universal data access)技术,分别提供了底层的系统级编程接口和高层的应用级编程接口。前者定义了一组 COM(组件对象模型)接口,建立了抽象数据源的概念,封装了对关系型及非关系型各种数据源的访问操作,为数据的使用方和提供方建立了标准;后者是建立在前者基础上的,它提供了一组可编程的自动化对象,更适合于各种客户端—服务器应用系统,尤其适用于在一些脚本语言中访问各种数据源。

3)多数据库系统

在数字工程应用系统环境下,从系统和规模上来解决异种数据库集成的方法为多数据库系统。所谓多数据库系统,就是一种能够接受和容纳多个异构数据库的系统,对外呈现出一种集成结构,而对内又允许各个异构数据库的"自治性"。这种多数据库系统和分布式数据库系统有所不同。多数据库系统不存在一个统一的数据库管理系统软件,而分布式数据库系统是在一个统一的数据库管理系统软件的管理与控制之下运行的。多数据库系统主要采用自下而上的数据集成方法,因为异构情况在前而集成要求在后,而分布式数据库系统主要采用自上而下的数据集成方法,全局数据库是各个子库的并集。多数据库系统主要解决异种数据库集成问题,可以保护原有的数据资源,使各局部数据库享有高度"自治性",而分布式数据库系统是在数据的统一规划下,着重解决数据的合理分布和对用户透明的问题。当然,两者之间在技术上有很多交叉,可以互相借鉴。多数据库系统一般分为两类:

(1)有全局统一模式的多数据库系统。多个异构数据库集成时有一个全局统一的概念模式,它是通过映射各异构的局部数据库的概念模式而得到。

(2)联邦式数据库系统。各个异构的局部数据库之间仅存在松散的联邦式耦合关系,没有全局统一模式,各局部库通过定义输入、输出模式进行彼此之间的数据访问。到目前为止,没有商品化的多数据库系统,在数字工程应用系统环境中实施有一定难度。

2.1.8　嵌入式技术

数字工程系统中强调的"端对端"的信息处理与服务,许多应用中的端不是传统意义上的计算设备,如服务器或计算机,而是一些小巧轻便便于携带、移动的数字终端。如个人数字助手(personal digital assistant,PDA)、智能手机(smart phone)等。在这类设备上开发应用、访问信息服务必须利用嵌入式系统及相应的开发技术。

根据国际电机工程师协会(Institute of Electrical and Electronics Engineers,IEEE)的定义,嵌入式系统是"控制、监视或者辅助装置、机器和设备运行的装置",主要是从应用上加以定义的,从中可以看出嵌入式系统是软件和硬件的综合体,还可以涵盖机械等附属装置。上述定义并不能充分体现出嵌入式系统的精髓,目前国内一个普遍被认同的定义是:以应用为中心,以计算机技术为基础,软件硬件可裁剪,适应应用系统对功能、可靠性、成本、体积、功耗严格要求的专用计算机系统。可从以下几个方面来理解嵌入式系统:

(1)嵌入式系统是面向用户、面向产品、面向应用的,它必须与具体应用相结合才会具有生命力、才更具有优势。因此可以这样理解上述三个面向的含义,即嵌入式系统是与应用紧密结合的,它具有很强的专用性,必须结合实际系统需求进行合理的裁减利用。

(2)嵌入式系统是将先进的计算机技术、半导体技术、电子技术和各个行业的具体应用相结合后的产物,这一点就决定了它必然是一个技术密集、资金密集、高度分散、不断创新的知识集成系统。所以,介入嵌入式系统行业,必须有一个正确的定位。例如奔迈公司(Palm)之所以在 PDA 领域占有 70%以上的市场,就是因为其立足于个人电子消费品,着重发展图形界面和多任务管理;而美国风河系统公司(WindRiver)的 VxWorks 之所以在火星车上得以应用,则是因为其高实时性和高可靠性。

(3)嵌入式系统必须根据应用需求对软硬件进行裁剪,满足应用系统的功能、可靠性、成本、体积等要求。所以,如果能建立相对通用的软硬件基础,然后在其上开发出适应各种需要的系统,是一个比较好的发展模式。目前的嵌入式系统的核心往往是一个只有几 KB 到几十 KB 的微内核,需要根据实际的使用进行功能扩展或者裁减,但是由于微内核的存在,使得这种扩展能够非常顺利的进行。

实际上,嵌入式系统本身是一个外延极广的名词,凡是与产品结合在一起的具有嵌入式特点的控制系统都可以叫嵌入式系统,而且有时很难给它下一个准确的定义。现在人们讲嵌入式系统时,某种程度上指近些年比较热门的具有操作系统的嵌入式系统。

一般而言,嵌入式系统的构架可以分成四个部分:处理器、存储器、输入输出(I/O)和软件(由于多数嵌入式设备的应用软件和操作系统都是紧密结合的,在这里我们对其不加区分,这也是嵌入式系统和桌面系统的最大区别)。

1. 嵌入式系统概念

嵌入式系统中有许多非常重要的概念:

(1)嵌入式处理器:嵌入式系统的核心,是控制、辅助系统运行的硬件单元。范围极其广阔,从最初的 4 位处理器,目前仍在大规模应用的 8 位单片机,到最新的受到广泛青睐的 32 位、64 位嵌入式 CPU。

(2)实时操作系统(real time operating system,RTOS):嵌入式系统目前最主要的组成部分。根据操作系统的工作特性,实时是指物理进程的真实时间。实时操作系统具有实时性,能从硬件方面支持实时控制系统工作的操作系统。其中实时性是第一要求,需要调度一切可利用的资源完成实时控制任务,其次才着眼于提高计算机系统的使用效率,重要特点是要满足对时间的限制和要求。

(3)分时操作系统:对于分时操作系统,软件的执行在时间上的要求并不严格,时间上的错误一般不会造成灾难性的后果。目前分时系统的强项在于多任务的管理,而实时操作系统的重要特点是具有系统的可确定性,即系统能对运行情况的最好和最坏等情况做出精确的估计。

(4)多任务操作系统:系统支持多任务管理和任务间的同步和通信,传统的单片机系统和DOS 系统等对多任务支持的功能很弱,而目前的 Windows 是典型的多任务操作系统。在嵌入式应用领域中,多任务是一个普遍的要求。

2. 嵌入式系统的重要特征

嵌入式系统主要有下列重要特征:

(1)系统内核小。由于嵌入式系统一般是应用于小型电子装置的,系统资源相对有限,所以内核较之传统的操作系统要小得多。比如 VxWorks 的内核可以裁剪到 8 KB。

(2)专用性强。嵌入式系统的个性化很强,其中的软件系统和硬件的结合非常紧密,一般要针对硬件进行系统的移植,即使在同一品牌、同一系列的产品中也需要根据系统硬件的变化和增减不断进行修改。同时针对不同的任务,往往需要对系统进行较大更改,程序的编译下载要和系统相结合,这种修改和通用软件的“升级”是完全两个概念。

(3)系统精简。嵌入式系统一般没有系统软件和应用软件的明显区分,不要求其功能设计及实现上过于复杂,这样一方面利于控制系统成本,另一方面也利于实现系统安全。

(4)高实时性的系统软件(例如,操作系统(operating system,OS)是嵌入式软件的基本要求。而且软件要求固态存储,以提高速度;软件代码要求高质量和高可靠性。

(5)嵌入式软件开发要想走向标准化,就必须使用多任务的操作系统。嵌入式系统的应用程序可以没有操作系统直接在芯片上运行;但是为了合理地调度多任务、利用系统资源、系统函数以及和专家库函数接口,用户必须自行选配 RTOS 开发平台,这样才能保证程序执行的实时性、可靠性,并减少开发时间,保障软件质量。

(6)嵌入式系统开发需要开发工具和环境。由于其本身不具备自主开发能力,即使设计完成以后用户通常也不能对其中的程序功能进行修改,必须有一套开发工具和环境才能进行开发,这些工具和环境一般是基于通用计算机上的软硬件设备以及各种逻辑分析仪、混合信号示波器等。开发时往往有主机和目标机的概念,主机用于程序的开发,目标机作为最后的执行机,开发时需要交替结合进行。

这些年来掀起了嵌入式系统应用热潮的原因主要有几个方面:一是芯片技术的发展,使得单个芯片具有更强的处理能力,而且已经使集成多种接口成为可能,众多芯片生产厂商已经将注意力集中在这方面;二是应用的需要,由于对产品可靠性、成本、更新换代要求的提高,使得嵌入式系统逐渐从纯硬件实现和使用通用计算机实现的应用中脱颖而出,成为近年来令人关注的焦点。

2.1.9　云计算技术

云计算(cloud computing)是并行计算(parallel computing)、分布式计算(distributed computing)和网格计算(grid computing)的发展,或者说是这些计算机科学概念的商业实现。总的来说,云计算可以算作是网格计算的一个商业演化版。早在 2002 年,我国刘鹏就针对传统网格计算思路存在不实用问题,提出计算池的概念:"把分散在各地的高性能计算机用高速网络连接起来,用专门设计的中间件软件有机地黏合在一起,以 Web 界面接受各地科学工作者提出的计算请求,并将之分配到合适的结点上运行。计算池能大大提高资源的服务质量和利用率,同时避免跨结点划分应用程序所带来的低效性和复杂性,能够在目前条件下达到实用化要求。"

这种资源池称为"云"。"云"是一些可以自我维护和管理的虚拟计算资源,通常为一些大型服务器集群,包括计算服务器、存储服务器、宽带资源等。云计算将所有的计算资源集中起来,并由软件实现自动管理,无须人为参与。这使得应用提供者无须为烦琐的细节而烦恼,能够更加专注于自己的业务,有利于创新和降低成本。这就类似于从古老的单台发电机模式转向了电厂集中供电的模式,意味着计算能力也可以作为一种商品进行流通,就像煤气、水电一样,取用方便,费用低廉。最大的不同在于,它是通过互联网进行传输的。

1. 云计算的特点与形式

狭义云计算是指 IT 基础设施的交付和使用模式,指通过网络以按需、易扩展的方式获得所需的资源(硬件、平台、软件)。提供资源的网络被称为"云","云"中的资源在使用者看来是可以无限扩展的,并且可以随时获取,按需使用,随时扩展,按使用付费。这种特性经常被称为像水电一样使用 IT 基础设施。广义云计算是指服务的交付和使用模式,指通过网络以按需、易扩展的方式获得所需的服务。这种服务可以是 IT 和软件、互联网相关的,也可以是任意其他的服务。云计算具有以下特点:

(1)超大规模。"云"具有相当的规模,能赋予用户前所未有的计算能力。谷歌公司(Google)的云计算已经拥有 100 多万台服务器,Amazon、IBM、微软、Yahoo 等的"云"均拥有几十万台服务器。企业私有云一般拥有数百上千台服务器。

(2)虚拟化。云计算支持用户在任意位置使用各种终端获取应用服务。所请求的资源来自"云",而不是固定的有形的实体。应用在"云"中某处运行,但实际上用户无须了解也不用担心应用运行的具体位置。只需要一台笔记本或者一部手机,就可以通过网络服务来实现需要的一切,甚至包括超级计算这样的任务。

(3)高可靠性。"云"使用了数据多副本容错、计算节点同构可互换等措施来保障服务的高可靠性,使用云计算比使用本地计算机更可靠。

(4)通用性。云计算不针对特定的应用,在"云"的支撑下可以构造出千变万化的应用,同一个"云"可以同时支撑不同的应用运行。

(5)高可扩展性。"云"的规模可以动态伸缩,满足应用和用户规模增长的需要。

(6)按需服务。"云"是一个庞大的资源池,可按需购买。

(7)极其廉价。由于"云"的特殊容错措施可以采用极其廉价的节点来构成云,"云"的自动化集中式管理使大量企业无须负担日益高昂的数据中心管理成本,"云"的通用性使资源的利用率较之传统系统大幅提升,因此用户可以充分享受"云"的低成本优势,经常只要花费几百美元、几天时间就能完成以前需要数万美元、数月时间才能完成的任务。

云计算主要有下列形式:

(1)软件即服务(software as a service,SaaS)。这种类型的云计算通过浏览器把程序传给成千上万的用户。在用户眼中看来,这样会省去在服务器和软件授权上的开支;从供应商角度来看,这样只需要维持一个程序就够了,这样能够减少成本。Salesforce.com 是迄今为止这类服务最为出名的公司。SaaS 在人力资源管理程序和 ERP 中比较常用,Google Apps 和 Zoho Office 也是类似的服务。

(2)实用计算(utility computing)。这种云计算是为 IT 行业创造虚拟的数据中心使其能够把内存、I/O 设备、存储和计算能力集中起来成为一个虚拟的资源池来为整个网络提供服务。Amazon.com、Sun、IBM 等企业已提供了相关的服务(中国云计算网,2009)。

(3)网络服务。同 SaaS 关系密切,网络服务提供者们能够提供 API 让开发者能够开发更多基于互联网的应用,而不是提供单机程序。

(4)平台即服务。另一种 SaaS,这种形式的云计算把开发环境作为一种服务来提供。用户可以使用中间商的设备来开发自己的程序并通过互联网和其服务器传到用户手中。

(5)管理服务提供商(management service provider,MSP)。最古老的云计算运用之一。这种应用更多的是面向 IT 行业而不是终端用户,常用于邮件病毒扫描、程序监控等。

(6)商业服务平台。SaaS 和 MSP 的混合应用,该类云计算为用户和提供商之间的互动提供了一个平台。比如用户个人开支管理系统,能够根据用户的设置来管理其开支并协调其订购的各种服务。

(7)互联网整合。将互联网上提供类似服务的公司整合起来,以便用户能够更方便地比较和选择自己的服务供应商。

2. 网格计算与云计算

网格是继互联网、Web 之后的新一代网络基础设施,它倡导所有网络资源的全面连通。事实上,在网格技术背景下,传统信息系统(包括 GIS、MIS 和 OA 等)建设完成了从点到面(或网)的跨越,形成了一种基于网格的统一集成的信息处理与共享平台。数字工程是传统信息系统工程在当代技术背景下的升华,网格为数字工程中作为载体的空间信息与社会经济信息和其他专业信息的综合应用提供了技术与环境,因此,(空间)信息网格技术是数字工程的核心技术。

网格研究的开拓人物、美国 Argonne 国家实验室的资深科学家 Ian Foster 把网格描述为"网格是构筑在互联网上的一组新兴技术,它将高速互联网、计算机、大型数据库、传感器远程设备融为一体,为科技人员和普通老百姓提供更多更强的资源、功能和服务"(Foster et al,

1999)。

　　简单地说,基于网格的问题求解就是网格计算(都志辉 等,2002)。具体地讲,所谓网格计算通常是指集聚地理分布的计算资源实现高性能计算,从而形成庞大的全球性的计算体系(金江军,2004)。网格计算实际上是从计算角度对网格的另一种称呼,并与网格的应用领域紧密相关。如果说主体式的集中计算是计算的传统形式,基于互联网的分布式计算(C/S 和 B/S)是在客户端和服务器之间的计算均衡,那么,网格计算就是把计算推向广阔无垠的全球虚拟计算空间。在这个虚拟的计算空间中,各计算实体逻辑上是平等的,不再有主从之分(P2P)。与前两种计算模式相比,网格计算具有无可比拟的优点,它不但具有无穷无尽的计算资源,无比巨大的计算能力,而且具有高伸缩性、柔韧性和灵活性,更重要的是网格计算不只关于数据和处理器及任务的——它还是关于上下文和含义的(Myer,2003)。因而,网格计算具有智能性,是一种智能计算。

　　网格建立在互联网和 Web 之上,因此,网格与互联网、Web 有许多共同的特点,如地理分布的广泛性、面向全球用户、突出资源共享特性等,广义上的网格包括互联网和 Web。但网格在理论、技术机制、结构、资源共享的程度、功能应用的深度等方面又优于或高于互联网和Web。网格是建立在互联网和 Web 之上的结构和设施。正如 Foster 所言,互联网主要是为人们提供电子邮件、网页浏览等通信功能,而网格则能够提供更多更强的功能,它能让人们共享计算资源、存储资源和其他资源(Foster et al,2002)。

　　网格的特点综合起来有以下几点(都志辉 等,2002;徐志伟 等,2004):

　　(1)虚拟性。网格中的资源(客体)和用户(主体)都是经过抽象的,把实际的用户和资源虚拟化为网格用户(人也是一种资源,虽然它有时兼有用户角色)和网格资源。资源对外提供的只是一个虚拟的接口,网格用户通过标准、开放和通用的界面和协议,访问网格中的各种虚拟资源,并最终映射到物理资源上,而网格中的物理用户和物理资源是互不可见的。网格屏蔽了主客体在物理上各种层次、各个方面的差异,看到的是相应统一的接口,也就是说网格的用户和资源之间、资源和资源之间、用户和用户之间都是透明的。网格的完全虚拟性是网格最重要的技术特性,是网格最鲜明的特色。目前的互联网作为底层的基础设施,存在着虚拟性(不然它就无法工作),但不可能是完全彻底的虚拟。

　　(2)共享性。共享是网格出发点,同时是网格的目的。网格就是一个共享各种资源的环境和场所,共享是网格最响亮的关键词。

　　(3)集成性。网格把地理分布的各种资源逻辑上集成在一起,成为一个有机的整体,供地理分布的各种用户使用。这些资源可以有不同的所有者、不同的管理域、不同的操作平台、不同种类、不同质地、不同结构、不同形式、不同能力等特点。它们既可以单独使用,也可以组合使用。

　　(4)动态性。动态性主要指网格资源具有加入和退出网格的绝对自由。

　　(5)协商性。指网格支持资源的协商使用,即资源请求者和提供者可以通过协商得到不同质量的服务,满足不同的实际需求。

　　(6)自治性和管理的多重性。网格资源的拥有者对资源具有最优先的自主管理能力,这就是网格的自治性;但同时,网格资源还必须接受网格的统一管理和调度,否则,就无法实现共享和互操作。既需要自主管理又需要统一调度,体现出网格管理的多重性。

　　(7)自相似性。网格结构的局部和整体之间存在着一定的相似性,局部往往在许多地方具有全局的某些特征,而全局特征在局部也有一定体现。据此,可以将网格划分为全球、国家、省市、县等系列。具有以上特点的网格,在全球范围内,面向所有用户、所有领域,提供一个统一、集成、全方位共享、超高速度、无限容量的网格计算环境。可以解决大到天文观测与模拟、航天工程、全球性问题,小到个人查询和娱乐的所有问题。

以"资源全面共享和协同"为宗旨的网格是构建数字工程底层平台(数据平台、网络平台、基础信息共享平台)的关键技术。通过网格技术可以构建数字工程底层统一集成的数据、网络和共享平台,为其上的数字工程的综合应用和深层开发打下坚实的基础。

在数字工程基础平台之上的综合应用中,网格技术也扮演着十分重要的角色。例如,在数字城市工程中,许多领域都是数据密集、计算密集或访问密集的,如专业仿真型城市地理信息系统通常是数据密集加计算密集的,城市遥感影像实时处理也是数据密集加计算密集的,分布式虚拟现实城市地理信息系统和空间信息应用服务则是数据密集加计算密集再加访问密集。因此网格计算对数字城市诸多领域都将产生非常深远的影响,数字城市领域的研究人员必须引起高度重视(金江军,2004)。

相对于网格计算和分布式计算,云计算拥有明显的特点:第一是低成本,这是最突出的特点;第二是虚拟机的支持,使得在网络环境下的一些原来比较难做的事情现在比较容易处理;第三是镜像部署的执行,这样就能够使得过去很难处理的异构的程序的执行互操作变得比较容易;第四是强调服务化,服务化有一些新的机制,特别是更适合商业运行的机制。

网格计算和云计算有相似之处,特别是计算的并行与合作的特点;但它们的区别也很明显,主要有以下几点。

(1)网格计算的思路是聚合分布资源,支持虚拟组织,提供高层次的服务,例如分布协同科学研究等。而云计算的资源相对集中,主要以数据中心的形式提供底层资源的使用,并不强调虚拟组织的概念。

(2)网格计算用聚合资源来支持挑战性的应用,这是初衷,因为高性能计算的资源不够用,要把分散的资源聚合起来;2004年以后逐渐强调适应普遍的信息化应用,特别在中国,网格研究强调支持信息化的应用。但云计算从一开始就支持广泛企业计算、Web应用,普适性更强。

(3)在对待异构性方面,两者理念上有所不同。网格计算用中间件屏蔽异构系统,力图使用户面向同样的环境,把困难留在中间件,让中间件完成任务。而云计算实际上承认异构,用镜像执行,或者提供服务的机制来解决异构性的问题。当然不同的云计算系统还不太一样,像Google一般用比较专用的自己的内部的平台来支持。

(4)网格计算用执行作业形式使用,在一个阶段内完成作用产生数据。而云计算支持持久服务,用户可以利用云计算作为其部分IT基础设施,实现业务的托管和外包。

(5)网格计算更多地面向科研应用,商业模型不清晰。而云计算从诞生开始就是针对企业商业应用,商业模型比较清晰。

总之,云计算是以相对集中的资源,运行分散的应用(大量分散的应用在若干大的中心执行);而网格计算则是聚合分散的资源,支持大型集中式应用(一个大的应用分到多处执行)。但从根本上来说,从应对互联网的应用的特征特点来说,它们是一致的,为了完成在互联网环境下支持应用,解决异构性、资源共享等问题。若将网格计算和云计算两者结合起来,取长补短、互为补充,可以聚合大量分散的资源,从而支持各种各样的大型集中应用以及分散的应用。

3．云存储与云安全

云存储（cloud storage）是在云计算概念上延伸和发展出来的一个新的概念，是指通过集群应用、网格技术或分布式文件系统等功能，将网络中大量各种不同类型的存储设备通过应用软件集合起来协同工作，共同对外提供数据存储和业务访问功能的一个系统。当云计算系统运算和处理的核心是大量数据的存储和管理时，云计算系统中就需要配置大量的存储设备，那么云计算系统就转变成为一个云存储系统，所以云存储是一个以数据存储和管理为核心的云计算系统。

与云计算系统相比，云存储可以认为是配置了大容量存储空间的一个云计算系统。从架构模型来看，云存储系统比云计算系统多了一个存储层，同时，在基础管理也多了很多与数据管理和数据安全有关的功能，在两者在访问层和应用接口层则是完全相同的。

云存储的概念一经提出，就得到了众多厂商的支持和关注。Amazon 在 2006 年就推出的弹性计算云（elastic compute cloud，EC2）云存储产品，旨在为用户提供互联网服务形式的同时提供更强的存储和计算功能。内容分发网络服务提供商 CDNetworks 和业界著名的云存储平台服务商 Nirvanix 发布了一项新的合作，并宣布结成战略伙伴关系，以提供业界目前唯一的云存储和内容传送服务集成平台。2007 年 8 月，微软就已经推出了提供网络移动硬盘服务测试版（Windows live sky drive beta）。2008 年 6 月，EMC 宣布加入道里可信基础架构项目，致力于云计算环境下关于信任和可靠度保证的全球研究协作，IBM 也将云计算标准作为全球备份中心的 3 亿美元扩展方案的一部分。

紧随云计算、云存储之后，云安全（cloud security）也出现了。云安全是我国 IT 企业创造的概念，在国际云计算领域独树一帜。云安全计划是网络时代信息安全的最新体现，它融合了并行处理、网格计算、未知病毒行为判断等新兴技术和概念，通过网状的大量客户端对网络中软件行为的异常监测，获取互联网中木马、恶意程序的最新信息，推送到服务器端进行自动分析和处理，再把病毒和木马的解决方案分发到每一个客户端。

未来杀毒软件将无法有效地处理日益增多的恶意程序。来自互联网的主要威胁正在由电脑病毒转向恶意程序及木马，在这样的情况下，采用的特征库判别法显然已经过时。云安全技术应用后，识别和查杀病毒不再仅仅依靠本地硬盘中的病毒库，而是依靠庞大的网络服务，实时进行采集、分析以及处理。整个互联网就是一个巨大的"杀毒软件"，参与者越多，每个参与者就越安全，整个互联网就会更安全。

云安全技术是 P2P 技术、网格技术、云计算技术等分布式计算技术混合发展、自然演化的结果。建立云安全系统并使之正常运行，需要解决四大问题：

（1）需要海量的客户端（云安全探针）。只有拥有海量的客户端，才能对互联网上出现的恶意程序、危险网站有最灵敏的感知能力。一般而言，安全厂商的产品使用率越高，反映就越快，最终能够实现无论哪个客户端中毒、访问挂马网页，都能在第一时间做出反应。

（2）需要专业的反病毒技术和经验。探测到恶意程序后，应当在尽量短的时间内进行分析，这需要安全厂商具有过硬的技术，否则容易造成样本的堆积，使云安全的快速探测的结果大打折扣。

（3）需要大量的资金和技术投入。云安全系统在服务器、带宽等硬件需要极大的投入，同时要求安全厂商应当具有相应的顶尖技术团队、持续的研究花费。

（4）可以是开放的系统，允许合作伙伴的加入。云安全可以是个开放性的系统，其"探针"

应当与其他软件相兼容,即使用户使用不同的杀毒软件,也可以享受云安全系统带来的成果。

云安全的发展迅速,瑞星、趋势、卡巴斯基、MCAFEE、SYMANTEC、江民科技、PANDA、金山、360 安全卫士、卡卡上网安全助手等都推出了云安全解决方案。瑞星基于云安全策略开发的 2009 版,每天拦截数百万次木马攻击,某日达到了 765 万余次。趋势科技云安全已经在全球建立了五大数据中心,几万部在线服务器。据悉,云安全可以支持平均每天 55 亿条点击查询,每天收集分析 2.5 亿个样本,资料库第一次命中率就可以达到 99%。借助云安全,趋势科技现在每天阻断的病毒感染最高达 1 000 万次。

4. 云计算典型商业应用

亚马逊网站是以在线书店和电子零售业起家的,如今已在业界享有盛誉,不过它最新的业务却与云计算有关。2006 年,亚马逊作为首批进军云计算新兴市场的厂商之一,为尝试进入该领域的企业开创了良好的开端。亚马逊的云名为亚马逊 Web 服务(Amazon WebServices,AWS),目前主要由四块核心服务组成:简单存储服务(simple storage service,S3),弹性计算云(elastic compute cloud,EC2),简单排列服务(simple queuing service)以及尚处于测试阶段的 SimpleDB。换句话说,亚马逊现在提供的是可以通过网络访问的存储、计算机处理、信息排队和数据库管理系统接入式服务。

谷歌公司围绕互联网搜索创建了一种超动力商业模式。如今,谷歌公司又以应用托管、企业搜索以及其他更多形式向企业开放了它们的“云”。2008 年 4 月,谷歌推出了谷歌应用软件引擎(Google AppEngine,GAE),这种服务让开发人员可以编译基于 Python 的应用程序,并可免费使用谷歌的基础设施来进行托管(最高存储空间达 500MB)。对于超过此上限的存储空间,谷歌按“每 CPU 内核每小时”10～12 美分及 1 GB 空间 15～18 美分的标准进行收费。最近,谷歌还公布了提供可由企业自定义的托管企业搜索服务计划。

作为软件即服务厂商的先驱,Salesforce.com 公司一开始提供的是可通过网络访问的销售力量自动化应用软件。在该公司的带动下,其他软件即服务厂商已如雨后春笋般蓬勃而起。Salesforce 的下一目标是平台即服务。该公司正在建造自己的网络应用软件平台 Force.com,这一平台可作为其他企业自身软件服务的基础。Force.com 包括关系数据库、用户界面选项、企业逻辑以及一个名为 Apex 的集成开发环境。程序员可以在平台的 Sandbox 上对他们利用 Apex 开发出的应用软件进行测试,然后在 Salesforce 的 AppExchange 目录上提交完成后的代码。

2.1.10　信息表示与互操作

为了提高空间数据的表示和处理能力,对空间对象进行准确的描述是非常必要的。往往不同系统所采取的信息表达方案不同,由此产生的表示效率及准确度也会略有差别,在进行跨系统数据交换时增加数据转换的成本,有时还会带来少量的数据精度损失,因此按照某些标准化的方法对空间数据进行表达及处理显得十分必要。本节介绍若干种在业界广泛采用的数据表示方法,包括 XML、GML、SVG 与 KML。

1. 数据互操作

传统上互操作是指不同平台或编程语言之间交换和共享数据的能力。为了达到平台或编程语言之间交换和共享数据的目的,需要包括硬件、网络、操作系统、数据库系统、应用软件、数据格式、数据语义等不同层次的互操作,问题涉及运行环境、体系结构、应用流程、安全管理、操作控制、实现技术、语言、数据模型等。信息系统之间的互操作可以定义为不同的信息系统之间共享信息或依据所共享的信息而做出行为的能力,包括数据、信息和系统层次的互操作,但不包括硬件、网络和操作系统层面的底层互操作。

　　信息系统的异构是一种状态,而互操作一般而言必须是一种交互行为:一方提供服务而另一方接受服务,其中必然包含两个系统(实体)之间的信息交流过程,否则就不是互操作。作为一种行为,信息系统之间的互操作可以分为设计时(design time)互操作和运行时(run time)互操作。设计时互操作是指系统之间的互操作在系统建立阶段已经根据明确的需求进行了设计,而运行时互操作需要等两个异构的系统有进行交互的需求的时候。设计时互操作比较适用于封闭的、成熟的和集中式的信息系统或领域应用,其在数据格式、语法、语义、服务质量等方面都是可控的,而运行时互操作更加适合于开放系统。这两种类型的互操作都需要建立在大量的标准规范的基础上,进行时互操作除了与设计时互操作一样要求有关数据结构、格式、语法、通信协议等静态的标准规范之外,还需要更多的服务过程、组合、注册、发现等方面体系规范。

　　空间数据互操作就是指通过规范接口自由处理所有类型空间数据的能力和在空间信息系统平台上通过网络处理数据的能力。目前常用开放空间数据互操作规范(Open Geodata Interoperation Specification,Open GIS)是由美国开放式地理信息系统协会(Open GIS Consortium,OGC)提出的有关地理信息互操作的框架和相关标准和规范。Open GIS 框架主要由三部分组成:开放的地理数据模型、开放的服务模型和信息群模型(张书亮 等,2004)。在OGIS 互操作框架下,美国开放式地理信息系统协会又制定了一系列的抽象规范和实现规范用于指导应用 GIS 互操作的构建,从标准的格式、结构和功能等方面介绍了 14 个主题,后者是与抽象规程具体实现相关的 11 个主题(OGIS,2009)。通过遵循抽象规程和实现规程,支持一种公开透明的格式表达,数据产品才会有更多的应用价值,有利于数据共享和知识挖掘,最终消除信息流通领域中的信息孤岛。

　　2. XML

　　可扩展标记语言(extensible markup language,XML),与 HTML 一样都是标准通用标记语言(standard generalized markup language,SGML)。XML 是互联网环境中跨平台的,依赖于内容的技术,是处理结构化文档信息的有力工具。XML 是一种简单的数据存储语言,使用一系列简单的标记描述数据,而这些标记可以用方便的方式建立,虽然 XML 比二进制数据要占用更多的空间,但 XML 易于掌握和使用,易于在任何应用程序中读写数据,使 XML 很快成为数据交换的一种公共语言,虽然不同的应用软件也支持其他的数据交换格式,但它们均支持 XML,意味着程序可以更容易地与 Windows、Mac OS、Linux 以及其他平台下产生的信息结合,可以很容易加载 XML 数据到程序中分析,并以 XML 格式输出结果。

　　XML 与 Access、Oracle 和 SQL Server 等数据库不同,数据库提供了更强有力的数据存储和分析能力,例如数据索引、排序、查找、相关一致性等,XML 仅仅是展示数据。XML 是用来存储数据的,侧重在数据本身,而 HTML 是用来定义数据的,侧重数据的显示模式。

　　XML 的雏形始于 1996 年,并向国际互联网标准组织联盟(World Wide Web Consortium,W3C)提案,而在 1998 年 2 月发布为 W3C 的标准(XML1.0)。XML 的前身是 SGML,是自 IBM 从 20 世纪 60 年代就开始发展的通用标记语言(generalized markup language,GML)标准化后的名称。GML 的重要概念是文件中能够明确地将标示与内容区隔,所有文件的标签使用方法均一致。1978 年,美国国家标准协会(American National Standards Institute,ANSI)将 GML 加以整理规范,发布成为 SGML,1986 年起为 ISO 所采用(ISO 8879),并且被广泛地运用在各种大型的文件计划中,但是 SGML 是一种非常严谨的文件描述法,导致过于庞大复杂,难以理解和学习,进而影响其推广与应用。

W3C 对 SGML 进行简化时衍生出超文本标记语言(hyper text makeup language, HTML)。HTML 在初期没有任何定义文档外观的相关方法,仅用来在浏览器里显示网页文件。随着互联网的发展,为了控制其文本样式,扩充了描述如何显示数据的标签。但 HTML 的设计原则不能解决所有解释数据的问题,如影音文件、化学公式、音乐符号等其他形态的内容;又存在效率问题,需下载整份文件才能开始对文件做搜寻;同时扩充性、弹性、易读性均不能很好地满足实际应用。

为了解决以上问题,专家们对 SGML 进行精简,并依照 HTML 的发展经验,产生出一套使用上规则严谨,但是简单的描述数据语言:XML。XML 让数据使用者自行决定要如何处理、呈现服务器所提供的信息。XML 目的即在于提供一个对信息能够做精准描述的机制,借以弥补 HTML 太过于注重表现的特点。其作用是:

(1)丰富文件,自定文件描述并使其更丰富。

(2)属于文件为主的 XML 技术应用。

(3)用来定义一块数据应该如何呈现。

(4)解释数据,描述其他文件或在线信息。

(5)属于数据为主的 XML 技术应用。

(6)用来说明一块资料的意义。

(7)组态档案,描述软件的组态参数。

如今,XML 已经是世界上发展最快的技术之一。它的主要目的是使用文本以结构化的方式来表示数据。在某些方面,XML 文件也类似于数据库,提供数据的结构化视图。每个 XML 文档都由 XML 序言开始:〈? xml version＝"1.0"?〉。这一行代码会告诉解析器和浏览器,这个文件应该按照 XML 规则进行解析。其次则是文档元素(document element),它是文件中最外面的标签。所有其他的标签必须包含在这个标签之内来组成一个有效的 XML 文件。如果某个文档符合 XML 语法规范,那么该文档是"结构良好"的文档。有效的 XML 文档是指通过了 DTD 的验证的,具有良好结构的 XML 文档。即具有结构良好的 XML 文档并不一定就是有效的 XML 文档,反之一个有效的 XML 文档必定是一个结构良好的 XML 文档。

《互联网论坛收录开放协议》是搜索引擎制定的网站内容收录标准,可在网站根目录制作成遵循此开放协议的 XML 格式的网页供搜索引擎索引,将网页信息主动、及时地告知各大搜索引擎。采用了《互联网论坛收录开放协议》,网页就可被搜索引擎订阅,通过搜索引擎平台,网民将有可能在更大范围内更高频率地访问到相关网站,进而为网站带来潜在的流量。以百度搜索引擎为例,将制作好的 XML 文件命名为 sitemap_baidu. xml 上传到网站根目录下,并保证文件所在的 url 地址能够被百度 spider 程序正常访问。例如,网站为 post. baidu. com,则将 xml 文件上传至 post. baidu. com/sitemap_baidu. xml,当百度 spider 程序发现了 XML 文件后,会根据上面提供的参数自动对 XML 文件进行更新,并抓取高质量的内容。

3．GML

地理标识语言（geography markup language，GML）由美国开放式地理信息系统协会于1999 年提出，并得到了 Oracle、MapInfo 等许多公司的大力支持。GML 能够表示地理空间对象的空间数据和非空间属性数据。GML 是 XML 在地理空间信息领域的应用。利用 GML 可以存储和发布各种特征的地理信息，并控制地理信息在 Web 浏览器中的显示。地理空间互联网络作为全球信息基础架构的一部分，已成为互联网上技术追踪的热点。GML 技术的出现是地理空间数据管理方法的一次飞跃。

GML 作为一个"开放的"标准，并没有强制它的用户使用确定的 XML 标识，而是提供了一套基本的几何对象标签（tag）、公共的数据模型，以及采用自建和共享应用 Schema 的机制。所有兼容 GML 的系统，必须使用 GML 提供的几何地物标签（tag）来表示地物特征的几何属性，但可以通过限制、扩展等机制来创建自己的应用 Schema（描述和规范 XML 文档的逻辑结构语言）。

目前，越来越多的公司和研究机构开始采用 GML 语言开发它们的地理空间信息应用，并通过互联网将众多的地理信息源集成在一起，向用户提供各种层次的应用服务，同时支持本地数据的开发和管理。GML 语言本身也在不断发展和完善中，最新推出的 GML 3.0 版本在空间数据编码和传输、地理对象描述等方面做出了诸多改进。

GML 3.0 版是对 GML 2.0 版的扩充，并且向后兼容。Schema 集合的组织具有了模块化特点，即用户能够有选择地使用所需部分，简化和缩小了执行的尺寸，提供了面向 Web 应用、基于对象的地理数据描述语言。此外，3.0 版增加了对复杂的几何实体、拓扑、空间参照系统、元数据、时间特征和动态数据等的支持，使其更加适合描述现实世界问题，如基于位置服务的行程安排和高速公路设计等。GML 3.0 版新增的主要特性包括：

（1）增加了复杂的空间几何元素，如曲线、表面、实体等，允许使用几何元素集合。

（2）支持拓扑的存储，可表示定向的节点、边、面和三维实体。

（3）引入了空间参照系统，给出了描述空间系统的框架，并预定义很多公用方案。

（4）提供建立元数据与特征（属性）间联系的易于扩充的框架机制。

（5）增加了时间特征和描述移动物体的能力，具有标准的年、月、日、时、分、秒模式和位置、速度、方位、加速度等动态特征。

4．SVG

可缩放矢量图形（scalable vector graphics，SVG）是基于 XML，用于描述二维矢量图形的一种图形格式。SVG 是 W3C 在 2000 年 8 月制定的一种新的二维矢量图形格式，也是规范中的网络矢量图形标准。由于 W3C 联盟关于 SVG 的开发工作组的成员都是一些知名厂商，如 Adobe、苹果、Autodesk、Corel、惠普、IBM、微软、Netscape、OASIS、Sun、施乐等，因此 SVG 是一个开放的标准，它并不属于任何个体的专利，而是一个通过协作、共同开发的工业标准，使得 SVG 能够得到更迅速的开发和应用。SVG 的主要特点包括以下几点。

1）基于 XML

为了保证网络图像能够顺利地和目前已经由 W3C 开发的 DOM1、DOM2、CSS、XML、XPointer、XSLT、XSL、SMIL、HTML、XHTML 技术，以及其他标准化技术，如 ICC、URI、UNICODE、RGB、ECMAScript/JavaScript、Java 等，并能和上述各项技术相融合的新一代的网络图像格式。SVG 是一种基于 XML 的语言，它继承了 XML 的跨平台性和可扩展性，在图形可重用性有较大突破。如 SVG 可以内嵌于其他的 XML 文档中，而 SVG 文档中也可以嵌入其他的 XML 内容，各个不同的 SVG 图形可以方便地组合，构成新的 SVG 图形。

　　2）采用文本来描述对象

　　SVG 包括三种类型的对象：矢量图形（包括直线、曲线在内的图形边）、点阵图像和文本。各种图像对象能够组合、变换，并且修改其样式，也能够定义成预处理对象。与传统的图像格式不同的是，SVG 采用文本来描述矢量化的图形，这使得 SVG 图像文件可以像 HTML 网页一样有着很好的可读性。当用户用图像工具输出 SVG 后，可以用任何文字处理工具打开 SVG 图像，并可看到用来描述图像的文本代码。

　　SVG 文件中的文字虽然在显示时可呈现出各种图像化的修饰效果，但却仍然是以文本的形式存在的，可以选择复制、粘贴。由于 SVG 内的文字都以文本的形式出现在 XML 文件中，这些信息可以为搜索引擎所用，而以往搜索引擎通常无法搜索到写在点阵图像中的文字。这些文本信息还可以帮助视力有残疾而无法看到图形的人，可以通过其他方式（如声音）来传送这些信息。

　　3）具有交互性和动态性

　　由于网络是动态的媒体，SVG 要成为网络图像格式，必须要具有动态的特征，这也是区别于其他图像格式的一个重要特征。SVG 是基于 XML 的，它提供无可匹敌的动态交互性。你可以在 SVG 文件中嵌入动画元素（如运动路径、渐现或渐隐效果、生长的物体、收缩、快速旋转、改变颜色等），或通过脚本定义来达到高亮显示、声音、动画等效果。

　　4）完全支持 DOM

　　文档对象模型（Document Object Model，DOM）是一种文档平台，它允许程序或脚本动态的存储和上传文件的内容、结构或样式。由于 SVG 完全支持 DOM，因而 SVG 文档可以通过一致的接口规范与外界的程序打交道。SVG 以及 SVG 中的对象元素完全可以通过脚本语言接受外部事件的驱动，例如鼠标动作，实现自身或对其他对象、图像的控制等。这也是电子文档应具备的优秀特性之一。

　　5）相比 GIF、JPEG 所具有的优势

　　矢量图像用点和线来描述物体，所以文件会比较小，同时也能提供高清晰的画面，适合于直接打印或输出。而位图图像的存储单位是图像上每一点的像素值，因此一般的图像文件都很大，会占用大量的网络带宽。SVG 是一种矢量图形格式，GIF、JPEG 是位图图像格式。有了两者的概念后，SVG 较 GIF、JPEG 的优势显而易见。用户可以任意缩放图像显示，而不会破坏图像的清晰度、细节等。SVG 图像中的文字独立于图像，文字保留可编辑和可搜寻的状态。也不会再有字体的限制，用户系统即使没有安装某一字体，也会看到和他们制作时完全相同的画面。总体来讲，SVG 文件比 GIF 和 JPEG 格式的文件要小很多，因而下载也很快。SVG 图像在屏幕上总是边缘清晰，它的清晰度适合任何屏幕分辨力和打印分辨力。SVG 图像提供一个 1 600 万种颜色的调色板，支持 ICC 颜色描述文件标准、RGB、线性填充、渐变和蒙版。

　　SVG 能制作出强大的动态交互图像，即 SVG 图像能对用户动作做出不同响应，例如高亮、声效、特效、动画等。作为 SVG 技术的一个应用，SVG 在手机等无线手持设备上的应用将是 3G 时代最重要的应用之一。支持 SVG 的手机，允许用户查看高质量的矢量图形及动画，

同时,由于 SVG 采用文本传输,尺寸也会非常小,速度将会更快,目前市面上已经有 100 多款智能手机提供此服务。

5．KML

Keyhole 标记语言(Keyhole Markup Language,KML),是一种采用 XML 语法与格式的语言,用于描述和保存地理信息(如点、线、图像、多边形和模型等),可以被谷歌地球和谷歌地图识别并显示。用户可以使用 KML 来与其他谷歌地球或谷歌地图用户分享地标与信息,也可以从谷歌地球社区等相关网站获得感兴趣的 KML 文件。谷歌地球和谷歌地图处理 KML 文件的方式与网页浏览器处理 HTML 和 XML 文件的方式类似。像 HTML 一样,KML 使用包含名称、属性的标签来确定显示方式。因此,可将谷歌地球和谷歌地图视为 KML 文件浏览器。

KML 2.0 提供以下功能:

(1)指定一个地点的图标和标注。

(2)为每个视图指定明确的视角。

(3)指定屏幕或地理位置的图片标注。

(4)指定标注显示样式。

(5)使用简单 HTML 语法的描述,支持超级链接和图片的显示。

(6)使用文件夹对标注进行树形的分类管理。

(7)动态播放基于时间戳记的标注。

(8)从本地或远程的网络地址动态的加载 KML 文件。

(9)当谷歌地球客户端视图变化时,自动将视图信息发送给指定的源服务器并从服务器获取相关的标注信息。

KML 定义了大量的标记,提供了丰富的描述能力。如⟨FOLDER⟩标记用来以树型方式组织地标,相当于管理地标的资源管理器。⟨Placemark⟩标记用来描述一个地名标注。描述一个地理坐标点,坐标必须以[经度,纬度,高度]来指定,也可以描述线和面对象,指定地名标注的视点、名称和描述等信息。⟨NetworkLink⟩标记用来定义一个引用本地或远程的 KML 文件,保证了 KML 标记的共享能力。图片标注(Image Overlays)也可以用 KML 描述,通过图片标注,可以将用户的栅格数据叠加到谷歌地球客户端。图片标记包含地理图片标注⟨Gronrrd0verlay⟩和屏幕图片标注⟨ScreenOverlay⟩两种,其中屏幕图片标注不需要关注摄取图片的照相机位置。KML 提供了简单的几何标记,包括点、线和面。KML 的几何标记与 GML1.0 和 GML2.0 相同,但是 GML3.0 对 GML2.0 的几何模型进行了扩展,KML 与 GML 3.0 的几何标记不同。

§2.2　网络与通信技术

2.2.1　概述

通信就是指人们在相隔较远的地方,克服相互间的距离传递和交换信息。人类的社会活动离不开信息的传递与交换,需要传递的信息多种多样,如语言、文字、图像、数据等。通信必须通过某种媒体进行,在古代人们通过驿站、飞鸽传书、烽火报警等方式进行信息传递;今天,随着科学水平的飞速发展,相继出现了电缆、光缆、无线电、固话、手机、互联网以及可视电话等各种通信方式。

　　在众多的数字工程实例中,快捷可靠的通信技术是实现信息及时准确传送的保证。例如,现代化高科技条件下,通过部署在太空的军事侦察卫星通过卫星通信技术将敌方情报发送到地面接收站,地面接收站对情报加以分析,与战场地形及敌我态势图等进行配准,再通过地面的无线通信技术将数据发送给战场指挥所作战指挥系统终端、车载终端或战斗员的手持终端设备上。又如城市环境巡查人员在街道巡视过程中发现某处下水道井盖遗失,可以立即通过安装在手机上的应用程序向管理单位的数据库中添加相关信息,管理单位的信息处理系统会自动打印派工单指派相关维护人员前去更换、维修。再如跨国公司的业务遍及全球,其总部与分支机构的数据传送也是通过通信网络来传输的。

　　本节主要简单介绍通信网络概念及无线通信、移动通信、高速通信网络等信息通信技术。

2.2.2　通信网络概述

　　通信的目的是传送包含消息内容的信息,实际通信系统中,信息通过电或磁性的介质状态来表达,称为信号。因此通信就是传送和处理各种信号的物理实现。消息的传递是利用通信系统来实现的,通信系统是指完成通信过程的全部设备和传输介质。通信系统有多种形式,采用的设备及功能各不相同,一般可用图 2-6 所示的模型描述。

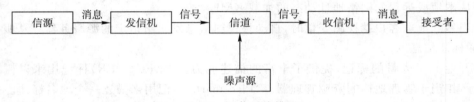

图 2-6　通信系统模型

　　其中,信源产生消息的形式有多种,如数字、文字、语音、音乐、图片、视频图像。消息带有给收信者的信息,消息是载荷信息的有次序的符号序列或连续的时间函数,前者称为离散消息,如电报、数据等;后者称为连续消息,如声音、视频图像等。发信机的作用是将消息转换为适合在信道中传输的信号。信号是消息的直接反映,与消息一一对应,故信号是消息的载荷者。通信系统中,可以用电压、电流或电波等物理量来体现。通信系统中传输的信号是时间的连续函数时,称为连续信号,也称模拟信号。当载荷信息的物理量(电信号的幅度、频率、相位)的改变在时间上是离散的,称为离散信号。如果不仅在时间上离散,而且取值也离散,则称为数字信号。

　　消息转换为信号通常经过三个步骤,它们是变换、编码及调制,可分别进行也可以同时进行。变换是将表达消息的非电量的变化变换为电量的变化,如电话是利用受话器将语音压力的变化变换为相应的电流变化。通常要求这类变化设备具有线性特性,即响应与作用成正比。编码是在数字通信系统中为了某种目的对数字信号进行的变换,如可对信源进行检错纠错或加密编码,提高传输可靠性及安全性。调制在通信系统中用来变换信号,从消息变换过来的原始信号称为基带信号(或低通信号),其特点是其频谱由零频附近开始只延伸到小于几兆赫兹的有限值。虽然信号在基带上可以直接传输(称为基带传输),如市话系统。但在大量通信系统中,基带信号必须变换到射频波段才能进行有效的传输,即使在有线信道中有时也需要调制,使信号频率与信道的有效传输频带相适应。调制方式在很大程度上决定通信系统的性能指标,在通信系统中很重要。

信道是指将信号由发信机传输到收信机的媒介或途径。信道有许多种,主要分为两大类,有线信道和无线信道。信道的传输特性对通信质量影响很大。通信系统中,噪声来源很多,分布于系统的各点。收信机的作用与发信机相反,它完成解调、解码的工作,将信号转换为消息。收信者是消息传输的对象,信源和收信者可以是人或设备,也称为发终端和收终端。

现代社会人们的工作、生活都离不开通信,众多的用户相互通信,必须依靠由传输介质组成的网络完成信息的传输。通信的最基本的形式是在信源和信宿之间直接建立固定的传输通道,当信源与信宿数量有限时是完全可能的,但当信源和信宿的数量较多时则会造成很大的浪费。若有 n 个终端,需要建立 $n(n-1)/2$ 条信息传输通道,每个终端就要有 $(n-1)$ 个 I/O 端口。信息传输通道和 I/O 硬件设备的增加,系统成本会随终端的数目增加而大大增加,当数据量不大时,信道的利用率极低,这种连接方式就不经济,通常只适用于特殊用途或大型且要求高可靠性能的网络环境中。

克服上述缺点的方法是把所有终端接到一个某种形式的网络上。网络资源对所有终端是共享的,可使各终端之间进行数据传输,为了提高数据传输的可靠性,网络在它们之间能提供多条路径。这样每个终端只需要一个 I/O 端口,从而使终端设备大为简化,整个系统的成本降低。

现代通信往往需要许多通信点之间建立相互链接,而且点与点之间的路径不止一条,这样互相连接的通信系统总体称为通信网。为了使整个通信网络有条不紊的工作,还需要标准协议或信令等软件,它们一起构成完整的通信网。

交换设备、集线器、终端等称作通信网的节点,连接这些节点的传输介质称为链路。链路的功能是为信息传输提供通路;节点的功能是为信息的输入、输出或交换提供场所,故通信网的基本任务是为网络用户提供信息传输路径,使处于不同地理位置的用户间可以相互通信,通信网具备下列功能:

(1)路径。网络能在源节点和目的节点之间建立信息传输通道,为通信的双方提供信息交换路径,通常要经过中间节点转接。

(2)寻址。网络的寻址功能使标明了接收地址的传输信息能正确地到达目的地。

(3)路由选择。在源节点和目的节点之间提供最佳的路由。

(4)协议转换。使采用不同字符、码型、格式、控制方式的用户之间进行信息交换。

(5)速率匹配。在用户和网络之间进行速率变换,使之达到相适应的速率。

(6)差错控制。通过检错、纠错或重发等进行差错控制,保证信息传输的可靠性。

(7)分组。通信网中需将数据分组打包传输,所以在发送端将用户数据按某种协议分组,在接收端接受这些分组数据并组装还原。

未来的通信网将向数字化、综合化、宽带化、智能化和个人化方向发展,最终实现全球一网。数字化就是通信网全面采用数字技术,包括数字传输、数字交换、数字终端等,从而形成数字网,以满足大容量、高速率、低误差的要求。综合化就是把来自各种信息终端的业务综合到一个数字网中传输处理,为用户提供综合性服务。宽带化意味着高速化,即以每秒几百兆比特以上的速率传输和交换从语音、数据到图像等多媒体信息，以满足人们对高速数据信息的要求。智能化是指在通信网中引进更多的智能部件，形成"智能网"，以提高网络的应变能力，动态分配网络资源，并自动适应各类用户的需要。个人化即个人通信，它将把传统的"服务到终端"变为"服务到个人"，使任何人都能随时随地与任何地方的另一个人通信，而不管双方是处于静止状态还是处于移动状态。

当前，计算机技术的应用已成为人们日常生活中的一个重要部分，从管理和控制机器设备到处理文档及管理日常事务，无处不有计算机技术的应用。计算机技术应用从最早的单台计算机发展到多台计算机互联形成一个区域性的网络，在这个区域的所有计算机可以共享其他设备的软硬件资源，这样，就形成计算机网络。计算机网络是计算机技术和通信技术紧密结合的产物，它涉及通信与计算机两个领域。

计算机网络要完成数据处理与数据通信两大基本功能，那么从它的结构上必然可以分成两个部分：负责数据处理的计算机和终端，负责数据通信的通信控制处理机和通信线路。从计算机网络组成角度来分，典型的计算机网络在逻辑上可以分为两个子网：资源子网和通信子网。计算机网络就是利用通信线路将地理位置分散的、具有独立功能的许多计算机系统连接起来，按照某种协议进行数据通信，以实现资源共享的信息系统。

计算机网络具备下述几个方面的功能：

（1）数据通信。数据通信功能实现计算机与终端、计算机与计算机间的数据传输，这是计算机网络的基本功能。

（2）资源共享。网络上的计算机彼此之间可以实现资源共享，包括软硬件和数据。信息时代的到来，资源的共享具有重大的意义。首先，从投资考虑，网络上的用户可以共享网上的打印机、扫描仪等，这样就节省了资金。其次，现代的信息量越来越大，单一的计算机已经不能将其存储，只能分布在不同的计算机上，网络用户可以共享这些信息资源。再次，现在计算机软件层出不穷，在这些浩如烟海的软件中，不少是免费共享的，这是网络上的宝贵财富。任何连入网络的人，都可以使用它们。资源共享为用户使用网络提供了方便。最后，是实现分布式处理，网络技术的发展，使得分布式计算成为可能。对于大型的课题，可以分为许多的小题目，由不同的计算机分别完成，然后再集中起来解决问题。由此可见，计算机网络可以大大扩展计算机系统的功能，扩大其应用范围，提高可靠性，为用户提供方便，同时也减少了费用，提高了性能价格比。

计算机网络可按如下不同的标准进行分类：

（1）按网络节点分布，计算机网络可分为局域网（local area network，LAN）、广域网（wide area network，WAN）和城域网（metropolitan area network，MAN）。局域网是一种在小范围内实现的计算机网络，一般在一个建筑物内、一个工厂内或一个事业单位内，为单位独有。局域网距离可在十几千米以内，信道传输速率可达 1 000 Mb/s，结构简单，布线容易。广域网范围很广，可以分布在一个省内、一个国家内或几个国家之间。广域网联网技术、结构比较复杂。城域网是在一个城市内部组建的计算机信息网络，提供全市的信息服务。目前，我国许多城市均已建成城域网。

（2）按交换方式计算机网络可分为电路交换网络（circuit switching）、报文交换网络（message switching）和分组交换网络（packet switching）等。

（3）按网络拓扑结构计算机网络可分为网状型、星型、混合型、总线型和环型等。在实际组网中，拓扑结构不一定是单一的，通常是几种结构的混用（见图 2-7）。

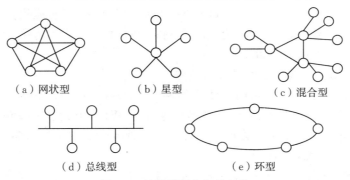

（a）网状型　　　（b）星型　　　　　（c）混合型

（d）总线型　　　　　　（e）环型

图 2-7　计算机网络拓扑结构

2.2.3　无线通信技术

目前的民用无线网络主要有三类：广播电视网络、语音网络、数据网络。广播电视网络为单向通信；无线语音网络业已成熟，格局基本已定；而无线数据网络正处于高速发展的时期。

1. 无线数据网络

早期的无线数据网络有广域和局域两种，CDPD、DATATAC、Motient 是广域数据无线网络的代表，但是由于速度无法与 GSM/CDMA 抗衡，现在已经走向没落，美国的 CDPD 网络已于 2004 年下半年全部关闭。局域数据无线网络则是以 IEEE 802.11b 为代表，也就是我们通常说的无线保真（wireless fidelity，WIFI），它与蓝牙（bluetooth）技术一样，同属于在办公室和家庭中使用的短距离无线技术。802.11b 的近期扩展是 802.11g，802.11g 与 802.11b 兼容，可在更高的 5.4 GHz 频段工作，并具备更好的安全性能。

另一方面，语音网络也具备传递数据的功能。GSM 和 CDMA 早期是有线电话的延伸，主要是为了传递语音。以 GSM 为例，在其 2.5G（指第 2.5 代移动通信，从 2G 迈向 3G 的衔接性技术，由于 3G 是个相当浩大的工程，所牵扯的层面多且复杂，要从目前的 2G 迈向 3G 不可能一下就衔接得上，因此出现了介于 2G 和 3G 之间的 2.5G）标准之前，都是语音的规范，只有 SMS 能够支持少量的数据传输。后来随着数据业务的扩展，GSM 在其 2.5G 和 3G 的标准中加入了数据业务。

无线数据网络具有如下特点。

1）传递语音

早期的 WIFI 主要是在家庭、办公室使用，与传统的无线语音网络几乎没有竞争。但是随着技术的成熟，数据网络也逐渐在试图进入语音网络的市场。基于 WIFI 的电话已经在若干医院内试运行。医院里医生、护士的流动比较频繁，但是又基本在医院的范围内，这非常适合 WIFI 的局域特性。以前比较普遍的做法是用对讲机，但是对讲机缺少数据功能。在这个试运行的系统中，语音和数据都通过 WIFI 网络传输。在语音方面，大大地削减了使用移动电话产生的费用；在数据方面，WIFI 电话上的软件能够迅速地查询病人信息。WIFI 将是下一代移动通信的一种模式。

2）通信范围更大

在进军语音网络的同时，WIFI 也在努力拓展自己的通信范围。基于 WIFI 的技术通过信号放大器，其通信范围可以达到 2～3 km。但对于雄心勃勃，试图与传统电信技术一比高下的无线数据网来说，这个距离还是太短了。以 Intel 为首设计的 Wi-MAX 技术，可以把无线数据网络的范围拓展到 50 km，其通信频率为 2～11 GHz 之间，最高数据传输速率可以达到 280 Mb/s。Wi-MAX 的技术标准 IEEE802.16 协议组也基本确定，可以使用的产品离我们也不远了。

3）无线设备更小型、更低功耗

有三种小型低功耗无线设备值得我们关注。

（1）蓝牙技术。基于蓝牙技术的无线数据网（wireless personal area network，WPAN），比 WLAN 具有更小的功耗要求，同时通信范围也小于 WLAN（约 5～10 m）。蓝牙设备通常是用电池供电，因此对功耗要求比较严格。目前蓝牙设备的成本大约与 WLAN 设备相当，但是其应用范围不如 WLAN 广阔。

（2）RFID 技术。射频识别（radio frequency identification，RFID）是最老牌的无线技术了。从图书馆的书中磁条，到超市里的防盗装置，都有 RFID 的身影。标识性的 RFID 将广泛应用于仓储、货运、养殖、零售等领域，智能的 RFID 也有望取代现有的磁条卡和智能卡。具体例子有 Mobil 连锁加油站使用的 SpeedPass，加拿大 Dexit 公司使用的 DebitExpress，各类水上乐园使用的储值腕带等。

（3）ZigBee 技术。ZigBee 是一种体积非常小，功耗非常低的无线设备。ZigBee 一般用做传感器，放置在系统的各个角落搜集信息。ZigBee 使用驿站方式传递信息，以降低功耗需求。ZigBee 是一个非常新的领域，有很多亟待解决的问题，值得我们关注。这些问题包括信息接收及发送频率、ZigBee 之间的同步问题，避免信息的丢失问题，功耗和电源问题，通信范围等。

4）通信速度更快

经常使用 MP3 播放器或是数码相机的读者，都知道传递数据是很不方便的。如果不小心把连线弄丢了，就更加麻烦了。超宽带技术（ultra wide band，UWB）使得无线设备在短距离内以极高的速度传递数据。目前的设计使得设备之间能够以 480 Mb/s 的速度传递数据。不过，高速度是以牺牲传输距离为代价的，UWB 的设计使用范围是 10 m 以内。

5）移动通信功能更强

Mobile-Fi（Mobile-WIFI）可以被看作是 WIFI 的移动版本。此处的移动指的是高速度的移动，比如说在行驶的汽车、火车上。Mobile-Fi 的 IEEE 标准号是 802.20。Mobile-Fi 让使用者在高速运动的状态下获得 1～4 Mb/s 的通信速度和小于 10 ms 的响应时间（类似情况下，3G 的响应时间为 500 ms）。由于 Mobile-Fi 和 Wi-MAX 的一部分功能重合，它们将在这个领域展开竞争。

2．无线局域网技术

移动计算网络基本上可以分为两种解决方案，广域网解决方案和局域网解决方案。广域网方案主要是依靠无线蜂窝数据通信网络和卫星通信网络作为移动计算的物理网；而地域范围较小，但速率更高的移动解决方案是无线局域网。

无线局域网（wirelessLAN，WLAN）是 20 世纪 90 年代计算机网络与无线通信技术相结合的产物，它提供了使用无线多址信道方式来支持计算机之间的通信，并为通信的移动化、个人化和多媒体应用提供了潜在的手段。

自从 1977 年第一个民用局域网系统 ARCnet 投入运行以来，局域网以其广泛的适用性和技术价格方面的优势，获得了成功和迅速的发展，已成为数据网络领域中基于宿主机的最流行的网络连接形式。20 世纪 90 年代以来，随着个人数据通信的发展，功能强大的便携式数据终端以及多媒体终端的广泛应用,为实现任何人在任何时间、任何地点均能实现数据通信的目标,要求传统的计算机网络由有线向无线,由固定向移动,由单一业务向多媒体发展,更进一步推动了 WLAN 的发展。

世界上第一个试验性无线局域网是 1987 年在美国建立的,随后,在医疗、零售、机场等地,出现无线局域网,各厂商的无线局域网不能互联,于是 1990 年 11 月成立 IEEE802.11 委员会,着手制定无线局域网标准,并于 1997 年 6 月制定出全球第一个无线局域网标准 IEEE802.11。IEEE802.11WLAN 标准又使得不同供应商的产品具有了互操作性。目前 1 Mb/s 和 2 Mb/s 的 WLAN 技术和产品已相当成熟,整个系统的实现成本也正逐渐下降。但与以太网(10 Mb/s)相比,WLAN 较慢的数据传输率成了其进一步发展的瓶颈。为此,IEEEGroup 又相继推出了新的高速标准 802.11b 和 802.11a 两个新标准,而且在 2003 年 7 月又推出了相当于前二者的混合标准 802.11g,使得 WLAN 的速度又向前迈进了一大步。2009 年 9 月,IEEEGroup 批准通过 820.11n 成为正式标准。欧洲电信标准化协会组织(European Telecommunications Standards Institute,ETSI)的宽带无线电接入网络(broad band access network,BBAN)小组着手制定高性能无线电(high performance radio,Hiper)接入标准,研究任务之一是 HiperLAN 标准,已推出 HiperLAN1 和 HiperLAN2。HiperLAN1 对应 IEEE802.11b,HiperLAN2 与 IEEE082.11a 具有相同的物理层。

目前,在无线标准和规范方面,由不同厂商支持的不同标准和规范争夺激烈,主要有 IEEE802.11 家族、HomeRF、HyperLAN2 以及蓝牙技术等,它们各有特点,其应用领域也不尽相同。

3. 蓝牙技术

1998 年 5 月,瑞典爱立信(Ericsson)、芬兰诺基亚(Nokia)、日本东芝(Toshiba)、美国 IBM 和 Intel 公司等五家著名厂商,在联合开展一项旨在实现网络中各类数据及语音设备互联的计划,并为纪念 1 000 多年前统一北欧的丹麦国王,将这种将在全球通用的无线传送技术命名为"蓝牙",取其统一天下之意;1999 年下半年,著名的业界巨头微软(Microsoft)、摩托罗拉(Motorola)、3Com、朗讯(Lucent)与蓝牙特别小组(BluetoothSIG)五家公司共同发起成立了"蓝牙"技术推广组织,从而在全球范围内掀起了一股"蓝牙"热。"蓝牙"技术在短短的时间内,以迅雷不及掩耳之势席卷了世界各个角落。一项公开的技术规范得到工业界如此广泛的关注和支持是以往罕见的,2003 年美国权威 IT 杂志《Network Computing》将蓝牙技术评为"十年来十大热门新技术"。

蓝牙技术工作在 2.4 GHz ISM(industrial scientific medical,即工业、科学、医用)频段,提供功能强大、价格低廉、大容量的语音和数据网络。其实质内容是要建立通用的无线空中接口及其控制软件的公开标准,使通信和计算机进一步结合,使不同厂家生产的便携式设备在没有电线或电缆相互连接的情况下,能在近距离范围内具有互用、互操作的性能。主要技术特点如下。

(1)蓝牙通信的指定范围是 10 m 或者 0 dBm*,在加入额外的功率放大器后,可以将距离

---

* dBm 即分贝毫瓦(deciBels referenced to one milliwatt),指使用对数形式表示功率的一种测量方法,dBm 以 1 mW 为参考,1 mW 换算成分贝毫瓦为 0 dBm,1 Watt 换算成分贝毫瓦则为 30 dBm,用以确定系统的功率。如常见的读卡器的数据功率大多是 27 dBm 和 30 dBm。27 dBm 就是 500 mW;30 dBm 就是 1 000 mW。

扩展到 100 m 或者 20 dBm。辅助的基带硬件可以支持 4 个或者更多的语音信道。

（2）提供低价、大容量的语音和数据网络。最高数据率为 723.2 Kb/s 的异步（返回速率 57.6 Kb/s）或 434 Kb/s 对称，或者最多 3 条语音链路。

（3）使用快速跳频（1 600 跳/秒）避免干扰；在干扰下，使用短数据帧来尽可能增大容量；使用 1 Mb/s 符号速率以达到最大限制带宽。

（4）支持点到点和点到多点的连接，可采用无线方式将若干蓝牙设备连成一个微微网（Piconet），多个微微网又可互联成特殊分散网（adhocscatternet），形成灵活的多重微微网的拓扑结构，从而实现各类设备之间的快速通信。它能在一个微微网内寻址 8 个设备（实际上互连的设备数量是没有限制的，只不过在同一时刻只能激活 8 个，其中 1 个为主，7 个为从）。

（5）任一蓝牙设备都可根据 IEEE802 标准得到一个唯一的 48bit 的蓝牙设备地址（BD_ADDR）。它是一个公开的地址码，可以通过人工或自动进行查询。在蓝牙设备地址（BD_ADDR）基础上，使用一些性能良好的算法可获得各种保密和安全码，从而保证了设备识别码（ID）在全球的唯一性，以及通信过程中设备的鉴权和通信的安全保密。

（6）时分多址（time division multiple access，TDMA）结构。采用时分双工模式（time division duplex，TDD）方案来实现全双工传输，蓝牙的一个基带帧包括两个分组，首先是发送分组，然后是接收分组。蓝牙系统既支持电路交换也支持分组交换，支持实时的同步定向连接（SCO）和非实时的异步不定向连接（ACL），前者主要传送话音等实时性强的信息，在规定的时隙传输，后者则以数据为主，可在任意时隙传输。

其实严格地来说，蓝牙技术并不算一种无线局域网技术，它面向的是移动设备间的小范围连接，因而本质上说它是一种代替线缆的技术。它可以用来在较短距离内取代目前多种线缆连接方案，并且克服了红外技术的缺陷，可穿透墙壁等障碍，通过统一的短距离无线链路，在各种数字设备之间实现灵活、安全、低成本、小功耗的话音和数据通信。

蓝牙技术的应用范围相当广泛，可以广泛应用于局域网络中各类数据及语音设备，如个人计算机、HPC（掌上型计算机）、拨号网络、笔记本电脑、打印机、传真机、数码相机、移动电话和高品质耳机等。

蓝牙技术联盟（Bluetooth SIG）2010 年 7 月正式宣布了蓝牙 4.0 核心规范（Bluetooth Core Specification Version 4.0），并启动对应的认证计划。会员厂商可以提交其产品进行测试，通过后将获得蓝牙 4.0 标准认证。蓝牙 4.0 的标志性特色是低功耗蓝牙无线技术规范。该技术拥有极低的运行和待机功耗，使用一粒纽扣电池甚至可连续工作数年之久。同时还拥有低成本，跨厂商互操作性，3 ms 低延迟、100 m 以上超长距离、AES-128 加密等诸多特色，可以用于计步器、心律监视器、智能仪表、传感器物联网等众多领域，大大扩展蓝牙技术的应用范围。蓝牙 4.0 标准在提供低功耗技术的同时，依然保持了对旧标准的向下兼容性，包含经典蓝牙技术规范和最高速度 24 Mb/s 的蓝牙高速技术规范。这三种技术规范可单独使用，也可同时运行。

无线局域网会在实用中发展，肯定不断还会有新的技术出现，如 ATM 无线局域网，总之无线局域网应用广、市场大，前景不可估量。

2.2.4 移动通信技术

移动通信技术从出现以来，一直持续快速发展，移动通信网已实现从模拟网向数字网的转换。移动通信网与固定通信网一样,不论从用户对业务的需求,还是从网络运营商提供的服务以及通信设备研发生产商来看,都可以分为语音、数据、视频和多媒体等三个层次,可以将后两个层次的业务统称为移动数据业务,如短消息、传真、电子邮件、文件、图像、浏览网页等。为用户提供移动数据业务的移动通信网,又可称为移动数据网。专门提供移动数据业务而不提供语音业务的,称为专用移动数据网。随着技术的发展,语音和视频等实时业务将完全以分组数据的形式传送,移动通信网也将完全变成移动数据网(张力军,2004)。本节主要介绍移动数据通信技术。

1. 移动数据通信的定义

"移动"表示通信终端的运动状态,移动数据通信是指终端在归属区静止、运动和漫游(访问区静止)等三种运动状态下进行的数据通信。

移动数据通信与无线数据通信这两个术语的含义比较相近,但有一定的区别。它们的共同点在于数据通信都是通过无线信道和网络进行的,而无线一词主要含义是指在静止状态进行数据通信,但如果无线网络能提供漫游服务,那么这种情况下的无线数据通信也是移动数据通信。能提供无线数据通信最典型的例子是无线局域网(WLAN)。随着网络技术的发展以及移动、无线网络与互联网的逐步演进和相互融合,传统的无线数据网也能支持终端在运动状态下进行数据通信。

数字通信技术大大推动了移动数据通信技术的发展,它主要由两个特征来描述:数据速率(data rate)和移动性(mobility)。移动数据速率正由窄带低速率(每秒几千比特)向宽带高速率(每秒几十兆比特)发展,移动性在静止、慢速、快速范围内。移动数据的业务将很快超过话音业务,并向移动多媒体通信发展。各种移动数据网和无线数据网都将成为互联网的无线扩展,形成全 IP 网络。各种移动和无线终端都可以在不同地点和各种运动状态下实现无线 IP 接入互联网,获得互联网的各种信息服务。

按照通信网络的覆盖范围可以分为两种:

(1)广域网。如基于各代(1G、2G、2.5G、3G)蜂窝网的移动数据网(如 AMPS/CDPD、GSM/GPRS、WCDMA 等),专用的公众移动分组数据网(Mobitex、Adis)。其主要特点是窄带低速、覆盖广、可快速运动。

(2)局域网。如 WLAN、HiperLAN、WATM 等。其主要特点是宽带高速率、覆盖窄、慢速运动,由室内向室外发展。

此外,数字集群系统(trans-european trunked radio system,TETRA),数字无绳电话系统,如数字增强型无线通(digital enhanced cordless telecommunications,DECT)和小灵通(personal handyphone system,PHS)也可以提供移动数据业务。

目前,移动数据网发展面临着诸多挑战,具体如下:

(1)有限的频率资源与提高数据速率的矛盾,要求提高系统的有效性。

(2)开放式无线信道特性与传输的可靠性的矛盾,要求提高系统的可靠性。

(3)传统的 IP 网络选路与寻址方式及终端移动性的矛盾,要求解决移动性管理问题,移动 IP 是解决该问题的有效方案。

(4)实时业务(如语音、视频等多媒体)质量(quality of service,QoS)要求与传统分组数据传输机制性能的矛盾。要求移动数据网引入新的机制,提高 QoS 保障能力。

(5)移动终端小型化、便携性要求(硬、软件资源有限)与功能多、性能好要求的矛盾。当前利用无线应用协议(wireless application protocol,WAP)实现手机上网是解决该矛盾的一项新技术。

2．移动通信网的组成

移动通信网由无线接入网、核心网和骨干网三部分组成。无线接入网主要为移动终端提供接入网络服务,核心网和骨干网主要为各种业务提供交换和传输服务。

从通信技术层面看,移动通信网的基本技术可分为传输技术和交换技术两大类。

从传输技术来看,在核心网和骨干网中由于通信媒质是有线的,对信号传输的损伤相对较小,传输技术的难度相对较低。但在无线接入网中由于通信媒质是无线的,而且终端是移动的,这样的信道可称为移动(无线)信道,它具有多径衰落的特征,并且是开放的信道,容易受到外界干扰,这样的信道对信号传输的损伤是比较严重的,因此,信号在这样信道传输时可靠性较低。同时,无线信道的频率资源有限,因此有效地利用频率资源是非常重要的。也就是说,在无线接入网中,提高传输的可靠性和有效性的难度比较高。

从网络技术来看,交换技术包括电路交换和分组交换两种方式。目前移动通信网和移动数据网通常都有这两种交换方式。在核心网中,分组交换实质上是为分组选择路由,这是一种类似于移动 IP 选路机制(或称为路由技术),它是通过网络的移动性管理(mobility management,MM)功能来实现的。

3．移动数据网的基本核心技术

1)空中接口的核心技术

空中接口主要涉及协议栈的物理层、媒质接入控制(MAC)层、数据链路层等。对移动无线网络来说,提高系统的可靠性和有效性关键在于物理层。随着移动通信技术的发展,物理层在多址、数字调制、功率控制、接收和检测等方面不断采用新的技术。在 MAC 层优化接入算法,提高接入效率,从而不断改善无线链路的性能。

2)网络层的核心技术

在基于分组交换方式的移动数据网中,各种数据业务是以分组形式传送的,分组传送的基本要求一是选择正确的传送路径,二是按业务质量要求传送(如吞吐量、差错率、时延和时延抖动等)。这就构成了网络层的两个基本核心技术,选路(路由)技术和服务质量。

(1)选路技术。移动 IP 是互联网工程任务组(Internet engineering task force,IETF)提出的移动主机(mobile host,MH)在互联网(IP 网络)中的选路协议,该协议能对 IP 网络中的移动主机的动态路由进行管理。该协议是网络层的协议,与其底层的物理网络无关。移动 IP 采用代理技术和隧道技术来支持移动主机的移动性,即移动主机使用一个固定的 IP 地址在漫游过程中始终能保持它与网络中其他主机的 IP 路由不中断。

移动数据网中 MM 的选路机制虽类似于移动 IP,但并不是同一个协议。因此,在移动网向全 IP 网络的发展演进过程中,MM 的选路机制将逐步由移动 IP 来取代。

(2)服务质量移动数据网可以提供各种类型的业务,如语音、传真、短消息、文件、图像、视频、多媒体等。不同业务对质量要求不同。评价服务质量的主要指标有:吞吐量、差错率、传输时延、时延抖动等。不同业务的服务质量指标是不同的。实时性强的业务(如语音、视频、多媒体业务)对各项指标要求都比较严(高吞吐量、低差错率、时延及其抖动小)。

服务质量问题实质上是网络为业务提供资源保障的问题,必须由移动数据网的物理层、MAC 层、链路层、IP 层、TCP 层和应用层共同来保障,各层要根据无线移动环境的特点和应用业务的要求采用相应的措施,进行优化、改进和适配。

4.移动数据通信应用

移动数据通信业务范围很广,有广泛的应用前景。

1)移动数据通信业务

移动数据通信业务通常分为基本数据业务和专用数据业务两种,基本数据业务应用有电子信箱、传真、信息广播、局域网接入等,专用业务应用有个人移动数据通信、计算机辅助调度、车(船、舰队)管理、GPS 汽车卫星定位、远程数据接入等。

2)移动数据通信应用

移动数据通信在各领域的应用可分为固定式应用、移动式应用和个人应用等三种类型。固定式应用是指固定终端通过无线接入公用数据网的固定式应用系统及网络,如边远山区的计算机入网、交警部门的交通监测与控制、收费停车场、加油站以及灾害的遥测和报警系统等。移动式应用是指野外勘探、施工、设计部门及交通运输部门的运输车、船队和快递公司为发布指示或记录实时事件,通过无线数据网络实现业务调度、远程数据访问、报告输入、通知联络、数据收集等均需采用移动式数据终端。个人应用是指专业性很强的业务技术人员需要在外办公时,通过无线数据终端进行远程打印、传真、访问主机、数据库查询、查证,如股票交易商也可以通过无线数据终端随时随地跟踪查询股票信息。

十多年来,互联网的快速发展及应用已遍及世界各个角落,互联网正在以强劲技术和市场动力发展成为世界公共统一的通信大平台。互联网不仅为人们提供丰富多彩的信息服务,而且将为人们提供电信级质量的语音、视频和多媒体通信服务。

与此同时,移动数据网也随着移动通信网快速发展,各种无线网络(如无线局域网 WLAN 和 HiperLAN、无线个域网 WPAN、无线 AdHoc 网络等)都采用 IP 技术与互联网相连。因此各种类型的移动网和无线网成为互联网的无线扩展,或互联网的无线接入网,使得它们的各种移动和无线终端可以通过无线方式接入互联网,从而可以获得互联网的各种信息服务,并能在互联网平台上进行通信,这种扩展了的互联网称为移动互联网。目前,根据移动网现状,一般认为移动互联网是指移动终端通过移动网接入互联网,支持终端的移动性(漫游和运动状态)。作为有线数据网的补充和延伸,移动数据通信将具有更广泛的应用前景。

5.3G 通信技术

3G 是英文 3rd Generation 的缩写,指第三代移动通信技术。相对第一代模拟制式手机(1G)和第二代 GSM、TDMA 等数字手机(2G),第三代手机一般地讲,是指将无线通信与国际互联网等多媒体通信结合的新一代移动通信系统。它能够处理图像、音乐、视频流等多种媒体形式,提供包括网页浏览、电话会议、电子商务等多种信息服务。为了提供这种服务,无线网络必须能够支持不同的数据传输速度,也就是说在室内、室外和行车的环境中能够分别支持至少 2 Mb/s、384 kb/s 以及 144 kb/s 的传输速度。

国际电信联盟(ITU)在 2000 年 5 月确定 W-CDMA、CDMA2000 和 TDS-CDMA 三大主流无线接口标准,写入 3G 技术指导性文件《2000 年国际移动通信计划》(IMT-2000)。

1)W-CDMA

W-CDMA 即 Wideband CDMA,也称为 CDMA Direct Spread,意为宽频分码多重存取,其支持者主要是以 GSM 系统为主的欧洲厂商,日本公司也或多或少参与其中,包括欧美的爱立信、阿尔卡特、诺基亚、朗讯、北电,以及日本的 NTT、富士通、夏普等厂商。这套系统能够架设在现有的 GSM 网络上,对于系统提供商而言可以较容易地过渡,而 GSM 系统相当普及的亚洲对这套新技术的接受度预料会相当高。因此 W-CDMA 具有先天的市场优势。

2)CDMA 2000

CDMA 2000 也称为 CDMA Multi-Carrier,由美国高通北美公司为主导提出,摩托罗拉、朗讯和后来加入的韩国三星都有参与,韩国现在成为该标准的主导者。这套系统是从窄频 CDMA One 数字标准衍生出来的,可以从原有的 CDMA One 结构直接升级到 3G,建设成本低廉。但目前使用 CDMA 的地区只有日、韩和北美,所以 CDMA 2000 的支持者不如 W-CDMA 多。不过 CDMA 2000 的研发技术却是目前各标准中进度最快的,许多 3G 手机已经率先面世。

3)TD-SCDMA

该标准是由中国大陆独自制定的 3G 标准,1999 年 6 月 29 日,中国原邮电部电信科学技术研究院(大唐电信)向 ITU 提出。该标准将智能无线、同步 CDMA 和软件无线电等当今国际领先技术融于其中,在频谱利用率、对业务支持具有灵活性、频率灵活性及成本等方面的独特优势。另外,由于中国的庞大市场,该标准受到各大主要电信设备厂商的重视,全球一半以上的设备厂商都宣布可以支持 TD-SCDMA 标准。

2.2.5　高速网络技术

随着光纤通信技术、计算机技术和多媒体技术的发展,信息处理对计算机网络在速度等方面提出了更高的要求。例如,支持多媒体及可视化计算机的基本要求是 100 Mb/s 的网络,而传统的计算机网络,如最基本的 10BASE-T 以太网,远远不能满足其需要。在这一背景下,就出现了许多网络新技术,如快速以太网(fast ethernet)、交换式以太网、SMDS、FDDI、DQDB、FR、ATM、B-ISDN 等。这些网络新技术不仅使计算机网络具有更高的传输速率和更大的吞吐量,而且使得网络中原有的一些基本概念发生了变化。这里只对 FDDI、DQDB 和 SMDS 作一简单的介绍。

1. FDDI

光纤分布式数据接口(fiber distributed data interface,FDDI)是由美国国家标准协会 ANSI 制定,后来作为国际标准 ISO 9314 的通用高速令牌环形网。它以光纤作为传输媒体,可作为高速局域网,在小范围内互联高速计算机系统,或作为城域网互联较小的网络,或作为主干网互联分布在较大范围的主机,也可以桥接局域网和广域网。该网络具有定时令牌协议的特性,支持多种拓扑结构,并具有下列优点:

(1)较长的传输距离,相邻站间的最大长度可达 2 km,最大站间距离为 200 km。

(2)可连接很多站点,最多可有 1 000 个物理连接。若采用双环节结构时,站点之间距离在 2 km 以内,且每个站点与两个环路都有连接,最多可连接 500 个站点。

(3)具有较大的带宽,FDDI 的设计带宽为 100 Mb/s。

(4)具有对电磁和射频干扰抑制能力,在传输过程中不受电磁和射频噪声的影响,也不影响其设备。

(5)光纤可防止传输过程中被分接偷听,也杜绝了辐射波的窃听,因而是最安全的传输媒体。

(6)可以使用双环结构,具有容错能力。

(7)具有动态分配带宽功能,能支持同步和异步数据传输。

2．DQDB

分布式队列双总线(distributed queue dual bus,DQDB)是由 IEEE 802.6 制定的城域网标准。DQDB 可以在大的地理范围内提供包含话音、图像和数据在内的综合的高速的业务。它具有以下主要特性:

(1)用双总线结构,每条总线都可独立运行,既保证高速又有容错能力。

(2)可以使用多种传输媒体,包括光纤、微波和同轴电缆等。

(3)数据速率为 34～155 Mb/s 或更高。

(4)同时支持电路交换和分组交换。

(5)理论上网络运行与工作站数目无关,但 IEEE 802.6 还是对 DQDB 作了限制,即节点最多 512 个,范围为 169 km,数据速率为 155 Mb/s。

3．SMDS

交换式多兆位数据服务(switched multimegabit data service,SMDS)是由 Bellcore 公司开发并由城市的本地交换电信局提供的高速城域服务。它基于 IEEE 802.6 标准,采用与 ATM 兼容的信元交换技术,与未来的 ATM 连接非常方便,对用户而言也可以用作向 ATM 技术过渡的一种策略。SMDS 与 DQDB 的关系是,SMDS 的服务是通过 DQDB 的接入来提供的。SMDS 是一种服务,而 DQDB 是一种承载子网。SMDS 的服务具有下列特点:

(1)目标是在多个局域网之间传送数据,其标准速率设计为 45 Mb/s。城域网也可提供这种速率,但它不是交换的,为了连接各个局域网,需要有分别接到各个局域网的线路,只有在同一城市才可能。而 SMDS 是交换的,每个局域网接入就近的 SMDS 交换设备,通过 SMDS 网再传到目的地。

(2)是一种无连接、基于信元的传送服务,它能在许多站点之间提供任何点对点的联系,而无需呼叫建立和撤销过程。所以 SMDS 具有在大都市市区扩展局域网类型通信技术的能力。

(3)既能实现广播服务,又可在出入口处设置地址屏蔽功能,用户可给出一批地址码,只有这些地址的用户才能收到该用户分送的数据,或该用户接收从给定地址的那些用户发来的数据。因此,利用该功能,用户可以构建自己的专用网和专用接口,可增加网络的安全保密性。

(4)数据域最长为 9 188 B。该数据域可包含任何类型的数据,如以太网分组、令牌环网分组、IP 分组等,并且它只是将这些数据从远地址传送到目的地址,不做任何修改。

(5)是一种"快速分组"技术,由终端节点来进行检错和流控。如果一个分组丢失了,则接收的节点请求重发。网络本身不承担这种检错任务,由端系统从事更多的工作,这是利用了现代通信设备很少有错误的优势。

4．千兆位以太网

千兆位以太网是在 10 Mb/s 或 100 Mb/s 以太网的基础上发展起来的,不仅使系统增加了带宽,同时还带来了服务质量的功能,千兆位以太网提供全双工或半双工工作模式,在半双工的情况下,千兆位以太网继续采用 CS-MA/CD(具有避免冲突的载波侦听多路存取)存取协议。它具有优越的性能价格比,同时千兆位以太网保留了 802.3 和以太网标准,用户能够在保留现有应用程序、操作系统、IP、IPX 及 AppleTalk 等协议以及网络管理平台与工具的同时,方便地升级至千兆位以太网,并易于与已有网络和应用进行集成。

1）千兆位以太网的协议结构与功能模块

图 2-8 描绘了千兆位以太网的协议结构与功能模块,从中可知,其协议结构包括 MAC 子层与 PHY 层两部分,MAC 子层实现了 CSMA/CD 媒体访问控制方式和全双工或半双工的处理方式,PHY 层包括了编码或译码,收发器以及媒体三个模块,还包括了 MAC 子层与 PHY 子层连接的逻辑"与媒体无关的接口"。

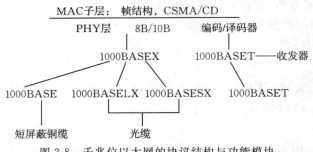

图 2-8　千兆位以太网的协议结构与功能模块

2）千兆位以太网按 PHY 层分类

综合 PHY 层上的功能,千兆位以太网可归纳成两种实现技术,1000BASEX 和 1000BASET,如图 2-9 所示,其中 1000BASEX 为千兆位以太网中易实现的方案,虽然包括了 1000BASECX、LX 和 SX,但其 PHY 层中的编码或译码方案为共同的,均采用了 8B/10B 的编码或译码方案。

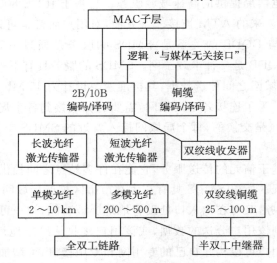

图 2-9　千兆位以太网的 1000BASEX 与 1000BASET

§2.3　空间信息采集与处理技术

2.3.1　移动定位技术

数字工程应用实践中,往往会实时地获取终端的位置信息,而在移动应用环境下,终端(或称移动台)的位置处于不断的移动状态,那么这些终端位置信息必须依靠满足定位精度要求的无线定位技术来获取。无线定位技术是利用无线电波的有关特征(如场强、时间、方位等)为依据,确定出移动台的绝对位置(经度、纬度、高程)或相对位置。根据无线电波特征的不同,形成了多种不同的无线定位方法,本节介绍几种常用的无线(移动)定位原理(郑颖,2001;胡可刚等,2005)。

1. 定位技术分类

移动定位系统根据检测移动台(mobile station, MS)和多个收发信机之间的无线电波信号的有关特征参数,确定移动台的几何位置。根据获得 MS 实际位置信息方式的不同,定位系统大致可分为三类:基于移动台的定位系统、基于网络的定位系统和移动台辅助定位系统。

1)基于移动台的定位系统

移动台利用来自多个基站的信号,计算自己的位置,称为基于移动台的定位,由移动台执行测量并计算定位结果,也称为以移动台为中心的定位系统,或移动台自定位系统,在蜂窝网络中也叫前向链路定位系统。在此系统中,移动台利用接收到的来自多个已知位置的发射机的携带与移动台位置有关的特征信息信号,再根据有关算法计算自己相对这些发射机的距离或方向,确定自己的位置。此类定位系统必须对现有移动台进行适当修改,如集成全球定位系统(Global positioning System, GPS)接收机或能同时接受多个基站信号进行自定位的处理单元。

GPS、基于移动台发送和接收信号的增强型观测时间差(enhanced observed time difference, E-OTD)和到达时间(time of arrival, TOA)技术以及基于蜂窝小区(Cell ID)技术(基于移动台的)都属于移动台定位系统。

2)基于网络的定位系统

网络利用移动台传来的信号,计算移动台位置的定位称为基于网络的定位,由一个或多个基站执行测量,在网络一侧进行定位结果的计算,也称为以网络为中心的定位系统,在蜂窝网络中也叫反向链路定位系统。定位测量一般只能对激活态下的移动台进行,对处于空闲态的移动台几乎不可能实现。在此系统中,由多个固定位置接收机同时检测来自移动台的信号,经计算并将与移动台位置有关的特征信息送到一个定位服务信息处理中心进行处理,以获得移动台的位置,并将测量结果传送给移动台。自动车辆定位系统就是属于此类系统。

此类系统需要采用很多定位基站(base station, BS)一起来确定移动台位置。该定位系统的优点在于能利用现有的蜂窝系统,只需对网络设备作适当的扩充、修改,而无需改动现有的移动台即可实现,保护了用户已有投资,实施也相对容易。

3)移动台辅助定位系统

由移动台执行测量,测量结果发送到网络侧进行计算。此技术一般不支持现有的移动台。

对移动台的定位是通过检测位于已知位置的基站和移动台之间传播的无线电波信号的特征参数确定的。根据几个基站收到的信号对移动台的距离或方向(或者全部)做出估计。通过分析接收信号的强度、相位以及到达时间或时间差等属性来确定移动台的距离,通过接收信号的到达角度来确定方向。

2. 无线定位原理

1)COO 定位技术

源小区(cell of origin, COO)定位技术是最简单的一种定位方式,它根据移动台所处的小区 ID 号来确定用户的位置。移动台在当前小区注册后,在系统的数据库中就会有相对应的小区 ID 号。只要系统能够把该小区基站设置的中心位置(在当地地图中的位置)和小区的覆盖半径广播给小区范围内的所有移动台,这些移动台就能知道它处在什么地方,查询数据库即可获取移动台的位置。

2）AOA 定位技术

简单地说，抵达角度（arrival of angel，AOA）定位技术测量的是基站和移动台之间信号到达的角度，根据信号到达的角度，可以确定移动台相对于基站的角度关系。只要测量一个移动台距两个基站的信号的到达角度，就可得到从基站到移动台的轨迹直线，两条直线的交点自然就是移动台的位置。

3）TOA 定位技术

抵达时间（time of arrival，TOA）技术是基于测量信号从移动台发送出去和到达消息测量单元（三个或更多）的时间来测量的。因为电磁波以恒速传播，信号传播的距离与传播的时间成正比，所以只要知道测量基站与移动台之间的信号传播时间，就可以得到它们的间距。这样，基站位置在已知的情况下，移动台的位置就可以被求出。与 E-OTD 类似，TOA 也通过计算信号从移动设备到三个基站的传输时间差来获得位置信息的；不同的是，TOA 系统中没有使用位置测量单元，而是通过与在基站上安装了 GPS 或原子钟的无线网络的同步来实现。

4）TDOA 定位技术

抵达时间差异（time difference of arrival，TDOA）技术定位的值是根据一对 TOA 相减而得来的，这样，移动台的位置信息可以由双曲线的三角测量得出。与抵达时间（time of arrival，TA）和观测时间差（observed time difference，OTD）以移动终端为主进行时差测定的方法不同，它是根据在不同基站所接收到的同一移动终端信号在传播路径上的时延差异实现终端定位的。在该方法中，处于不同位置的多个基站同时接收由移动终端发出的普通信息分组（normal burst）或随机接入分组（random access burst），各基站将接收到的上述分组的时间信息传送到移动终端定位中心（moblie location center，MLC），移动终端定位中心根据信号的抵达时间差（TDOA）完成终端位置测算。

5）E-OTD 增强型观测时间差定位

E-OTD 定位技术是基于 OTD 定位技术发展出来的技术。它需要用到通过两个基站信号到达一个移动台时间差，OTD 就是指两个基站信号到达一个移动台的时间差。其测量可以由手机完成而不需要增加任何硬件设备。OTD 的测量方法可以用于同步和伪同步网络中，在同步网络中，移动台测量多个基站信号的相对到达时间来进行定位计算；而在不同步网络中，还需要一个位置测量单元（located measurement unit，LMU），移动台的位置信息通过测量基站发送给移动台信号的地理时间延迟来推算。当多个基站的传输帧不同步时，网络需要不同基站间的实际时间差（real time difference，RTD），以得到正确的三角测量。对于非同步基站系统的 OTD 测量，其中所用的 RTD 还需最少三个在地理位置上独立的基站，如果所有的信息在移动台里可用，在本地网络的手机自己就可以完成所有的计算，所以该算法会由现有的手机辅助测量过渡到由手机自己进行。

6）GPS

GPS 可以在全球范围内实现全天候、实时地为用户连续提供精确的位置、速度和时间的信息（其他说明见 §2.3.2）。

3. 各类移动定位技术的优劣性能比较

以上所述的各类移动定位技术的性能优劣比较见表 2-5。

表 2-5　各类移动定位技术的优劣性能比较

技术方案	基于	优　点	缺　点
COO	网络	无须对网络和手机进行修改,响应时间短(约 3s)	精度较差
AOA	网络	改善天线增益模式,改善通话质量,可以在话音信道上工作,不需高精度的系统定时	需要复杂的天线,易出现定位模糊和定位盲点,实施成本增加
TOA	网络	使用现存的 CDMA 网络,在市区提供的定位精度较好,但响应时间较长(约 10 s)	要求精确的时间同步,要用时间戳区分信号发出时间
TDOA	网络	精度较高,实现较容易,应用较多	定时精度要求高,需要改造基站设备
E-OTD	网络	精度较高,可使用现有 GSM 网络结构	响应速度慢(约 5 s)需要改造手机
GPS	移动台	精度高、延时小、抗多径效应,使用免费	不适用紧急救援定位,需要新型手机

COO 是当今唯一在无线网络中被广泛采用的定位技术,能为无线办公室、基于位置的付账和一些基于位置的信息需求提供服务。目前 TDOA 是使用最多的一种技术,也是欧洲电信标准协会(European Telecommunications Standards Institute,ETSI)建议使用的主要技术,ETSI 已经对它做了相应的规定。将高定位精度的 GPS 和普遍开通的短消息业务(short message system,SMS)相结合,为城市交通提供定位导航系统。GPS 可为车辆提供位置信息,短消息业务用于将车辆的位置信息传送给车辆调度和管理中心。

4.影响定位精度的因素

在复杂的无线信道环境下,非视距(non line of sight,NLOS)传播、多径传播(相干信号源)、CDMA 多址干扰(multiply address interference,MAI)以及各种噪声和干扰是影响参数估计中定位精度的主要因素,其详细内容见表 2-6(马大玮 等,2003;胡可刚 等,2005)。

表 2-6　影响移动定位精度的主要因素

影响因素	作用原理	克服方法
非视距传播	电磁波经过折射路径而非直射路径到达,使得利用几何圆或敤曲线方程式的 TOA、TDOA 等存在着测量误差,有时会达到 400～700 m	①可以测算 TOA 的标准偏差,一般情况下非视距传播的标准偏差远大于视距传播。根据积累的统计资料,有可能对两者作出区分。②利用测距误差统计的先验信息将一段时间内非视距测量值调节到接近视距的测量值,降低最小二乘法中非视距测量值的权重,在最小二乘法中增加约束项等
多径传播	同一发射信源产生的信号,经过不同的路径传输后到达同一信宿,对 AOA 技术和场强测量的准确度都有影响,使得基站和移动台之间即使是视距传输,定时测量也会产生误差	高阶谱估计、最小均方估计、扩展的卡尔曼滤波
多址干扰	CDMA 系统中各移动台使用同一载频,由于功率控制的原因,移动台离某一站越近,其他基站所收到的信号就越小,受到的多址干扰就越大,当几个区的基站测量某移动台的位置时,每一基站收到其覆盖区其他移动台的干扰信号,影响基站测量 TOA 或 TDOA 的准确度,使得多个基站难于同时 正确测量 TOA 或 TDOA 值 。对基于时间的定位系统影响粗时间捕获,对延时锁相环的时间测量有很大影响	请求定位时,移动台呼叫的瞬间发射功率最大

5. 定位技术的选择

数字工程实践中,需要结合具体的需要考虑选择定位技术的标准,主要涉及精度和实施成本等指标。

1)定位精度

定位精度直接影响到定位服务的质量。实际中不同的定位业务要求的定位精度是不同的。例如,基于位置的计费或信息服务等业务只需达到小区甚至移动交换中心(mobile switching center,MSC)级别精度即可;而紧急呼叫和车辆导航等,则一般认为要达到100 m左右的精度。

2)基站的连续覆盖范围

在移动通信系统中,在城市、郊区和偏远地区,基站的覆盖范围是不同的,而有些定位技术需要进行多点测量,这就要求网络的连续覆盖。

3)投资成本

选择定位方案时,最好的技术并不一定是最好的选择,最适合的才是最好的选择。定位精度高的技术,要求更高的网络软、硬件与之匹配,从而增加了投资成本。对于运营商来说,在满足定位精度的前提下,更愿意选择投资少的技术方案。

4)能否支持现有的移动台

由于基于移动台的定位系统需要对现有移动台进行改造,增加了网络的成本和复杂度,所以移动用户及设备生产商和网络运营商都希望能直接由网络实现定位。在现有的移动通信网络中,以网络为核心,不改变移动台的条件下,实现移动台定位将成为未来移动通信网络中终端定位的主导技术。

移动定位技术为移动通信开辟了更大的发展空间,提供了更多的商机。目前无线网络运营商提供的位置服务可以包括从安全服务到付账、信息追踪、导航、数据及视频的集成产品等方面。

2.3.2 3S技术

在研究及应用领域,通常将遥感技术、全球卫星导航系统和地理信息系统技术合称为3S技术,在实际的使用过程中,往往会涉及它们中间的几项或者全部,称作3S集成。本节简单介绍遥感技术、全球定位系统技术、地理信息系统技术以及它们在数字工程中的集成应用。

1. 遥感技术

1)遥感的定义

遥感,顾名思义,就是遥远地感知,是从远处探测、感知物体或事物的技术,即不直接接触物体本身,从远处通过各种传感器探测和接收来自目标物体的信息,经过信息的传输及其处理分析,来识别物体的属性及其分布等特征的技术系统。地球上每一个物体都在不停地吸收、发射电磁波信息,并且不同物体的电磁波特性是不同的。遥感就是根据这个原理来探测地表物体对电磁波的反射和其发射的电磁波,从而提取这些物体的信息,完成远距离识别物体。遥感的实现还需要遥感平台,像卫星、飞机、气球等,它们的作用就是稳定地运载传感器。当在地面试验时,还会用到地面像三脚架这样简单的遥感平台。针对不同的应用和波段范围,人们已经研究出很多种传感器,探测和接收物体在可见光、红外线和微波范围内的电磁辐射。传感器会把这些电磁辐射按照一定的规律转换为原始图像。原始图像被地面站接收后,要经过一系列复杂的处理,才能提供给不同的用户使用。

　　2)遥感的历史

　　遥感作为一种空间探测技术,至今已经经历了地面遥感、航空遥感和航天遥感三个阶段。广义地讲,遥感技术是从 19 世纪初期(1839 年)出现摄影术开始的。遥感作为一门综合技术是美国学者在 1960 年提出来的。为了比较全面地描述这种技术和方法,学者 E. L. Pruitt 把遥感定义为"以摄影方式或以非摄影方式获得被探测目标的图像或数据的技术"。从现实意义看,一般我们称遥感是一种对远离目标,通过非直接接触而判定、测量并分析目标性质的技术。遥感技术的应用领域非常广泛,所以在这种强大动力的驱使下遥感得到了极大的关注和高速发展。

　　19 世纪中叶(1858 年),就有人使用气球从空中对地面进行摄影。1903 年飞机问世以后,便开始了可称为航空遥感的第一次试验,从空中对地面进行摄影,并将航空影像应用于地形和地图制图等方面。从此揭开了当今遥感技术的序幕。

　　随着微电子技术、无线电技术、光学技术和计算机技术的发展,20 世纪中期,遥感技术有了很大发展。遥感器从第一代的航空摄影机,第二代的多光谱摄影机、扫描仪,很快发展到第三代固体扫描仪电荷耦合装置(charge coupled device,CCD);遥感器的运载工具,从航空飞机很快发展到卫星、宇宙飞船和航天飞机,遥感光谱从可见光发展到红外和微波,遥感信息的记录和传输从图像的直接传送发展到非图像的无线电传输;而图像元也从地面 80 m×80 m 逐步发展到 30 m×30 m,20 m×20 m,10 m×10 m,6 m×6 m。

　　我国遥感技术的发展也十分迅速。我们不仅可以直接接收、处理和提供卫星的遥感信息,而且具有航空航天遥感信息采集的能力,能够自行设计制造航空摄影机、全景摄影机、红外线扫描仪、多光谱扫描仪、合成孔径侧视雷达等多种用途的航空航天遥感接收仪器和用于地物波谱测定的仪器。并且,进行过多次规模较大的航空遥感接收试验。

　　近十几年来,我国还自行设计制造了多种遥感信息处理系统。如假彩色合成仪、密度分割仪、TJ-82 图像计算机处理系统、微机图像处理系统等。

　　3)遥感的技术种类

　　遥感技术包括传感器技术,信息传输技术,信息处理、提取和应用技术,目标信息特征的分析与测量技术等。

　　遥感技术依其遥感仪器所选用的波谱性质可分为电磁波遥感技术,声呐遥感技术,物理场(如重力和磁力场)遥感技术。电磁波遥感技术是利用各种物体(物质)反射或发射出不同特性的电磁波进行遥感的,可分为可见光、红外、微波等遥感技术。按照感测目标的能源作用可分为主动式遥感技术和被动式遥感技术。按照记录信息的表现形式可分为图像方式和非图像方式。按照遥感器使用的平台可分为航天遥感技术、航空遥感技术、地面遥感技术。按照遥感的应用领域可分为地球资源遥感技术、环境遥感技术、气象遥感技术、海洋遥感技术等。

　　4)传感器

　　常用的传感器:航空摄影机(航摄仪)、全景摄影机、多光谱摄影机、多光谱扫描仪(multispectral scanner,MSS)、专题制图仪(thematic mapper,TM)、反束光导摄像管(return beam vidicon,RBV)、高分辨率可见光扫描仪(high resolution visible range instruments,HRV)、合成孔径侧视雷达(side-looking airborne radar,SLAR)。

　　5)数据源

　　目前常用的遥感数据有:美国 QuickBird、IKONOS、OrbView 和 Landsat 卫星、法国

SPOT 卫星、加拿大 RADARSAT 卫星、欧洲空间局 ERS 和 ENVISAT 卫星遥感数据。遥感技术系统包括空间信息采集系统(包括遥感平台和传感器)、地面接收和预处理系统(包括辐射校正和几何校正)、地面实况调查系统(如收集环境和气象数据)、信息分析应用系统。

6）应用领域

遥感技术广泛地应用于下列领域:陆地水资源调查、土地资源调查、植被资源调查、地质调查、城市遥感调查、海洋资源调查、测绘、考古调查、环境监测和规划管理等。目前,主要的遥感应用软件有 PCI、ERMapper 和 ERDAS 等。

自 20 世纪初莱特兄弟发明人类历史上第一架飞机起,航空遥感就开始了它在军事上的应用。此后,航空遥感在地质、工程建设、地图制图、农业土地调查等方面得到了广泛应用。第二次世界大战中,由于伪装技术的不断提高,促使军事遥感出现了彩色、红外和光谱带照像等技术。

7）发展方向

多光谱摄影技术是航空遥感的重要发展,从 20 世纪 60 年代最早采用的多像机型传感器多光谱摄影,到稍后的多镜头型传感器多光谱图像获取,人们把多光谱特征用到了地形、地物判别上。

卫星遥感把遥感技术推向了全面发展和广泛应用的崭新阶段。从 1972 年因第一颗地球资源卫星发射升空以来,美国、法国、俄罗斯、欧洲空间局、日本、印度、中国等都相继发射了众多对地观测卫星。现在,卫星遥感的多传感器技术,已能全面覆盖大气窗口的所有部分,光学遥感可包含可见光、近红外和短波红外区,以探测目标物的反射和散射热红外遥感的波长可从 8 μm 到 14 μm;以探测目标物的发射率和温度等辐射特征,微波遥感的波长范围从 1 mm 到 100 cm ,其中被动微波遥感主要探测目标的散发射率和温度,主动微波遥感通过合成孔径雷达探测目标的反向散射特征。微波遥感实现了全天时、全天候的对地观测,雷达干涉测量采用两副天线同时成像或一副天线相隔一定时间重复成像,并利用同名像点的相位差测定地面目标的三维坐标,高程精度可达 5~10 m;差分干涉测量测定相对位移量的精度可达厘米至毫米级,大大提高了自动获取数字高程模型的精度。

随着传感器技术、航空航天技术和数据通信技术的不断发展,现代遥感技术已经进入一个能动态、快速、多平台、多时相、高分辨率地提供对地观测数据的新阶段。

光学传感器的发展进一步体现为高光谱分辨率和高空间分辨率特点。高光谱分辨率已达纳米级,波段数已达数十甚至数百个。微波遥感的发展进一步体现为多极化技术、多波段技术和多工作模式。

为协调时间分辨率和空间分辨率这对矛盾,小卫星群计划将成为现代遥感的另一发展趋势,例如,可用 6 颗小卫星在 2~3 天内完成一次对地重复观测,可获得高于 1 m 的高分辨率成像光谱仪数据。除此之外,机载和车载遥感平台,以及超低空无人机载平台等多平台的遥感技术与卫星遥感相结合,将使遥感应用呈现出一派五彩缤纷的景象。图 2-10 描述了遥感数据的处理过程,同时表 2-7 列出了 1999 年以来部分已发射的商用高分辨率卫星系统。

表 2-7　部分已发射商用高分辨率卫星系统

卫星	组织机构	发射年份	扫描宽度/km	分辨率/m
Ikonos	Space Imaging	1999	11	1
Orbview 3	Orbimage	1999	8	1
Eros A	ImageSat International	2000	13.5	1.8

续表

卫星	组织机构	发射年份	扫描宽度/km	分辨率/m
SPOT 5	SPOT image	2002	60	5
Quick Bird	Earth Watch	2001	16.5	0.61
福卫二号	中国台湾太空计划室	2004	24	2

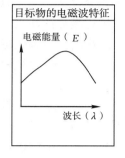  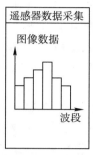  

图 2-10　遥感数据处理过程

2．全球导航卫星系统

全球导航卫星系统（global navigation satellite system，GNSS）又称天基 PNT（positioning，navigation，timing，定位、导航、授时）系统，其关键作用是提供时间、空间基准和所有与位置相关的实时动态信息。该系统已成为各国重大的空间和信息化基础设施，也成为体现现代化大国地位和国家综合国力的重要标志。它是经济安全、国防安全、国土安全和公共安全的重大技术支撑系统和战略威慑基础资源，也是建设和谐社会、服务人民大众、提升生活质量的重要工具（曹冲，2009）。下面介绍各国的全球导航卫星系统。

1）全球定位系统

全球定位系统是美国从 20 世纪 70 年代开始研制，历时 20 年，耗资 200 亿美元，于 1994 年全面建成，具有在海、陆、空进行全方位实时三维导航与定位能力的新一代卫星导航与定位系统。经过我国测绘等部门十几年的使用表明，GPS 以全天候、高精度、自动化、高效益等显著特点，赢得广大测绘工作者的信赖，并成功地应用于大地测量、工程测量、航空摄影测量、运载工具导航和管制、地壳运动监测、工程变形监测、资源勘察、地球动力学等多种学科，从而给测绘领域带来一场深刻的技术革命。

全球定位系统是美国第二代卫星导航系统，是在子午仪卫星导航系统的基础上发展起来的，它采纳了子午仪系统的成功经验。和子午仪系统一样，全球定位系统由空间部分、地面监控部分和用户接收机三大部分组成，其卫星轨道示意图如图 2-11 所示。

图 2-11　GPS 卫星轨道示意

按目前的方案，全球定位系统的空间部分使用 24 颗高度约 2.02×10^4 km 的卫星组成卫星星座。24 颗卫星均为近圆形轨道，运行周期约为 11 h 58 min，分布在 6 个轨道面上（每轨道面 4 颗），轨道倾角为 55°。卫星的分布使得在全球的任何地方，任何时间都可观测到 4 颗以上的卫星，并能保持良好定位解算精度的几何图形。因此提供了在时间上连续的全球导航能力。

地面监控部分包括 4 个监控站、1 个上行注入站和 1 个主控站。监控站设有 GPS 用户接收机、原子钟、收集当地气象数据的传感器和进行数据初步处理的计算机。监控站的主要任务是取得卫星观测数据并将这些数据传送至主控站。主控站设在范登堡空军基地,它对地面监控部实行全面控制。主控站的主要任务是收集各监控站对 GPS 卫星的全部观测数据,利用这些数据计算每颗 GPS 卫星的轨道和卫星钟改正值。上行注入站也设在范登堡空军基地,它的任务主要是在每颗卫星运行至上空时把这类导航数据及主控站的指令注入卫星。这种注入对每颗 GPS 卫星每天进行一次,并在卫星离开注入站作用范围之前进行最后的注入。

全球定位系统性能好、精度高、应用广,是迄今最好的导航定位系统。随着全球定位系统的不断改进,软硬件的不断完善,应用领域正在不断地开拓,目前已遍及国民经济各种部门,并开始逐步深入人们的日常生活。

全球定位系统具备高精度、全天候、高效率、多功能、操作简便、应用广泛等特点。

(1)定位精度高。应用实践证明:GPS 相对定位精度在 50 km 以内可达 6～10 m,100～500 km 可达 7～10 m,1 000 km 可达 9～10 m。在 300～1 500 m 工程精密定位中,1 h 以上观测的解其平面位置误差小于 1 mm,与 ME-5000 电磁波测距仪测定的边长比较,其边长较差最大为 0.5 mm,校差中误差为 0.3 mm。

(2)观测时间短。随着 GPS 系统的不断完善,软件的不断更新,目前,20 km 以内相对静态定位,仅需 15～20 min;快速静态相对定位测量时,当每个流动站与基准站相距在 15 km 以内时,流动站观测时间只需 1～2 min,然后可随时定位,每站观测只需几秒钟。

(3)测站间无须通视。GPS 测量不要求测站之间互相通视,只需测站上空开阔即可,因此可节省大量的造标费用。由于无需点间通视,点位位置可根据需要,可稀可密,使选点工作甚为灵活,也可省去经典大地网中的传算点、过渡点的测量工作。

(4)可提供三维坐标。经典大地测量将平面与高程采用不同方法分别施测。GPS 可同时精确测定测站点的三维坐标。目前 GPS 水准可满足四等水准测量的精度。

(5)操作简便。随着 GPS 接收机的不断改进,自动化程度越来越高,有的已达"傻瓜式"的程度;接收机的体积越来越小,重量越来越轻,极大地减轻测量工作者的工作紧张程度和劳动强度,使野外工作变得轻松愉快。

(6)全天候作业。目前 GPS 观测可在 24 小时内的任何时间进行,不受阴天黑夜、起雾刮风、下雨下雪等气候的影响。

(7)功能多、应用广。全球定位系统不仅可用于测量、导航,还可用于测速、测时。测速的精度可达 0.1 m/s,测时的精度可达几十毫微秒。其应用领域不断扩大,当初设计全球定位系统的主要目的是用于导航、收集情报等军事目的。但是,后来的应用开发表明,全球定位系统不仅能够达到上述目的,而且用 GPS 卫星发来的导航定位信号能够进行厘米级甚至毫米级精度的静态相对定位,米级至亚米级精度的动态定位,亚米级至厘米级精度的速度测量和毫微秒级精度的时间测量。因此,全球定位系统展现了极其广阔的应用前景。

卫星不间断地发送自身的星历参数和时间信息,用户接收到这些信息后,经过计算求出接收机的三维位置,三维方向以及运动速度和时间信息。

2)欧洲和中国的全球导航卫星系统

导航卫星系统是重要的空间基础设施,为人类带来了巨大的社会经济效益。长期以来只有美国独霸世界卫星导航系统。为了打破美国的垄断,俄罗斯耗资 30 多亿美元建起了自己的全球导航卫星系统格洛纳斯（GLONASS），预计在 2011 年达到额定 24 颗星的工作状况，GLONASS 也在开展现代化计划，发射其利用 CDMA 编码的 GLONASS-K，实现与 GPS/Galileo 在 L1 频点上的兼容与互用，其现代化计划预计在 2017 年完成，星座卫星数量达到 30 颗。

2002 年，欧盟启动了"伽利略（Galileo）计划"，在 2008 年投入运营。2003 年，中国与欧盟签署了有关伽利略计划的合作协定，目前双方合作项目已有 14 个。与 GPS 相比，伽利略系统在许多方面具有优势，例如其卫星数量多达 30 颗，其卫星轨道位置比 GPS 高。伽利略可为地面用户提供三种类型的信号，其中包括免费信号、加密且需交费才能使用的信号、加密且可以符合更高要求的信号。此外，伽利略卫星定位系统信号的最高精度比 GPS 高 10 倍，确定物体的误差范围在 1 m 之内。正如有关专家所说："如今的 GPS 只能找到街道，而伽利略却能找到车库的门。"系统预期在 2013 年完成部署，投入运行，它将与 GPS 在 L1 和 L5 频点上实现兼容和互用。

中国正在建设的北斗导航卫星系统空间段由 5 颗静止轨道卫星和 30 颗非静止轨道卫星组成，提供两种服务方式，即开放服务和授权服务。开放服务是在服务区免费提供定位、测速和授时服务，定位精度为 10 m，授时精度为 50 ns，测速精度 0.2 m/s。授权服务是向授权用户提供更安全的定位、测速、授时和通信服务以及系统完好性信息。

中国在 2007 年年初发射两颗北斗导航卫星，2008 年左右满足中国及周边地区用户对卫星导航系统的需求，并进行系统组网和试验，逐步扩展为全球卫星导航系统。2010 年 12 月 18 日中国将第 7 颗北斗导航卫星成功送入太空预定轨道，这也是我国 2010 年连续发射的第 5 颗北斗导航卫星系统组网卫星。这标志着中国北斗导航卫星系统工程建设又迈出重要一步，卫星组网正按计划稳步推进。这个系统已具备在中国及其周边地区范围内的定位、授时、报文和 GPS 广域差分功能，并已在测绘、电信、水利、交通运输、渔业、勘探、森林防火和国家安全等诸多领域逐步发挥重要作用。

3．地理信息系统

1）地理信息系统的定义

20 世纪 60 到 70 年代，随着资源开发与利用、环境保护等问题的日益突出，人类社会迫切需要一种能够有效地分析、处理空间信息的技术、方法和系统，对自然资源进行科学管理、定量分析和预测，从而为宏观科学决策提供依据，满足可持续发展的需要，这些为 GIS 的产生提供了需求基础和应用基础。与此同时，计算机软硬件等信息技术的飞速发展为 GIS 的形成奠定了坚实的技术基础；与此相关的计算机图形和数据库技术也开始走向成熟，为 GIS 理论和技术方法的创立提供了动力和技术支持。虽然计算机制图（computer cartography）、数据库管理（database management）、计算机辅助设计（computer aided design，CAD）、管理信息系统（management information system，MIS）、遥感、应用数学和计量地理学等技术能够满足处理空间信息的部分需求（如绘图），但无法全面地完成对地理空间信息的有效处理，并且 CAD 等系统功能相对较为单一，无法同时处理图形、图像、数据库管理、空间分析等问题。基于以上社会经济与技术发展的历史背景和原因，地理信息系统于 20 世纪 60 年代中期开始形成并逐渐发展起来，它的产生是多门相关学科交叉的结果，图 2-12 以 GIS 学科"树"的形式形象地描述了 GIS 多学科交叉的现象（Jones，1997）。

正如图 2-12 所示，"树根"表示 GIS 的技术和理论基础，遥感、测量学、制图学、计算机科学、数学等多门学科的交叉构成了 GIS 的学科基础；GIS 是一门应用驱动的技术，其生命力就表现在 GIS 与各领域知识的结合，图中"树枝"表示 GIS 在各专业领域的应用，应用的结果与需求返回到"树根"；GIS 作为一门应用导向或者需求驱动的应用学科，在实践需求中产生，在应用中不断完善其技术系统和发展其理论基础；理论研究又指导开发新一代高效地理信息系统，并不断拓宽其应用领域，加深应用的深度；而 GIS 的应用，又不断对理论研究和技术方法提出更高的要求（邬伦，2001）；"雨滴"是每个应用中的数据来源，如各种测量如地形测量、环境测量、GPS、RS、DPS 等，它们为地理信息系统提供了强有力的数据支持。

图 2-12　GIS 学科"树"

地理信息系统脱胎于地图，它们都是地理信息的载体，具有存储、分析和显示地理信息的功能，所以通俗地讲，地理信息系统是整个地球或者部分区域的资源、环境在计算机中的缩影（边馥苓，1996）。严格地讲地理信息系统是以空间数据库为基础，在计算机软硬件的支持下，对具有空间内涵的关于现实世界的地理数据进行快速地采集与传输、科学地存储与组织管理以及综合分析与应用表达的技术系统。简单地说，地理信息系统是综合处理和分析地理空间数据的一种决策支持系统。

地理信息系统是一种特殊的信息系统，它具有信息系统的各种特点。地理信息系统与其他信息系统的主要区别在于其存储和处理的信息是经过地理编码的、与空间位置或地址有关的信息及其相关的属性信息。在地理信息系统中,现实世界被表达成一系列的地理要素和地理现象,这些地理特征至少由空间位置信息和属性信息两个组成部分(河海大学,2006)。地理信息系统具有以下几个方面的特征:

(1)公共的地理定位基础。

(2)具有采集、管理、分析和输出多种地理信息的能力,具有空间性和动态性。

(3)计算机系统的支持是地理信息系统的重要特征,因而使得地理信息系统能快速、精确、综合地对复杂的地理系统进行空间定位和过程动态分析。

(4)系统以分析模型驱动,具有极强的空间综合分析和动态预测能力,并能产生高层次的地理信息。

(5)以地理研究和地理决策为目的,是一个人机交互式的空间决策支持系统。

如今的地理信息系统包含三方面的含义。

(1)GIS 是地理信息系统(geographic information system),表明地理信息系统是一个技术系统,是以地理空间数据库(geospatial database)为基础,采用地理模型分析方法,适时提供多种空间的和动态的地理信息,为地理研究和地理决策服务的计算机技术系统。

(2)GIS 是地理信息科学(geographic information science),表明地理信息系统是一门学科,是描述、存储、分析和输出空间信息的理论与方法的一门新兴交叉学科。

(3)GIS 是地理信息服务(geographic information service),表明 GIS 向各行各业或者其他信息系统提供地理信息服务。

地理信息系统作为支持空间信息数字化获取、管理和应用的技术体系,随着计算机技术、空间技术和现代信息基础设施的飞速发展,在国家经济信息化进程中的重要性与日俱增。特别是当今“数字地球”概念的提出,使得人们对 GIS 的重要性有了更深地了解。当前,地理信息系统在全球得到了空前迅速的发展,广泛应用于各个领域,产生了巨大的经济和社会效益。

2)地理信息系统的功能

如上所述,地理信息系统是一种特殊的信息系统,它具有信息系统的各种特点,所以地理信息系统具有对空间信息进行收集、传递、存储、加工、维护和应用等功能,其基本功能如图 2-13 所示。

(1)数据采集、监测与编辑。该部分主要用于获取数据,保证地理信息系统数据库中的数据在内容与空间上的完整性、数值逻辑一致性与正确性等。对多种形式(影像、图形、报表和数字等)、多种来源的信息,可以实现多种方式(自动、半自动、人工)的数据输入(即数字化),建立空间数据库。

(2)数据处理。初步的数据处理主要包括数据格式化、转换、概括。数据的格式化是指不同数据结构的数据间变换,是一种耗时、易错、需要大量计算量的工作,应尽可能避免;数据转换包括数据格式转化、数据比例尺的变化等。在数据格式的转换方式上,矢量到栅格的转换要比其逆运算快速、简单。数据比例尺的变换涉及数据比例尺缩放、平移、旋转等方面,其中最为重要的是投影变换;制图综合(generalization)包括数据平滑、特征集结等。

(3)空间查询、量算、操作、分析与模型等。空间查询或检索从数据库、数据文件中查找和选取所需的数据;空间量算用于量算空间目标的长度、周长、面积、坐标、形状等;空间操作包括地图的并、交、差运算,缓冲区计算,选择等;空间统计分析用于描述和分析空间数据的关系,如空间自相关分析;空间模型注重于空间现象、空间结构、空间关系和空间位置的分析,如网络分析和水系生成等。

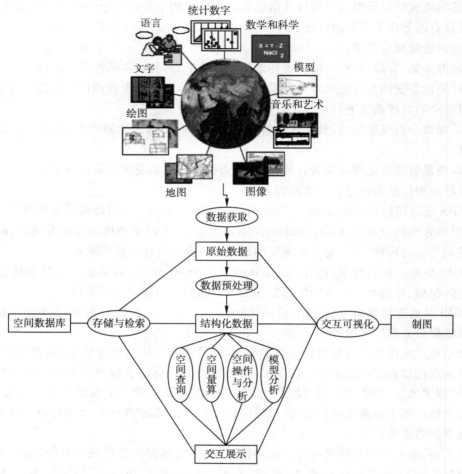

图 2-13　GIS 的基本功能

（4）制图输出。空间表现、可视化或制图，侧重于表达空间信息，用于从数据库中提取数据或分析结果的计算机表现。地理信息系统为用户提供了许多可视化工具，其形式既可以是计算机屏幕显示，也可以是专题地图、图表、数据、表格、报告文件或图件，或者通过良好的、交互式的制图工具，供用户进行高质量的地图设计和制作。一个优秀的地理信息系统能提供一种良好的、交互式的制图环境，从而使地理信息系统的使用者能够设计和制作出高质量的地图。

3）地理信息系统的组成部分

一个完整的 GIS 的构成由五部分构成，即计算机硬件系统、计算机软件系统、地理数据（或空间数据）和系统管理操作人员以及用于分析的 GIS 模型（GIS 应用的核心）。其核心部分是计算机系统（软件和硬件），空间数据反映 GIS 的地理内容，而管理人员和用户则决定系统的工作方式和信息表示方式。

（1）计算机硬件平台。GIS 可充分利用包括从主服务器到桌面工作站乃至网络计算的一切计算资源。

（2）GIS 专业软件。GIS 软件提供存储、分析、显示地理数据的功能，要素包括地理数据输入工具,空间数据库管理工具,空间查询、分析、可视化表达,图形用户界面。

(3)地理数据。GIS 系统必须建立在准确使用地理数据基础上,数据来源包括室内数字化采集和外业采集,以及从其他数据的转换。数据类型分为空间数据、属性数据,并与关系数据库互相连接。

(4)GIS 人员。GIS 应用的关键是掌握 GIS 来解决现实问题的人员的素质。这里既包括从事 GIS 系统开发的专业人员,也包括采用 GIS 完成日常工作的最终用户。

(5)GIS 模型。GIS 专业模型和经验,是 GIS 应用成败的至关重要的因素。

4)地理信息系统的应用

随着信息技术的发展和 GIS 理论、技术方法的进步,GIS 的应用早已渗透到人类生活的方方面面。可以说,只要研究对象或多或少地与具体的空间位置或地址有关,就可以利用地理信息系统去解决相关问题。到目前为止,GIS 的应用已经涉及几乎所有的国民经济建设领域,尤其是在政府办公以及资源管理与应用方面取得了明显的经济效益和社会效益,图 2-14 给出了GIS 在政府办公中的各项应用。

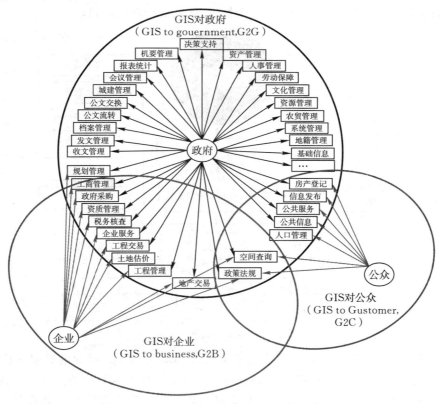

图 2-14　GIS 在政府部门的应用

4. 3S 集成技术与数字工程

全球定位系统、遥感和地理信息系统是目前对地观测系统中空间信息获取、存储管理、更新、分析和应用的三大支撑技术(李德仁,1997),三者的集成利用,构成为整体的、实时的和动态的对地观测、分析和应用的运行系统,称为"3S"集成技术。3S 集成技术使空间信息学的研究真正进入大规模实用化阶段。3S 技术引入了数字工程的研究和实践,可有效地管理具有空间属性的各种信息资源,可将数据收集、空间分析和决策过程综合为一个共同的信息流,便于制定决策、进行科学和政策的标准评价(沙宗尧 等,2003)。在集成的 3S 系统中,3S 的结合应用,取长补短,RS 和 GPS 向 GIS 提供或更新区域信息以及空间定位,GIS 进行相应的空间分析,以从 RS 和 GPS 提供的浩如烟海的数据中提取有用信息,并进行综合集成,使之成为决策的科学依据。

　　如第 1 章所述,数字工程的概念就是源自美国戈尔提出的数字地球。数字地球就是通过构建统一的完整的数字地球模型,将来自多种数据源的数据按地理坐标进行加工,从而为人们的生产和决策服务。而数字工程则主要是指利用基础地理空间的数字信息构筑一个基础平台,充分利用数字信息和通信网络技术,将整个城市、区域、国家或者行业相关的各个方面(如地理环境、基础设施、自然资源、社会资源、经济资源、人文资源及专业业务等)的信息,进行数字化的采集与存储并加载到平台上进行整合与集成,进而进行网络化的传输与分发、智能化的分析与辅助决策以及可视化的表现与仿真等,从而为政府和社会各方面提供服务。数字工程是对真实城市、区域、专业领域及其相关现象(社会经济特征)的统一数字化的重现和认识,是用数字化的手段来进行整体处理和分析整个城市、区域或行业的问题。

图 2-15　数字工程与 3S 的关系图

　　如图 2-15 所示,3S 等空间信息技术的快速发展为城市、区域、行业的数字化建设和自动化、智能化管理提供坚实的技术基础,并逐渐成为以可持续发展为目标的数字工程技术体系的核心技术,其中 GIS 已经发展成为对各类信息进行以空间信息为载体的数据整合、融合、挖掘等深度开发的重要基础平台,是城市、区域与行业数字化的必要手段,它极大地丰富了数字工程智能化的内涵,是数字工程智能化的核心技术,同时 GIS 也是信息可视化的有效工具;而RS、GPS 则是快速收集和评估各类环境资源与数据的重要手段,是实现"端对端"信息传输与应用的关键因素。但是数字城市、数字省区、数字地球等综合数字工程的实现有赖于国土资源、水利、电力、交通、农林、环保、城市信息管理等各行业的数字工程的普及。数字工程并非只是 3S 技术的简单整合,随着应用需求和技术的发展,仅有 3S 集成技术还远远不能满足实际应用的需求，还需要对它们的功能和内涵等进行拓展，以此为基础结合多门学科的交叉才能构成数字工程（数字城市或者数字地球）。因此数字工程是遥感、遥测、数据库与地理信息系统、全球定位系统、数据自动采集系统、互联网和高速宽带网络技术、虚拟仿真技术等现代科技的高度综合、集成和升华。只有建立以 GPS、RS 为基础的多层次、全方位、全天候、全时段的立体信息获取体系，以 GIS 为核心的多源信息综合管理与分析体系、以高速宽带网络技术为基础的多种信息传输体系以及与各项专业应用紧密结合的应用体系的综合性信息系统"集群"，才能实现信息从快速采集到快速处理与分析以及快速分发的"端对端"设想，才能满足现代城市、区域以及行业管理对信息的需求，才能构成真正的数字工程。

思考题

1. 什么是分布式计算？
2. CORBA、DCOM 及 EJB 各有什么特点？
3. 什么是软件复用技术？
4. 中间件技术有哪些分类？
5. 简述采用集群技术的优势。
6. 云计算的特点是什么？
7. XML、SVG、GML 与 KML 数据格式及特点是什么？
8. 简述通信系统模型。
9. 光纤通信有哪些优点？
10. 什么是 3S 技术？它们之间的关系是什么？
11. 简述信息网格的基本概念。
12. 网格技术在数字工程中如何应用？

第3章　数字工程基础平台

人们在日常生活中常常提到"基础",在数字工程中,如同各行各业一样也离不开基础设施的建设,这个基础设施就是数字工程基础平台。

基础平台是数字工程的核心概念,即集成的共享环境,是一种集成的共享资源,承载着各种专业应用。从数字工程项目建设的基本任务看,整个数字工程项目的建设总体上可以分为两项基本内容:基础平台建设和专业应用。

通常,专业应用平台大多局限于部门级的应用,相互之间无法有效沟通,形成"信息孤岛"和"孤岛群岛"。基础平台正是为了解决信息系统中各类信息的应用共享问题而采用的一整套技术措施。专业应用搭建在基础平台之上,为用户提供各类应用与服务。这就是在数字工程项目建设中常说的"建立平台,搭建应用"的内涵所在。

§3.1　基础平台及其框架

3.1.1　数字工程基础平台思想的提出

在当今的空间信息技术、计算机技术、宽带网络技术和快速通信技术的背景下,传统信息系统工程显示了不足与缺陷。首先,它们是相互独立的封闭集中的系统,在各自系统范围内,功能比较强大,效率高;而系统与系统之间,几乎互不联系,不能很好地共享信息与功能。其次,传统信息系统的应用领域还局限于各自领域的部门级应用,没有真正实现社会化的综合应用。最后,传统信息系统在功能上还比较薄弱,实际的应用仍偏重于信息的管理、处理与分析,综合应用与决策功能还十分欠缺。总之,传统信息系统都是一种具有物理边缘、技术边缘、功能边缘和逻辑思维边缘(习惯于在一个系统内解决问题)的集中系统。

传统信息系统的理论与技术需要新的拓展。在当代新的理论与技术背景下,地球科学、信息科学、计算机科学、通信科学、经济人文科学等的交叉和融合,基础地理空间信息复合其他专业数字信息的综合应用促使了"数字工程"这门新学科的诞生。用"数字"概括一切"数字化"的信息,由注重专题的"系统"升格为强调综合应用的"工程",传统信息系统被归纳和包含于各类数字工程中。

数字工程就是利用数字技术整合、挖掘和综合应用地理空间信息和其他专题信息的系统工程,是相关地球数据的数字化、网络化、智能化和可视化的过程,是以遥感技术、遥测技术、海量数据的处理与存储技术、宽带网络技术、网格技术、快速通信技术、数据挖掘技术和虚拟现实技术等为核心的信息技术工程。它将地球信息的各种载体向数字载体转换,并使其在网络上畅通流动,为社会各领域所广泛应用。

大多数现有的和传统的软件系统都是以部门或行业应用为驱动而实施的,因此都存在着行业或部门的应用分隔、信息孤岛的弱点,在基础平台的建设上存在重复和不一致,而数字工程基础平台的建设正是以建立共享的平台环境出发,从现有的网络、软硬件资源、数据资源及可见的可扩展性需求为目标,统筹规划,以满足不同行业和部门的多类应用,达到在应用上的共享与协同。

　　传统软件系统出现行业或部门的应用分隔、信息孤岛有一定的技术和社会经济背景。在技术上,由于建设适应多行业或部门应用的基础平台的技术复杂性大,特别是需要对多个不同行业或部门的应用需求有整体上的把握,对项目的规划人员提出了更高的要求,数字工程建设周期较长,基础平台的分项投入很大,因此目前的大多数软件项目都停留在孤立应用的层次上,不能共享一个统一的基础平台,即各类应用启用各自独立的基础平台。图 3-1 展示的是传统的信息系统建设情况。这里假设有两个行业或部门的应用,为了支持各行业或部门的应用,应该建立一套支持上层应用的网络、基础软硬件、数据平台及标准、安全措施等方案。

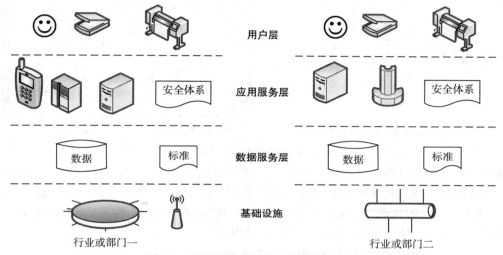

图 3-1　不同行业或部门应用建设相分隔

　　从社会经济因素上考虑,行业或部门管理体制上的"条块"划分比较明显,往往是不同部门互不沟通、互不协作,使原本可以共享的资源无法实现有效共享与利用。从图 3-1 中可以看出,部分资源存在着共享的潜在条件,图 3-2 说明不同行业或部门间存在着有效资源重叠(可共享部分)的现象(阴影部分正是两个不同行业或部门的可重复利用资源)。一个显著的例子就是目前我国在基础数据的共享上,一些基础数据本应是社会集体资源,因为生产这些基础数据的资金大多来源于行政事业经费支出,但是一旦数据生产完成后,往往因为部分小集体的经济利益,使得这些基础数据很难有效共享,造成同样的数据多次采集以及不同版本数据间的不一致性,给数据的使用带来了严重的不便。

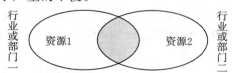

图 3-2　不同行业或部门的资源重叠(可共享部分)

　　因此,我们提出整合这些分割的各类资源,建立一种资源共享的环境,在其基础上,再构建各类具体的业务应用。资源集成与共享可以表现在不同层次上,如可以是数据资源,也可以是软硬件资源或网络环境。基础平台是可以跨越时间和空间的实体,从而可以保证该基础平台能作为不同空间(区域)和不同时间(阶段)条件下的各种应用的基础(见图 3-3(a))。从

图 3-3(b)中可以看出,基础平台将不同时间和空间上的异构的网络环境、异构的软硬件环境、异构的数据环境及标准,安全有机地集成在一起,并保证它们具有最小的重叠度,这无论从节约投入成本,还是从保障一致性(如数据一致性)方面考虑都具有重要的意义。当基础平台建设完成后,各种应用就可以直接建在其上,满足了应用的扩展性需求。

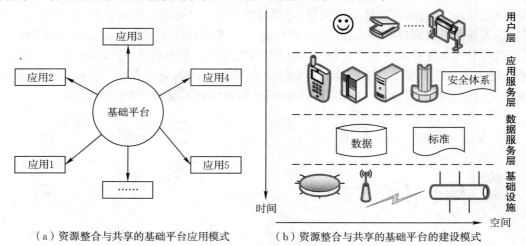

(a)资源整合与共享的基础平台应用模式   (b)资源整合与共享的基础平台的建设模式

图 3-3   资源整合与共享的基础平台

因此,基础平台即是集成的共享环境,是一种集成的共享资源,承载着各种前端应用。这些资源包括数据资源、软硬件资源和网络资源等,体现在软硬件平台、网络平台、数据平台、标准平台和安全平台的建设中。基础平台奠定了各种应用的基础,是数字工程项目建设的基础性工程,是数字工程项目建设的最主要和核心的内容。

传统应用与数字工程基础平台建设的比较可参见表 3-1。

表 3-1   传统应用与数字工程基础平台建设的比较

项目		传统应用	数字工程基础平台
投入	总体合计	大(主要是重复投入造成的)	小(重复建设的可能性小)
	分项投入	小(每个项目的基础平台投入相对较小)	大(与单个项目相比,数字工程基础平台建设需要的投入大)
建设过程		不同行业或部门分批建设,前后建设联系少	统筹规划,不同行业或部门的各类应用的基础平台要求统一
数据一致性支持		无法达到一致性要求	可实现一致性
资源共享性支持		不具有共享机制	提供了有效的资源共享机制
应用协同性支持		协同性不好,主要是无法实现软硬件及数据等的共享引起的	协同性好,由于软硬件及数据等可有效共享,可实现不同行业或部门的协同处理(如在城市应急处理中)
复杂度		容易	复杂
建设周期		短	长(必须考虑到多种因素,往往需要很长的规划与设计周期)

3.1.2   数字工程基础平台的特点

数字工程基础平台为各类应用提供了统一、基于标准、易于扩充、集成的资源共享环境。数字工程基础平台建设的基本任务就是如何用最少的投入实现高效稳定的基础网络环境、共享软硬件资源和数据环境,并确保各类软硬件及数据资源的安全运行和利用,以承载数字工程各行业的应用。一般来说,数字工程基础平台具有如下三个特点。

1. 良好的资源整合性

数字工程的基础平台对于资源整合起着至关重要的作用,是整个数字工程的核心内容。它强调对已有软硬件、数据、网络的整合、集成、应用,涉及众多资源。

(1)通过对各种软硬件设施(包括现有的和规划的)的整合、升级、开发和配置,可以构成软硬件平台。

(2)对支持不同行业或部门应用的各种网络(包括异构的)的网络环境进行整合与集成,可以形成一个基本的数字工程网络平台。

(3)数字工程的实施强调对已有数据的共享应用,基于对异源异构数据(如空间数据和非空间数据、文本以及影像、声音等多媒体形式的数据资源)进行集成与互操作,并对各类数据进行整合、挖掘等深度应用,构成支持数字工程应用的统一的数据平台。

(4)数字工程建设涉及各部门、各行业的规范标准(如数据标准、业务流程标准、软件开发标准、网络建设标准、系统运行标准、文档规范等),数字工程平台建设也涉及法律法规体系(行业应用涉及的法律法规、数据版权保护等),对各类行业或部门的系统建设标准进行整合,使建立的数字工程应用符合统一的标准和规范,为网络互联、软硬件集成、数据共享、应用扩展等提供良好的基础,形成数字工程建设统一的标准体系,即标准平台。

(5)数字工程建设涉及安全基础设施、安全管理和服务,确保项目应用达到物理安全、网络安全和信息(数据)安全,构成信息安全保障体系,即数字工程的安全平台。

2. 良好的可扩展性

基础平台提供了一种从底层硬件到高层应用共享的集成与共享环境,各类应用可以很方便地在这一共享环境下被构建出来。这一分层的平台结构具有接口统一、模块化、组件化的特点,使其对技术进步和业务变化具有良好的可扩展性。

3. 良好的可操作性

基础平台和应用是相对分离的,这种分离性使得在数字工程项目建设中能够较好地实现建设任务的分解,整个数字工程的建设任务能够在明确接口定义的基础上独立地规划、设计数字工程的基础平台,进行并发建设,降低了应用对基础平台建设的过度依赖性,使数字工程的基础平台建设和应用可以分阶段、分步骤地展开,缩短建设周期。

3.1.3　数字工程基础平台的分层逻辑模型

由于数字工程是一个复杂的系统工程,其总体技术框架可以按照分层的思想加以设计和实现。数字工程的分层逻辑模型如图 3-4 所示。整个逻辑结构按照功能可以自下而上划分为四个层次:基础设施层、数据平台层、应用服务平台层、应用系统层。它们在逻辑上是一个整体。其中基础设施层、数据平台层、应用服务平台层及标准平台称为数字工程基础平台,它们搭建了一个可以方便构建各类应用系统的共享环境。这个模型是对各类数字工程的抽象概括,既适用于具体的数字工程项目的设计开发,又适用于整个国家的数字工程。

软硬件与网络平台是为数字工程提供业务信息、空间信息以及其他运行管理信息的采集存储与传输平台,它是整个数字工程体系的最终数据和应用的承载者,位于整个分层体系结构的最底层。

信息安全是数字工程的重要保障。安全平台是在软硬件与网络平台所提供的信息传输服务平台的基础上,除一般的安全保密管理系统之外,增加的面向数字工程应用的通用安全服务,为数字工程应用提供了一个通用的、高性能的可信和授权的计算平台,即所谓的智能化信任和授权平台。该平台的引入使得数字工程应用系统能够以便捷而灵活的方式来构建自身的安全体系。

数据平台是在软硬件与网络平台、安全平台的基础上,进行数据采集、处理、存储、管理与交换,建立数据资源的获取、整合与共享的服务体系,为数字工程的各类应用提供完备的数据支撑。

应用服务平台是指在下层诸平台的基础上,承载最终的数字工程各类应用的软硬件综合平台,包括业务应用服务支撑、空间信息服务支撑、智能化服务支撑、可视化服务支撑等。

标准平台是一个由上述各层技术设计、组织实施以及整个数字工程应用与服务等各方面相关标准与规范形成的标准规范体系。

图 3-4　数字工程基础平台的分层逻辑模型

§3.2　软硬件与网络平台

3.2.1　软硬件与网络平台的概念

软硬件与网络平台提供数字工程的数据采集、存储与网络通信系统服务。从广义上讲,数字工程的软硬件平台和网络平台概括了数字工程项目建设中涉及的各种实体,包括了软件平台、硬件平台和网络平台三大内容,但这三者之间具有密切的联系,有时很难分开。例如,网络平台实际上就是在软硬件平台的支持下实现的,有时软件和硬件之间也可以相互替代。

软硬件平台及网络平台在数字工程中具有重要的地位,体现在数字工程信息加工过程的各个阶段。从数字工程的数据获取、传输、处理(包括智能分析与处理),到信息的可视化表达、智能化应用,都离不开软硬件平台及网络平台。首先,数字工程各类信息的数字化,需要依赖特定的软件及硬件设备来支持数字化过程和信息的数字化表示,当所有的信息数字化完成之后,需要进行网络化的信息传输,通信网络必不可少;其次,信息的处理、加工过程更是离不开软硬件的支持;最后,要进行分析结果的可视化表达。数据编码(软件)、数据传输(网络)、显示设备(硬件)等均是完成该功能不可缺少的过程或工具。

从层次关系上看,数字工程的软硬件平台和网络平台处在不同的水平上。通常称硬件为具有物理结构的有形实体,而软件是安装在硬件上的二进制代码,软件必须依赖于硬件才能发挥作用,但有时硬件的功能又可以通过软件来模拟实现,因此软件也可以部分地代替硬件设备。网络平台是建立在软硬件基础之上、专门用于进行信息传输的物理通道,因此网络平台离不开软硬件,而层次上又高于软硬件。

3.2.2　软硬件平台的结构

数字工程是在信息资源共享与计算机应用需求不断增长的情况下提出的。人们希望能够将一定范围(如一个写字楼、一个学校、一个企业、一个政府部门、一个城市、一个省等)的计算机通过一定的方法连接起来,以实现计算机之间的数据交换,共享网络硬件与软件资源。从数字工程支持环境来讲,硬件是最基础的支持平台,是实现各种应用功能的基本载体。数字工程中的软硬件平台需要实现较好的软硬件组合,来满足各种应用功能。

软硬件平台就是在信息系统工程方法的指导下,根据网络应用的要求,以有机结合、协调工作、提高效率、创造效益为目的,将主机系统、网络硬件及外围设备、系统软件和应用软件等产品和技术系统地集成在一起,成为满足用户需求的、较高性价比的计算机网络和软硬件综合平台。软硬件与网络在某种程度上是交织在一起的,相互配合形成一个整体。如软硬件平台中包含网络软硬件的建设,这也属于网络平台规划的一部分,因此说软硬件与网络的集成工作往往是统一规划的。

1. 硬件平台的结构

从实现的功能上看,硬件可以分为主机系统、网络硬件及外围设备,其中主机系统和网络硬件是最主要的硬件支持环境,如图 3-5 所示。

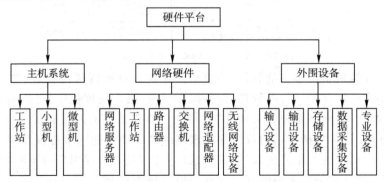

图 3-5　数字工程的硬件平台组成结构

主机系统也就是我们所说的计算机系统,通常按照规模和运算能力可以将其分为巨型机、大中型机、小型机、工作站及微型机。随着新技术和新材料的发展,各主机之间的界限正在不断缩小,例如现在的个人计算机的速度和内存容量已超过 10 年前的小型机甚至中型机。

网络硬件是计算机网络的枢纽。常用的网络设备包括由网络服务器、工作站、路由器、交换机、传输介质、网络适配器,以及无线网络设备等,如 PDA、手机等,在一个大型的网络系统中,主机实际上也属于网络设备,网络硬件的建设将结合网络平台规划进行。

外围硬件设备包括输入、输出设备,存储设备、数据采集设备、专业设备等,这些设备与主机系统、网络硬件共同组成了一个复杂的应用支持环境,为数字工程的数据处理、数据传输及应用表达奠定了基础。

2. 软件平台的结构

软件平台建立在硬件平台基础上,软件实质上是一些二进制代码,即用于指示硬件如何解决问题或完成任务的一组集合。软件规模可大可小,有的软件仅完成简单的算术运算,而有的软件规模很大且非常复杂,例如在数字工程中要完成的一些复杂的空间分析任务,包括进行路径分析、流体动态扩散模拟等。软件平台组成一个数字工程应用系统的基础,决定了一个应用能够做些什么事情,不同的软件平台可以实现不同的应用功能。例如同样的一组硬件设施,由于部署的软件不同,实现的功能也就有差异。数字工程中的软件系统相当复杂,从分类的角度,软件平台中的软件系统大体上可分为两大类,即系统软件与应用软件,如图 3-6 所示。

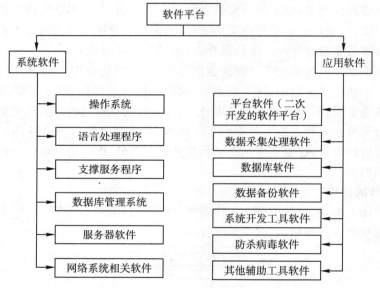

图 3-6　数字工程的软件平台组成结构

系统软件是计算机系统必备的软件,主要指用于对计算机资源的管理、监控和维护,以及对各类应用软件进行解释和运行的软件,包括操作系统、语言处理程序、支撑服务程序、数据库管理系统、服务器软件、网络系统相关软件等。其中,数字工程的网络软件是实现网络功能所不可缺少的软环境,通常包括通过协议程序实现网络协议功能的网络协议和协议软件,负责实现网络工作站之间通信的网络通信软件,实现系统资源共享、管理用户对不同资源访问的应用程序的网络操作系统(它是最主要的网络软件),以及网络管理及网络应用软件。网络管理软件是用来对网络资源进行管理和对网络进行维护的软件,网络应用软件是为网络用户提供服务并为网络用户解决实际问题的软件。网络管理软件的重点不是网络中互联的各个独立的计算机本身的功能,而是如何实现网络特有的功能。

应用软件是在硬件和系统软件的支持下,为解决各类具体应用问题而编制的软件,包括数字工程应用中的平台软件(可进行二次开发的软件平台)、数据采集处理软件、数据库软件、数据备份软件、系统开发工具软件、防杀病毒软件、其他辅助工具软件等。当然,有时很难将某一个软件具体归类为是系统软件还是应用软件,例如在数字工程中有时用到的 J2EE 服务器,由于在它的基础上可以部署不同的应用功能,J2EE 服务器就充当了系统级服务的角色,因此可以认为是系统软件,但如果将其认为是在操作系统上的具体应用,又可以认为是应用软件。

3.2.3　网络平台的结构

1. 物理拓扑结构

网络拓扑结构是指网络中各个站点相互连接的方式,主要有总线型拓扑、星型拓扑、环型拓扑及混合型拓扑。网络系统集成通常采用以太网交换技术。以太网的逻辑拓扑是总线结构,以太网交换机之间的连接,可称为物理拓扑。这种物理拓扑按照网络规模的大小,可分为星型、扩展星型或树形及网状型。

中小型、小型网络一般可采用星型结构,如图 3-7 所示。对于大中型网络考虑链路传输的可靠性,可采用冗余结构(网状型),如图 3-8 所示。确定网络的物理拓扑结构是整个网络方案规划的基础。物理拓扑结构的选择通常和地理环境分布、传输介质与距离、网络传输可靠性等因素紧密相关。选择物理拓扑结构时,应该考虑的主要因素有以下几点。

1)地理环境

不同的地理环境需要设计不同的网络物理拓扑,不同的网络物理拓扑,设计、施工、安装工程的费用也不同。一般情况下,网络物理拓扑最好选用星型或扩展星型结构,减少单点故障,便于网络通信设备的管理和维护。

2)传输介质与距离

在设计网络时,要考虑到传输介质、距离的远近和可用于网络通信平台的经费投入。网络拓扑结构的确定要在传输介质、通信距离及可投入经费等三者之间权衡。建筑楼之间互联从网络带宽、距离和防雷击等方面考虑应采用多模或单模光纤。

3)可靠性

通常会发生网络设备损坏、光缆被挖断及连接器松动等故障,因此网络拓扑结构设计应避免因个别节点损坏而影响整个网络的正常运行。若经费允许,网络拓扑结构最好采用双星型或多星型冗余连接,如图 3-8 所示。

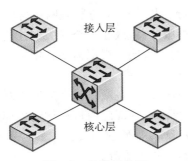

图 3-7　星型拓扑图

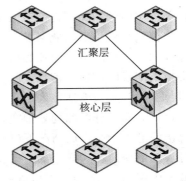

图 3-8　双星型冗余拓扑图

2. 网络系统分层

网络系统分层是按照网络规模划分为三个层次,有核心层、汇聚层及接入层,如图 3-9 所示。数字工程的网络平台由通信网络单元的相互连接组成,目前大多数的通信网络单元都可以按层次关系划分为三个逻辑服务单元(见图 3-9):核心层、汇聚层及接入层。核心层为其他两层(汇聚层、接入层)提供优化的数据输运功能,它是一个高速的交换骨干,其作用是尽可能快地交换数据包而不应卷入到具体的数据包的运算中(访问控制列表、过滤等),否则会降低数据包的交换速度;汇聚层提供基于统一策略的互联性,它是核心层和接入层的分界点,定义了网络的边界,以使核心层和接入层环境隔离开来,对数据包进行复杂的运算;而接入层为最终用户提供对网络访问的途径,也可以提供进一步的调整,并支持客户端对服务器的访问,多个网络单元通过路由器可以连通为异构的混合网络。由于大多数网络单元都可以分为三个逻辑服务单元,因此在设计网络单元时,往往采取层次化的设计方法。层次化网络设计方法的目标在于把一个大型的网络元素划分成一个个互联的网络层次。实质上,层次化网络设计方式也是把一个网络单元划分为一个个子网,使网络节点和连通结构变得非常清晰。层次化的设计方法同时也使网络的扩展更容易处理,因为扩展子网和新的网络技术能更容易地被集成进整个系统中,而不破坏已存在的网络单元。

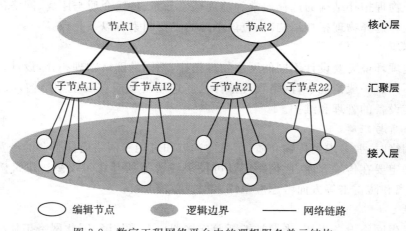

图 3-9　数字工程网络平台中的逻辑服务单元结构

　　除了典型的网络单元外,还存在一些其他的网络单元结构。例如四层次或更多层次的网络单元,在部分网络单元中需要采用无线网络接入方式,还有的网络单元采用多路连接,使网络连接在部分中断的情况下仍能够工作。

　　一个规模较小的星型局域网没有汇聚层、接入层之分。规模较大的局域网通常多为星型分层拓扑结构。主干网络称为核心层,主要连接全局共享服务器,或在一个较大型建筑物内连接多个交换机配线间。连接信息点的线路及网络设备称为接入层。根据需要在中间设置汇聚层,汇聚层上连核心层、下连接入层。

　　分层设计有助于分配和规划带宽,有利于信息流量的局部化,也就是说全局网络对某个部门的信息访问的需求很少的情况下(如财务部门的信息,只能在本部门内授权访问),部门业务服务器可放在汇聚层。这样局部的信息流量传输不会波及全网,使部门内的信息尽可能在本部门局域网内传输,以减轻主干信道的压力和确保信息不被非法监听。

　　汇聚层的存在与否取决于网络规模的大小。当建筑楼内信息点较多(如大于 22 个点),超出一台交换机的端口密度,而不得不增加交换机扩充端口时,就需要有汇聚交换机。交换机间如果采用级连方式,即将一组固定端口交换机上联到一台背板带宽和性能较高的汇聚交换机上,再由汇聚交换机上联到主干网的核心交换机。如果采用多台交换机堆叠方式扩充端口密度,其中一台交换机上联,则网络中就只有接入层,如图 3-10 所示。

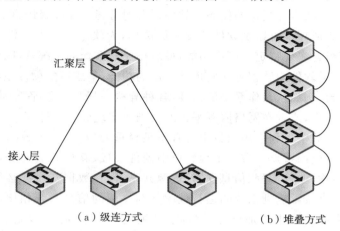

（a）级连方式　　　　　　　　　　（b）堆叠方式

汇聚层

接入层

图 3-10　汇聚层和接入层的两种方式

接入层即直接信息点,通过此信息点将网络终端设备(个人计算机等)接入网络。汇聚层采用级连还是堆叠,要看网络信息点的分布情况。如果信息点分布均在以交换机为中心的 50 m 半径内,且信息点数已超过一台或两台交换机的容量,则应采用交换机堆叠结构。堆叠能够有充足的带宽保证,适宜汇聚(楼宇内)信息点密集的情况。交换机级连则适用于楼宇内信息点分散,配线间不能覆盖全楼的信息点,在增加汇聚层的同时也会使工程成本增加。

3.2.4　软硬件与网络平台的内容

1. 基本内容

硬件平台建设的基本内容包括硬件总体规划、硬件选型和集成。硬件规划从功能需求的角度出发,考虑实现应用功能所要求的硬件内容,例如一般的信息系统建设需要数据服务器、应用服务器以及各种外围设备和网络基础硬件设备,在数字工程特定的应用领域还有特有的设备,如数字水利中的水情监测设备、数字交通中的交通流量监测设备等。在硬件规划基础上,确定具体硬件型号,即硬件选型。硬件选型主要从性能上进行考虑,例如同样的数据服务器设备,采用不同型号的机器达到的性能结果将有很大的差异,对于一般的区域或不能应用,也可能个人计算机服务器就可以胜任;而对于大区域、跨区域或多部门的数字工程应用项目来说,只有小型机、中型机甚至大型机才可能满足性能要求。最后所有的硬件设备都应该可以集成应用,各种硬件设备绝不是孤立的。

软件平台的建设需要做好软件的总体规划、软件选型、软件开发和软件集成等众多环节。软件规划是为了实现数字工程具体应用的功能而对软件平台进行的统一布置,如某一软件应安装在什么位置等,使各种软件功能组合后能够满足应用要求。软件规划是数字工程软件平台建设中最重要的环节,该过程不仅要考虑到规划的软件平台能够满足所有的应用功能要求,还要在软件共享、软件升级和扩展上要进行充分的推敲论证,使规划的软件平台具有最大的利用率、方便的升级机制和扩展性能。在软件总体规划时,某一节点上往往是考虑软件实现的角色,如操作系统软件可实现硬件资源的调度管理,数据库软件可实现数据的存取,因此还需要进行具体软件的选型,即具体采用何种操作系统、何种数据库软件等。软件选型时应充分考虑数字工程系统的先进性、实用性、可靠性、高度集成性、用户经验、中文环境等诸多因素。数字工程的软件平台建设还要完成软件开发过程,软件开发是为了实现特定的应用需求而进行的专门定制过程,这是一项十分复杂的任务。软件开发通常建立在高级语言的基础上,目前有很多高级语言编程的集成环境可以供软件开发人员选择,为软件的开发提供了便利的条件。为了使各类软件能够组合实现特定的应用功能,最后还要对选择的系统软件、应用软件及开发的软件进行集成,使各类软件能够正确地发挥其应用的功能,集成后的软件系统才能真正地称为数字工程的软件平台,例如从操作系统的角度,各种异构的操作系统平台能够实现协作,网络服务可以进行协同工作,或者在网格服务平台的基础上实现分布式计算。

网络平台在整个数字工程应用项目中占有举足轻重的地位,实现数据的"网络化传输"是数字工程的一个显著应用特点。数字工程建设中硬件集成、软件集成的实现都离不开网络化环境,系统的数据传输、业务流程、信息发布、资源共享,以及数据交换都必须运行在网络平台上,网络平台的好坏直接影响到系统的运行效率。与一般的信息系统相比,在网络带宽、网络结构、网络类型等方面的要求更加严格。为此,必须建立一条高速、多能、可靠、易扩展、多层次、多结构的数字工程网络平台,以适应未来发展的需要。网络平台工程包含通信网基础设施、计算机网络、电话网络以及相关的安全保障体系和运行管理体系。

1)通信网

通信网处在数字工程总体结构的最底层,是数字工程建设的重要基础设施之一。通信网的建设主要包括传输、交换、视讯平台等。传输是通信网的基础,交换、视讯平台是通信网提供服务的平台,传输网的改造为交换网的改造、视讯平台的建设提供了条件,交换网的改造又为视讯平台的建设进一步提供了有利条件。通过通信网的改造和建设,能够提高整个通信网的整体先进性和服务功能,满足数字工程建设的要求。

通信网是数据传输系统的组成部分,根据各业务应用对数据传输的要求,测算通信网需要的带宽及有关参数,选择合适的通信方式,充分利用已有的通信设施和现有的国家信息基础设施,采用自建和租用相结合的方式,建立覆盖整个工程范围的通信网络,满足分布在整个范围的数据采集、存储、处理、应用与服务的实时数据、图像传输需求,保证数字工程各种信息的传递畅通(黄河水利委员会,2003)。

2)计算机网络

计算机网络系统是以光纤、卫星、微波、程控电话、无线移动为主要通信介质,以通信和计算机网络及其相关的硬件、软件和各种接口、协议组成的信息传输基础平台,为文字、语音、图形、图像等多媒体信息提供传输通道,是信息传递的基础。

数字工程需要一个覆盖全工程区域的能为大量信息传输提供服务的高效计算机网络系统,通过计算机局域网、城域网、广域网的建设,满足数字工程对计算机网络的需求。

通信网基础设施可由自有通信基础设施、国家信息基础设施(如卫星资源)和公众通信基础设施等组成。它是计算机网络系统的基础,为计算机网络系统提供传输信道。计算机网络系统在通信网基础设施满足要求的基础上,充分利用通信带宽资源,直接为用户提供各项应用服务。通信网基础设施的建设依据,主要是在满足语音、视频等通信的前提下,充分考虑数据的传输需求。计算机网络系统的建设要在通信网基础设施的基础上,合理利用通信资源,科学地规划出网络的结构、规模和确定所采用的网络技术。此外,在数字工程的建设中,往往存在信息安全保密的问题,因此,在网络结构等的规划上要充分考虑到信息安全这一重要问题。

2．解决的问题

数字工程的软硬件平台和网络平台建设内容主要解决三个方面的问题：集成、共享与扩展。

1）集成

异构的软硬件及网络资源与现有和规划的资源在集成的前提下得到统一应用，在一个复杂系统中，异构的软硬件及网络资源反映的是单纯的软硬件及网络类型无法满足应用的要求，通常所说的主机型号（如服务器）、操作系统类型、基础软件平台、网络拓扑结构、网络传输方式（如无线网、有线网），以及其他的软硬件、网络资源均可能是不同的。为了保证这些异构资源能够协同运行，集成至关重要。现有的和规划的资源反映的是对已有资源的"继承"性，即在进行数字工程项目建设时，不能简单地废弃现有的软硬件与网络，而是对这些已有资源进行加工、改造、继承，最大限度地将这些现有资源利用起来。

2）共享

共享解决的是资源的有效利用问题，共享环境是一个有机的整体，其终端是数字工程的各类应用节点，而集成的软硬件环境及网络是共享环境的"核"，如图 3-11 所示。在集成的软硬件及网络环境下，各类数字工程应用节点都能够按所需原则获取到相应的资源。此外，各应用节点还应该能够在统一的软硬件及网络平台下发挥自己的角色作用，最大限度地维护共享环境的完整性。例如在一个数字城市建设中，统计部门、房地产部门、国土规划部门等，这些部门各属于数字工程的不同应用节点，其中统计部门不仅能够从共享环境有机体中获取到支持统计实施的软硬件及网络资源，还应该发挥该节点的作用，将统计分析的结果存放到共享环境中，进而为其他节点所获取和使用；房地产管理部门可以

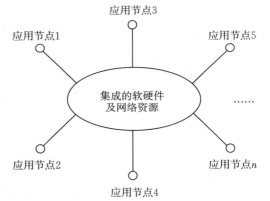

图 3-11　数字工程中的共享资源环境

充分利用现有的软硬件、网络和数据资源，发挥房地产部门的专业优势，将一些房地产信息存放到共享环境中，进而为其他节点所获取和使用。

3）扩展

数字工程基础平台一般是相对稳定的，但不是绝对的，扩展性问题反映的是数字工程应用的生命周期，即随着时间的推移应用环境有可能发生变化，因此为了满足未来需求，数字工程的软硬件平台及网络平台都应该能在基本保持现有结构的情况下进行相应的扩展，达到新的需求。扩展的常用手段包括改造、替换、新增等方式。改造是一种工程量最小的方式，例如可以对现有软件进行升级、补丁处理，如在线下载最新系统补丁程序进行系统更新；替换是改进某种性能、功能而将现有的资源用另一种资源所代替，例如为了满足处理性能，有时将服务器系统替换为性能更强大的主机系统，或将数据库系统用性能更优越的系统所代替，而不影响其他的功能；新增是一种全新的功能需求，即随着应用的需求发展，为了满足新增加的应用需求，而在原先设计的软硬件平台及网络平台中增加支持该功能实现的资源，例如为了支持某种应用，在现有的硬件资源中添加一台应用服务器；还有，系统原有的软件功能不能满足新的业务需求，这时就要在原来设计、编码方案的基础上完善，进行新功能的设计、编码等工作。

3.2.5　软硬件与网络平台的关键问题

1．网络安全问题

尽管没有绝对安全的网络,但如果在网络方案设计之初就遵从一些安全要求,那么网络系统的安全就会有保障。规划设计时如不全面考虑,消极地将安全和保密措施寄托在网络管理阶段,这种事后再补救的思路是相当危险的。从工程技术角度出发,在规划设计网络方案时,应该考虑以下问题。

1）网络安全前期防范

强调对信息系统全面地进行安全保护。大家都知道"木桶的最大容积取决于木桶最短的一块木板",此事例对网络安全来说也是十分形象的类比。网络信息系统是一个复杂的计算机系统,它本身在物理上、操作上和管理上的各种漏洞构成了系统安全的脆弱性,尤其是多用户网络系统自身的复杂性、资源共享性使单纯的技术保护防不胜防。攻击者使用的是"最易渗透性",自然在系统中最薄弱的地方进行攻击。因此,充分、全面、完整地对系统的安全漏洞和安全威胁进行分析、评估和检测(包括模拟攻击),是设计网络安全系统的必要前提条件。

2）网络安全在线保护

强调安全防护、监测和应急恢复。要求网络在发生被攻击、破坏的情况下,必须尽可能地快速恢复网络信息系统的服务,减少损失。所以,网络安全系统应该包括三种机制:安全防护机制、安全监测机制和安全恢复机制。安全防护机制是根据具体系统存在的各种安全漏洞和安全威胁采取的相应防护措施,避免非法攻击的进行;安全监测机制是监测系统的运行,及时发现和制止对系统进行的各种攻击;安全恢复机制是在安全防护机制失效的情况下,进行应急处理和尽量、及时地恢复信息,减少攻击的破坏程度。

3）网络安全有效性与实用性

网络安全应以不影响系统的正常运行和合法用户方的操作活动为前提。网络中的信息安全和信息应用是一对矛盾。一方面,为健全和弥补系统缺陷的漏洞,会采取多种技术手段和管理措施;另一方面,势必给系统的运行和用户使用造成负担和麻烦,这就是说"越安全就意味着使用越不方便"。尤其在网络环境下,实时性要求很高的业务不能容忍安全连接和安全处理造成的延时。大多数情况下,网络安全采用分布式监控、集中式管理,可以有效地实施系统安全。

4）网络信任域建设

网络信任域是构建网络基础设施的关键技术之一。与传统的互联网技术的"对等的、无中心的、无管理的"组织设计思想不同,网络信任域基础设施旨在构建一个可以管理的、有中心的网络基础设施。建立全网统一的网络信任域基础设施需要基于安全平台中的先进的公钥基础设施(public key infrastructure,PKI)及授权管理基础设施(privilege management infrastructure,PMI)技术,以PKI身份认证为基础,以基于网元的设备认证为手段,以"可信接入、可信传输"为具体实现,以网络信任域综合管理系统为核心,构建全网一致可信的网络信任环境,为网络提供"可管理、可控制"的安全网络环境支撑。

5）网络安全等级划分与管理

良好的网络安全系统必然是分为不同级别的,包括对信息保密程度分级(绝密、机密、秘密和普通);对用户操作权限分级(面向个人及面向群组);对网络安全程度分级(安全子网和安全区域);对系统结构(应用层、网络层及数据链路层等)的安全策略。针对不同级别的安全对象,提供全面的、可选的安全算法和安全体制,以满足网络中不同层次的各种实际需求。

在网络总体规划设计时,要考虑安全系统的设计。避免造成经济上的巨大损失,避免对国家、集体和个人造成无法挽回的损失。由于安全与保密问题是一个相当复杂的问题,因此必须注重网络安全管理。要安全策略到设备,安全责任到人,安全机制贯穿整个网络系统,这样才能保证网络的安全性。

2．网络系统集成

网络系统集成按照网络工程的需求及组织逻辑,采用相关技术和策略,将网络设备(交换机、路由器及服务器)和网络软件(操作系统、网络应用系统)系统性地组合成整体的过程。通常,网络系统集成包括三个主要层面:网络软硬件产品集成、网络技术集成和网络应用集成。

1)网络软硬件产品的集成

网络系统集成涉及多种产品的组合。例如,网络信道采用传输介质(电缆、光缆)组成,网络通信平台采用信息交换和路由设备(交换机、路由器及收发器)组成,网络信息资源平台采用服务器和操作系统组成。

通常,一个网络产品制造商并不能提供一个集传输介质、通信平台和资源平台于一体的解决方案。开放系统互联参考模型(open system inter-connect reference model,OSI)将网络系统分为七个层次:物理层、数据链路层、网络层、传输层、会话层、表示层和应用层。按照 OSI 标准,采用分工合作的原则,网络产品制造商可分为传输介质制造商(如 AMP、鼎志),网络通信、互联设备制造商(如 Cisco、华为),服务器、主机制造商(如 IBM、SUN、联想),操作系统开发商(如微软、Novell)。

这样,一个网络系统就会涉及多个制造商生产的网络产品的组合使用。在这种组合中,系统集成者要考虑的首要问题就是不同品牌产品的兼容性或互换性,力求使这些产品集成为一体时,能够产生的“合力”最大、“内耗”最小。

2)网络技术的集成

网络系统集成不是各种网络软硬件产品的简单组合。网络系统集成是一种产品与技术的融合,是一种面向用户需求的增值服务,是一种在特定环境制约下集成商和用户寻求利益最大化的过程。

计算机网络技术源于计算机技术与通信技术的融合,发展于局域网技术和广域网技术的普遍应用。尤其是在最近几年,新的网络通信技术、资源管理和控制技术层出不穷。例如,全双工交换式以太网、1 000 Mb/s 以太网、10 Gb/s 以太网、第三层交换、虚拟专用网(virtual private network,VPN)、双址(源地址、目标地址)路由、双栈(IPv4,IPv6)路由、多路(CPU)对称处理、网络附加存储(NAS)、区域存储网络(SAN)、客户端—服务器(Client/Server)模式、浏览器—服务器(Browser/Server)模式和浏览器—应用—服务器(Browser/Application/Server)模式,分布式互联网应用结构等。

除了有线网络,近年来出现的无线网络就是为了解决有线网络无法克服的困难。无线网络首先运用于不方便布线的地方,比如受保护的建筑物、机场等;或者经常需要变动布线结构的地方,如展览馆等。学校也是无线网络很重要的应用领域,一个无线网络系统可以使教师、学生在校园内的任何地方接入网络。另外,因为无线网络支持十几千米的区域,因此对于城市范围的网络接入也能适用,可以对任何角落提供 11 Mb/s、22 Mb/s、54 Mb/s、108 Mb/s 的网络接入。

由于网络技术体系纷繁复杂,使得建设网络的单位、普通网络用户和一般技术人员难以掌握和选择。这就要求必须有一种熟悉各种网络技术的人员,完全从用户的网络建设需求出发,遵照网络建设的原则,为用户提供与需求相匹配的一系列技术解决方案。

3)网络应用的集成

网络应用系统是指在网络基础应用平台上,网络应用系统开发商或网络系统集成商为用户开发或用户自行开发的通用或专用应用系统。常用的通用系统有 DNS、万维网、e-mail、FTP、VOD(视频点播)、杀毒软件(网络版)以及网络管理与故障诊断系统等。这些网络基本应用系统,可根据用户的需求、提供的财力及应用系统的负载情况,将两种应用系统集成在一台服务器上(如 DNS 和 e-mail),以利于节约成本;或采用服务器集群技术将一种应用系统分布在两台(或多台)服务器上,以实现负载均衡。这些应用系统均需要数据库和应用服务器的支撑。有关数据库和应用服务器的集成将在数据平台和应用服务平台中详细介绍。

§3.3　数据平台

3.3.1　数据平台的概念

数字工程是以空间信息为基础(包含 GIS 在内),对各类信息进行数据整合、融合、挖掘等深度开发的综合性的基础平台。其中,数据平台是利用数据库技术实现对空间数据,非空间数据,专题图形数据,人文、社会经济统计数据等存储、管理、更新等操作,并实现异源异构数据的集成与互操作。

数据平台是整个数字工程的基础建设部分,也是最重要的一环。它与数字工程的关系是地基与整栋建筑的关系。脱离了数据平台,数字工程就脱离的基础,不建设高效、精确的数据平台,数字工程的上层应用也将遭遇瓶颈。

数据平台的建设质量,直接关系到整个数字工程的质量与应用水平的优劣。数字工程的建立需要有完备的信息基础设施,其内容包括信息获取、处理、分析、存储及传输等一系列步骤;同时要实现开放与共享,还应当制定一系列标准、规范与法规进行约束;甚至为了适应数字社会对人才宽口径的需求,对相关学科专业的更新、改造与人才培养储备也是完善信息基础设施的必备条件。而无论硬件、软件还是人,也无论运作的目标是什么,操作的对象都可以归结到一点,就是数字信息流。

3.3.2　数据平台的结构

数据平台建设所面临的数据环境是极其复杂的(曲国庆 等,2001)。从类型上看,有基础空间数据、社会经济统计数据以及资源与环境等专题数据;从载体上看,有传统纸质的,有存在于各种系统中(包括网上的)、电子的和多媒体的,严格地说还有存在于各行业专家头脑中的知识"数据";从形式、格式上看,有图形、图像、文本、表格等,有矢量的、栅格的各种存储形式。数据平台的逻辑结构如图 3-12 所示。

数字工程的建立需要有完备的信息基础设施提供数据支持,包括数据的获取、处理、存储、管理、更新、应用、分发与服务等,同时实现系统的协作与共享。数据平台的建设有两种不同层

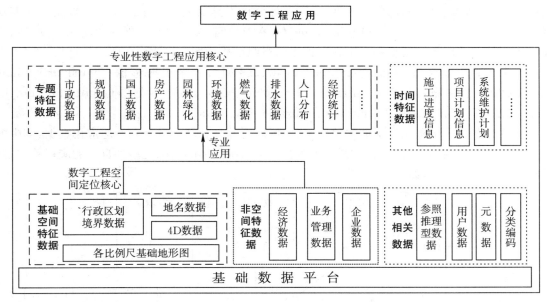

图 3-12　数据平台逻辑结构

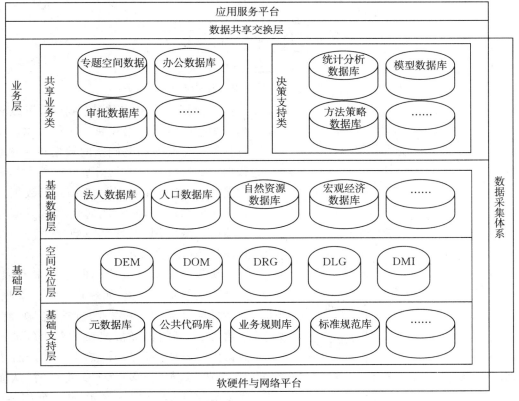

图 3-13　数据平台数据库组织结构

次：一种是满足行业应用的需求，实现专业应用的数字工程；另一种是在专业数字工程应用的基础上，建立数据仓库，利用优化查询工具、统计分析工具及数据挖掘工具等对数据仓库实现联机分析处理（on-line analytical processing，OLAP）访问，实现数字工程的智能化，为政府、企业提供决策支持服务。数据平台中各数据库的组织结构如图 3-13 所示（见 103 页）。图中"5D 数据"即数字高程模型（digital elevation model，DEM）、数字正射影像（digital orthophoto map，DOM）、数字栅格地图（digital raster graphic，DRG）、数字线划图（digital line graph，DLG）和数字可量测实景图像（digital measurable image，DMI）。

从数据在数字工程项目中的作用域来看，可以将其分为基础数据和专题应用数据，其中前者奠定了专业应用的数据基础，专题应用将在共享基础数据的基础上添加自己的应用数据，并反映领域应用的特色，如图 3-14 所示。

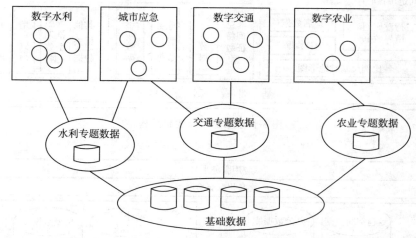

图 3-14　数字工程基础数据、专题数据和应用的层次关系

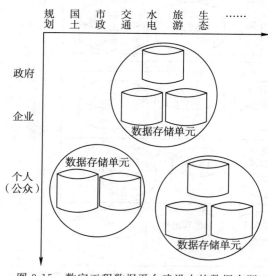

图 3-15　数字工程数据平台建设中的数据来源
（应用来源和生产主体）

从数据表达的实体特征来看，可以将数据分为空间特征数据和属性特征数据。空间特征数据主要包括基础空间数据和专题空间数据。属性特征数据包括基础属性数据和专题属性，基础属性数据一般服务于数据工程各应用领域的全局，专题属性通常只服务于具体的领域应用，通常都以数字、符号、文本和图像等形式来表示。

从数字工程行业应用的角度来看，数据涉及的范围非常广泛，如规划、国土、市政、交通、水电、旅游、生态、农业、抗灾、金融、商务、通信、人文等国民经济建设的各个领域。从数据生产者的性质来看，数据主要来自于政府、企业、个人（公众）三大类生产者，从而形成了数字工程中数据来源的二维结构（见图 3-15）。可以看出，政府、企业和个人在数字工程应用的各类领域的数据获取中都有一定的贡献,但由于大多数数字工程的应用都带有公益性质,且数据生产需要大量的人力、物力投入,这就决定了政府在数字工程的数据生产、数据使用,以及整个项目建设中的主体作用。

在进行数据平台建设时,原始数据获取中一般都要经历数据录入、数字化、数据预处理等流程,最后按照一定标准归入数字工程的数据平台存储单元中。除了原始数据获取外,还有很大一部分数据来源于后期的数据积累,即在数字工程项目建设初步完成后,大多数数据都可以通过项目提供的功能来实现长期的数据积累,如在环境监测、商业贸易、遥感影像等过程中获取的数据均可以用来进行进一步的数据分析。数字工程中的数据由于涉及的领域众多,涉及的数据主体多样,使得数据的类型、结构、时态特征等都具有多样性,在实现一个共享的数据平台、数据服务时的难度比一般系统将更大。

3.3.3　数据平台的数据内容

数字平台的核心内容是数据。数据平台的数据源是指数字工程应用的数据库所需要的各种数据的来源。数字工程应用涉及种类繁多的各种数据,但专业数字工程应用所需数据应根据其涉及的专业领域情况进行取舍、选择,不是每个数字工程应用都会涉及所有数据种类。按照不同的角度可以对数据的内容进行不同的分类。

1. 依据数据特征分类

数字工程作为综合性的信息系统,数据建设是其核心和基础,所涉及的数据是空间数据与属性数据、非空间数据、多媒体数据、矢量数据与栅格数据、多比例尺数据、多时态数据、二维数据与虚拟现实数据的海量集成。数字工程的数据源是指建立数字工程应用系统的数据库所需的各种数据的来源,主要包括各种地形图与地图、航测与遥感图像、外业实测数据、文本资料、统计资料、多媒体数据、已有系统的数据以及现存的其他系统的数据等,这些都可以作为数字工程应用系统的数据源(见图 3-16)。

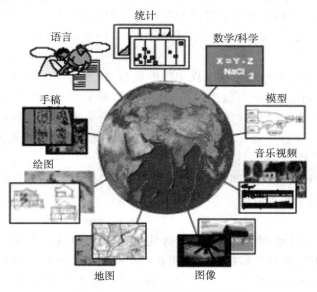

图 3-16　数字工程的数据类型示例

数字工程应用系统中的空间数据是指一切与地理空间分布有关的各种要素的图形信息、属性信息以及相互空间关系信息的总称。所谓要素,是指真实世界的具有共同特性和关系的一组现象或一个确定的实体及其目标的归纳表示。图形信息是以数字形式表示的存在于地理空间实体的位置和形状,按其几何特征可以抽象地分为点、线、面、体四种类型;属性信息是指目标或实体的特定的质量或数量特征。赋给每个目标或实体的这种质量或数量称为属性值;空间关系是指各个实体或目标之间在空间上相互联系和相互制约的关系,包括位置关系、几何关系、拓扑关系、逻辑关系等。

综合各个方面,系统中的数据按照其特征可以划分为以下几种。

1)基础空间特征数据

空间数据即具有公共地理定位基础的数据,主要反映事物地理空间位置的信息,记录的是空间实体的位置、拓扑关系和几何特征。空间特征指空间物体的位置、形状和大小等几何特征,以及与相邻物体的拓扑关系,如一停车场的具体位置坐标,位于哪个路口或哪条街道等。在数字工程数据框架定义内的基础空间数据,主要包括各比例尺基础地形图、地名数据、行政境界数据、4D(DEM、DOM、DRG 和 DLG)数据等,甚至还可包括 DMI;基础空间数据可看作整个系统的空间定位核心。

2)专题特征数据

专题信息是指为各系统应用部门业务应用的各种专业性空间数据,包括城市规划、房产管理、土地管理、城市建设、市政道路、园林绿化、燃气、排水、供水、农业等,用于表示专业领域要素的地理空间分布及其规律,包括图形和属性数据。专题特征指的是地理实体所具有的各种专业性质,专题属性特征通常以数字、符号、文本和图像等形式来表示。专题数据具有专业性、统计性和空间性的特点。专业性是相对于基础信息的统一性而言的,即专题信息无论是内容还是应用范围,都有一定的特殊性。统计性是指专题信息大多采用统计的方法进行采集和记录,且许多专题信息已经建成了统计型的数据库。空间性是指各种专题信息都是在地理空间分布的,与空间位置有一定的关联,它们可以借助于基础信息确定其空间位置,进行空间分析,在此基础上进一步确定不同专题信息之间相互联系和相互制约的空间关系。专业空间数据与基础空间数据息息相关,是专业性数字工程应用分析的核心,直接应用于体的业务管理应用中。

专题业务数据一般是专业性数字工程应用的核心,针对具体的管理业务产生用于业务管理,例如市政数据、规划数据、国土数据、房产数据等都属于专题数据的范畴。根据数据的性质,专题数据又可以分为实时运行数据(直接从实时系统采集的当时的数据)、历史运行数据(数据库中保存的运行数据)、运行统计数据(对运行数据统计后生成的新的数据)等。

3)时间特征数据

时间属性是指地理实体的时间变化或数据采集的时间等。系统采集的工程施工进度信息、计划信息等数据属于此类数据。

4)非空间型数据

非空间型业务数据从数据性质上体现为属性数据,内容包括表格型数据、文档数据和多媒体数据。按逻辑结构分,可分为结构化数据和非结构化数据。结构化数据主要是指有一定结构,可以划分出固定的基本组成要素,以表格的形式表达的数据,可用关系数据库的表、视图表示,如各种统计报表等;非结构化数据是指没有明显结构,无法划分出固定的基本组成元素的数据,主要是一些文档、多媒体数据,如申请材料、各种文件、法规等。非空间型数据主要包括业务管理数据、经济数据、企业数据等。

5）其他相关数据

参照推理型数据。例如道路路面养护等级评价中需要探地雷达影像及相关知识数据，在公路决策支持中为了对特定专业的决策，需要决策专家知识。

管理维护型数据。管理维护型数据作为其他数据的解释和补充或辅助设计而存在，包括用户数据、元数据、地名数据和分类编码、生僻汉字和各类标准等数据。用户数据设置系统的访问用户和用户权限。元数据即数据的数据，也就是对现有数据的解释、定义和描述。比如对数据库中某些表结构的说明、字段名的说明等。在海量的数据存储中，元数据对数据库的管理和维护提供了清晰的结构。元数据不是自然存在的，是从现有的数据中提取出来的。

2. 依据数据表示方法分类

一般地，表示数字工程应用系统的数据可细分为以下类型：

（1）地图数据。地图、地形图是数字工程的重要数据源，地图的内容直观与丰富，包含着丰富的地面实体的类别和属性以及实体间的空间关系，是表示地表信息强有力的手段。地图数据通常用点、线、面及注记来表示地理实体及实体间的关系。地图数据主要包括纸质地图、DEM、DOM、DRG 和 DLG 数据。地图数据主要通过对地图的跟踪数字化和扫描数字化获取。

（2）分类或分级数据。如环境污染类型、土地利用类型数据，测量、地质、水文等分类数据。

（3）类型数据。如道路线和土壤类型的分布等。

（4）面域数据。如随机多边形的中心点、行政区域界线和行政单元等。

（5）网络数据。如道路交点、街道和街区、排水网、截流管网、污水收集管网等。

（6）样本数据。如雨量收集器、检查井、监测点的分布区等。

（7）曲面数据。如高程点、等高线和等值区域。

（8）文本数据。主要用来描述空间对象的属性，如人口数据、经济数据、土壤成分、环境数据、地名等；各行业、各部门的有关法律文档、行业规范、技术标准、条文条例等也属于数字工程的数据。

（9）符号数据。如点状符号、线状符号和面状符号（晕线）等。

（10）音频数据。如电话录音、领导讲话等。

（11）视频数据。如重点管线、污水处理厂、泵站以及排水设备等情景录像。

（12）表格数据。各类办公表格、统计表格等，尤其是不同的政府部门和机构都拥有不同领域（如人口、基础设施建设、社会经济情况等）的大量统计资料，这些都是数字工程的数据源，尤其是空间对象的属性数据的重要来源。

（13）图像数据。航空、航天图像，野外摄影照片、实景照片、重要建筑物的纹理照片等。其中的航空、航天图像数据是数字工程的重要数据源，含有丰富的资源与环境信息，能提供各类专题所需要的信息，用于提取线划数据和生成数字正射影像数据、DEM 数据，还可在数字工程支持下与多方面的信息进行信息复合和综合分析。

（14）实测数据。野外试验、实地测量等获取的实测数据可以通过转换、编辑直接进入数字工程应用系统的数据库，以便于进行实时的分析和进一步的应用。GPS 所获取的数据也是GIS 的重要数据源。

（15）统计数据。国民经济的各种统计数据常常也是数字工程的数据源。如综合经济数据、农业经济数据、工业经济数据、交通运输邮电业经济属性数据、建筑业经济属性数据、商业经济属性数据、城市属性数据、科教文卫属性数据、人口与劳动力数据等。

3. 依据数据的专业领域分类

1) 基础空间数据

基础空间数据是整个数字工程中系统数据的空间定位核心,基础空间数据包括各类地形要素,如水系、居民地、交通、管线与垣栅、境界、地形与土质、植被等,还包括地名数据、行政区划数据等,有关的航空像片、卫星影像等也属于基础空间数据的范围。基础空间数据要求的精度较高,其主体是以矢量形式表示,栅格形式的数据包括航空像片扫描图、遥感图像、景点图片扫描图、数字高程模型。数字工程中的基础信息一般有 1:500、1:1 000、1:2 000 直至1:100 万等多种比例的数据,这些数据分别为不同的部门提供数据支持和参考。

2) 规划管理数据

规划成果的内容比较丰富,主要包括两类数据,一类是规划设计成果数据,主要有城市总体规划图(说明文本)、分区规划图、控制性规划图、修建性规划图、详细规划图、各类专题规划图(如道路规划、管线规划、绿地规划等)、规划管线图、保护建筑、景观图、道路红线图、城市紫线图等;另一类是规划实施产生的数据,包括建设项目审批过程中的审批产生的各类表格和相关图件,包括建筑红线图,用地红线图,灰线检验图,总平面设计图,建筑物的平、立面和剖面图,其他设计图,以及项目登记数据、初审数据、审批数据、费用数据等。

3) 土地管理数据

土地管理数据基本包括土地申请登记、权属调查、地籍勘丈、土地交易、土地出让、权属登记、土地审批、土地税收、土地变更、土地转让等方面的管理和档案数据,以及宗地图、地籍图、土地利用现状图、土地利用规划图、征地红线图、基本农田保护区图、基准地价图、土地分等定级图、他项权图、查封图等专题图形数据。

4) 房地产管理数据

房地产管理数据主要指在房产管理过程中产生以及需要的各类数据,主要包括房产产权产籍数据、房地产评估与交易数据、房地产行业管理数据、房改管理数据、房地产物业管理数据、房产维修基金数据、职工住房档案数据、楼盘管理数据、房屋预售管理数据等,具体包括查丈原图、分层分户平面图、栋基底图、房产图、建筑平面图等图形信息;权利人、土地所有权证、土地使用权证、土地他项权证(抵押、出租、查封)等属性数据;房产管理审批产生的业务数据,包括各类产权产籍权证的审批资料,审批信息,审批情况,违规原因、监察资料等文档信息。

5) 道路交通数据

城市交通设施信息是交通管理的主要数据源,道路基础数据可划分为两大类,即道路技术属性数据和道路管理属性数据。道路技术属性数据指道路的空间构造数据、环境数据和相应的技术状况描述数据,包含路线概况集、路基集、路面集、主要构筑物集、沿线设施集、交通量集和沿线环境集;道路管理属性数据指围绕着道路而实施的各项管理性工作数据,其绝大多数数据与道路的空间构造没有直接的对应关系,包含道路建设项目集、资金管理集、固定资产集、道路养护数据集、人员管理集和档案管理集等。

公路技术属性数据按自身的特性划分为静态数据和动态数据,静态数据指只通过工程更新,而不随周边环境、气候、时间变化,相对稳定地描述公路位置和技术状况的数据,包括空间构造数据和技术状况数据。空间构造数据对公路的空间位置和几何特征进行描述,如控制点数据(X,Y,Z 坐标)和纵曲线数据(半径、标高)等数据;技术状况数据对公路的各种技术指标进行描述,如行政等级、技术等级和结构类型等数据。动态数据有固定的更新周期,对公路的技术状况和管理状况描述的数据,可进一步分为路面动态数据、桥梁动态数据和交通量观测数据、公共交通路线数据。路面动态数据对路面的各种损害情况进行描述,如平整度、路况评定等级、好路率等;桥梁动态数据对桥梁的使用现状进行描述,如技术状况;交通量观测数据对公路的交通流量和车型类别进行描述,如小型车流量的年均绝对值等。

6)管线管理数据

管线管理数据可分为管道类管线(包括供水管道、煤气管道、特殊工业管道等)、排水类管线(包括污水、雨水等)、缆线类管线(包括电力线、电信线、电视电缆线等)。管线一般埋设地下,有以下一些特点:城市管线在城市空间上的分布密度从市中心向边缘逐步减少,单位内部的管线密度相对较高;任何管线都应该看作空间上的四维向量,即除平面的位置外,还有深度或高度和铺设的时间,管线数据对城市建设过程中的空间分析及管线的综合工程具有重要的意义,如缓冲区分析、剖面分析、网络分析、施工影响分析等。

7)资源与环境数据

环境是指人类的生存空间,人类环境的两个属性,即自然环境和人工环境,通常我们所讲的环境一般指自然环境。《中华人民共和国环境保护法》定义环境的概念为:"影响人类生存和发展的各种天然的和经过人工改造的自然因素的总体,包括大气、海洋、土地、矿藏、森林、草原、野生生物、自然遗迹、人文遗迹、自然保护区、风景名胜区、城市和乡村。"

"资源"与"环境"研究是两个从应用角度进行的"地理"研究。在建立资源与环境数据库及进行资源与环境信息管理中,这两个概念的实质是应用性的。同一地理要素,由于应用角度不同,表现出不同的环境特征或资源特征。由于"资源"和"环境"的应用属性,不同学者、不同的管理部门对它们的理解也是不同的。

自然环境是人类赖以生存和发展的物质基础,主要指环绕于人类周围的各种自然因素和自然资源的总和,它包括大气、水、土壤、生物和各种矿物质资源等,一般情况下,将自然环境简称为"环境"。数字工程中与环境及环境管理有关的空间数据有自然资源类别及分布、自然环境信息、环境管理信息以及监测点的位置分布、污染源的位置、排污口的位置、工业及生活管道、道路网分布、环境功能分区、各类大气污染的等值线分布、环境规划图、环境污染、环境恶化、环境整治、自然灾害、土地退化、沙漠化、水土流失等。可进一步细分为以下几方面:

(1)水资源数据:水资源(总量、地表水、地下水等)数量、水资源开发利用(需水、供水、用水等)现状、水规划数据、水文数据等。

(2)土地资源数据:土地利用现状与土地覆盖、土地适宜类型,耕地面积变化情况,土地资源图,土地利用规划、土地详查与土地概查数据等。

(3)气候资源数据:各气象台站累年平均及历年分月和分旬的热量、温度、降水、湿度、风等地面气候资料。

(4)生物资源数据(包括森林、草地、野生动植物):森林资源数据包括林业用地各类面积蓄积、优势树种分龄组面积蓄积、主要林种分龄组面积蓄积,分区林业用地各类面积蓄积、林木蓄积等历次森林资源调查数据以及林业专题图件;草地资源数据包括天然草地面积、类型、等级、载畜量等草场资源调查数据以及草场专题图件;主要野生动植物资源数据包括动植物基本情况及纤维、糕料、香料、油脂、植物胶、木材、蜜源植物等。

(5)能源资源数据:分区的能源资源量、生产量、消费量等数据。

(6)农村能源属性数据:分区的农村能源资源(生物质、煤炭、小水电)数量,各省多年农村能源资源开发利用(沼气、太阳能、风能、微型水电)情况、分区沼气资源量等数据。

(7)旅游资源数据:各主要旅游景点及主要自然保护区基本情况。

(8)渔业资源属性数据:可养殖面积、水产品养殖面积及产量、淡水养殖面积及产量等。

8)社会经济数据

国民经济的各种统计数据常常也是数字工程的数据源,如人口数量、人口构成、国民生产总值等。随着国家社会经济信息化进程的深入,各级政府部门、企业和社会对社会经济统计数据的要求越来越高,在激烈的市场竞争环境下,社会经济统计数据作为社会经济发展的脉搏,在政府和企业的管理与决策过程中发挥着重要的作用。社会经济统计数据成为一种重要的信息资源,这种信息资源的管理、开发和利用成为数字工程或电子政务建设的基础。数字工程应用系统中常用的统计数据包括如图 3-17 所示的各类数据。

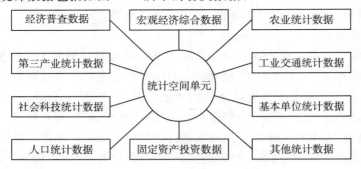

图 3-17　社会经济统计数据类别

社会经济数据可进一步细分为以下几个方面:

(1)综合经济数据(综合、财政、贸易、投资、生活、消费):国民收入、社会总产值、国内生产总值、进出口总额与财政收支、商品零售总额与农副产品收购额及居民消费水平等社会经济数据。

(2)农业经济数据:农业基本情况、农业生产条件、农业总产值、畜牧业情况、主要农作物播种面积、主要农产品产量等。

(3)工业经济数据:工业总产值、主要工业产品产量及工业普查数据(各类型企业的工业产值、财务指标、主要工业产品产量、主要产品生产能力等及各企业的简要信息)。

(4)交通运输邮电业经济属性数据:运输线路长度、货运量、货运周转量等。

(5)建筑业经济属性数据:建筑业企业总产值、增加值、利税、利润、劳动生产率等。

(6)商业经济属性数据(物价、农产品价格):价格指数、主要农产品市场粮食和油料产品价格等。

(7)城市属性数据:城市用地状况、综合经济、交通运输邮电、文教、供气、供水、供电情况等。

(8)科教文卫属性数据:科技教育机构的基本情况。

(9)人口与劳动力数据:人口数量、年龄、性别、城乡、民族、文化程度、职业和行业构成等人口普查数据和人口统计数据。

9)环卫管理数据

环卫信息系统的数据源包括环卫设施分布,其编号、类型、容量、分布、工作人员数量等。环卫设施包括垃圾箱、果壳箱、公厕、垃圾转运站、垃圾收集点、垃圾处理场、垃圾焚烧场、清洁车辆场、堆肥场、化粪池点、蓄粪池、粪便处理场、马路清扫工人道班房等,以及道路清扫面积、道路保洁等级、垃圾产量、垃圾处理能力等信息,废弃物的转运路线,某些疾病源的分布区域、类型、特征等。

10)灾害管理数据

灾害有自然因素的,也有人为因素的,主要包括自然灾害、环境灾害与人文灾害(社会经济灾害)。数字工程应用系统经常关注的灾害包括超低温、特高温、冰雹、干旱、洪涝、风灾等气象－水文灾害;生态突变、病变、社会灾害与犯罪等生物灾害(如农业上的病、虫、草害);崩塌、滑坡泥石流、冰雪崩溃、地陷、沙漠化、水土流失、水质和大气污染、沙尘暴、粉尘、酸雨等地表自然灾害;火山、地热、地火、地震、构造运动等地质灾害;重大工程崩溃、经济灾害、海陆空交通灾害、环境灾害等工程经济灾害;风暴潮、灾害海浪、海冰、赤潮和海啸等海洋灾害。灾害监测,灾害预报预警,防灾、抗灾与灾后及时的灾害应急处理,是数字工程应用系统灾害管理的首要目标,灾害管理中涉及的数据有灾源信息、地质背景、地形地貌、形态规模、岩土结构、变形迹象、水文特征、发生时间、持续时间、危害程度、灾害诱因、灾害分布、历史上灾害发生的位置及影响、潜在的灾害点等以及应急处理措施、灾害治理能力等。

11)市政管理数据

市政园林信息是数字工程应用系统中一切与市政园林的地理空间分布有关的各种要素的图形信息、属性信息以及相互空间关系信息的总称,具体包括以下几方面:

(1)园林绿化、道路维护、路灯管理数据等。

(2)市政养护管理数据:城市道路、桥梁、排水设施等基础设施的分布及其属性信息,对各类基础设施的抽查、检查、巡视、维修、施工质量、竣工验收等工作信息,来电来信来访、工作计划、职工档案等信息,道路开挖等审批信息。

(3)绿化管理数据:管理城市绿地、道路绿地、行道树、古树名木以及绿化设施的分布、属性、维修、绿化审批等信息,对绿地、行道树、古树名木的修剪、施肥、巡视、移植的跟踪、统计及审批,对绿化养护设施的损坏、维修、质量检查的记录、统计。

12)农业管理数据

农业问题是全球可持续发展的基本问题。农业是国民经济中利用动植物繁殖来获得产品的一个重要的物质生产部门,它与自然条件、自然资源和生态环境有密切的联系,要实现农业生产决策的科学合理性,必须要全面、及时地了解全市农业资源的整体现状和变化情况、及时地对农业土地利用及变化情况、各类作物的种植面积变化情况、作物的长势情况和产量、土壤理化特征和植物生化指标等信息进行评估,主要包括以下几方面:

(1)自然资源数据:与农业生产关系密切的自然资源信息是农业决策部门和农业经济分析部门所关心的数据,主要包括土地资源、作物资源、气候资源、水资源、农村能源资源、渔业资源、海洋资源、林业资源、野生动植物资源以及旅游资源等,其中每类资源又包含若干细项,这些资源情况对农业生产决策起着至关重要的作用,同时还要保存其历史信息,便于进行预测分析、历史数据分析等项工作。

(2)农业灾害数据:农业灾害信息也是农业生产决策的重要依据,主要包括台风、暴雨、寒潮、旱涝等农业自然灾害以及病、虫、草害等信息。

(3)农经数据:主要存储农业生产条件、耕地面积增减情况、农村基本情况、主要年份农副产品产量、主要年份农林牧渔业总产值等农业经济统计数据以及农业机械数据、乡镇企业数据等。

（4）农业生产技术数据：主要存储与农业生产相关的技术、科技方法的描述知识（如农业生产条件知识：化肥投入、灌溉条件、播种方法、种植制度、病虫害防治，田间管理、农药等）等数据。

13）地名数据

数字工程的业务管理工作经常需要涉及地址等地名数据，地名数据库是空间定位型的关系数据库，通过地名数据库的组织将提供固定地名、路名、河流、街路巷、小区、地址门牌号、单位及建筑物、街道、村庄等的名称，连同其汉语拼音及属性特征如类别、政区代码、归属、网格号、交通代码、高程、图幅号、图名、图版年度、更新日期、X坐标、Y坐标、经度、纬度等录入计算机建成的数据库，它与地形数据库之间通过技术接口码连接，可以相互访问。

地名数据主要可以分为点状地名（一般没有明确的范围的区域或在小比例尺的条件下只能用点表示的地名）、线状地名（河流）和面状地名（如小区、大型建筑物）。地名数据库可以分现状地名与历史地名数据库，而地名与历史地名数据库又分别由点状地名、线状地名和面状地名构成。而点状、线状、面状地名又通过类型字段区别不同类型的地名。地名数据可以快速、方便地为各用户提供空间定位解决方案，通过灵活的数据访问有效地利用地名数据；以地名信息和基础地形信息为基础，对各种资源数据进行准确定位和高效管理，可以保证各种资料的完整性、现势性、可利用性，并提高资料的空间查询检索的速度。

14）其他数据

除了上述各类数据，还包括公安管理数据、旅游管理数据、商业管理数据、元数据等。

3.3.4　数据平台的关键问题

1. 异源异构数据集成

从数字工程所面临的数据现状来看，数字工程建设迫切要求我们在数字工程建设中解决异源异构数据的整合、集成与共享。异源异构数据整合和集成的目的是为数字工程应用提供集成、统一、安全、快捷的信息查询、数据挖掘和决策支持服务，满足企业应用需要。异构数据源集成是数据库领域的经典问题，单从集成角度看，企业异构数据源集成，与普遍的异构数据源集成问题没有本质区别，具有同样的共性问题。然而，从构建支撑企业应用系统的角度来讲，必须考虑企业异构数据在集成过程中所遇到的特殊问题。总的来说，在进行异源异构数据集成时，需要考虑的问题有：

（1）集成性。各种原先孤立的业务信息系统数据经过整合、集成后，应该达到查询一个综合信息不必再到各个业务系统进行分别查询和人工处理，只要在整合、集成后的数据信息仓库中就可以直接访问到，即整合、集成后的综合信息仓库的数据是各异构业务数据的有机集成和关联存储（整合、发掘出各业务数据间的内在关联关系），而不是简单、孤立地堆放在一个数据库系统里。

（2）完整性。异构数据源数据集成的目的是为应用提供统一的访问支持。为了满足各种应用处理（包括发布）数据的条件，集成后的数据必须保证一定的完整性，包括数据完整性和约束完整性两方面。数据完整性是指完整提取数据本身，通常，这一点较容易达到。约束完整性，约束是指数据与数据之间的关联关系，是唯一表征数据间逻辑的特征。保证约束的完整性是良好的数据发布和交换的前提，可以方便数据处理过程，提高效率。

（3）语义冲突（一致性）。不同业务信息资源之间存在着语义上的区别。这些语义上的不同会引起各种不完整甚至错误信息的产生，从简单的名字语义冲突（不同的名字代表相同的概念），到复杂的结构语义冲突（不同的模型表达同样的信息）。语义冲突会带来数据集成结果的冗余,干扰数据处理、发布和交换。整合、集成后的数据应该根据一定的数据转换模式和商业规则进行统一数据结构和字段语义编码转换。

(4)访问安全性。由于数据的异源性,各业务数据系统有着各自的用户权限管理模式,访问和安全管理很不方便,不能集中、统一管理。因此为了保障原有数据的操作权限,实现对原有数据源操作权限的隔离和控制,就需要针对异源异构数据,设计基于整合、集成后的综合信息管理系统的统一的用户安全管理模式。

(5)异构性。异构性是异构数据集成必须面临的首要问题,主要表现在两方面:①系统异构,数据源所依赖的应用系统、数据库管理系统乃至操作系统之间的不同构成了系统异构;②模式异构,数据源在存储模式上的不同。一般的存储模式包括关系模式、对象模式、对象关系模式和文档嵌套模式等几种,其中关系模式为主流存储模式。需要注意的是,即便是同一类存储模式,它们的模式结构可能也存在差异。例如 Oracle 所采用的数据类型与 SQL 服务器所采用的数据类型并不是完全一致的。

网络时代的应用对传统数据集成方法提出了挑战,提出了更高的标准。一般说来,集成应用必须满足轻量快速部署,即系统可以快速适应数据源改变和低投入的特性。另外,要对集成内容进行限定。多个数据源之间的数据集成,并不是要将所有的数据进行集成,那么如何定义要集成的范围,就构成了集成内容的限定问题。

上面列举了在构建异构数据源集成系统时所必须面对的几个主要问题。其中,异构性、完整性、一致性、安全性、性能、语义冲突问题为异构数据集成中的共性问题,集成内容的限定则属于企业异构数据集成的特性问题。但这些问题是相互联系、相互制约的,不应简单地孤立对待。

在数据平台建设时,应当充分考虑到其共享的复杂性与可操作性。数字工程应用涉及各种各样的不同结构的数据库系统,这里所说的不同,可能是基于不同数据模型的数据库管理系统,如关系型的或对象型的;也可能虽然都是关系型的,但不同商家的产品其 SQL API 不尽相同。为了实现不同数据库间数据的共享,需要对异构数据库进行集成。异构数据库集成可以通过转换和标准化来实现。一般而言,目前解决异构数据库集成的主要技术有以下几种。

1)数据的迁移和转换

利用数据转换程序,对数据格式进行转换,从而能被其他的系统接收。它是通过周期性的同步更新数据库内容,简单地实现在数据库级分享信息。它有两种方式:基本复制方式和复杂复制方式。基本复制方式可以实现数据在两个具有相同结构的数据库之间移动;复杂复制方式需要数据的格式和方式变化,它实现数据在不同模型(关系型和面向对象型等)的数据库之间移动。这种方法的优点是对存在的应用系统没有任何冲击,但是这种方法对于数据更新频繁而实时性要求很高的场合不太适用。

2)使用中间件

"三层"结构是在原有的两层结构之间增加了一组服务,这组服务(应用服务器)包括事务处理逻辑应用服务、数据库查询代理、数据库。随着这组服务的增加,两层结构向三层结构转变后,客户端和服务器端的负载就相应减轻了,跨平台、传输不可靠等问题也得到了解决。增加的这组服务就是中间件(middleware)。中间件位于客户端与服务器之间的中介接口软件,是异构系统集成所需的黏接剂,现有的数据库中间件允许客户端在异构数据库上调用 SQL 服务,解决异构数据库的互操作性问题。功能完善的数据库中间件,可以对用户屏蔽数据的分布地点、DBMS 平台、SQL 语言或其扩展、特殊的本地 API 等差异,完成数据安全、完整传输,通过负载均衡来调节系统的工作效率,从而弥补两层结构的不足。常见的中间件有以下几类:通用 SQL API、通用网关、通用协议和基于组件技术的一致数据访问接口。

(1)通用 SQL API。即在客户端的所有应用程序都采用通用的 SQL API 访问数据库,而由不同的数据库管理系统服务器提供不同的数据库驱动程序,解决连接问题。通用的 SQL API 又可分为嵌入式 SQL(embedded SQL,ESQL)和调用级 SQL 接口(call layer interface,CLI)。嵌入式 SQL 是将 SQL 嵌入到 C、Pascal、COBOL 等程序设计语言中,通过预编译程序进行处理,因而 SQL 的所有功能及其非过程性的特点得到继承。调用级接口则采用一个可调用的 SQL API 作为数据存取接口,它不需要预编译过程,允许在运行时产生并执行 SQL 语句。由于调用级接口更为灵活,现在应用较广,如微软的 ODBC、IBM 的 DRDA、Borland 的 IDAPI、Sybase 的开放客户端—开放服务器(Open Client/Open Server)等。

(2)通用网关。网关(gateway)是当前流行的中间件方案。在客户端有一个公共的客户端驱动程序(gateway driver);在服务器端有一个网关接受程序,它捕获进来的格式和规程(format and protocol,FAP)信息,然后进行转换,送至本地的 SQL 接口。

(3)通用协议。通用协议是指公共的规程和公共的 API,并且有一个单一的数据库管理接口。公共规程支持适用于所有的 SQL 方言的超级设置或容忍全部本地 SQL 方言通过。

(4)基于组件技术的一致数据访问接口。例如,微软推出的通用数据访问(universal data access,UDA)技术,分别提供了底层的系统级编程接口和高层的应用级编程接口。前者定义了一组 COM(组件对象模型)接口,建立了抽象数据源的概念,封装了对关系型及非关系型各种数据源的访问操作,为数据的使用方和提供方建立了标准;后者是建立在前者基础上的,它提供了一组可编程的自动化对象,更适合于采用客户端—服务器体系结构的各种应用系统,尤其适用于在一些脚本语言中访问各种数据源。

3)多数据库系统

异构数据库系统是由多个异构的成员数据库系统组成的数据库系统,异构性体现为各个成员数据库之间在硬件平台、操作系统或数据库管理系统等方面的不同。在数字工程的应用环境下,从系统和规模上来解决异构数据库集成的方法为多数据库系统。所谓多数据库系统就是一种能够接受和容纳多个异构数据库,运行在不同的软硬件平台上多个数据库的集成系统,其对外呈现出一种集成结构,而对内又允许各个异构数据库的"自治性"。

这种多数据库系统和分布式数据库系统有所不同。多数据库系统不存在一个统一的数据库管理系统软件,而分布式数据库系统是在一个统一的数据库管理系统软件的管理与控制之下运行的。多数据库系统主要采用自下而上的数据集成方法,因为异构情况在前而集成要求在后,而分布式数据库系统主要采用自上而下的数据集成方法,全局数据库是各个子库的并集。多数据库系统主要解决异构数据库集成问题,可以保护原有的数据资源,使各局部数据库享有高度自治性,而分布式数据库系统是在数据的统一规划下,着重解决数据的合理分布和对用户透明的问题。当然,两者之间在技术上有很多交叉,可以互相借鉴。

多数据库系统一般分为两类:

(1)全局统一模式的多数据库系统。多个异构数据库集成时有一个全局统一的概念模式,它是通过映射各异构的局部数据库的概念模式而得到。

(2)联邦式数据库系统(federated database system,FDBS)。各个异构的局部数据库之间仅存在着松散的联邦式耦合关系,没有全局统一模式,各局部数据库通过定义输入、输出模式进行彼此之间的数据访问。到目前为止,没有商品化的多数据库系统,在数字工程应用环境中实施有一定难度。

总之,数据集成是把不同来源、格式、特点性质的数据在逻辑上或物理上有机地集中,从而为企业提供全面的数据共享。在企业数据集成领域,已经有了很多成熟的框架可以利用。目前通常采用联邦式、基于中间件模式和数据仓库等方法来构造集成的系统,这些技术在不同的着重点和应用上解决数据共享和为企业提供决策支持。

联邦数据库系统由半自治数据库系统构成,相互之间分享数据,联邦各数据源之间相互提供访问接口,同时联邦数据库系统可以是集中数据库系统或分布式数据库系统及其他联邦式系统。在这种模式下又分为紧耦合和松耦合两种情况,紧耦合提供统一的访问模式,一般是静态的,在增加数据源上比较困难;而松耦合则不提供统一的接口,但可以通过统一的语言访问数据源,其中的核心是必须解决所有数据源语义上的问题。

中间件模式通过统一的全局数据模型来访问异构的数据库、遗留系统、Web 资源等。中间件位于异构数据源系统(数据层)和应用程序(应用层)之间,向下协调各数据源系统,向上为访问集成数据的应用提供统一数据模式和数据访问的通用接口。各数据源的应用仍然完成它们的任务,中间件系统则主要集中为异构数据源提供一个高层次检索服务。

中间件模式是目前比较流行的数据集成方法,它通过在中间层提供一个统一的数据逻辑视图来隐藏底层的数据细节,使得用户可以把集成数据源看作一个统一的整体。这种模型下的关键问题是如何构造这个逻辑视图并使得不同数据源之间能映射到这个中间层。

数据仓库是在企业管理和决策中面向主题的、集成的、与时间相关的和不可修改的数据集合。其中,数据被归类为广义的、功能上独立的、没有重叠的主题。这几种方法在一定程度上解决了应用之间的数据共享和互通的问题,但也存在以下的异同:联邦数据库系统主要面向多个数据库系统的集成,其中数据源有可能要映射到每一个数据模式,当集成的系统很大时,对实际开发将带来巨大的困难。

数据仓库技术则在另外一个层面上表达数据之间的共享,它主要是为了针对企业某个应用领域提出的一种数据集成方法,也就是我们在上面所提到的面向主题并为企业提供数据挖掘和决策支持的系统。

2. 数据的共享服务

数据共享是数字工程数据平台建设的根本目标,在数据平台设计时,应当充分考虑到共享的可能性与可行性。数字工程应用涉及各种各样的数据,包括空间数据(主要是各种格式的地图数据)、非空间数据(如文字、图片、音频、视频等)。数据具有商品性与共享性。在信息时代,基础数据作为一种资源,它具有价值与使用价值,是可以用来交换流通的财产。采集到的原始数据或经过处理加工的专业数据都可以用于交换。同时,基础数据不同于一般的有形财产,它可以被多个用户共同使用。不同的用户对同一地理空间信息从不同的角度进行分析挖掘,还可以产生新的增值数据。为保证系统数据的组织,系统间数据的连接、传输和共享,以及数据质量,必须在统一的空间定位框架下进行统一的数据分类,制定统一的数据编码系统、统一的图形分层体系和统一的数据记录格式。

3. 互操作服务

数字工程应用涉及各种各样的数据,包括空间数据(主要是各种格式的地图数据)、非空间数据(如文字、图片、音频、视频等)。从数据使用和共享的角度,数字工程涉及的地理空间数据和非空间数据具有以下特征。

1）分布式海量数据

地理空间信息的获取与一定的区域背景密不可分,同时,地理空间信息的存储、维护和更新通常是由分散的地理信息库或专业机构完成的,无论是从技术上,还是实际需求上都不可能将全球或全国的各类地理空间信息集中到一起管理,这些都决定了地理空间信息具有分布式特征。此外,随着航空、航天以及计算机软硬件技术的飞速发展,地学观测和监控数据每日以Terabyte(TB,1 TB＝1 000 GB)、Petabyte(PB,1 PB＝1 000 TB)的速度增长。如何更好地存储、管理和使用这些分散的海量地理空间信息,使之服务于数字工程的建设已成为地理空间信息建设与管理中亟待解决的问题。另外,对于各行业应用领域的非空间数也是种类繁多、格式各异,数字化存储工作量很大。

2）数据格式多样

地理空间信息的来源多种多样,主要由以下几种途径获得:地图数字化、实测数据、实验数据、遥感与GPS数据、理论推测与估算数据、历史数据、统计普查数据以及集成数据等。地理信息来源的多样性决定了数据格式的多样性,从文本格式、压缩二进制格式到不同“标准”的地学数据格式,其中还包括一些自描述数据格式。数据格式的多样性是信息互访和共享的主要障碍。

3）数据的商品性与共享性

在信息时代,地理空间信息作为一种资源,它具有价值与使用价值,是可以用来交换流通的财产。采集到的原始数据或经过处理加工的专业数据都可以用于交换。同时,地理空间信息不同于一般的有形财产,它可以被多个用户共同使用。不同的用户对同一地理空间信息从不同的角度进行分析挖掘,还可以产生新的增值数据。

实现数据互操作是数字工程建设需要解决的核心问题,除了政策和行政协调方面需要解决的问题外,技术上仍有大量的问题需要解决。数据共享有多种方法,其中最简单的方法是通过数据转换,不同的部门分别建立不同的系统,当要进行数据集成或综合应用时,先将数据进行转换,转为本系统的内部数据格式再进行应用。我国已经颁布了“地球空间数据交换格式标准”,使用该标准可以进行有效的数据转换。但是这种数据共享方法是低级的,它是间接的延时的共享,不是直接的实时共享。建立数字工程应追求直接的实时的数据共享,就是说用户可以任意调入数字工程各系统的数据,进行查询和分析,实现不同数据类型、不同系统之间的互操作。

§3.4　应用服务平台

3.4.1　应用服务平台的概念

长期以来,国内信息化存在分散建设和应用建设以项目开发为主要方式的现实情况,这一方面容易形成信息孤岛,使得系统之间无法互联互通,不但影响系统的功能扩展,而且带来高昂的维护成本;另一方面由于项目之间对典型功能的重复开发,也带来极大的资源浪费。

数字工程是一个涉及多部门、多项业务、异构的、分布式的大型信息系统工程。要使该工程具有良好的整体性和可扩展、易维护等性能,保证工程的先进、实用和可持续发展,达到新老系统有效整合、资源共享、避免低水平重复建设和缩短应用系统建设周期等要求,就必须采用符合当今大型软件系统开发潮流的主流技术和架构,通过数据表示和交换方式的标准化,异源异构数据的集成,以及对信息资源实施统一管理和规范应用系统的开发,构建起基于分布式对象互操作技术的应用服务平台。通过应用服务平台这一中间层,将应用系统和基础设施有机地连接起来,实现信息资源的高度共享和应用系统的互联互通。应用服务平台是数字工程的资源管理者和应用的服务者,在逻辑上是一个整体。它所管理的资源和用于服务的构件,物理上是分布于不同的网络节点并为整个数字工程服务的。

应用服务平台是基于灵活的目录服务系统和标准规范的信息交换格式构建应用集成、信息管理和共性服务等系统,它有效地屏蔽底层硬件、操作系统、数据库的差异,提供事务、安全、高性能、可扩展性、可管理性和可靠性保障,提高开发效率,从整体上降低开发、部署、运行和维护应用系统的成本。一方面对内支持公文处理、公文交换、决策支持和信息管理等应用服务,另一方面对外支持灵活的公众管理和应用服务。该层一般采用面向对象、组件式设计等多项技术,提供的构件系统是跨领域、与具体业务无关、通用的基础服务,能随着领域需求的发展变化而扩展、伸缩。

3.4.2　应用服务平台的结构

应用服务平台的结构如图 3-18 所示,主要包括信息交换处理、工作量引擎、个性化管理、服务集成、通用业务构件等(国家信息安全工程技术研究中心　等,2003)。

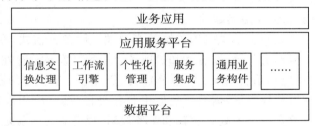

图 3-18　应用服务平台的结构

1. 信息交换处理

由于数字工程往往需要与诸多业务信息系统协同完成某项工作,这就需要系统进行相互的数据交换,以实现服务请求的转入和服务结果的反馈。

2. 工作流引擎

工作流引擎是数字工程对各业务系统所提供的业务服务进行协调和统一调度的功能模块。由于数字工程服务提供的是一种融合的大业务服务,因此,对于跨业务部门的工作流进行支持是应用服务平台的基本要求。该模块是整个数字工程的业务枢纽,负责对整个框架下的业务应用进行总体调度,保证业务流程的通畅。

3. 个性化管理

数字工程所面向的应用通常是较大规模的。因此,其所面临的客户群体具有较大的差异性,因此,必须提供个性化的服务功能,允许用户根据自己的偏好来定制所需的业务服务。该模块为业务系统提供了个性化设计开发的工具,通过它,各个业务单位能够根据自身的特点设计出更符合业务流程的界面和功能选择。

4. 服务集成模块

服务集成模块主要是针对非可信 Web 服务上的应用系统集成而言的,主要是在应用服务平台层次上提供进一步的应用服务整合与集成支持功能。该模块为各业务系统提供了相应的集成接口,确保了各业务应用能够方便地集成到应用服务平台之上。

5．通用业务构件

对于数字工程来说,每一个业务应用系统所提供的服务中都有许多通用的功能模块。如果这些功能模块在各个业务系统中重复实现,不仅会造成资源的浪费,而且很难保证实现的正确性和一致性。因此理想的方案是在应用服务平台中实现这些通用的业务构件模块。该模块为各个业务应用提供可方便部署、开发的功能,实现在此基础上的各业务系统的个性化开发,缩短开发时间,使得系统的维护更加便捷。

3.4.3　应用服务平台的内容及关键问题

1．实现资源的统一管理和高度共享

在应用系统的建设和运行过程中所需要的资源主要包括应用服务器中间件、知识库、模型库、标准体系以及数据库等。另外,还包括可为各应用系统运行和数据存储所共享的硬件资源,如数据存储设备、高档服务器、网络设备等。

在应用服务平台建设中,通过对资源的统一定义和标识,依据资源定位和应用的业务流,设计任务调度和控制策略,以及制定资源管理标准和方法等。运用中间件平台的资源管理器或门户系统对数字工程需共享的资源(如中间件、资源目录、数据、身份认证等),实施统一管理和调度,实现资源共享,减少重复开发。

2．为应用系统开发和集成提供基础

以前说开发的应用系统基本上是采用传统的客户端—服务器模式,在这种模式下开发的系统很大程度上限制了应用的部署、兼容性和扩展性。应用开发总是存在低水平重复,系统运行维护及升级难度大,各应用系统间缺乏互操作能力,资源和系统整合问题不易解决。为了保证数字工程的先进性和可持续发展,需要构建应用服务平台,结合应用系统的实际需求,在标准化的开发环境下构建符合标准的处理逻辑和业务逻辑,提升和规范应用系统开发,保证系统的扩充能力,后端系统集成能力以及系统安全运行等要求。

3．为系统整合提供标准和技术手段

数字工程中,要对原有尚有价值的应用系统进行改造,与新建的相关应用系统进行整合,就需要建立应用服务平台,确定技术实现方式和标准,运用中间件等技术来解决,详见第 5 章。

4．为系统提供可视化、智能化服务

1)可视化服务

空间信息应用模式正逐渐由桌面应用向基于 Web 的应用转变,越来越多的应用系统采用基于 Web 服务的方式实现,客户端仅需要浏览器即可。对于一些常规应用,例如气象服务、电子商务相关的服务等,这种基于浏览器的瘦客户端方式较容易实现,有很多现成的框架或产品可以满足这些应用的需求,服务器端仅根据业务逻辑生成相应的动态页面即可。但对于空间信息相关的应用来讲,则需要一类特殊的服务——可视化服务。

基于桌面程序的空间信息应用是一种胖客户端形式,它具有典型的三层逻辑结构:数据库—空间数据服务引擎—客户端,客户端实现了空间信息应用的各项功能,例如数据管理、空间分析、数据处理、可视化表达及相关的交互操作等,这种类型的应用往往在局域网环境内实现。而基于 Web 的应用是在互联网环境下构建的,受网络带宽及客户端应用程序(即浏览器)的限制,往往不能像传统的基于桌面应用那样,直接把大量的空间数据发往客户端的浏览器,抛开数据传输效率不谈,Web 浏览器也很难直接对这些复杂的空间数据类型进行解析并加以应用。因此,有必要在客户端和空间数据服务引擎两层之间再加上一个应用服务层,在这个服务层中,可以从空间数据服务引擎中获取空间数据,并可以根据客户端的请求实现各种应用,然后把应用的结果发往客户端,在浏览器中表现出来。例如,空间分析、业务逻辑、可视化及相关的人机交互功能等,都可以在这个服务层中实现。这种基于 Web 服务的四层应用参见图 3-4。

　　基于 Web 的空间信息可视化服务往往是一种图形发布服务,应用服务器根据管理员的配置,从空间数据服务引擎中读取相应的空间数据,并将其渲染成为一幅符合显示器分辨率的通用格式的图像数据。客户端的一些交互操作通过浏览器 URL 的方式发送给提供可视化服务的服务器,服务器即可渲染出符合 URL 请求的渲染后的图像,客户端得到图像后在浏览器中显示出来,这样就完成一次可视化服务请求。

　　目前,可提供可视化应用服务的软件产品还不是很多,常用的有 ArcIMS,以及符合 OGC 规范的 MapServer、GeoServer 等开源产品。此外,OGC 也为相关的应用制定了一系列的规范,其中与可视化服务密切相关的是 Web 地图服务(Web map service,WMS)规范,该规范对应用服务的接口和客户端请求字符串格式均作了详细规定,而且对矢量和栅格数据的可视化应用均能很好地支持。

　　2)智能化服务

　　数字工程的智能化体现在数字工程终端应用中,通过分析模型和领域知识的支持,为决策提供参考依据。

　　分析模型(如叠加分析、缓冲区分析、空间关系分析等)是实践过程中人类对空间现象的认知的总结,是基于一种普遍的且具有良好结构的计算模型,计算机软件可以比较容易地支持其实现,在一些空间信息系统的基础软件平台中已经集成了这些基本空间分析功能;但由于专业分析模型没有(也不可能)包容所有的与决策内容相关的因素(或特定的要求),降低了计算机软件在解决这些问题的适应性,因此需要扩展软件系统的处理能力,使其应用的目标不仅能够处理普遍的模型问题,还可以适应特殊的决策问题。

　　智能技术的引入、空间信息学研究与智能技术的结合,特别是将特定的领域知识引入到空间信息应用中,并在计算机软件技术的支撑下,为我们认识空间规律、进行合理决策提供了强大的工具。

　　数字工程的智能化从其实现的层次上,可以在应用端完成,也可以在平台端完成。当智能化集成在应用端时,往往是一些针对专门问题而设计的分析模型及领域知识,这种方式在不同应用中缺乏共享机制,因此对于一些具有多应用共享特征的智能应用,一般集成在平台端实现,这样多个终端应用系统就可以共享其智能分析的服务功能。

§3.5　标准平台

3.5.1　标准平台的概念

　　工业生产中,当一件产品的结构很复杂时,生产该件产品的步骤和环节通常很多,每个环节或步骤都必须配合严密,严格遵循标准,例如各种零件产品必须定义好尺寸规范,才能最终保证生产的产品质量。同样,数字工程的项目建设时,也会涉及多种专业、多个环节,各个专业和建设环节相当繁杂,而在项目建成后也要求系统能够稳定协调地运行,这就涉及预先对各个专业应用的数据、建设流程、管理方式等进行规范化定义。

标准是一种普遍遵循的协议,在该协议的框架下,使产品、数据、应用等日常生活各方面的内容能够交流、共享。目前制定的标准平台很多,如移动通信标准平台、计算机硬件标准平台、工业制造标准平台等,上面也强调了规范化定义无论在工业生产还是信息系统建设中都是相当重要的。在数字工程中,标准平台是一种保证工程建设顺利开展的基础条件,没有了标准平台的制约,开发的最终产品将很难实现共享、集成。

数字工程建设是一个规模庞大、技术复杂的系统工程。其应用涉及诸多行业领域,数据种类繁多、建设步骤多,面对海量的信息和建设环节的复杂性,将建设过程中相关的活动、文档、产品按照标准平台的约束条件去执行,可以确保项目建设过程中进行管理、跟踪、集成和交换等有效性,从而实现信息标准化、信息资源共享等应用需求,并力求实现系统的稳定性、高效性,保证系统数据库整体的协调性和兼容性。统一标准是建设数字工程的基本要求,是网络互联互通、信息共享交换的前提。通过对城市各部门、行业规范标准的整合,形成数字工程建设的统一标准体系,即标准平台。建设数字工程标准平台,应遵循自上而下的原则,解决各种标准之间的不协调现象,采用系统科学的理论和方法,参照与遵循国家、地方、行业相关规范和标准,依据国际相关标准,并充分了解数字工程建设的需求,结合应用和管理的实际情况,制定开放的、先进的标准化体系,满足数字工程的建设需求,形成数字工程应用中各要素共享的基础。具体来讲,标准平台在数字工程建设中的作用可以概括为以下几点。

1. 有效控制项目建设的管理

由于在项目建设过程中涉及人力、财力、流程控制、进度控制等,可通过制定项目建设可行性分析、项目建设流程规范等标准达到有效对项目建设过程控制的目的。

2. 保证项目有效地发挥效益

例如可以通过技术手册、应用手册等各种标准文档,提供对项目整体内容的介绍和使用方法的介绍等,使项目在领域应用中发挥具体效益。

3. 满足可扩展性的需求

当某个领域的应用做局部调整时,由于项目建设是按照标准平台的统一规范实施的,因此可以提供方便的项目扩展机制。

4. 充分实现资源共享性

例如在数据共享、应用共享方面,如果是按照标准或规范去进行项目建设,就能避免重复建设而带来的不必要浪费,例如我们可以通过建立政策法规,规定基础数据必须共享,避免目前不同部门或领域由于无法共享到已经存在的数据而不得不重复采集生产基础数据。

5. 方便项目的集成

数字工程在各个领域的应用、各种软硬件环境、数据以及网络环境可以较为方便地集成在一起运行。

3.5.2　标准平台的结构

标准平台包括数据标准、软硬件技术标准、系统建设标准、法律法规、行业规范和政策等。这些标准、规范可能会随着应用、技术、法规和行业规范的发展而进行调整和补充,其组成结构如图 3-19 所示。

数字工程基础平台的数据来源非常广泛,包括多专业、多种类型,且数量巨大,又要求相互兼容与沟通；基础平台服务于多层次（市、局、处室、下属单位、普通用户）、多类型（政府、厅局、专业部、乃至社会公众和个人）的用户，需要满足各种不同用户的需求；需要与其他信息系统进行信息交换等。

这些应用需求均要求信息分类、数据格式、技术流程和设备配置等遵循一定的标准、规范、规程和约定，科学合理地组织系统涉及的信息，以确保信息交换共

图 3-19　标准平台的组成

享、系统间互相兼容、系统各个环节和各个部分间上下连接，历史、现时和预测未来的信息相互可比等。保证系统数据库整体的协调性和兼容性，发挥系统的统一性、整体性和集成效应等；以达到数字工程的各个子系统间、各个部门间、主管部门和社会公众间、上级部门间的联系等。因此，标准规范的制订和完善是系统设计前和系统建设中的一项重要工作，在全行业（或单位）范围内形成和完善系统标准体系，促进数字工程的建设，确保系统的兼容和网络连接，实现数据共享。

在某市数字工程的标准平台建设中，分析其信息化现状和应用需求，并结合系统总体设计，为确保系统各数据库与各功能模块之间的数据分类、编码及数据文件命名的系统性和唯一性，从而满足系统正常高效运行以及与其他相关系统协同运作的要求，实现系统之间相互兼容、信息共享，制定了相应的系统建设标准，如图 3-20 所示。

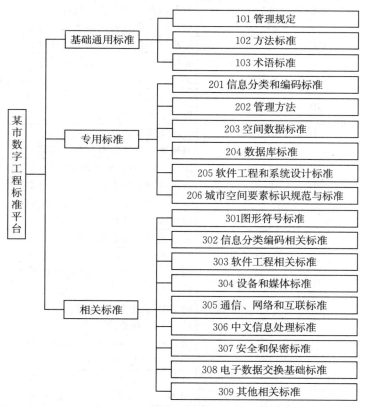

图 3-20　某市数字工程建设中参考的标准

3.5.3 标准平台的内容

1. 数据标准

数据库建设时必须对规范化、标准化原则予以高度重视。数据标准主要包括：空间定位标准、数据分类标准、编码体系和代码标准、各数据库与文件命名标准、元数据标准、符号标准、数据格式与交换标准、数据质量标准、数据处理标准、数据库建库作业流程与技术规定、数据库建设验收标准。

其中，空间数据标准是指空间数据的名称、代码、分类编码、数据类型、精度、单位、格式等的标准形式。目前我国已有一些与空间数据有关的国家标准，内容涉及数据编码、数据格式、地理格网、数据采集技术规范、数据记录格式等。元数据中含有大量有关数据质量的信息，通过它可以检查数据质量，同时元数据也记录了数据处理过程中质量的变化，通过跟踪元数据可以了解数据质量的状况和变化。

数据参考标准主要是用于数据的空间地理定位、空间图形信息分类、编码、质量控制、数据处理、数据交换、数据库建库、元数据划分和提取规则等，对于提高数据质量、精度、数据的高效存储，方便数据检索分析、输出及数据转换，最终达到数据共享和互操作的目标。相关标准参见表3-2。

表 3-2　数据参考标准

参考标准项目	已颁布标准	
	编号	名称
空间定位标准	GB 104.15	地理信息空间基础定位基本要求
数据分类标准	GB/T 13923—1992	国土基础信息数据分类与代码
	GB/T 18317—2009	专题地图信息分类与代码
编码体系和代码标准	GB/T 7027—2002	信息分类和编码的基本原则与方法
	GB/T 1.1—2009	标准化工作导则　第1部分:标准的结构和编写规则
	GB/T 20001.4—2001	标准编写规则　第3部分:信息分类编码
	GB 14804—1993	1:500,1:1 000,1:2 000 地形图要素分类与代码
	GB/T 15660—1995	1:5 000,1:1万,1:2.5万,1:5万,1:10万地形图要素分类与代码
	GB/T 18317—2009	专题地图信息分类与代码
	GB/T 13923—2006	基础地理信息要素分类与代码
	GB 104.14	地理信息分级、分类及编码规则
	GB 104.16	城市地理信息系统基础要素分类与代码
	GB/T 14395—1993	城市地理要素—城市道路、道路交叉口、街坊、市政工程管线编码结构规则
符号标准	GB 10001—1994	公共信息标志用图形符号
	GB/T 18316—2001	数字测绘产品检查验收和质量评定
	GB/T 20257.1—2007	国家基本比例尺地图图式　第1部分:1:500 1:1 000 1:2 000地形图图式
	GB/T 20257.2—2006	国家基本比例尺地图图式　第2部分:1:5 000 1:10 000地形图图式
	GB/T 20257.3—2006	国家基本比例尺地图图式　第3部分:1:25 000 1:50 000 1:100 000 地形图图式
	GB/T 20257.4—2007	国家基本比例尺地图图式　第4部分:1:250 000 1:500 000 1:1 000 000 地形图图式
	CH/T 4004—1993	省、地、县地图图式

续表

参考标准项目	已颁布标准	
	编号	名称
数据格式与交换标准	GB/T 17797—1999	地形数据库与地名数据库接口技术规程
	GB/T 17798—2007	地球空间数据交换格式
	DZ/T 0188—1997	地学数字地理底图数据交换格式
	GB/T 17797—1999	地形数据库与地名数据库接口技术规程
数据处理标准	GB 104.6	测绘数据库数据更新规定
数据库建库作业流程与技术规定	GB 104.6	测绘数据库数据分层规则
	GB/T 20258.2 — 2007	基础地理信息要素数据字典　第 1 部分：1：500 1：1 000 1：2 000 基础地理信息要素数据字典
	GB/T 20258.2 — 2006	基础地理信息要素数据字典　第 2 部分：1：5 000 1：10 000基础地理信息要素数据字典
	GB/T 20258.3 — 2006	基础地理信息要素数据字典　第 3 部分：1：25 000 1：50 000 1：100 000 基础地理信息要素数据字典
数据库建库作业流程与技术规定	GB/T 20258.3 — 2007	基础地理信息要素数据字典　第 4 部分：1：250 000 1：500 000 1：1 000 000 基础地理信息要素数据字典
	GB/T 304.53	城市地理信息系统建立技术规程
	GB/T 305.14	1：500，1：1 000，1：2 000 地形数据库建立技术规程
	GB/T 305.15	1：5 000，1：1 万地形数据库建立技术规程
	GB 21740—2008	基础地理信息城市数据库建设规范
数据库建设验收标准	GB 203.14	1：500，1：1 000，1：2 000 地形数据库产品质量标准
	GB 203.13	1：5 000，1：1 万地形数据库产品质量标准
	CH 1003—1995	测绘产品质量评定标准
元数据标准	GB/T 19710—2005	地理信息　元数据
其他标准	CJJ 61—1994	城市地下管线探测技术规程
	CJJ 08—1999	城市测量规范
	GB/T 16831—1997	地理点位置的纬度、经度和高程的标准表示法
	GB/T 17694—1999	地理信息技术基本术语
	GB/T 18578—2001	城市地理信息系统设计规范
	CH/Z 1001—2007	测绘成果质量检验报告编写基本规定
	CH/Z 9001—2007	数字城市地理空间信息公共平台技术规范
	CH/Z 9002—2007	数字城市地理空间信息公共平台地名/地址分类、描述及编码规则

2. 开发标准

开发参考标准主要是对数字工程的软件开发提供规范指导。在系统开发阶段，在开发标准的指导下，可以增强开发代码的可读性，提高软件代码级的软件复用，方便软件开发代码的后期修改和维护。相关标准参见表 3-3。

表 3-3　开发参考标准

参考标准项目	已颁布标准	
	编号	名称
开发标准	GB 8566—1988	软件开发规范
	GB/T 15697—1995	信息处理系统按记录组处理顺序文卷的程序流程
	GB/T 14079—1993	软件维护指南
	GB/T 11457—2006	软件工程术语
	GB/T 15538—1995	信息处理—流程图编辑符号
	GB 13502—1992	信息处理—程序构造约定
	GB/T 14085—1993	信息处理系统、计算机系统配置图符号及约定

3．文档标准

文档标准规定了项目建设过程中各种文档的编写规定,从可行性分析,需求分析报告,到最后的用户操作手册,都应在文档标准的指导下完成。这样可以有效地提高文档编写的规范性和实用性,有利于提高整个系统的建设效率和进度,方便软件开发代码的后期维护和完善。相关标准参见表 3-4。

表 3-4　文档参考标准

参考标准项目	已颁布标准	
	编号	名称
文档标准	GB/T 8567—1988	计算机软件产品开发文件编制指南
	GB/T 9385—1988	计算机软件需求说明编制指南
	GB/T 9386—1988	计算机软件测试文件编制指南

4．管理标准

由于数字工程项目建设过程中的步骤较多、环节复杂,各个过程必须很好地协调才能保证项目建设的成功性。管理标准可在数字工程建设的进度控制、内容规定以及计算机配置、可靠性、可维护性等方面进行约束。参照管理标准进行数字工程建设,有利于提高数字工程建设的可控制性、软硬件配置管理,保证数据采集、处理、分析的质量以及开发软件代码的质量和应用性能,提高软件的可靠性和易维护性。相关标准参见表 3-5。

表 3-5　管理参考标准

参考标准项目	已颁布标准	
	编号	名称
管理标准	GB/T 12505—1990	计算机软件配置管理计划规范
	GB/T 12504—1990	计算机软件质量保证计划规范
	GB/T 14394—1993	计算机软件可靠性和可维护性管理
	GB/T 19000.3—2001	质量管理和质量保证标准第三部分

5．质量标准

质量标准贯穿数字工程建设的全过程,利用质量标准作指导,可以对数字工程的数据平台、软硬件平台和网络平台中涉及的各要素提出具体的质量要求,以满足数字工程建设的需要,有利于数字工程系统的建设,促进最终提交成果的质量,提高系统的可读性、可用性和易维护性。相关标准参见表 3-6。

表 3-6　质量参考标准

参考标准项目	已颁布标准	
	编号	名称
质量标准	ISO 8402	规定与质量有关的术语
	GB/T 19000.3—2001	质量管理和质量保证标准
	ISODIS 9000—4	可靠性管理标准
	ISO/IEC 9126	对 ISO9000—3 未具体示出的软件质量特性规定标准
	ISO 13011—1	对质量体系核查指南中核查步骤的规定
	ISO/TC 176	软件配置管理

6．专业标准

数字工程应用通常会涉及具体的专业应用领域,不同的行业有不同的专业应用标准,如规划、电力、交通、农业等均有自己的专业标准,仅以规划行业为例说明部分专业标准。在数字工程建设过程中应根据所涉及的具体行业选择相应的专业标准,相关标准参见表 3-7。

表 3-7　专业参考标准

参考标准项目	已颁布标准	
	编号	名称
专业标准(以规划行业为例)	GB/T 50280—98	城市规划基本术语标准
	GB/T 50001—2001	房屋建筑制图统一标准
	GB 50013—2006	室外给水设计规范
	GB/T 50282—98	城市给水工程规划规范
	GB 50220—95	城市道路交通规划设计规范
	CJJ 46—91	城市用地分类代码
	CJJ 11—93	城市桥梁设计准则
	……	……

7．地方标准

对没有国家标准和行业标准而又需要在省、自治区、直辖市范围内统一的,可以制定地方标准。地方标准由省、自治区、直辖市标准化行政主管部门制定、发布并报国务院标准化行政机关主管部门和国务院有关行政主管部门备案。我国现阶段不同地区还存在着不同的地方应用标准,在数字工程规划建设时应将地方标准考虑在内,相关标准参见表 3-8。

表 3-8　地方参考标准

参考标准项目	已颁布标准	
	编号	名称
地方标准	DB 44/26—2001	水污染物排放限值(广东省环境保护局)
	DB 11/280—2005	公园、风景名胜区安全管理规范(北京市质量技术监督局)
	DB 50/201—2004	建筑工程消防验收规范(重庆市质量技术监督局)
	DB12/T 218—2005	文书档案目录数据库结构与数据交换格式(天津市质量技术监督局)
	DB43/T 234—2004	气象灾害术语和分级(湖南省质量技术监督局)
	DB53/T 064—2004	云南省县级以下行政区划代码(云南省质量技术监督局)
	……	……

8. 法律法规

专业领域的数字工程建设会涉及各种法律法规,在进行系统规划、设计、建设时,应遵守相关法律法规。数字工程建设中可能会涉及的部分法律法规参见表 3-9。

表 3-9　数字工程建设中可能会涉及的法律法规

类别	法律法规名称
信息化类	计算机软件保护条例
	计算机软件著作权登记办法
	互联网信息服务管理办法
	计算机信息网络国际联网安全保护管理办法
	中华人民共和国计算机信息系统安全保护条例
知识产权类	中华人民共和国技术合同法
	中华人民共和国技术合同法实施条例
	中华人民共和国专利法
行政类	中华人民共和国保守国家秘密法
	科学技术保密规定
	中华人民共和国测绘法
房地产及建筑法规类	中华人民共和国土地管理法
	中华人民共和国城市房地产管理法
	中华人民共和国城市规划法
……	……

9. 定位标准

§3.4 曾提出在数字工程的数据平台建设中包括空间特征数据和属性特征数据两种类型,其中空间特征数据中的基础空间数据奠定了数字工程统一的地理定位标准,主要包括坐标系和高程基准。目前我国常用的坐标系有 1954 北京坐标系和 1980 国家大地坐标系,其中 1954 北京坐标系采用 1956 年黄海高程系,以 1950—1956 年青岛验潮站测定的平均海水面作为高程基准面,而 1985 年开始启用了 1985 国家高程基准,该坐标系以 1952—1979 年青岛验潮站测定的平均海水面作为高程基准面。当然由于传统的原因,地方坐标系统在实际的数字工程项目建设中也还经常存在,但从数字工程建设的要求看,由于我们已经有了国家标准,采用地方标准是非常不利的。

10. OGC 地理共享规范

开放地理空间联盟(Open Geospatial Consortium Inc, OGC, http://www.opengeospatial.org/)是一家国际性的行业协会,由 386 家公司,政府机构和大学参加,并协同制订公开的标准规范。OGC 规范为实现互操作提供了解决方案,让网络、无线和基于位置的服务和主流的 IT 技术形成了一个完整的"geo-enable"网络。OGC 为 GIS 技术开发者提供规范,使复杂的空间信息和服务实现通信转换的无障碍并推动各种应用。它组织各成员单位制定了一系列地理信息共享方面的规范,包括 WMS、WFS、WCS、WPS、GML、KML 等。

基础框架是地理要素的基础数据模型的抽象描述。在基础框架基础上发展而来的规范如下:

(1)OGC 提供的完全的参考模型(reference model)。

(2)Web 地图服务(Web map service,WMS):利用具有地理空间位置信息的数据制作地图。其中将地图定义为地理数据可视的表现。这个规范定义了三个操作：GetCapabilities 为返回服务级元数据，它是对服务信息内容和要求参数的一种描述；GetMap 为返回一个地图影像，其地理空间参考和大小参数是明确定义了的；GetFeatureInfo（可选）为返回显示在地图上的某些特殊要素的信息。

（3）Web 要素服务（Web feature service，WFS）：返回的是要素级的 GML 编码，并提供对要素的增加、修改、删除等事务操作，是对 Web 地图服务的进一步深入。OGC Web 要素服务允许客户端从多个 Web 要素服务中取得使用地理标记语言编码的地理空间数据，定义了五个操作：GetCapabilities 为返回 Web 要素服务性能描述文档（用 XML 描述）；DescribeFeatureType 为返回描述可以提供服务的任何要素结构的 XML 文档；GetFeature 为一个获取要素实例的请求提供服务；Transaction 为事务请求提供服务；LockFeature 为处理在一个事务期间对一个或多个要素类型实例上锁的请求。

（4）Web 覆盖服务（Web coverage service，WCS）：面向空间影像数据，它将包含地理位置值的地理空间数据作为"覆盖（coverage）"在网上相互交换。网络覆盖服务由三种操作组成：GetCapabilities，GetCoverage 和 DescribeCoverageType。GetCapabilities 为操作返回描述服务和数据集的 XML 文档。网络覆盖服务中的 GetCoverage 操作是在 GetCapabilities 确定什么样的查询可以执行、什么样的数据能够获取之后执行的，它使用通用的覆盖格式返回地理位置的值或属性。DescribeCoverageType 操作允许客户端请求由具体的 WCS 服务器提供的任一覆盖层的完全描述。

另外，还有 Web 处理服务（Web processing service，WPS）、Web 目录信息服务（Web catalog service，WCS）、简单要素的 SQL（simple features-SQL，SFS）、地理信息的 XML 表达 GML 和基于 XML schema 在现在及未来基于 Web 的二维地图、三维地球的浏览器上表达地理注记和可视化的 KML。

这些规范是针对基于消息的 Web 系统的 HTTP Web 服务模式开发的。但是，近年来，围绕 SOAP 和 WSDL 的规范正在形成，基于表述性状态转移（representational state transfer，REST）架构的 Web 服务进展也很快。

§3.6　安全平台

安全是人们常谈的话题，在当今电子化、信息化的时代，信息安全性与每个人的生活紧密相关。在进行电子交易、银行、商务、军事等领域，安全的重要性不言而喻。信息安全已成为当今信息化建设的焦点问题之一。为了保证信息系统的安全，需要完整的安全保障体系，具有保护功能、检测手段、攻击的反应以及事故恢复能力。

数字工程是各相关部门、企事业单位、用户进行各类文件处理、传递、存储的重要工具、媒介和场所。那些与政务有关和商业机密有关的业务均有一套严格的保密制度。概括起来有：上下级及同级部门、人员之间有严格的保密要求；要保证分级、分层的部门、人员之间政令的畅通无阻、令行禁止、信息准确无误；严格的权限管理制度；严格的办事程序和流程要求。因此健全可靠的安全措施是数字工程的根本要求，它是关系到国家机密的大事，也是关系到数字工程能否成功运行的关键所在。安全是全方位的，即要从安全体系的角度统一考虑数字工程的安全问题。数字工程安全的需求概括起来，要点有：维护数字工程建设方的良好形象，保证数字工程的稳定运行,保证数字工程信息的秘密内容不被泄露,认证各种活动中的角色身份,控制系统中的权限,保证信息存储的安全,确保信息传输的安全,有系统的安全备份与恢复机制。

　　不安全的因素来自内外两个方面。内是指:政府机关内部,内部人员攻击、内外勾结、滥用职权;外是指:病毒传染、黑客攻击、信息间谍。我国数字工程发展中存在的问题主要有:核心技术来自国外,安全机制和产品都不完善,对不利信息在网上发布的控制较弱,组织机构、法律、标准、技术服务机制不健全。因此,在数字工程中,信息安全的要求十分突出,进行安全平台的建设是保证数字工程项目正常运转的基础环节。

3.6.1　安全平台的概念

　　安全平台实质上是一种基础设施,是通过各种技术和非技术的途径,使建立在其上的应用系统、数据能够最大程度运行和流通,保证数据不会被非法拦截和利用方法的总称。由于数字工程涉及的专业领域面广泛、数据量大,以及应用、数据的分布性、共享性上的要求较高,因此安全隐患就比较突出,其安全平台建设就更为必要,难度也更大。

　　数字工程中的安全平台是系统运行的安全保障体系,该安全体系的组成中既可以通过硬件措施实现,也可以利用软件功能来达到安全的效果。在实际工作中两者往往是结合在一起共同组成一个安全平台体系。安全平台的建设贯穿于数字工程项目建设的准备、实施、运行过程(见图3-21),涉及的安全问题内容主要包括物理安全、网络安全和信息(数据)安全等。

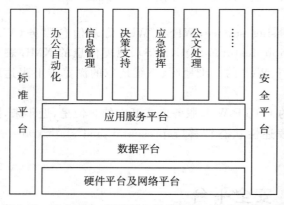

图 3-21　安全平台、标准平台贯穿数据工程建设的全程

1. 物理安全

　　物理安全是保证数字工程项目中网络系统各种业务正常运行的基本前提,物理安全的措施主要包括环境安全、媒体安全、设备安全以及备份恢复等,即在保证基础设施防护如物理位置的安全性、防止物理通路的损坏、物理通路的窃听、对物理通路的攻击(干扰等)、保障网络硬件设备的安全,阻止盗窃和非法闯入以及防止电磁辐射、供电系统安全稳定等方面满足安全标准,并提供安全备份和恢复机制。

2. 网络安全

　　网络安全是构建一个安全保密的网络传输平台和把好网络出入口,禁止外部无权用户的非法进入,防止从网络传输平台引入的攻击和破坏造成的安全威胁,保证网络只给授权的用户使用授权的服务,确保各种信息在网络系统中传输的安全和保密性。一方面需要实现网络信息流通,另一方面需要保证信息流通过程中数据的安全性,要在流通和安全等方面进行综合考虑。

3. 数据安全

　　所谓数据安全是指对信息在数据收集、处理、存储、检索、传输、交换、显示、扩散等过程中的保护,使得在数据处理层面保障信息依据授权使用,不被非法冒充、窃取、篡改、抵赖。它是保护物理上的数据不受非安全因素威胁所采取的安全措施,常与网络安全密切相关。数据安全涉及数据生产、流通、应用等多个环节,每个环节都可能存在安全隐患,保证数据安全主要通过用户签名、传输安全、存储安全、内容审计等措施实现。

3.6.2　安全平台体系结构

安全平台体系结构以 ISO 7498-2 为基础,从体系结构的观点描述了 ISO 基本参考模型之间的安全通信必须提供的安全服务及安全机制,并说明了安全服务及其相应机制在安全体系结构中的关系,从而建立了开放互联系统的安全体系结构框架。

数字工程安全平台需要提供以下五种可选择的安全服务:认证(authentication)、访问控制(access control)、数据保密(data confidentiality)、数据完整性(data integrity)、防止否认(non-reputation)。

1．身份认证

身份认证是授权控制的基础。目前一般采用基于对称密钥加密或公开密钥加密的方法,采用高强度的密码技术来进行身份认证。比较著名的有 Kerberos、PGP 等方法。

2．授权控制

授权控制是控制不同用户对信息资源访问权限。对授权控制的要求主要有:

(1)一致性,也就是对信息资源的控制没有二义性,各种定义之间不冲突。

(2)统一性,对所有信息资源进行集中管理,安全政策统一贯彻。

(3)要求有审计功能,对所有授权有记录可以核查。

(4)尽可能地提供细粒度的控制。

3．通信加密

目前加密技术主要有两大类:一类是基于对称密钥加密的算法,也称私钥算法;另一类是基于非对称密钥的加密算法,也称公钥算法。加密手段,一般分软件加密和硬件加密两种。软件加密成本低而且实用灵活,更换也方便;硬件加密效率高,本身安全性高。密钥管理包括密钥产生、分发、更换等,是数据保密的重要一环。

4．数据完整性

数据完整性是指通过网上传输的数据应防止被修改、删除、插入替换或重发,以保证合法用户接收和使用该数据的真实性。

5．防止否认

接收方要对方保证不能否认收到的信息是发送方发出的信息,而不是被人冒名、篡改过的信息。发送方也会要求对方不能否认已经收妥的信息,防止否认对金融电子化系统很重要。电子签名的主要目的是防止抵赖、防止否认,给仲裁提供证据。

数字工程安全平台可看作三维的信息系统安全体系结构,反映了信息系统安全需求和体系结构的共性 ,如图 3-22 所示。

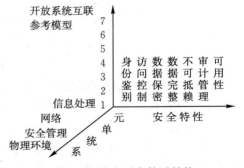

图 3-22　安全平台体系结构

三维特性分别是安全特性、系统单元及开放系统互联参考模型,是基于 ISO 7498-2 的五种安全服务、审计管理及可用性。不同的安全政策、不同安全等级的系统可有不同的特性需求。

系统单元包括信息处理单元、网络系统、安全管理及物理和行政环境。信息处理单元由端系统和中继系统(网桥、路由器等)组成。端系统的安全体系结构要支持具有不同政策的多个安全域,所谓安全域是用户的信息客体及安全政策的集合。通过物理和行政的安全管理体制提供安全的本地用户环境以保护硬件;通过防干扰、防辐射、容错、检错等手段实现硬件对软件的保护;提供用户身份认证、访问控制等机制实现软件对信息的保护。

通信网络的安全为传输中的信息提供保护,支持信息共享和分布处理。通信网络系统安全支持包括安全通信协议、密码支持、安全管理应用进程、安全管理信息库、分布式管理系统等。通信网络安全要提供开放系统通信环境下的通信业务流安全。

数字工程需要制定有关安全管理的机制,包括安全域的设置和管理、安全管理信息库、安全管理信息的通信、安全管理应用程序协议及安全机制与服务管理。

物理环境与行政管理安全包括人员管理与物理环境管理、行政管理与环境安全服务配置和机制以及系统管理员职责等。

开放系统互联参考模型的七个不同层次需要提供不同的安全机制和安全服务,为各系统单元提供不同的安全特性。

3.6.3　安全平台服务层次模型

参照国际标准化组织 ISO 在开放系统互联标准中定义的七个层次的网络互联参考模型,数字工程安全平台可分为物理层、数据链路层、网络层、传输层、会话层、表示层和应用层。不同的网络层次有不同的功能,例如,链路层负责建立点到点通信,网络层负责路由,传输层负责建立端到端的进程通信信道。相应地,在各层需要提供不同的安全机制和安全服务,如图 3-23 所示。

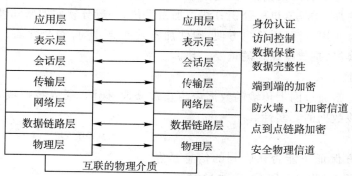

图 3-23　安全平台服务层次模型

在物理层要保证通信线路的可靠,不易被窃听。在链路层可以采用加密技术,保证通信的安全。在广域网、内部互联网环境中,地域分布很广,物理层的安全难以保证,链路层的加密技术也不完全适用。

在网络层,可以采用传统的防火墙技术,如 TCP/IP 网络中,采用 IP 过滤功能的路由器,以控制信息在内外网络边界的流动。还可使用 IP 加密传输信道技术 Internet 协议安全性(Internet protocol security,IPSEC),在两个网络结点间建立透明的安全加密信道。这种技术对应用透明,提供主机对主机的安全服务。适用于在公共通信设施上建立虚拟的专用网。这种方法需要建立标准密钥管理,目前在产品兼容性和性能上尚存在较多问题。

在传输层可以实现进程到进程的安全通信,如现在流行的安全套接层(secure sockets

layer,SSL)技术,是在两个通信结点间建立安全的 TCP 连接。这种技术实现了基于进程对进程的安全服务和加密传输信道,采用公钥体系做身份认证,有较高的安全强度。但这种技术对应用层不透明,需要证书授权中心,它本身不提供访问控制。

针对专门的应用,在应用层实施安全机制,对特定的应用是有效的,如基于简单邮件传输协议(simple mail transfer protocol,SMTP)的安全增强型邮件(privacy enhanced mail,PEM)提供了安全服务的电子邮件、空间数据的水印技术,又如用于 Web 的安全超文本传输协议(secure hypertext transfer protocol,S-HTTP)提供了文件级的安全服务机制。应用层安全的问题在于它是针对特定应用的,缺乏通用性,而且一旦需求变化必须修改应用程序。

3.6.4　安全平台的构建

构建安全平台包括安全需求分析、安全现状分析、安全平台建设规划、安全管理制度与应急措施、安全平台的实施等内容。

在某市数字规划工程的安全平台的构建中,对其系统安全现状进行分析,设计出针对性的解决方案。例如,安全平台建设规划,可以从安全平台设计目标和解决思路、网络安全、主机安全、应用安全、数据安全、数据生产安全、数据交换安全、数据存储安全、用户身份认证、系统备份与恢复等方面实施。对于安全平台的管理涉及可以从管理制度、审计评估、工程管理、安全监督、灾难恢复等方面实施。

安全性至关重要,信息安全是一个涉及面很广的问题,要想确保安全,必须同时从法规政策、管理、技术这三个层次上采取有效措施。高层的安全功能为低层的安全功能提供保护。任何单一层次上的安全措施都不可能提供真正的全方位安全。当然信息安全也是相对的,不可能做到真正意义上的绝对安全。

在实际工作中,不同的阶段有着不同的安全需求,应综合平衡安全成本和风险,优化系统安全资源的配置,突出重点和关键问题,层层设置防范,并建立应急机制。只有利用数字工程安全平台建设的综合特性,将各种安全手段汇集起来,并对各种安全问题进行定期或不定期的综合评估,提高对可疑事件的及时察觉、精确定位和迅速响应,才能将安全风险降到最低程度。

思考题

1. 简述数字工程基础平台的概念、基本结构和作用。
2. 传统信息系统应用和数字工程在建设基础平台方面有哪些不同之处？试举例说明。
3. 说明数字工程软硬件及网络平台中的硬件、软件、网络三个内容之间的关系,软硬件及网络平台建设解决的关键问题有哪些？
4. 为什么进行数字工程项目建设中要进行软硬件的总体规划？
5. 数字工程中数据平台建设如何实现共享性问题？
6. 数字工程标准平台建设包括哪些内容？标准平台建设的作用是什么？
7. 数字工程中如何保证项目的运行安全？

第4章 数字工程中的可视化技术

"信息爆炸"是信息时代的一大特征,人类每天接触的信息量越来越多,如何快速地从庞杂的数据中找到有用的信息,并发现数据中蕴涵的规律变得越来越重要。可视化技术为解决这一问题提供了很好的解决方案。人类对数据的分析主要靠逻辑思维来完成,而图形则是可激发形象思维,并能更快、更容易接收信息的方式。可视化表达的目的就是为了使人们利用数据的方式从逻辑思维过渡到形象思维,从而更好、更快、更充分地利用数据。

可视化技术的应用大至高速飞行模拟,小至分子结构的演示,无处不在。其主要研究内容包括数据预处理、映射、绘制以及显示四个方面,在数字工程技术当中有十分重要的作用,主要表现在以下几个方面(唐泽圣,1999):

(1)可视化技术是信息表达的重要工具。传统数据表达信息的方式大都是非常直观的,这是因为表达同一条信息,人们可选择的方式有很多,文字描述,图形,模型,甚至简单到一个手势。但在数字化的世界中,任何信息都以唯一的方式表达,即二进制的数字。用形象的方法还原这些数字,使人类可以充分、直观地理解这些信息,就是可视化的任务。

(2)加快数据处理速度,有效利用数据。在一些专业应用领域中,多维度、多尺寸、多时态的各种信息被转换成了大量的数据,这些信息如果用传统的方式进行表达将十分困难,而且从数据的获取到理解利用这些数据可能会经历相当长的时间,数据的时效性将会大大减弱。有些信息甚至用传统的方式不可能直观表达,采用计算机可视化技术却可以完成。可视化技术使人—机、人—人之间的交流由文字、数字通信过渡到图像通信,使得大量的数据更容易被人所理解,更容易从中发现规律性的东西。因此,可视化技术是数字工程技术中信息表达的最重要的方法。

(3)改善人机交互,实现对数据的处理和表现过程的灵活控制。可视化在改善人机交互上最明显的一个例子就是计算机操作系统的发展。早期的计算机没有屏幕,采用一系列的指示灯的开关来表示信息,这种方式的不方便程度是显而易见的。后来,出现了 CRT 显示器及字符界面的操作系统,计算机可以用字符方式反馈和接收命令,这对于用指示灯表达信息的方式是一个巨大的进步。图形界面技术的发展真正为操作系统带来了革命性的变化,借助于图形界面和鼠标等定位设备,人机交互过程表现的直观而灵活,对计算机处理数据流程的控制也更加方便了。

§4.1 二维空间信息的可视化

二维空间信息的可视化方法仍然是空间信息可视化的主流方法。由于二维可视化应用中含有较少的数据量,同时沿用了成熟的可视化理论方法,因此在空间信息远程可视化,例如网络地图、移动用户位置服务以及交通导航等领域有着广阔的发展前景。

在目前的技术条件下,任何信息的最终表达都必须呈现在一个二维平面上,对于可视化技术来讲,这个二维平面就是计算机屏幕。二维空间信息可视化方法的一个主要应用就是对传统地图学以及制图学可视化方法的数字化实现。在数字化基础之上,由于计算机可以非常灵活与便捷地处理空间信息,因此可以极大地丰富传统地图学的可视化方法。如为了满足军事、旅游以及导航等需求,可以制作动态地图;为了满足专门行业需求,可以制作突出行业信息的专题地图;为了满足特定工程任务,如 2003 年"非典"疫情分布的实时统计与监测,可以结合计算与分析功能制作实时性很强的专题地图;等等。

4.1.1　二维空间数据格式及存储方式

用于表示二维空间信息的常用格式主要包括矢量数据与栅格数据。

1. 矢量数据

矢量形式的二维空间数据一般分为点、线和面三种形式。其中,点用来表示只需要位置信息,而没有指定长度或宽度信息的实体;线用来表示有一定长度的实体,如线段、边界、链、网络等,同时表达出了实体的曲率和方向等信息;面指的是多边形平面区域,是对湖泊、岛屿、地块等一类现象的描述,具有面积、周长、独立或相邻、岛或洞、重叠等空间特征。矢量数据不但需要包括实体的位置信息,即坐标数据,同时还要记录实体的属性信息,纯粹的坐标数据没有任何意义,只有结合相关的属性,才能用于对空间实体进行描述。矢量数据的组织方式如图 4-1 所示。

其中,标识码是按一定的原则对实体进行的统一编码,简单情况下可按顺序编号。标识码具有唯一性,是联系矢量数据和与其对应的属性数据的关键字。属性数据可保存在其他位置,不与空间数据(坐标数据)一起保存,多数情况下可单独存放在关系数据库中。线结构中的坐标对数 n 是构成该线的坐标对

图 4-1　矢量数据的组织方式

的个数,x、y 坐标串是构成线的矢量坐标,共有 n 对。也可把所有线的 x、y 坐标串单独存放,这时只要给出指向该坐标串的首地址指针即可。面结构是链索引编码的面(多边形)的矢量数据结构,其中的链与线数据结构相同,链数 n 指构成该面(多边形)的链的数目,n 大于 1 可以表示面是由多个多边形组成或有孔的面。一般认为,链中空间上逆时针顺序组织的坐标串为面,而顺时针则表示面上的孔。链标识码集指所有构成该面(多边形)的链的标识码的集合,共有 n 个。

这种结构具有简单、直观、易实现以实体为单位的运算和显示的优点。由于面结构建立了链索引,一个面(多边形)就可由多条链构成,每条链的坐标可由线的矢量数据结构获取。这种方法可保证多边形公共边的唯一性。但多边形的分解和合并不易进行,邻域处理比较复杂,需追踪出公共边,在处理带孔的面问题时也比较麻烦。

2. 栅格数据

栅格数据结构是以规则的像元阵列来表示空间地物或现象的分布的数据结构,其阵列中的每个数据均表示地物或现象的属性特征。换句话说,栅格数据结构就是像元阵列,用每个像元的行列号确定位置,用每个像元的值表示实体的类型、等级等的属性编码,具有"属性明显、位置隐含"的特点。它易于实现、操作简单,有利于基于栅格的空间信息模型的分析,如在给定区域内计算多边形面积和线密度时,栅格数据结构可以很快算得结果。但是,栅格数据的表达精度不高,数据存储量大,工作效率较低。例如要提高一倍的表达精度,栅格单元的宽度就需要减小一半,原来一个单元的面积现在要四个单元表达,数据量就需增加三倍,同时也增加了数据的冗余。因此,对于基于栅格数据结构的应用来说,需要根据应用项目的自身特点及其精

度要求来恰当地平衡栅格数据的表达精度和工作效率之间的关系。

按照应用方式和获取方式的不同,栅格数据主要分为数字影像和数字高程模型两种。影像和 DEM 的区别在于影像的每个像元值反映了实体的光谱辐射信息,而 DEM 的像元值则反映实体某一平面位置(一般为地表)的高程信息。

栅格数据与矢量数据的主要区别在于:矢量数据格式中数据的逻辑组织与数据所表达的实体信息是一致的。例如对于线状信息来说,它的数据逻辑组织就是沿着线的走向进行适当间隔采样而得到的一串坐标的组合;而在栅格数据格式中是按扫描线或条带组织数据的,因而在实体信息串与其数据的逻辑组织之间没有直接联系。图 4-2 体现了二者在表达方式上的区别,具体区别如表 4-1 所示(陆守一,2004)。

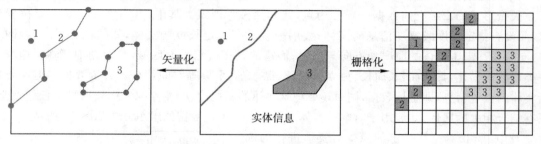

图 4-2 矢量数据与栅格数据信息表达上的区别

表 4-1 矢量数据与栅格数据结构特点的比较

比较内容	矢量数据格式	栅格数据格式
数据量	小	大
图形精度	高	低
图形运算	复杂、高效	简单、低效
数据格式	不一致	一致或接近
输出表示	抽象、昂贵	直观、便宜
数据共享	不易实现	容易实现
拓扑和网络分析	容易实现	不易实现

4.1.2 二维矢量数据的可视化

从本质上说,矢量数据的可视化实际上是矢量数据关联的属性信息的可视化,因为只有属性才是空间实体的本质特征,是与其他实体相互区别的准绳。二维空间信息可视化的主要手段是符号化,因此,符号化的过程主要是如何用符号形象地描述出实体的属性特征,而实体的空间信息则提供了符号绘制的位置信息。矢量数据可视化的一般流程如图 4-3 所示。

如果矢量数据的类别较多,则需要绘制的符号也相应增多,相应的符号重复使用率也会增大,这种情况下一般采用符号库的方式。符号库是代表空间实体信息的符号的有序集合,很多应用场合,特别是数字地图的应用中常常采用符号库的方式。符号库中的符号同样可以用矢量符号和栅格符号进行区分,其数据结构也可以同矢量和栅格的数据结构相同,此外还可以采用脚本语言描述的方式。在存储方式上则有数据库存储、专用文件存储和采用操作系统字库的方式。在一些专业方面的应用中,同一实体在不同的绘制尺度下采用的符号是不一样的,例如,在 1∶100 万的地图中,城市一般用一个圆点表示,而在 1∶1 万的地图中,相应的城市可能会绘制成多边形,图 4-4 表现了一些相同的地理现象在不同比例尺地图中表达上的差别。

矢量数据在绘制的过程中要尤其注意坐标转换与符号绘制的顺序问题,即一定要先将空间实体的坐标转换成屏幕坐标后再进行符号的绘制。原因之一是如果在实体的空间数据所在的坐标空间中绘制符号,则向屏幕坐标系转换过程中符号也会被施加这一变换。这一变换通常称为窗口到视图的变换,涉及坐标的平移以及缩放。符号在经过缩放后无法保证其显示的尺寸仍符合要求,例如栅格类型的符号,放大后符号的边缘特征部分会有明显的锯齿,而缩小则会损失符号的某些特征,甚至会显示成一个点。实际上,一些应用的规范中就明确要求符号不应随视图的放大与缩小而缩放,这同样也简化了符号库的设计,保障了符号在设计和可视化应用中表现上的一致性。

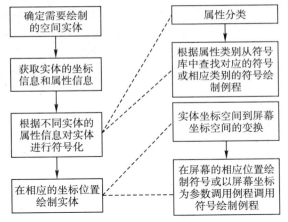

图 4-3　矢量数据可视化的一般流程

（a）小比例尺

（b）大比例尺

图 4-4　不同比例尺下同一城市的不同表达

1. 点状信息的可视化

从技术上说,点状信息在可视化过程中是最简单的一种,图 4-3 中可视化的一般流程完全可以满足点状信息可视化的要求。点状信息可视化的表现形式有图示法、符号法、注记法等。图示法是通过将空间实体的图像显示在相应的坐标位置来表现实体的特征,而符号法和注记法则分别通过实体形式化的符号和文字描述来表达。

点状信息在缩小显示过程中应注意符号之间的重叠问题。如果相邻点之间的屏幕距离小于符号的大小,则会导致两个点之间符号的重叠,造成可视化结果的混乱。这一问题的解决方式就是对实体进行显示分级处理,如果两个点对象符号之间重叠,优先级高的显示,低的不显示符号,而以一个点代替,甚至可以完全不表现出来;如果两个相邻并重叠的点状信息优先级相同,则两个都不显示。

2. 线状信息的可视化

线状信息由一组坐标串表示,这些坐标串称为线状信息的特征点。特征点是线状信息的离散采样点,为了还原线状信息,在可视化的过程中必须经过对特征点进行内插处理。通过内插,才能将离散的点连接起来,还原它所表达的线状实体的信息。在一些精度要求不高的应用中,一般采用线形内插即可满足要求。但在某些特殊的应用场合,为了保证线状信息的平滑显示,也可以采用高次的样条曲线进行内插。内插的过程中需要保证曲线必须经过特征点,因此,内插运算首先要根据特征点反算出样条曲线的控制点,然后再根据控制点绘制曲线,图4-5是分别采用线性内插和样条曲线两种方式对线状信息进行内插显示的结果。关于样条曲线的绘制的知识可参考计算机图形学的相关内容。

　　线状信息在表现形式上也是多种多样的,除了用线宽、线形区分不同属性外,还可以采用不同的符号循环绘制,表达特定的线状事物。例如,地图中的铁路、陡坎、行政区边界等,如图4-6所示。

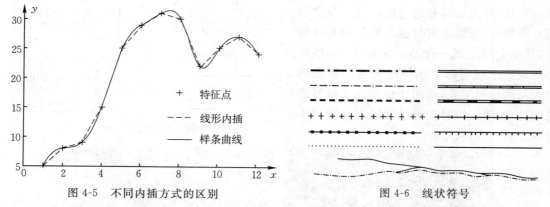

图4-5　不同内插方式的区别　　　　　　图4-6　线状符号

3．面状信息的可视化

　　常用的面状信息可视化形式包括边界表示、颜色填充、符号填充、统计图表示等,图4-7是一些常用的面状信息二维可视化方式。

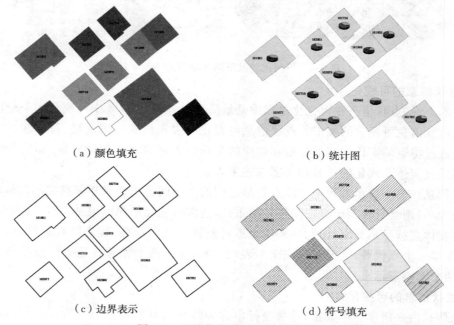

（a）颜色填充　　　　　　　　　　　（b）统计图

（c）边界表示　　　　　　　　　　　（d）符号填充

图4-7　面状信息可视化常用形式

　　采用符号填充方式进行面状信息处理时,需要注意保持面状内部填充符号的显示尺寸与符号库中设计尺寸相一致,而且在图形的放大与缩小过程中保持符号尺寸及间距不变。

点状填充符号通常采用格网定位填充算法。即无论面状信息的缩放尺度如何,总是在屏幕空间中计算一个虚拟的网格,网格上的纵、横线交点之间的距离就是需要填充符号之间的距离,然后根据这一信息依次在面状信息内部的网格交点上绘制点状符号,图 4-8 表现了这种填充过程。

图 4-8　面状信息内部符号的填充

如果需要在较小的面状信息内部显示一些统计图表或添加注记,而图表或注记信息所占位置过大而超出面状信息的范围,可以采用附表索引标注的方法。将这些较小面状信息对应的统计图表或注记在视图的空白处列成一个表格,并编制索引(或序号),然后将索引号标注在面状信息的内部。

4. 数据的分层显示与优先级处理

多种类型的数据集中显示时通常采用分层处理,特别是在 GIS 的应用中,数据从存储、调度一直到显示,始终遵循分层的概念。分层处理也有利于多维信息的可视化,但多层数据集中显示会带来相互遮挡的问题,可以通过设定显示优先级来解决。优先级的设置一般遵循点的优先级最高,线次之,面状信息最后绘制。这样可以保证这三类数据在可视化的过程中信息的充分表达。但是如果多个同一范围的面状信息叠加,同样会发生遮挡,这种情况的处理方法一般有两种,通过调整优先级使得相应信息得到显示,或者将优先级较高的数据进行透明化处理,达到多维信息融合显示的目的。

4.1.3　栅格数据的可视化

栅格数据的可视化就是用颜色表示数据场中数据值的大小,即在数据与颜色之间建立一个映射关系,把不同的数据映射为不同的颜色。在绘制图形时,根据场中的数据确定点或图元的颜色,从而以颜色来反映数据场中的数据及其变化。从数据角度上讲,DEM 是表达三维空间信息的栅格数据,因此这里不介绍 DEM 的可视化方法,而主要介绍图像可视化的一些理论和方法。

1. 设备兼容的影像格式

与显示设备兼容的数据格式包括标准的影像格式,例如使用的比较多的 bmp、tiff、jpg 等,以及像元位宽为 1 bit、4 bit、8 bit、16 bit、24 bit、32 bit 的其他光谱数据格式,遥感是多数光谱数据的主要来源。有的光谱数据文件中不包含颜色表信息,需要生成一个颜色表,然后才能进行可视化输出,这类数据包括多数的 8 bit 位宽的遥感数据及 DEM 数据(有些 DEM 数据在数据结构的组织上与影像数据相同,可以按影像的方式进行可视化)。

影像可视化的过程总是将影像数据格式转换成与计算机屏幕相兼容的过程。例如,对 Windows 系统来说,图像文件在屏幕显示过程中总是先转换成一个与设备无关(device independent bitmap,DIB)的内存格式,然后通过系统 API,可以使这个 DIB 与某个具体的显示器硬件相关联,进一步处理后可显示输出。

2.影像数据可视化的常用方式

1)直接显示

用于设备兼容的影像格式进行可视化处理的过程。这一过程遵循计算机操作系统对影像数据显示的标准操作流程,在一些开发环境相关的帮助系统中都有详细的描述,这里不作重点介绍。

2)与设备不兼容的影像

这种影像指影像像元位宽不符合设备兼容影像的标准,不能在计算机中直接显示的情况,这种栅格数据多出现于高精度传感器的对地观测中,例如利用遥感中的成像光谱仪获取的多光谱、超光谱数据。可视化过程中,处理这种非兼容数据一般采用线性变换方法。线形变换将不适合显示的非标准像元位宽压缩或扩展为标准位宽,然后进行显示输出。例如,对于像元位宽为 12 bit 的影像数据,通过线性变换为 8 bit 或 24 bit,然后为其生成颜色表或指定每个像元的颜色值(RGB 值),即可得到符合显示要求的数据结构,图 4-9 说明了这种设备不兼容影像的可视化流程。

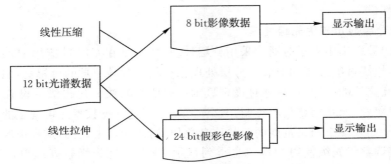

图 4-9　设备不兼容影像的可视化处理方法

3)多维数据的彩色合成

多维数据的彩色合成包括三个方面:假彩色合成、RGB 通道和多于三通道的彩色合成。

——假彩色合成

假彩色合成适用于对单幅灰度影像的合成显示。例如,对于 8 bit 位宽的灰度影像,可以采用图 4-10 中的彩色合成函数,函数对 24 bit 影像也同样适用。

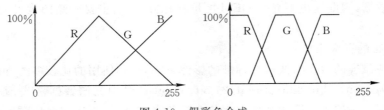

图 4-10　假彩色合成

以上两个彩色合成函数都是采用线性合成,在对彩色合成要求较高的情况下,可将影像中像元值的分布范围、统计规律(比如直方图)等应用到函数中,适当调整 RGB 信息在整个灰度空间的分布,或者采用非线性的函数进行假彩色合成。

——RGB 通道合成

对于数字图像处理技术来说,通道可以理解为图层的概念。例如,在复杂的图像处理过程中,一幅图像的图层数可以有多个,除了常规的 RGB 通道外,还可以有 ALPHA 通道,以及用于影像处理的模板通道等,这些特殊用途的通道往往不是用于图像显示的目的而创建,而是用于在图像处理算法中为了计算方便而创建的临时通道。

RGB 通道合成适用于对三幅(三通道)8 bit 的影像的合成显示。在合成之前,需要将三个通道的影像数据分别对应真彩色影像的 RGB 通道,即 RGB 三个图层,然后合成得到彩色影像。对于非设备兼容影像的 RGB 合成,必须先规定影像的像元位宽,然后再进行合成,图 4-11 说明了这一合成过程的具体流程。例如,我们常用的彩红外遥感影像就是用近红外以及可见光波谱范围内的红、绿波段,通过 RGB 通道合成得到的,这种影像能够突出地表绿色植被的特征信息,因而常用于绿色植被资源调查使用。

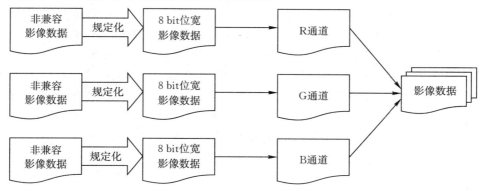

图 4-11　RGB 通道合成流程

需要说明的是,这种合成方法对相关性很强的三幅数据效果不会很理想,例如超光谱数据中连续三个波段的数据合成。

——多于三通道数据的彩色合成

多于三通道的影像数据可采用以下步骤进行处理:

(1)分组。将所有的影像数据分成三组,分组的原则就是将相关性较强的数据分在同一组中。

(2)融合。根据融合算法将分在同一组的数据融合成一幅光谱数据,融合的算法在后面介绍。

(3)规定化。将每组中生成的光谱数据规定化成 8 bit 位宽的数据。

(4)合成。将每组中的规定化数据分别对应 RGB 通道,合成彩色图像。

本质上,这种算法仍然是一种 RGB 合成方式,从融合步骤以后,其过程与 RGB 通道合成方法完全一样,因此,可以这样认为,RGB 通道合成方法只不过是这种方法的一个特例。

关于融合的方法有很多,最简单的方法就是等权的平均算法,即认为待融合的每幅数据在融合过程中的重要性是相同的。这种算法融合后的像元值等于几幅被融合数据对应像元值的简单平均,并没有考虑到数据本身的特点。实际上,好的融合算法应该考虑到像元在某个图像特征中的重要性,采用动态的权值进行融合处理。但此处融合仅为显示做预处理,简单的平均处理即可满足要求。

——多通道彩色映射

基于对 n 幅位宽为 w 的影像数据进行彩色合成的过程如下:

(1)为每幅光谱数据指定一个颜色,即一个 (R_i, G_i, B_i) 的三元组($i = 1, 2, \cdots, n$)。

(2)分别计算每幅光谱数据每个像元的颜色值,对于第 i 幅数据,其第 j 行第 k 列的像元值

记为 $P_i(j,k)$，对应颜色值（三元组）记为 $C_i(j,k)$，则

$$C_i(j,k) = (R_i, G_i, B_i) * P_i(j,k)/(2^w - 1) =$$
$$R_i * P_i(j,k)/(2^w - 1), G_i * P_i(j,k)/(2^w - 1), B_i * P_i(j,k)/(2^w - 1)$$

（3）根据 C_i 计算目标图像对应像元的颜色值 C，利用下式计算

$$C = (C_1 + C_2 + \cdots + C_n)/n$$

对影像中的所有像元分别进行上述的运算，即可得到目标图像。

3. 提高显示效率的相关技术

1）索引技术

栅格影像数据目前多存储于影像数据库中。为了数据库的优化存储和查询，栅格数据在入库过程中必须经过索引分块处理，然后将分块后的数据存为关系数据库表的记录，并将记录与相应的空间索引联系起来。查询的过程中首先需要提供需要显示影像的坐标范围，然后再计算与该范围存在重叠的影像块的索引，根据索引到关系数据库的表中找到对应记录，获取影像数据块，最后将所有查询到的影像数据块拼接起来显示。索引技术同样也可以用在以文件方式保存大范围的栅格数据中，这一过程如图 4-12 所示。这一技术避免了因局部数据的可视化而调度全局数据的问题，提高了栅格数据在可视化过程中数据的调度效率。

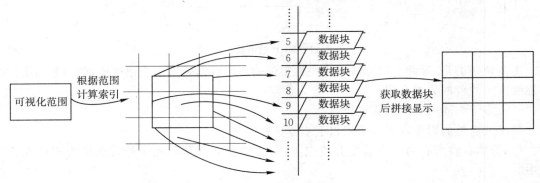

图 4-12　分块索引栅格数据的查询

2）影像金字塔技术

影像金字塔技术可以实现影像在任意缩放比例尺下的快速显示，显示速度与原始影像数据量的大小无关。影像金字塔的建立首先从原始影像开始，最常用的方式是对低级别金字塔影像的 4 个像元采样为 1 个，得到相邻高一级金字塔数据的 1 个像元。设原始影像的金字塔级别为 0，通过采样将分辨率降低 1 倍得到 1 级，对 1 级进行同样的处理，可以得到 2 级，逐级运算直到一个合适的级别为止。这个合适的级别一般指全部范围的影像数据的长和宽两方向的像元数和计算机屏幕的分辨率接近。影像金字塔建立完毕后，通过影像信息显示的缩放参数，可以确定当前显示影像的金字塔级别。例如，当前显示像元的精度为 8 m，而原始数据（0 级金字塔）的像元精度为 1 m，从而可以计算出当前显示数据是原始数据缩小 8 倍显示的结果。通过金字塔的采样过程可知，第 3 级的金字塔数据应该是原始数据缩小 8 倍的结果，所以在数据读取过程中，仅需要读取第 3 级金字塔数据即可。另外，如果计算出需要调度的金字塔数据是小数等级的，例如对原始数据缩小至 1/10 的显示，通过运算得出这一缩放参数对应的金字塔级别大于 3，小于 4，则此时应调用 3 级金字塔的数据，并通过对第 3 级金字塔数据的实时内插实现影像的可视化表达。

实际应用中,影像的索引技术和金字塔技术通常是同时使用的,这就对影像索引数据块的大小(长、宽的像元数)提出了要求。无论哪个金字塔级别的影像,在建立索引时都要求索引数据块的大小是一样的,即数据块长和宽两个方向的像元数都应该是 2 的整数次方。这一要求可以保证相邻金字塔的索引数据块可以通过比其低一级的 4 个数据块内插获得,不但简化了索引模式下金字塔数据的建立,又保证了任何级别金字塔数据的索引数据块大小是一致的,这种一致性有利于数据库对栅格数据的优化存储。

§4.2　三维空间信息的可视化

目前,科学计算可视化技术的核心是三维空间数据场的可视化,空间信息可视化技术的趋势也是如此。从认知角度而言,现实世界是一个三维空间,使用计算机将现实世界表达成三维模型则更加直观逼真,因为三维的表达不再以符号化为主,而是以对现实世界的仿真手段为主。

计算机图形技术的发展推动了三维空间可视化技术,空间信息采集、处理以及存储技术的发展则从应用上促使它的应用越来越普及。信息表达维数的增多使得三维信息可视化较二维方式有着无可比拟的优势,它的应用使数字世界中的信息表现不再拘泥于符号化的表达,而是真实地还原了空间信息本身的空间特性。三维空间信息可视化的研究不仅与图形学相关,而且还包括多维数据模型和数据结构,三维空间数据库以及图形、图像的实时动态处理等方面的问题。目前,三维空间信息可视化技术研究的热点问题主要包括三维仿真地图、虚拟现实系统、基于多媒体技术的可视化、虚拟现实与网络环境以及地学结合的虚拟地理环境等。

4.2.1　三维空间数据结构

相对于二维空间数据来说,三维空间数据不仅仅是坐标值表达上的变化,随着维度的增加,三维方式的数据结构要更复杂一些,而且从数据量上也要远远多于二维的方式。三维空间数据不仅包括点、线、面信息,而且还包括体信息,即三维实体。点、线、面的数据结构可以与二维空间数据类似,唯一的区别就是坐标的表示用 (x,y,z) 代替 (x,y),这里重点介绍三维实体数据以及栅格数据的数据结构。

三维实体数据结构在表达实体时要遵循简明性和高效率的原则,即某种实体造型方法构造物体所占用的计算机存储空间要尽量的小,实体造型方法建立、修改、查询一个物体所需要的计算机时间要尽量的少。此外,实体模型在用来表示空间实体时还要保证唯一性和有效性的原则。唯一性指物体与表示形式之间必须有一对一的对应性;有效性则用来判断用某种实体造型方法所构造的物体是否为有效实体,是否确切表达了实体的几何关系。

三维实体数据的表示通常有线框模型、实体构造模型以及八叉树表示法和过程模型等。其中,线框模型指的是用空间实体的边界线表达实体信息的方式,由于线框模型不能表示曲面、拓扑关系,而且表达存在歧异性,很少被用在模拟仿真过程中,一般在工程图中常见线框表示模型。过程模型多用于表达动态的形体,如流体、火焰等,多采用纹理贴图及过程函数的方式实现。在这一部分中,重点介绍实体构造方法中的几何构造表示法、边界表示法和八叉树表示法。

1. 实体几何构造表示法

实体几何构造(constructive solid geometry,CSG)表示法的基本思想是:一个复杂的实体可以通过简单实体(体素)之间的有序的正则集合运算及有关几何变换得到。CSG方法表示实体造型的过程是体与体之间的集合运算的过程。这种方法又称为非求值的、隐式的、直接的实体造型。CSG方法涉及正则集合运算、体素、边界判断、点集关系分类等。CSG方法所产生的形体的有效合法性完全取决于体素的有效合法性。常用的体素有长方体、圆柱体、球体、圆锥体、环体、楔体、三棱锥体等,如图4-13所示。

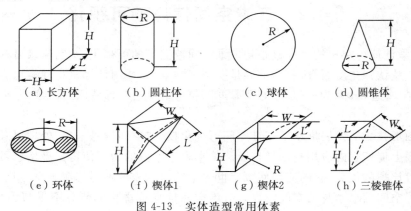

（a）长方体　　（b）圆柱体　　　（c）球体　　　（d）圆锥体

（e）环体　　（f）楔体1　　（g）楔体2　　（h）三棱锥体

图 4-13　实体造型常用体素

CSG操作是多样化的,体素的连接边界不一定完全配合,形体内部也可以是不连接的。CSG方法采用正则并、交、差操作,作为所构造实体组合成分的体素可以加入到实体中,也可以从实体中去掉。CSG方法实体造型过程可用二叉树结构表示,或称为CSG树结构,如图4-14所示,图中带星号的运算为集合运算,其余的运算为图形的几何运算。CSG树是无二

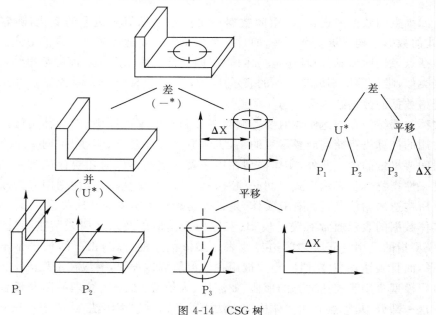

图 4-14　CSG 树

义性的,但不是唯一的。它的定义域取决于它所采用的体素集以及所允许的几何变换和正则集合运算操作。

CSG 方法在构造实体过程中,通过输入或调用体素以及选择布尔运算符来构造复杂实体,用户操作方便,造型概念直观。此外,该方法能够表示实体的范围越大,体素种类越多,能够构造出的实体越复杂。但是,方法中集合运算的中间结果难以用参数方程表达,因而难以继续参与进一步的集合运算。

2．三维边界表示法

边界表示法就是将形体表示成一个平面多面体,即它的每个表面均可以看成是一个平面多边形。为了做到无歧义地、有效地表示,需指出它的顶点位置以及由哪些点构成边,哪些边围成一个面等一些几何与拓扑的信息。

表示一个平面多面体的常用方法是采用三张表来提供这些信息,如图 4-15 所示。

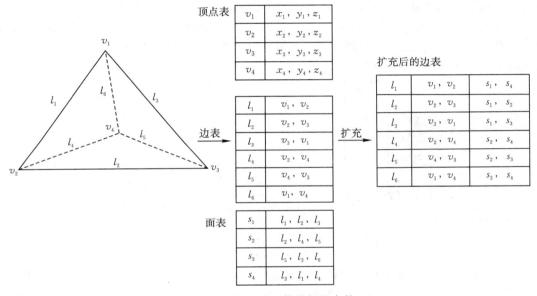

图 4-15　平面多面体数据的存储

这三张表就是顶点表、边表和面表。

(1)顶点表:用来表示多面体各顶点的坐标。

(2)边表:指出构成多面体某边的两个顶点。

(3)面表:给出围成多面体某个面的各条边。

对于后两个表一般使用指针的方法指出有关的边、点存放的位置。

为了更快地获得所需信息,更充分地表达点、线、面之间的拓扑关系,可以把其他一些有关的内容结合到所使用的表中。扩充后的边表就是将边所属的多边形信息结合到边表以后的形式。这样利用这种扩充后的表,可知某条边是否为两个多边形的公共边,如果是,相应的两个多边形也立即知道。这是一种用空间换取时间的方法。是否要这样做,应视具体的应用而定,同样也可根据需要适当地扩充其他两张表来提高处理的效率。

除了描述它的几何结构,还要指出该多面体的一些其他特性。例如每个面的颜色、纹理等。这些属性可以用另一个表独立存放。当有若干个多面体时,还必须有一个对象表。在这个表中,列出围成每个多面体的诸面,同样也可用指针的方式实现,这时面表中的内容,已不再是只和一个多面体有关。

采用这种分列的表来表示多面体,可以避免重复地表示某些点、边、面,因此一般来说存储量比较节省,对图形显示更有好处。例如,由于使用了边表,可以立即显示出该多面体的线条画,也不会使同一条边重复地画上两次。可以想象,如果表中仅有多边形表而省却了边表,两个多边形的公共边不仅在表示上要重复,而且很可能会画上两次。类似地,如果省略了顶点表,那么作为一些边的公共顶点的坐标值就可能反复地写出好多次。

3. 八叉树法

八叉树法是一个用栅格形式构造实体模型的方法。八叉树结构就是将空间区域不断地分解为八个同样大小的子区域。对于三维实体来说,就是将它所在的最小六面立方体空间不断分解,得到八个大小相同的立方体,分解的次数越多,子区域就越小,一直到同一区域的属性单一为止。按从下而上合并的方式来说,就是将研究区空间先按一定的分辨率将三维空间划分为三维栅格网,然后按规定的顺序每次比较七个相邻的栅格单元,如果其属性值相同则合并,否则就存盘。依次递归运算,直到每个子区域均为单值为止。图 4-16 分别是这种编码的示意图和数据的组织结构图。

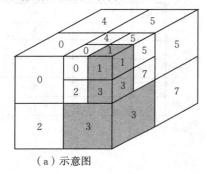
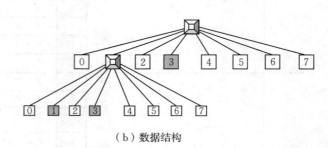

（a）示意图　　　　　　　　　　　　（b）数据结构

图 4-16　八叉树编码

八叉树同样可分为常规八叉树和线性八叉树。常规八叉树的节点要记录 10 个位,即 8 个指向子节点的指针,1 个指向父节点的指针和 1 个属性值(或标识号)。而线性八叉树则只需要记录叶子节点的地址码和属性值。因此,它的主要优点是:

(1)节省存储空间,因为只需对叶子节点编码,节省了大量中间节点的存储。每个节点的指针也免除了,而从根到某一特定节点的方向和路径的信息隐含在定位码之中,定位码数字的个位数显示分辨率的高低或分解程度。

(2)线性八叉树可直接寻址,通过其坐标值则能计算出任何输入节点的定位码(称编码),而不必实际建立八叉树,并且定位码本身就是坐标的另一种形式,不必有意去存储坐标值。若需要的话还能从定位码中获取其坐标值(称解码)。

(3)在操作方面,所产生的定位码容易存储和执行,容易实现向集合、相加等组合操作。

除了以上几种实体模型的数据结构以外,数字工程中还经常用到地形数据的可视化,这一可视化应用中涉及地形数据的数据结构。地形数据的数据结构通常都是以栅格形式组织的,其中最常用的两种为:规则格网型数字高程模型和不规则三角网(triangulated irregular network,TIN)。

4. 规则格网型

规则格网在应用中也称栅格(grid),通常是正方形或矩形格网,也可以是三角形等规则网格。规则网格将区域空间切分为规则的格网单元,每个格网单元对应一个数值。数学上可以表示为一个矩阵,在计算机实现中则是一个二维数组。每个格网单元或数组的一个元素,对应一个高程值,如图 4-17 所示。

不同的应用中对于每个格网的数值有不同的解释。在格网的文件或数据库存储中,一般视该格网单元的数值是其中所有点的高程值,即格网单元对应的地面面积内高程是均一的高度,这种数字高程模型是一个不连续的函数。在三维可视化过程中,则该格网单元的数值是格网中心点的高程或该格网单元的平均高程值,这是因为三维可视化过程必须将这种离散数据连续表现出来,这样就需要用一种插值方法来计算每个点的高程,而在插值运算过程中格网的数据值只能当作点来对待。

91	78	63	50	53	63	44	55	43	25
94	81	64	51	57	62	50	60	50	35
100	84	66	55	64	66	54	65	57	42
103	84	66	56	72	71	58	74	65	47
96	82	66	63	80	78	60	84	72	49
91	79	66	66	80	80	62	86	77	56
86	78	68	69	74	75	70	93	82	57
80	75	73	72	68	75	86	100	81	56
74	67	69	74	62	66	83	88	73	53
70	56	62	74	57	58	71	74	63	45

图 4-17　规则格网的高程值

规则格网的高程矩阵,可以很容易地用计算机进行处理,特别是数据库的存储与查询,可以将它以图像数据方式同样对待。它还可以很容易地计算等高线、坡度坡向、山坡阴影和自动提取流域地形,使得它成为 DEM 最广泛使用的格式,目前许多国家提供的 DEM 数据都是以规则格网的数据矩阵形式提供的。格网 DEM 的缺点是不能准确表示地形的结构和细部,为避免这些问题,可采用附加地形特征数据,如地形特征点、山脊线、谷底线、断裂线,以描述地形结构。

5. 不规则三角网模型

尽管规则格网在计算和应用方面有许多优点,但也存在许多难以克服的缺陷,譬如:

(1)在地形平坦的地方,存在大量的数据冗余。

(2)在不改变格网大小的情况下,难以表达复杂地形的突变现象。

(3)在某些计算中,例如通视问题,过分强调网格的轴方向。

不规则三角网是另外一种表示数字高程模型的方法,它既减少规则格网方法带来的数据冗余,同时在地形相关分析的计算效率方面又优于其他模型。

TIN 模型用有限个点集将区域划分为相连的三角面网络,其原则是区域中任意点落在三角面的顶点、边上或三角形内。如果点不在顶点上,该点的高程值通常通过线性插值的方法得到。如果点在某条边上,则应用该条边上的两个顶点的高程进行内插;若点在三角形内,则用该三角形的三个顶点高程内插。所以 TIN 是一个三维空间的分段线性模型,在整个区域内连续但不可微。

TIN 的数据存储方式比规则格网复杂,它不仅要存储每个点的高程,还要存储其平面坐标、节点连接的拓扑关系,三角形及邻接三角形等关系。TIN 模型在概念上类似于多边形网络的矢量拓扑结构,只是 TIN 模型不需要定义"岛"和"洞"的拓扑关系。

TIN 拓扑结构的存储方式有很多,一个简单的记录方式是:对于每一个三角形、边和节点都对应一个记录,三角形的记录包括三个指向它三个边的记录指针;边的记录有四个指针字段,包括两个指向相邻三角形记录的指针和它的两个顶点的记录指针;也可以直接对每个三角形记录其顶点和相邻三角形,如图 4-18 所示。每个节点包括三个坐标值的字段,分别存储 x,

x,z 坐标。这种拓扑网络结构的特点是对于给定一个三角形查询其三个顶点高程和相邻三角形所用的时间是定长的,在沿直线计算地形剖面线时具有较高的效率。当然可以在此结构的基础上增加其他变化,以提高某些特殊运算的效率,例如在顶点的记录里增加指向其关联的边的指针。

TIN 数字高程由连续的三角面组成,三角面的形状和大小取决于不规则分布的测点,或节点的位置和密度。不规则三角网与高程矩阵方法的不同之处是随地形起伏变化的复杂性而改变采样点的密度和决定采样点的位置,因而它能够避免地形平坦时的数据冗余,又能按地形特征点如山脊、山谷线、地形变化线等表示数字高程特征。

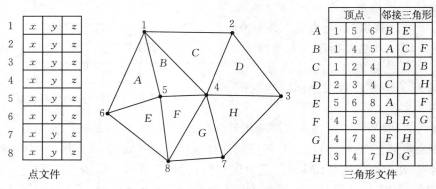

图 4-18   不规则三角网的一种存储方式

4.2.2 三维交互显示技术及三维漫游

图形接口技术的发展使可视化技术的实施变得越来越简单,开发人员不必再将大部分精力放在复杂的图形技术中,从而将更多的注意力转向数据结构的组织、可视化的表达方式等方面,从而增强了可视化系统的可靠性和信息表达的充分性。

1. 地形数据的三维可视化

地形信息的可视化采用三维图形技术,在计算机当中模拟地球表面的高低起伏。它在数字工程的三维可视化应用中占有非常重要的地位,被广泛地应用于各种数字化工程当中。地形数据的数据结构前面已经介绍过,主要包括 DEM 和 TIN 两种。不考虑数据的存储与组织,二者在可视化表达过程中的区别不大,这里主要以规则格网 DEM 数据为例,介绍地形信息可视化的相关知识。

地形数据的常用可视化形式主要包括格网方式、表面绘制、地表纹理叠加、坡度表示、高度分级表示、断面表示等,如图 4-19 所示。

在大范围的地形数据可视化中,数据的调度与绘制都会影响可视化的效率,特别是数据精度较高的情况下,容易导致图形绘制效率的降低,影响可视化的效果。在大范围的地形可视化应用中,多数情况人们在同一时刻仅对局部地形感兴趣,因此可以通过动态数据调度的方式实现大范围地形信息的可视化。也就是说,在三维的环境中仅仅显示视点周围一定范围内的地形数据,其他数据既不显示,也不调入内存中。当用户视点在虚拟三维环境中移动时,根据视点位置重新计算范围,并根据移动以前的范围作比较,丢弃新范围以外的数据,同时调入需要补充的数据。规则格网 DEM 可以借鉴二维图形中栅格数据的组织方式,即建立数据索引和金字塔,一方面加快数据的调度效率,另一方面在显示的数据范围较大的同时可以使用金字塔级别较高的低精度数据。

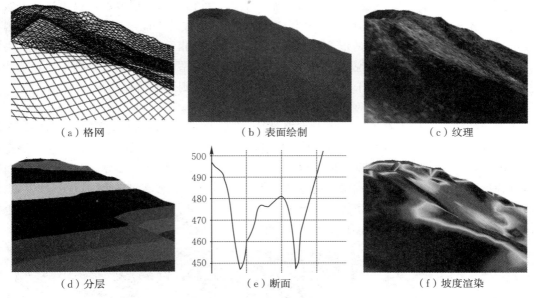

（a）格网　　　　　　　　　（b）表面绘制　　　　　　　　　（c）纹理

（d）分层　　　　　　　　　（e）断面　　　　　　　　　（f）坡度渲染

图 4-19　地形数据的几种表现方式

为了提高地形数据显示的效率,除了对地形数据降低精度显示,还可以采用以下两种方法。

1）细节层次算法

细节层次（level of details,LOD）算法通过判断视点到地表模型的距离远近来决定地表模型的绘制精度,或者根据地面起伏的特点对地表模型的不同部分以不同的精度绘制（张俊霞,2001）。例如,地面起伏变化明显,则绘制精度高;而地面较平缓的区域绘制精度就低。好的LOD算法应该将这两个方面综合考虑。关于LOD的详细信息参见4.2.3节关于复杂模型的简化及多分辨率表示的介绍。

2）根据视野范围确定绘制范围

和现实世界中人眼观察地形信息的原理一样,三维的数字场景中同样不能令360°范围的地形信息同时可见,观察距离的远近也同样受到限制。在可视化环境中,根据视点位置以及与投影相关的参数可以计算出可见的地形数据范围,然后在绘制的过程中仅表现这部分数据,达到提高绘制效率的目的。

图 4-20 说明了这一方法应用的效果。这里特别指出,栅格数据的调度一般以索引块为单位,因此在决定哪些数据需要绘制、哪些需要丢弃的过程中也是以块为单位。试验表明,这种方式能够极大地解决地形数据可视化的效率问题,结合 LOD 算法的使用,可以在多数的主流个人计算机中实现大范围地形数据的实时绘制。

图 4-20　根据视野范围确定数据绘制的范围

2．地形数据与其他类型数据的叠加显示

同二维空间信息 GIS 中的可视化应用类似,三维空间信息的可视化常常要求将不同类型的三维数据(或二维和三维混合数据)分层叠加显示。二维信息的分层叠加可以通过优先级处理图层的优先显示问题,但在三维可视化中,这种优先级的方式不能解决这一问题,这是因为三维可视化的数据层之间完全是依靠实体在三维空间中的相互关系以及观察点的位置决定的。对于一些实体数据模型来说,不需要刻意的处理遮挡关系,计算机的三维图形运算功能本身就能解决这一问题。但是对于点、线、面类型的数据来说,则不能简单处理。

1)点类型数据与地形数据的叠加

点类型的数据一般不在地表模型上直接显示,透视投影的特性将使得点这一类比较小的对象在三维场景中很难被观察到,有时还因为投影后的深度测试[*]精度的问题导致点信息在漫游显示过程中的闪烁现象。点在现实世界中一般代表有点状特征的实体,因此,点信息与地形信息叠加问题最好的解决方式就是用点所代表的实体模型与地形信息叠加,也就是说,点与地面模型的叠加是通过实体模型数据的叠加方式解决的。三维可视化应用中,注记一般也被当作点状信息处理,图 4-21 展示了模型数据(抽象为点状信息)与地形信息的叠加效果。

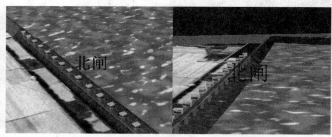

　　　　（a）叠加模型数据　　　　　　　　　　（b）不同视线方向的同一注记信息

图 4-21　点状信息与地形信息叠加显示

复杂模型的建模一般采用专业的三维建模软件来完成。例如,多数系统采用三维动画软件 3D Studio MAX 建模,然后导出 3ds 格式的文件,三维的可视化系统再通过导入 3ds 文件实现模型数据的叠加显示。

模型和注记在叠加显示过程中都存在方向的调整问题。模型数据需要考虑模型在水平方向面内的旋转参数,从而保证可视化场景中模型的方位与现实世界相同;而注记的旋转参数的处理则相对复杂一些,需要根据视线的方向动态进行调整,目的是使任何角度上的注记信息始终朝向视点。

2)线数据的叠加

线的数据结构使它在与地表模型叠加时会产生遮挡现象,因此,叠加显示之前需要对线数据进行适当的处理,通常可以根据线所经过的地表高程信息对线数据进行采样处理,图 4-22 是这一采样处理过程的示意图。

以规则格网 DEM 与线数据叠加为例,根据采样定理,如果线的采样间隔为 DEM 格网宽度的一半,线就可以完全表现出它所经过的地形表面的高程信息。采样得到的高程应适当进

---

[*]　深度测试是计算机图形学中的概念,是一种通过比较实体与投影面的距离,来判断三维场景中实体模型相互遮挡关系的方法。

行夸大处理,使线与 DEM 之间在高度方向上存在一定的距离,这样在显示过程中线就悬浮于
DEM 之上,而不是与之紧密接触。否则,同点信息的叠加一样,由于深度测试运算的精度问
题容易导致漫游过程中的闪烁现象。

图 4-22　线的采样处理

3)面数据的叠加

面信息与地形信息的叠加可分两种情况考虑:一种是面与地形信息紧密接触,例如农田地
块、面状道路的表达等;另一种是面以水平方式悬浮于地形信息之上,最典型的例子就是池塘、
湖面信息的表示。

对于水面这一类面状信息处理的方式要简单一些,以湖面信息的叠加为例,由于其本身为
一个水平面,只要计算好距地面的高度或根据水面的海拔高程,直接在场景中绘制即可。如果
水面高程与地表模型的数据精度较高,可适当扩大水域多边形的范围,超出的范围在三维的消
隐运算中会自动地被地表信息所覆盖。

对于道路、田块等信息的处理则要复杂得多,主要原因就是这类信息在三维空间中表现为
一个空间的曲面,形状应该与它所覆盖的地表信息是一致的。这类面状信息如果通过采样处
理后与地表信息叠加,同样会产生漫游过程中的闪烁现象,即图形显示的走样,而且多边形的
采样运算量也要比线大得多,因为这一运算不仅包括采样运算的问题,还包括判断点是否在多
边形内部的运算,通过运算量与可视化效果来看,这种方法是不可取的。在简单的应用中,可
以将多边形显示为简单的封闭的线,然后根据线状信息的叠加方式进行可视化表达;对于要求
较高的情况,可以将地面模型按多边形进行分割,得到带洞的地面模型,然后将多边形与地面
模型进行拼接处理。这种方法虽然运算也很复杂,但可视化的效果是最好的,图 4-23 的两幅
图分别为道路和河流与地形信息的叠加显示结果,都是先将地形数据分割后再与相应的面状
信息拼接,最大程度上减少了图形显示的走样现象。

图 4-23　两种面状信息的表达方式

实际上,无论点、线还是面信息,都可以通过纹理贴图的方式进行表达,见图 4-24。这种
方式可以称为图像处理的方法。这种方法的处理过程是:首先将点、线、面信息绘制在地表的
纹理影像上,即用这些信息代替纹理影像上对应位置的像元信息,然后通过对地面模型进行纹
理贴图。这种方法的优点就是不需要采样运算,可视化过程中也不会产生闪烁的现象,但实质

就是用栅格绘制代替矢量信息的绘制,必然产生表达精度降低的问题。此外,对于采用矢量绘制的方式来说,点、线、面信息都是可进行交互查询的,如果采用纹理贴图方式表达则很难实现这些功能。

图 4-24　用纹理贴图的方式表达矢量信息

3．三维可视化中的漫游技术

三维场景的漫游与数据调度是相关联的。在大范围的三维场景中,不可能将所有的数据同时加载,每一时刻场景加载的数据都是所有数据中的一部分。在漫游导致场景位置的改变后,则需要重新调入可见范围内的数据。

1)漫游

三维可视化应用中,漫游通常有两种方式:交互漫游和自动漫游。交互漫游指用户控制下的漫游方式,可视化系统的使用者通过输入设备控制场景绘制程序,改变场景中视点的位置与方向,并重新绘制场景,实现漫游功能;自动漫游则是可视化系统根据用户事先设置好的参数,每隔一定的时间间隔自动改变场景的视点信息并自动重绘场景。自动漫游的速度可通过调整重绘场景的时间间隔进行调整,时间间隔小,场景漫游速度就快,反之则慢。

自动漫游可以通过图形化的交互方式设定漫游参数,也可以根据具体的应用自动生成漫游参数。例如图 4-25 是一个输电线路维护系统中自动漫游参数设置的界面,通过指定两个高

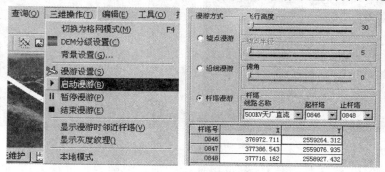

图 4-25　自动漫游的参数设置

压杆塔的信息,自动漫游设置程序就可以自动计算这两个杆塔之间的输电线路,并将这一线路信息自动转换成自动漫游的参数。

2）海量数据动态调度技术

数据动态调度技术重点解决的是数据获取的效率问题。空间信息获取技术,特别是遥感技术的发展使得海量数据可视化的应用越来越普遍,而多数应用中对这些信息的表达方法却始终局限于小小的计算机屏幕。数据分块索引技术和金字塔技术可以使我们快速地调度部分或全局的信息,但没有完全解决多维信息,例如矢量栅格的综合调度与可视化、网络数据调度的效率等问题。为做到三维可视化系统中实时化的场景漫游,数据调度的优化与缓存的机制是必不可少的。图 4-26 展示了一个可视化系统对矢量、栅格以及属性信息的调度过程。

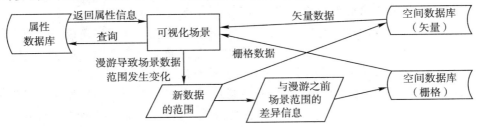

图 4-26　矢量、栅格以及属性信息的调度

在多数的应用系统中,栅格数据的数据量都比较大,因此它的调度也是影响效率问题的一大因素。网络环境中,栅格数据的调度效率受多种因素的影响,如数据库的查询效率、网络带宽、存储设备的性能等。缓冲的应用可以部分的解决栅格数据的调度问题,缓冲方式可分为以下两种:

（1）内存缓冲。内存缓冲主要解决漫游过程中数据更新的效率问题。例如,内存中除了保存场景显示范围之内的数据以外,还缓存了场景范围周围的部分数据。漫游过程场景无论在哪个方向上发生了变化,需要调度新数据时,总是可以在缓存中找到需要的数据。然后,场景中不需要的数据并不直接丢弃,而是放到缓存中。显然完成这一操作之后,缓存中的数据也需要更新,需要从数据库中调度数据。但是,这一过程与场景显示的操作之间是相互独立的,因为此时场景的绘制并不需要缓存中的数据,因此,数据的显示和数据库调度可以在两个独立的线程中完成,充分利用了计算机的图形资源。

（2）磁盘缓冲。网络条件不好的情况下,数据的网络调度成为可视化过程的瓶颈,这一问题可以通过数据的磁盘缓冲来完成。系统初始化（或安装）过程中,预先把大部分的数据读到客户端缓存起来,并在本地磁盘按照与数据库端一致的方式建立分块索引机制。应用过程中,需要调度数据时,首先从本地缓存中查找是否已经存在同样的数据,如果存在,则直接使用;否则,再到数据库中读取。此外,还可以在数据库和本地缓存中设置一个更新标记,以便使数据库中的数据发生更新时本地缓存数据也能得到及时的更新。本地缓存的数据量可大可小,大的情况可以缓存所有的数据,小到不缓存任何数据。

4.2.3　复杂模型的简化及多分辨率表示

三维环境中,无论复杂还是简单的物体,在绘制过程中始终转换为三角形面片进行表示,每秒钟绘制多少个三角形面片也是衡量图形硬件性能的一个重要指标。尽管采用目前顶级的硬件设备,计算机能够实时绘制的场景复杂程度仍然是有限的。此外,模型复杂程度的提高,对计算机的存储容量、计算速度、传输速率均提出了很高的要求。人们往往认为,如果模型复杂程度提高,就需要高档次的计算机或图形工作站进行处理,但是,模型复杂程度的增长是无

限的，机器性能提高了，应用过程中模型的复杂度也会提高；另外，数字工程的应用目的在于对社会经济生活中的各个方面进行数字化的普及，大部分应用是面向一般用户，如果大量采用高性能计算机会造成成本过高。这种情况下，一个有效的解决方式就是对场景中的模型进行简化显示。复杂模型简化和多分辨率表示的目的就是力图在不影响视觉效果的前提下，采用比较简单的分辨率较低的模型数据进行绘制，使得在一般的计算机中也可以对复杂模型进行快速绘制。

复杂模型有两个方面的含义，其一是模型结构复杂，规模比较大，比如整个城市的建筑模型等，因此需要大量的三角形面片才能完整表示出来；其二是模型表面为非线性曲面，在创建过程中采用参数曲面进行表示，这种参数曲面在可视化的过程中必须转换成离散面片，这一离散化的过程产生大量的面片，造成模型数据的膨胀。地形数据也存在同样的问题，特别是由规则格网数据表达的地形，在可视化过程中尤其需要简化表示。

模型简化处理不但有利于可视化过程的绘制效率，从软硬件成本，数据处理以及存储、传输方面来讲也是非常重要的。通过对模型的简化处理，可以显著提高模型的绘制速度，这在客观上降低了对图形系统的软硬件的性能要求，从而有效地降低成本。这一技术使得一些复杂的图形技术在普通的个人计算机上就可以实现，高性能的图形工作站不再是必须的，普及了复杂三维图形技术在可视化中的应用，推动了数字工程技术的发展。另外，模型的简化也就代表着数据量的减少，从而加快数据处理的速度，节省了存储空间，也节省了数据在网络上的传输时间，提高了效率。

多分辨率模型简化方法是对物体的几何性质、表面性质、纹理等进行多分辨率的分析和造型，根据物体在屏幕上所覆盖面积的大小选择相应分辨率下该物体的简化模型，尽量减少三角形的数量，使得在给定视点下获得的图像效果与用最精确的模型画出的效果完全相同或差距在给定范围内，从而大大提高绘制效率。该技术通常对每一原始多面体模型建立几个不同逼近精度的几何模型。与原始模型相比，每个模型均保留了一定层次的细节。当从近处观察物体时，采用精细模型绘制；而当从远处观察物体时，则采用较为粗糙的模型进行绘制。这种方法在计算机图形学中也称为细节层次算法，图 4-27 展示了两个细节层次不同的飞机模型表达上的区别。

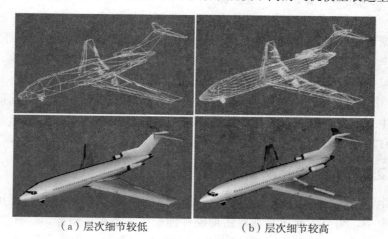

（a）层次细节较低　　　　　　　　　　（b）层次细节较高

图 4-27　两个细节层次不同的模型

这种通过多个不同分辨率的模型实现的 LOD 方法称为静态算法。这类算法的优点是简单易用。由于生成每一个近似模型不是实时进行的,因此对原模型转化成多分辨率表示的速度没有较高要求,而且多分辨率模型的表现形式较容易统一,因此,目前许多商业系统大多采用这种方法。但这种方法的缺点也是较明显的,主要有以下几点。

(1)近似模型之间不连续。在不同模型的切换过程中,可能造成绘制图像的不连续变化,产生突变现象,存在明显的走样。这一问题可通过对不同分辨率模型之间进行插值解决,但这无疑加重了图形处理器的负担。

(2)大部分情况下,放置这些不同分辨率的逼近模型一般需要人工干预,不可能达到完全自动。

(3)需要额外的内存来存放不同分辨率的中间模型。

在大规模地形数据的应用中,由于数据量的庞大,很难采用动态的 LOD 算法。针对规则格网 DEM 数据的特点,一种基于视点到模型的距离以及地形变化特征的四叉树算法被广泛地应用,由于它根据多种参数动态计算简化的模型,所以属于一种动态的算法。

这种算法从最精细的模型开始,将四个 DEM 格网合并成一个,然后计算合并前后的误差并记录下来。误差体现了合并后的格网与合并前的格网表达地形信息上的差异,计算方法参见图 4-28。这一计算过程与影像数据的金字塔建立过程类似,是一个递归运算的过程,直到整个地形数据合并成为一个格网为止。

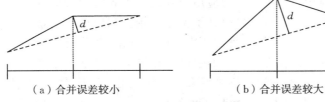

(a)合并误差较小　　　　　　　(b)合并误差较大

图 4-28　相邻格网合并的误差计算

建立好四叉树的数据结构以后,图形的绘制也是一个递归的过程。通过视点距地面模型的距离以及合并过程中的误差参数,判断应该绘制四叉树结构中的哪些数据。这种方法的复杂性在于需要很好地处理不同分辨率格网之间的衔接问题,否则容易使模型绘制出现裂缝。优点是在绘制过程中可使用不同的域值来平滑地控制绘制的精细级别,从而在各种软硬件条件下都能得到满意的可视化效果。图 4-29 是针对地形数据采用不同等级的 LOD 绘制的效果,可以看出,在地形信息的表达差别不大的情况下,随着绘制三角形数量的减少,绘制的效率

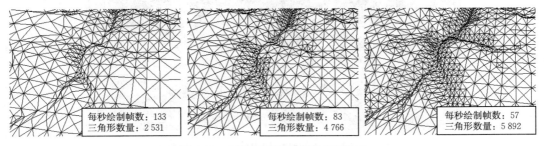

每秒绘制帧数:133　三角形数量:2 531

每秒绘制帧数:83　三角形数量:4 766

每秒绘制帧数:57　三角形数量:5 892

图 4-29　不同级别的地形 LOD 绘制

(每秒钟绘制的帧数)显著提高,尤其是在大范围、高精度的地形信息表达中,LOD 是必不可少的技术。

4.2.4　三维空间信息可视化技术的应用

三维空间信息可视化技术的应用范围十分广泛，涉及人类社会生活的各个领域。下面从几个具体实例的应用介绍三维可视化技术的应用。

图 4-30　分洪区域的三维模拟

1. 防汛减灾

"数字水利"建设的首要任务就是防汛减灾，通过与三维可视化技术相结合，可以预先模拟可能发生的洪水灾害程度、范围，研究应对策略，寻求多个解决方案，从而达到预防的效果。图 4-30 是一个防汛风险系统的截图，系统中采用了三维可视化技术，结合洪水淹没地区的地形信息，可以对泄洪区域的淹没情况进行模拟、分析，进而计算出泄洪方量、淹没范围等，为防灾部门针对灾情的实时决策提供技术上的支持。

2. 数字电力

电力行业的数字化应用可以提高电力应用中线路维护和管理效率，而以三维可视化的方式实现超高压输电线路的维护系统已经得到了实际应用。利用现代信息技术，建立架空送电线路管理信息系统，实现架空送电线路管理与决策的信息化、办公自动化和信息服务社会化，是实现架空送电线路管理现代化必不可少的手段。在输电线路维护方面的应用中，由于超高压线路多位于偏远山区，给线路的运行维护带来了不便。用三维形式表现的"超高压线路数字运行维护系统"可以使维修巡视人员形象地了解线路中任意一个杆塔的类型、地理位置、杆塔附近的地形情况，进而可以对巡视线路进行合理选择，对维修所需要的零件以及工具进行周密的准备，其运行界面的部分截图参见图 4-31。除了日常的应用维护功能以外，一个三维的可

图 4-31　超高压线路维护中的三维可视化应用

视化系统可以方便地对线路维护人员进行有效的培训，使初次参加线路维护工作的从业人员直观的了解线路周围的地形、人文、自然环境等方面的信息，而不必进行实地考察。

§4.3　非空间信息可视化

随着社会信息化的推进和网络应用的日益广泛,信息源越来越庞大,人们日常接触的信息量比以往任何时候都要多。除了大量保存在电脑上的数据外,报纸、杂志、目录、手册、表格、实况音频与视频广播等多种信息在数字化处理后提供给电脑用户。数据量的增大随之带来的是信息量的增多,如何充分有效地利用这些数据越来越多地受到人们的关注。对这些数据进行存储、传输、检索及分类虽然可以部分加深对数据本身的认识,

图 4-32　非空间信息可视化流程

但人们更迫切需要了解数据之间的相互关系及发展趋势。实际上,在激增的数据背后,隐藏着许多重要的信息,人们希望能够对其进行更高层次的分析,以便更好地利用这些数据。非空间信息可视化技术解决了如何和信息资源之间进行对话的问题,我们可以把它看作是从数据信息到可视化形式再到人的感知系统的可调节的映射(冯艺东 等,2001),参见图 4-32。

4.3.1　非空间信息可视化的研究内容及应用领域

非空间信息可视化技术使发现知识的过程和结果易于理解,并在发现知识过程中进行人机交互,在商务、金融和通信等领域都有十分广阔的应用前景。非空间信息可视化中,显示对象主要是多维数据,研究重点是:设计和选择什么样的显示方式才能便于用户了解庞大的多维数据及它们的关系。

非空间信息可视化是数据挖掘和知识发现的重要工具。人们把原始数据看作是形成知识的源泉,就像从矿山中采矿一样。原始数据可以是结构化的,如关系数据库中的数据,也可以是半结构化的,如文本、图形、图像数据,甚至是分布在网络上的不同构型数据。为了从这些数据中发现有用的信息,要采用多种发现知识的工具。为了使发现知识的过程和结果易于理解和在发现知识过程中进行人机交互,需要一种发现知识的可视化方法。非空间信息可视化不仅用图像来显示多维的非空间数据,使用户加深对数据含义的理解,而且用形象直观的图像来指引检索过程,加快检索速度。在空间信息的可视化中,显示的对象涉及标量、矢量及张量等不同类别的空间数据,研究的重点放在如何真实、快速地显示空间数据场。而在非空间信息可视化中,显示的对象主要是多维的标量数据,研究重点是在设计和选择什么样的显示方式才能便于用户了解庞大的多维数据及它们相互之间的关系,其中更多地涉及心理学、人机交互技术等问题。

非空间信息可视化可以看作是从数据信息到可视化形式,再到人的感知系统的可调节的映射。图 4-33 是非空间信息可视化简单参考模型的示意图。在该模型中,从原始数据到人,中间要经历一系列数据变换。图中从左到右的每个箭头表示的是一系列的变换;从右到左的从人到每个变换的箭头,表明用户操作的控制对这些变换的调整。数据变换把原始数据映射为数据表(数据的相关性描述);可视化映射把数据表转换为可视化结构(结合了空间基、标记和图形属性的结构);视图变换通过定义位置、图形缩放、剪辑等图形参数创建可视化结构的视图;用户的交互动作则用来控制这些变换的参数,例如把视图约束到特定的数据范围,或者改

变变换的属性等。可视化和它们的控制最终服务于任务。

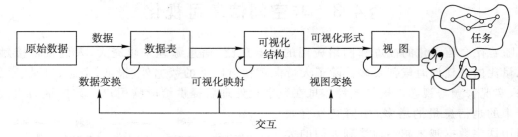

图 4-33　非空间信息可视化参考模型

　　非空间信息可视化在商务、金融和通信等领域,有着十分广阔的应用前景。在通信领域中,一方面目前正在开发更为精细和高级的网络模型,以辅助将来的规划过程;另一方面,更复杂的发射和交换设备,为现行网络的重构提供了更大的自由度和灵活性,但造成在单个网络单元上运行的原始数据不断增加。全部网络运行的最优化,需要有效地使用所有这些信号源,还需要在诸如市场、网络规划和日常管理等传统的不同领域之间,进行信息和思想的动态交换。覆盖物理网络的是一个包括声音、数据和图像服务的广阔领域,其中每一项都有自己的数据和管理要求。此外,现代网络不受国界的限制,是一个覆盖很多国家和载体的国际性结构,因而其潜在的数据量和复杂程度均以更大的数量级在递增。在英国电信公司(British Telecom,BT)的网络中,就充分应用了非空间信息可视化技术。这个网络有 6 000 多个切换设备和2 500多万条客户线,从而产生了每分钟几兆字节的网络状态和控制数据。在 BT 网络中,每 5分钟大约有 60 000 个与数字开关相连的局域路径的运行情况要报告给中央操作单元,中央操作单元再将这些数字用于实时网络监测和控制。通过测量大量运行参数,每天要产生2 000 MB以上的数据。图形输出描绘了以运行参数的地理分布,以及所感兴趣的时间间隔中的动画。每个区域中参数的最小值、最大值和平均值都可以用一个彩条图表示。可视化在非空间数据中,诸如在财务指标或流通量统计中的应用,引起了广泛的兴趣。很多用于工程和科学应用中的可视化工具和技术能够很快地转移到财务和统计中来。可视化应用成功的关键在于它具有为用户提供了交互式的研究数据和揭示那些用其他方法很困难揭示的趋势、循环和模式的能力。在非空间数据范围内应用的一个典型例子是网络统计,其中包括记录单个网络单元的特性、开关、较大区域或地理分组等。这些应用可以非常容易地用于金融信息,诸如每个区域、每个时间段的股票收益特性,或按地理和按收入的可视化挖掘(visual mine),利用显示各个分行的货币流通总量、总收入和现金运作来统计的消费总量。

4.3.2　非空间信息可视化的常用形式

　　非空间信息的可视化的表现方式很多,文字、图表、图像、视频、动画等方式都在非空间信息的可视化中得到广泛的应用。无论哪种形式,目的都是一样的,就是将非空间信息形象化,更好地帮助人们认识其内容及包含的规律(清水,2004)。

1. 一维数据的可视化

　　一维数据就是简单的线性数据,如文本或数字表格。文本文档、姓名和地址表格以及许多日常处理的程序源代码都基于一维线性数据。一维数据可视化的效用取决于数据大小和用户想用数据来处理什么任务。大多数情况下,用不着对文本文档进行可视化。因为人们只是将文本从头读到尾，或者在必要时，对有关部分进行参阅。不过在另一些情况下，我们可以充分发挥计算机和数字信息的功能，利用可视化增强一维数据文本文档的效用，以便用户浏览，或者通过链接将同一文档的不同部分联系在一起。

可视化显示一维数据的系统包括：文档透镜，它可以把多页缩小文本映像成三维形体，这样方便用户查阅某一页；乔治亚理工学院的"信息壁画"计划，在紧凑的空间用不同量值的颜色、点和线来表示大量数据，同时提供查看数据详细资料的便利。所有这些系统表明，即便对简单的一维数据而言，可视化照样能够增强信息效用。

2．多维数据的可视化

我们生活在一个三维物理空间的世界中，我们的视觉感知很难脱离前后、左右、上下的三维空间定势。四维信息都很难直观地理解，更何况是更多维的信息。而绝大多数抽象信息又是三维以上的多维信息，如金融信息、股票信息、数据仓库等。因此多维信息的可视化是非空间信息可视化的一个重要目标。

我们之所以能够在二维屏幕上显示三维空间信息，是因为我们的视觉习惯已经在我们的脑海中留下了三维空间的烙印。可以说，我们只能看到三维空间，那么又如何可视化三维以上的多维信息呢？

在数据仓库和信息挖掘中，大型数据表的表示是一个关键问题。大型数据库中的数据基本上全是多维的，如何将大型多维数据表中隐含的特征（即数据之间的关系）用一种直观的方式表示出来，对于信息挖掘至关重要。Xerox Palo Alto 研究中心的用户界面研究组的 Rao 和 Card(1994)提出的 table lens 技术是可视化和理解大型数据表的一项技术。该技术通过将符号和图形表示融入到一个可操纵的单一的 focus＋context 显示中，以及一些简单的操作（如排序），支持在一个大型数据空间中的浏览，同时又可以很容易地分离关注的特征或模式。它把统计分析和电子表格的易用性结合在了一起，适合于大型数据分析领域，如金融数据、保险数据和药物分析等，图 4-34 是该技术在食物营养成分分析中的应用，反映了不同食物中各种营养成分的组成情况。应该说 table lens 是一种很好的多维非空间信息可视化结构。

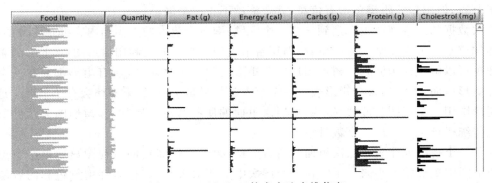

图 4-34　table lens 技术表达多维信息

3．时态数据的可视化

以图形方式显示随着时间不断产生的数据是可视化信息最常见、最有用的方法之一，并且在过去的 200 年中不断得到应用。近年来，时间线（timeline）作为排列数据的基础已普遍出现在诸多商业软件当中。Microsoft Project 等计划管理工具就是使用时间线，使用户一眼就能够看出事件前后发生时的持续情况，以及哪些事件与其他事件相关。

在多媒体创作软件如 Macromedia 的 Director 和 Flash 中,时间线为用户将一事件与另一事件实现同步提供了一种途径,如图 4-35 所示,譬如说,歌名一出现在屏幕中间,音乐就开始播放。基于文本的界面也可以实现这种任务,不过时间线所带来的可视化为用户提供了更为直观的效果,并且提供了事件的全部视图,而单单借助文本难以实现这一功能。

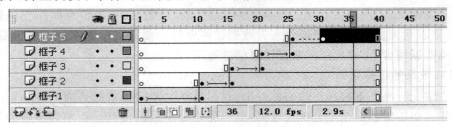

图 4-35　Flash 制作软件中的时态信息

4. 层次数据的可视化

抽象信息之间的关系最普遍的一种就是层次关系,如磁盘目录结构、文档管理、图书分类等。层次关系几乎无处不在,并且,在某些情况下,任意的图都可以转化为层次关系的层次数据,即树形数据,树形数据有这样一种内在结构:每个项目或节点都有一个父节点(最上面的节点即根节点除外)。节点分兄弟节点(拥有同一个父节点的节点)和子节点(从属某个父节点的节点)。层次结构相当常见,商业组织、计算机数据存储系统和家谱图都是按树形结构排列的层次数据。

层次结构的基本可视化也很常见。譬如,Windows 操作系统的资源管理器界面能够以可视化的方式显示计算机的目录结构,这样与使用基于文本的命令行界面相比,用户能更快地了解结构,浏览到某个节点。不过对许多层次数据实例来讲,这些简单的视图有着严重局限。

对大型层次结构而言,Windows 的资源管理器及其他应用采用的树形视图格式无法用一个视图表示整个结构。如果子节点缩在父节点里面,则一个视图就能显示整个结构,但此时你看不到子节点,也不知道有多少子节点及其所在位置和名字。虽然可以展开庞大的层次结构显示子节点,但用户要想浏览所有信息,就要滚动不止一个屏幕。

层次数据的三维视图也会遇到这样一个问题:即每个节点的大小和内容都是隐藏的,尽管你可能知道某个节点在结构中的位置,但所有节点似乎都一样。利用树形图(treemap)来显示层次数据可以解决这个问题。树形图用嵌套矩形来表示数据层次,所有矩形都放在一个很大的边界矩形里面,里面的每个矩形表示一个节点。如果是父节点,里面还会有子节点。这种设计使树形图用一个视图就能够显示数据层次里面的所有节点。实际上,树形图显示的节点数量要比传统树形视图多出一个数量级。

除了一个视图就能表示层次里面的所有节点,树形图还能在同一视图显示单个节点的信息。树形图中矩形的大小表示了它在整个层次中的相对大小,其他属性由颜色和内容敏感的属性显示区加以表示。譬如说,用树形图来表示按杜威图书分类法排列的一堆书籍。矩形的排列表示了层次结构,单个矩形的大小表示层次中该级别的书籍的数量,而矩形里面的颜色表示该级别书籍的翻阅频率。

5. 网络数据的可视化

网络数据指与任意数量的其他项目有着关系的项目(有时又叫节点)。因为网络数据集里面的节点不受与它关系的、数量有限的其他节点的约束(不像层次节点,它们都有唯一的父节点),网络数据没有固有的层次结构,两个节点之间可以有多条路径。项目与项目之间的关系其属性数量都是可变的。

因为属性和项目之间的关系可能非常复杂,如果不用某种可视化方法,网络数据很难显示。比方说,互联网上面有成千上万台服务器,服务器之间又可能存在众多路径。尽管对特定的任务而言,通过观察表格和统计数字,有可能了解网络流量模式、使用量高峰和低峰以及节点之间的备用路径,但使用视觉表示法却可以大大简化这项复杂工作。

例如,图 4-36 显示了 1991 年 9 月 NSFNET T1 主干网上的流量。流量由黑色(表示 0 字节)到白色(表示 1×10^{11} 字节)的不同灰度表示。研究人员只要比较不同时间段的视图,就很容易知道流量增长趋势和模式,查出网络中表明流量变化异常的环节。

非空间信息可视化能够以多种方式帮助人们更有效地获取信息。可视化系统使人们能够轻松地浏览大量的复杂数据,迅速找到所需信息,而且在数据浏览过程中能够与之互动,从而识别数据

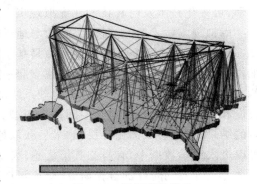

图 4-36　网络流量信息

中隐含的模式及趋势信息,达到更好地理解信息的目的。

不过,这并不意味着所有这些可视化系统很快就会得到广泛应用。有些可视化计划旨在探究某一种设想,经过优化后才能处理特定的数据。要让它们适用更加一般化的数据,还需要投入大量的开发工作。另一些系统使用极为复杂、详细的数据库,这些数据库筹建起来既费时间又费资金。虽然有些计划的可用性研究表明,用户使用可视化界面时效率更高,但可用性测试对象有时需要一段时间来适应可视范例,这可能是面向普通大众的系统所共同面临的一个问题。

不过,集成非空间信息可视化的系统有其潜在市场。计算机业界的下列诸多趋势不仅会促进非空间信息可视化应用的发展,还会使这些应用更可能为计算机用户所接受:

(1)多媒体功能的个人计算机不断降价。

(2)个人计算机的处理功能不断增强。

(3)计算机网络在带宽和速度方面的功能增强。

(4)能够显示更复杂、更高分辨率图像的计算机屏幕问世。

(5)操作系统和 Java 等基本软件的性能和功能增强。

与技术趋势同样重要的是,信息设计人员越来越意识到:对多种形式的信息而言,图形比基于文本的传统表示法"更加准确、更具表现力"。考虑到人们需要处理数量日益庞大的信息,设计人员已开始把图形功能更强的信息集成到所设计的应用里面。这些应用的成功,加上创建图形信息的工具越来越广泛,势必会促成非空间信息可视化的应用更为广泛。

§4.4　可视化与虚拟现实技术

虚拟现实(virtual reality,VR)又称虚拟环境,是目前可视化研究的热点问题。它指通过头盔式的三维立体显示器、数据手套、三维鼠标、力学反馈系统、立体声耳机等使人能完全沉浸

于计算机创造的一种特殊三维图形环境,并且人可以操作控制三维图形环境,实现特殊的目的。因此,本质上讲,虚拟现实是一种高端人机接口,包括通过视觉、听觉、触觉、嗅觉和味觉等多种感知通道的实时模拟和实时交互,来达到方便自然的人机交互(刘勇奎 等,2000)。多感知性(视觉、听觉、力觉、触觉、运动等)、沉浸感(immersion)、交互性(interaction)、自主感(autonomy)是虚拟现实技术的四个重要特征。研究表明,人类有80%以上的信息获取都来自视觉,因此对于一个虚拟现实系统来说,除提供听觉、触觉、嗅觉等方面的交互以外,计算机图形学、可视化技术及仿真技术在虚拟现实中是最重要的组成部分。

虚拟现实技术、计算机网络技术与地学相结合,可产生虚拟地理环境(virtual geographical environment,VGE)。虚拟地理环境是基于地学分析模型、地学工程等的虚拟现实,它是地学工作者根据观测实验、理论假设等建立起来的表达和描述地理系统的空间分布以及过程现象的虚拟信息地理世界。一个关于地理系统的虚拟实验室,它允许地学工作者按照个人的知识、假设和意愿去设计修改地学空间关系模型、地学分析模型、地学工程模型等,并直接观测交互后的结果,通过多次的循环反馈,最后获取地学规律。虚拟地理环境的特点之一是地学工作者可以进入地学数据中,有身临其境之感;另一特点是具有网络性,从而为处于不同地理位置的地学专家开展同时性的合作研究、交流与讨论提供了可能。

虚拟地理环境与地学可视化有着紧密的关系。虚拟地理环境中关于从复杂地学数据、地学模型等映射成三维图形环境的理论和技术,需要地学可视化的支持;而地学可视化的交流传输与认知分析在具有沉浸投入感的虚拟地理环境中,则更易于实现。地学可视化将集成于虚拟地理环境中。

虚拟地理环境的发展与完善,除了依赖于计算机的虚拟现实技术外,还与地学信息获取处理技术(如遥感、遥测等)、地学分析模型构建水平、地学可视化、地学专家系统、地学空间认知理论等的发展密切相关。虚拟地理环境对地学发展有重要的意义。虚拟地理学(virtual geography)的提出就表达了虚拟地理环境对地理学未来发展的作用和影响。另外,一般认为地理科学发展缓慢的一个原因是无法进行室内试验,从而使地学假设理论无法得到实践的检验。虚拟地理环境为地学工作者提供了可重复的信息模拟实验的可能,任何一个地学分析模型均可以由其他人在虚拟地理环境中运行模拟,受到检验,从而加速地学理论的成熟和发展。

4.4.1　虚拟现实技术的发展

虚拟现实是在计算机图形学、计算机仿真技术、人工智能、人机接口技术、多媒体技术以及传感技术的基础上发展起来的交叉学科。

第一个具有虚拟现实思想的装置是由 Morton Heilig 在 1962 年研制成功的称为 Sensorama 的具有多种感官刺激的立体电影设备。Sensorama 提供视觉、听觉、嗅觉、风动感(触觉)和振动感多种刺激,观看者可体验到骑摩托车漫步街区时看到高楼大厦、听到鸟语、闻到花香以及风拂面的感觉。但不能改变看到和所感受到的环境,即无交互操作功能。

1965 年,计算机图形学奠基者 Ivan Sutherland 发表了《终极的显示》(The Ultimate Display)的论文,文中首次提出了包括具有交互图形显示、力反馈设备以及声音提示的虚拟现实系统的基本思想。Sutherland 在论文中提出能否不透过窗户来观看计算机生成的虚拟世界,而使观察者沉浸其中,犹如我们日常生活一样转动头部和身体,看到的场景也会实时地做出相应改变,并且观察者能够以自然的方式直接与虚拟世界中的对象进行交互操作,触摸、感觉、听到声音(见图 4-37)。为了实现他的想法,在 1966 年,Sutherland 用在眼睛前绑定两个 CRT 显示器的方法实现了一个简单的（head mounted displays,HMD）系统,在此基础之上, 1970 年,出现了第一个功能较齐全的 HMD 系统。基于从 20 世纪60 年代以来所取得的一系列成就,美国的杰伦·拉尼尔（Jaron Lanier,美国 VPL 公司创建人 ）在 80 年代初正式提出了"Virtual Reality"一词。

图 4-37　HMD 系统

　　20 世纪 90 年代初期,虚拟现实相关应用技术的研究陷入了低谷。由于需要高性能的图形工作站作为图形生成系统,而且外围交互设备,如显示设备、定位设备等都非常昂贵,而且这样一套昂贵的系统应用范围有限,很多人对该技术的应用前景提出了质疑。到了 90 年代后期,由于桌面电脑三维图形技术得到了迅猛发展,人们开始将虚拟现实系统中的一些技术应用到个人计算机平台之中,称为桌面虚拟现实系统。它成本低廉,实现简单,便于推广应用,可以看作是一个简化的虚拟现实系统,因此相关的研究与应用逐渐升温,直到 2000 年以后,相关技术的发展速度呈逐步上升的趋势,尤其是近几年来,人工智能、网络与分布式计算技术、数据库技术等的发展,使虚拟现实技术的普及应用达到了一个新的高度。

4.4.2　虚拟现实的主要技术构成

在软件相关的技术方面,虚拟现实技术侧重研究以下几个方面的问题。

1. 实时三维图形生成技术

该技术包括动态环境建模和实时三维图形生成技术。动态建模的目的就是获取实际环境的三维数据,并根据应用的需要建立相应的虚拟环境模型。三维图形的生成技术已经较为成熟,为了达到实时的目的,至少要保证图形的刷新频率不低于 15 帧/秒,最好高于 30 帧/秒。提高刷新频率是该技术的主要内容。

2. 立体显示和传感器技术

虚拟现实的交互能力依赖于立体显示和传感器技术的发展,有设备过重、分辨率低、延迟大、有线、跟踪精度低、视场不够宽、眼睛容易疲劳等缺点,因此有必要开发新的三维显示技术。

3. 应用系统开发工具

虚拟现实应用的关键是寻找合适的场合和对象,即如何发挥想象力和创造性。选择适当的应用对象可以大幅度提高生产效率,减轻劳动强度,提高产品质量。

4. 系统集成技术

由于虚拟现实系统中包括大量的感知信息和模型,因此系统集成技术起着至关重要的作用。

对于硬件相关的技术,虚拟现实着重研究以下几个方面的内容。

1)虚拟现实生成设备

可以是一台或多台高性能计算机,带有图形加速器和多条图形输出流水线的高性能图形计算机,用于实时图形的生成与显示。

2)感知设备

感知设备是指将虚拟世界各类感知模型转变为人能接受的多通道刺激信号的设备。然而,相对成熟的感知信息和检测技术仅有视觉、听觉和触觉三种通道。

3)跟踪设备

跟踪设备用于跟踪并检测位置和方位,实现虚拟现实系统中人机交互操作。

4)基于自然方式的人机交互设备

应用手势、体势、眼神以及自然语言的人机交互设备,常见的有数据手套、数据衣服、眼球跟踪器及语音综合识别装置。图 4-38 反映了一个完整虚拟现实系统的硬件组成。

图 4-38　虚拟现实系统的硬件组成

4.4.3　虚拟现实技术的分类及应用

1. 桌面虚拟现实

桌面虚拟现实利用个人计算机和低级工作站进行仿真,将计算机的屏幕作为用户观察虚拟境界的一个窗口。通过各种输入设备实现与虚拟现实世界的充分交互,这些外部设备包括鼠标、追踪球、力矩球等。它要求参与者使用输入设备,通过计算机屏幕观察 360°范围内的虚拟境界,并操纵其中的物体,但这时参与者缺少完全的沉浸,因为它仍然会受到周围现实环境的干扰。桌面虚拟现实最大特点是缺乏真实的现实体验,但是成本也相对较低,因而应用比较广泛。常见桌面虚拟现实技术有基于静态图像的虚拟现实 QuickTime VR、虚拟现实造型语言(virtual reality modeling language,VRML)等。

2. 沉浸的虚拟现实

高级虚拟现实系统提供完全沉浸的体验,使用户有一种置身于虚拟境界之中的感觉。它利用头盔式显示器或其他设备,把参与者的视觉、听觉和其他感觉封闭起来,并提供一个新的、虚拟的感觉空间,并利用位置跟踪器、数据手套、其他手控输入设备、声音等使得参与者产生一种身临其境、全心投入和沉浸其中的感觉。常见的沉浸式系统有基于头盔式显示器的系统、投影式虚拟现实系统、远程存在系统。

3. 增强现实性的虚拟现实

增强现实性的虚拟现实不仅是利用虚拟现实技术来模拟现实世界、仿真现实世界,而且要利用它来增强参与者对真实环境的感受,也就是增强现实中无法感知或不方便的感受。典型的实例是战机飞行员的平视显示器,它可以将仪表读数和武器瞄准数据投射到安装在飞行员面前的穿透式屏幕上,它可以使飞行员不必低头读座舱中仪表的数据,从而可集中精力盯着敌机导航偏差。

4. 分布式虚拟现实

如果多个用户通过计算机网络连接在一起,同时参加一个虚拟空间,共同体验虚拟经历,那虚拟现实则提升到了一个更高的境界,这就是分布式虚拟现实系统。在分布式虚拟现实系统中,多个用户可通过网络对同一虚拟世界进行观察和操作,以达到协同工作的目的。目前最典型的分布式虚拟现实系统是 SIMNET,SIMNET 由坦克仿真器通过网络连接而成,用于部队的联合训练。通过 SIMNET,位于德国的仿真器可以和位于美国的仿真器一样运行在同一个虚拟世界,参与同一场作战演习。

新的交互设备、交互技术的出现不断为虚拟现实技术带入新的应用领域。目前,虚拟现实在航空航天、测绘遥感、勘探、军事、医疗、教育、娱乐等领域得到广泛的应用。尤其是在一些极端或危险环境下应用的系统中,虚拟现实技术的作用尤其明显。例如,外科医生的培训是一项投资大、时间长的工作,这是因为不能随便让实习医生在病人身上动手术。可是不亲自动手,又如何学会手术呢?虚拟手术台已能部分模仿外科医生的现场。同样,提供模拟的人体器官,可让学生逼真地观察器官内部的构造和病灶,具有极高的实验价值。另外,在一些实际建模需要高昂成本的应用中,虚拟现实技术也有很高的应用价值。例如,飞机设计过程中的风洞试验,传统方式需要巨大的场地空间,各种传感设备以及各种模拟设备,并需要对设计对象进行物理建模,而采用虚拟现实技术实现的虚拟风洞则可以在计算机中实现这些功能,以可视化的方式表现实验结果,其精度甚至比实际建模的系统精度还要高。

思考题

1. 可视化技术在数字工程的应用中有哪些重要作用?
2. 提高栅格数据的可视化效率手段有哪些?
3. 简述可视化应用中常用的复杂三维模型简化的方法。
4. 什么是矢量数据?什么是栅格数据?各有什么优缺点?

第 5 章 数字工程中的智能化技术

智能化技术在计算机科学中的应用由来已久,早在 1956 年,人工智能之父、美国科学家麦卡锡(J. McCarthy)联合他的几位朋友,开创了人工智能的先河。起初人工智能研究者们所遵循的指导思想是建立一个通用的、万能的符号逻辑运算体系,但后来由于万能逻辑推理体系在复杂系统的问题求解中缺乏知识(knowledge),并且推理体系中的状态空间搜索常形成严重的"组合爆炸",使人工智能的研究一度陷入低潮。人们意识到知识在智能系统中的决定性作用,于是 20 世纪 60 年代的后期,专家系统作为人工智能(artificial intelligence)中的一个发展分支而逐渐为人们所重视,由此智能系统也从追求通用的万能系统向面向特定领域的专门性问题的方向发展,即形成了针对专门领域、基于专门知识的专家系统,从而将问题求解缩小到一个特定的范围。知识在问题求解中的作用得到了肯定和应用,标志着人工智能开始走向了实用化阶段。在专家系统基本原理的基础上,从 20 世纪 70 年代开始,决策支持系统(decision support system,DSS)的研究也取得了一定的成果,其应用领域主要用于为各级管理者提供辅助决策方案。与专家系统相比,决策支持系统注重系统的决策和预测能力,系统中往往集成了复杂的模型计算。在以模型为主体的决策系统中,由于模型具有相对的稳定性,而且基于模型的问题求解无法解决非结构化问题,无法适应外部环境的变化,所以在决策支持系统的组成结构上增加知识库(knowledge base,KB)及其管理系统(knowledge base management system,KBMS)部件,来模仿人类专家进行问题求解(尹朝庆,2009)。

空间信息科学以空间数据获取、加工、分析、输出为基本研究内容,以期实现对空间现象和空间规律的深入理解。在空间信息科学、计算机科学、网络技术交叉的基础上,人们注意到各类数据资源的数字化获取、网络化传输、智能化决策支持和应用结果的可视化表达在现实应用中越来越重要、越来越广泛。其中,数字工程中的智能化即以空间信息为主要数据载体、加载专业领域数据支持分析决策的智能化,因此一般也可以称为空间信息应用的智能化,本章将对数字工程中的智能化技术进行系统的介绍。

§5.1 概述

智能化技术的本质是以机械模拟人的思维或动作,在人们的日常生活和学习中也经常可以见到、听到。典型的具有智能特征的对象是机器人,它可以帮助人们完成一定的任务,如做家务的机器人、采矿用的机器人等;还有智能门系统,它可以自动识别主人,当主人回家时,可以自动将门打开。在所有的这些智能应用的背后,核心都是一个具有控制能力的"芯片",存储有各类操作指令,当满足一定的前提时将执行相应的指令,完成其赋予的任务。因此概括地说,智能化技术就是在计算机软件、计算机硬件及其他特定硬件设备的支持下,模拟人的思维,仿真人的功能。

在空间信息学、计算机科学、网络技术交叉的基础上,形成了包括空间信息在内的各种数据资源的数字化获取、网络化传输、智能化决策支持和应用结果的可视化表达,其中数字工程中的智能化即以空间信息为主要数据载体而实现应用智能化,也称为空间信息应用的智能化,是数字工程中的核心技术之一,也是实施数字工程应用的目标,因此是数字工程实施与应用中极其重要的一个环节。数字工程智能化技术的本质是利用空间分析模型和领域知识,来实现对现有空间问题的分析,并为空间决策提出依据。因此,除了领域分析模型的支持外,空间信息应用的智能化直接的理论与技术基础就是人工智能中关于知识的研究,可以概括地认为空间信息应用智能化就是对现有问题,用"空间分析模型＋领域知识应用"进行解决的策略。在空间信息应用中的智能化,知识多数都表现为具有显著的时空特性,因此也将空间信息应用中的知识简单地称作空间知识。下面将从数字工程智能化技术的学科背景、智能系统的一般结构及数字工程中的智能化技术三个方面来进一步介绍智能系统的一般特点和数字工程中智能化应用的特色。

5.1.1　智能化技术的学科背景

一般来说,智能是指人类智能,即人认识客观事物并运用知识、经验解决实际问题的能力,它往往通过人的观察、记忆、想象、判断等表现出来。而人工智能是相对于人类智能而言的,是把人的部分智能活动机械化,让机器具有运用知识解决问题的能力,智能化技术就是如何实现让机器运用知识来解决问题。目前,智能化技术最基本的学科背景是人工智能,是 20 世纪 50 年代开始形成的新科学,以控制论、心理学、仿生学、语言学、计算机技术等学科为基础发展起来的,目标是研究并模拟人的智能,用机器来扩展人类的智能。

数字工程中的智能化应用建立在数据工程软硬件平台和一定的技术体系的基础上,关于数字工程的软硬件环境及技术体系,在前几章中已有详细介绍。在软件环境中,除了基础软件平台外,数字工程的领域分析模型、领域知识以及数据支持是实现其智能化决策与分析的必要环境。下面将在 §5.2 中详细介绍空间分析模型,§5.3 介绍空间知识获取与表达。

5.1.2　智能系统的一般结构

智能系统一般都具有比较类似的结构特征,空间信息应用智能化技术可以认为是智能系统在空间信息应用领域的特例,在认识、理解空间信息应用智能化系统的结构和功能前,我们首先来分析一下智能系统一般的结构特征。

人工智能、知识工程、知识论等领域的研究重点以如何实现机器模仿人类专家解决实际问题,为智能系统的实现奠定了重要的理论基础。

(1)智能系统在实现的功能上类似于领域专家,特别是在实现计算机辅助决策时,两者的结构和过程非常类似(见图 5-1)。如果我们将两者都认为是独立的任务或问题求解系统,则

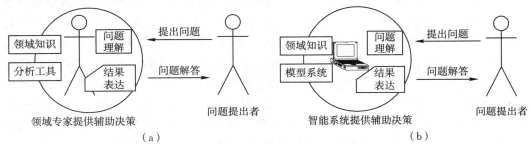

图 5-1　领域专家与智能系统提供辅助决策的比较

此类系统的功能都要具备对提出的问题的理解,并给出问题解答的结果表达。

（2）除了具备问题理解和结果表达外，领域知识和分析工具也必不可少，其中领域知识处于核心地位，无论是问题理解、结果表达以及工具的使用一般都需要在知识的指导下有目的地完成。

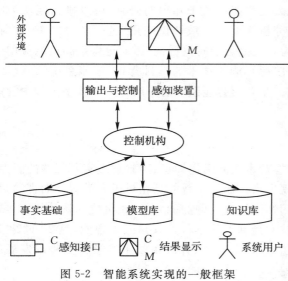

所谓领域知识，就是特定应用领域内（如交通、农业、用地规划等）人们从实践中总结的经验，这些经验对分析、实现特定的目标具有重要的指导意义。一般认为，智能系统是一个具有通过感知外部环境获取外部信息，并在各类模型、知识、事实的支持下，由控制机构进行统一调度，并进行智能反馈（输出）的计算机系统。控制机构在进行统一调度的过程中，部分步骤需要人工的交互。因此智能系统的实现框架包括了智能系统内部结构及其外部环境，其中智能系统内部结构由事实基础、模型与知识、感知装置、控制结构、输出与控制五个部分组成（见图5-2）。

图 5-2　智能系统实现的一般框架

1．事实基础

事实基础可以认为是智能系统中的数据部分，包括两类基本的内容，一类事实基础是现已存在的、与智能感知和反馈相关的事实集合，例如在空间信息系统中，进行交通道路的优化选线时，现有的交通道路网络拓扑关系是一个基本的事实集合，是实现智能交通选线的基本依据。

另外，事实基础还包括了通过外界输入到智能系统中的内容，例如交通道路的优化选线的起、始节点是由外部输入的，通常将前者称为稳定性事实基础，而将后者称为不定性事实基础。

2．模型与知识

模型通常是在不改变问题的本质的情况下将复杂的现实世界进行简化，以方便我们对现实问题的认识、描述与模拟。在智能系统中，模型是通过对问题本质的分析后以计算机程序模拟实现的。以交通道路优化选线为例，交通道路可以简化为包括"边和节点"的网络图，基于网络拓扑结构实现的最短路径分析模型可以解决复杂的交通道路的最短路径分析问题。

知识是智能系统的核心内容，也是智能系统研究中最重要的领域之一。智能系统通过外部输入或自学习（系统本身具有的自学习能力）获取知识，并将知识按一定的结构组织。在空间信息应用领域，我们经常需要为智能系统输入知识来控制智能系统的行为，例如在进行行车路径决策时，如果我们有知识"路段 A—B 在某一时段是通行高峰期"，那么我们就可以避开该路段而选择其他路线。知识是表现智能行为的主要根据，也是衡量一个智能系统智能程度的首要指标。模型也可以认为是我们对现有问题认识基础上的一类特殊的知识，可以通过计算机编写运行分析模拟。在数字工程中时常也需要建立纳入知识和经验在内的逻辑分析模型，在模型的运行中，涉及一些逻辑判断和布尔操作，有时也会融入一些专家知识（如专家打分）。

3．感知装置

感知装置是智能系统的数据获取机构，通过一定的硬件设备（如照相机、传感器、数据接收机等)来感知智能系统外界的信息。在计算机系统中,键盘、鼠标等都可以作为感知装置实现智能系统数据的获取。

以交通路径选线为例,交通工具的现势坐标的获取可以通过 GPS 接收机实时获得,也可以通过键盘、鼠标等基本输入设备获取。此外,在智能系统进行智能分析的过程中,有时智能系统中存储的知识无法满足其进一步计算,或系统中的知识出现不一致时,需要人工的实时干预,这种人机交互的实现也是通过感知装置传入智能系统的。

4.控制机构

控制机构是智能系统的核心部件,控制机构与事实基础、模型与知识一起组成了智能系统的控制中心,其在智能系统中的地位相当于人类的大脑。控制机构是智能系统的运算与推理中心,特别是决定着复杂智能系统中的推理方法与控制策略。推理方法包括正向推理、反向推理和双向推理。

正向推理是从已知事实出发,通过规则库求得结论,或称数据驱动方式,其推理过程是:

(1)规则集的规则前件与数据库中的事实进行匹配,得匹配后的规则集合。

(2)从匹配规则集合中选择一条规则作为使用规则。

(3)执行使用规则的后件,将该使用规则的后件送入数据库中。

(4)重复这个过程直至达到目标。

具体说如数据库中含有事实 A,而规则库中有规则 A→B,其中 A 也称为规则前件,B 称为规则后件,那么这条规则便是匹配规则,进而将后件 B 送入数据库中。这样可不断扩大数据库直至包含目标便成功结束。如有多条匹配规则需从中选一条作为使用规则,不同的选择方法直接影响着求解效率,选规则的问题称作控制策略。正向推理会得出一些与目标无直接关系的事实,造成推理结果并非都是决策者感兴趣的。

反向推理是从目标(作为假设)出发,反向使用规则,求得已知事实,或称目标驱动方式,其推理过程是:

(1)规则集中的规则后件与目标事实进行匹配,得匹配的规则集合。

(2)从匹配的规则集合中选择一条规则作为使用规则。

(3)将使用规则的前件作为子目标。

(4)重复这个过程直至各子目标均为已知事实,此时标志推理成功结束。

如果目标明确,使用反向推理方式效率较高。

双向推理就是同时使用正向推理和反向推理。

另外,控制结构还可以实现机器学习,通过机器学习来补充智能系统的知识,使智能系统更加智能化。

5.输出与控制

输出是指推理反馈的结果在一定媒体上反映出来,如屏幕显示、打印机输出等。有时输出也包括了控制的成分,例如在自动化系统中,特定的输出可以驱动某一设备执行特定的动作。

6.外部环境

外部环境特指智能系统本身以外的内容,智能系统通过与外部环境的交互作用,来表现其智能性。外部环境是智能系统各类原始信息的输入源及控制信息的基本来源,外部环境通过感知装置将其信息反映在智能系统内部,并能驱动智能系统的行为。

5.1.3　数字工程中的智能化技术实例

数字工程的智能化是建立在以空间信息为主要载体的数据平台及分析模型与领域知识的基础上,即"模型＋知识"的空间问题解决策略,为决策者提供认识空间规律、改造现实世界的技术。数字工程的智能化实现的基础环境包括数据环境、领域分析模型和领域知识,其中领域知识的应用是数字工程中的智能化应用中的核心问题。

我们知道,在使用计算机软件来分析空间问题、制订空间决策方案时,除了与系统集成的通用分析功能及特定领域的专业分析模型相关外,用户或系统必须拥有(存储)一定的领域知识。领域专家熟悉并掌握领域知识,就能够结合系统功能,操作、引导系统的任务解答运行流程,形成流畅、互补的用户与系统间交互问题求解,最终能够对提出的目标任务给出令人满意的解答;而普通用户由于缺乏相关知识,就无法实现特定的目标或得出的结果不够全面甚至是错误的。

例如对于某一数字制图系统,地图制图专家可以利用系统提供的基本功能,结合自己的经验(用户知识)制作出非常完美的专题图,如当某一图斑小于特定面积(如 20 m²)时,就应该将其归为某大面积图斑,而一般用户却无法做到(见图 5-3)。

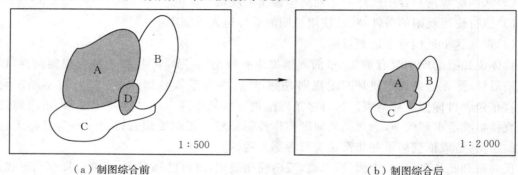

（a）制图综合前　　　　　　　　　　　　（b）制图综合后

图 5-3　制图综合智能化

又如,城市规划系统中设施选址时需要考虑地质状况,经常做城市规划的人就可以利用这一知识指导城市规划;再如,进行农业种植结构规划时,沙性土壤一般不宜种植水稻,可指导农作物种植规划(见图 5-4)。

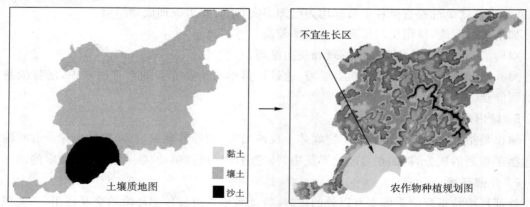

图 5-4　种植结构规划时考虑领域知识

上述的数字制图系统、城市规划系统、农业种植结构规划等实施过程中,都需要一些背景知识的辅助。例如,整队农业种植结构规划,如果用一种模型来证明"沙性土壤"与"种植水稻"适宜性之间的定量关系,这个模型将会十分复杂,而利用"沙性土壤一般不宜种植水稻"这条领域知识,可以很大程度上降低决策系统的复杂性。这说明,领域知识在实现一个智能决策过程中是不可缺少的。

数字工程应用系统与用户是整个应用环境的两个终端,两者交互、协作,共同完成一个特定的任务。合理地在这两个终端预分配领域知识,并调整两者的交互过程,是提高整个应用水平和效率的有效途径。但是,由于用户类型的多样性及不确定性,用户端掌握的知识是无法确定的,为此,可假定用户端缺乏知识,而为应用平台端分配足够的领域知识,并建立一套领域分析模型,从而在用户端没有足够领域背景知识的情况下,使整个应用仍能够很好地运行,辅助用户进行决策分析。

根据在数字工程中知识应用的具体情况,可以按智能化应用类型和智能应用层次进行分类。

1. 智能化应用类型

按智能化应用的主导方式,可以将其分为以下三个类别。

1)数据分析主导型

以空间信息为主要信息载体、容纳各类文本、统计、图像信息为数据基础,通过对这些数据的综合分析(如统计、分类等),形成各类专题图、表等可视化结果,来达到对数据的深入了解,进而增进对现实世界的理解,为制订决策方案提供参考依据。数据分析主导型的智能应用仅局限在对数据的初步分析的基础上,采用的分析方法比较单一、简单。

2)空间分析模型主导型

模型主导型是按照空间分析模型的一般要求,建立与领域应用相关的一系列应用模型,并根据模型的参数要求,提供相应的数据,为决策者提供一定的辅助决策分析功能,其特点是输入参数类别固定。空间信息应用中的智能化技术在开发空间分析模型方面显然要比普通的智能系统要求更高,空间分析模型本身就是比较复杂的,在由现实世界抽象构建空间分析模型时,不仅要考虑到一般模型的问题,重点需要对空间事件过程有一个比较清晰的认识。空间分析模型一般包括基础空间分析与专题空间分析模型两大类,这些内容将在§5.2重点介绍。

3)领域知识应用主导型

传统的空间信息系统的运行是数据或模型驱动的,而数字工程中的智能应用技术主要由知识驱动。数据驱动的系统运行首先检查数据情况,当数据符合要求时将按照既定的运行流程对数据进行分析处理,在以模型驱动的应用中将模型作为系统运行的中心,根据模型参数的需求,从数据库中提取相关模型参数,完成模型运行后输出结果。但是这两种方式都不具有智能性,因为系统运行时的流程是固化的,不能随外界环境的变化而改变运行流程,也就不能适应环境的变化,而领域知识驱动的系统运行正是考虑到环境变化因素,单次运行的输入参数不可预见,当外界情况发生变化时,能够调整相应的知识(如运行流程控制知识)来适应环境变化的需求,因此具有更大的灵活性。此外,人的干预起着非常重要的作用,当系统本身提供的知识无法满足要求时,就需要关于领域知识的概念,具体将在§5.3介绍。

数据分析主导型、空间分析模型主导型与领域知识应用主导型在智能化的深度上是逐渐加强的,数据分析为理解问题提供了一个初步的映像,空间分析模型的应用为进一步把握问题的实质提供了强大的工具,而领域知识的应用则为我们提供了接近问题本质的有效保障。例如在数字交通中,数据分析(如通过简单的统计图表)可为我们大体上了解该区域的交通流量信息,分析模型(如最短路径分析、连通性分析)可以对区域的路网状况、连通性状况给出一个比较清楚的描述,如果能够应用领域知识,则可以把深层次的依赖信息再加工方式获取的认知(如人们的行车偏向等)记录下来,这样就可以更深入地掌握该区域的交通情况了(见图5-5)。

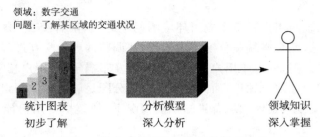

图 5-5　数字工程智能化应用的类型比较

2．智能化应用层次

数字工程中的智能化应用从表现层次上可划分为普通、中级和高级三个级别,具体内容如下。

1)普通层次

普通层次的智能化应用实现一些简单的查询检索任务,例如智能查询中系统能够根据特定用户的输入习性,将常用的查询内容进行记忆,并能够根据最近优先或频度优先的策略智能地将查询条件提供给用户。如图所示在通过谷歌(Google)输入搜索条件时,将历史搜索信息存储在系统中,并进行输入提醒,从而节省了用户信息输入的时间(见图5-6)。

2)中级层次

中级层次是数字工程的智能化应用中最广泛和实用的方面,集中体现了集成空间分析模型、领域知识获取、表达与应用中的知识推理等智能应用中的各类技术。如图5-7所示,在一个数字交通应用中,求从A点到B点的最佳行车路径,从连通性看,可以有1→2→5→6或1→3→4→6两条路径,如果建立一个"路径长度总和最小"为准则的交通选线模型,这两条路径的距离相同,但如果增加"道路3经常交通拥挤"这个背景知识,就可以根据交通选线模型和该背景知识确定1→2→5→6为较优的路径。这就是在领域分析模型和领域知识的支持下进行空间决策的一种方式,这类应用是数字工程中的智能化技术所要强调的重点内容。

图 5-6　智能化应用的普通层次

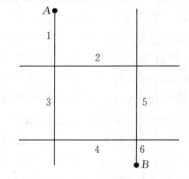

图 5-7　数字工程智能化应用的中级层次

3)高级层次

智能化应用的高级层次表现在系统不仅能够在模型和知识的支持下进行空间分析与决

策,而且还具有自学习的能力,即在实现智能化空间决策与分析后,能够对实现过程及结果进行评价,并记忆有用的新知识,对无法解决的问题进行标记,使系统本身的知识库得以扩充。数字工程中讨论的空间信息应用的智能化一般指中级层次的知识应用,在数字工程应用系统的构建上,除了遵循数字工程的一般原理外,系统的结构仍然在智能系统的实现框架以内,即由事实基础、模型与知识、感知装置、控制结构、输出与控制五个部分组成,而智能空间决策支持系统(intelligent spatial decision support system,ISDSS)是该框架下的一个系统实例,其中对领域知识的应用是决策智能化的集中体现,因此本章后续内容将逐步介绍关于空间知识的获取、表达以及智能空间决策支持系统的结构等内容。

§5.2　空间分析模型与空间决策

从 §5.1 的智能化应用层次的分析中可以看出,空间分析模型是支持空间决策方案生成的重要工具,也是数字工程智能化技术中的基础条件之一。从本质上看,空间分析模型也是一类特殊的领域知识,因为模型的建立是在一定知识的指导下完成的,反映了模型的建立者对某类问题的本质的认识与理解,对特定问题理解的越深刻,构建的模型也就与实际越符合。此外,空间分析模型中有时也集成了领域知识,例如有时在进行资源评价时需要专家打分,这就是根据专家的经验进行分析的一种方法。本节通过对空间分析模型及空间决策基本概念及方法的讨论,让读者了解到数字工程中空间信息智能化应用中空间分析模型的概念、作用、开发方法及应用,最后简单介绍空间决策支持系统的概念。

5.2.1　空间信息应用与空间分析

1. 空间信息应用

空间信息是数字工程项目实施和应用中最主要的数据基础,是承载其他专题应用的数据框架,因此在数字工程中特别强调空间信息的应用。空间信息应用的领域十分广泛,从高端科技应用如卫星定位、现代军事指挥,到各类自然资源的管理如国土、农业、林业、水资源等以及直接影响人们衣食住行的交通(电子地图)、天气(气象预报与气象分析)等各个领域都离不开空间信息的支持。空间信息应用不应仅限于空间信息的查询检索上,更体现在空间信息的分析、预测预报与模拟等高级应用上。

目前,空间信息应用大多数都依赖于空间分析模型,构建空间分析模型不仅需要对问题的本质(机制)有一个清晰的理解,不仅要"知其然",还需要"知其所以然",对实现的详细过程必须能够很好地模拟,即有规律可循、能用形式化方法描述和求解的一类决策问题,才能获取比较好的模拟结果。然而有时空间问题表现为非结构化,即无法用模型去模拟,在这种情况下,采用领域知识就具有较大的优势。领域知识应用中并不需要弄清楚因果关系的内部机制,只需要"知其然",然后将领域知识按一定的规则组织应用,形成基于特定知识的空间分析与决策的模式,同时也可与空间分析模型相结合,来实现空间信息应用的智能化。

2. 空间分析的基本内容

空间信息应用的目标是达到对现有空间现象的理解、预测、决策与控制,空间分析是实现空间决策与控制的必要途径,是指用于分析空间事件、空间规律的一系列技术,其分析结果依赖于事件的空间分布,面向最终用户。其基本内容主要有以下四方面。

（1）认知。通过有效的获取、科学的描述空间数据，利用数据来再现事物本身，例如绘制风险图、土地覆盖分布图。

（2）解释。理解和解释生成现状规律的背景过程，认识事件的本质，例如区位效应可影响土地价值。

（3）预报、了解、掌握事件发生的现状。运用历史数据或事件机理来对未来的状况做出预测，例如农药扩散、传染病的传播。

（4）调控。调控在地理空间上发生的事件，如合理分配资源。空间分析功能基于以上目的，主要是通过空间分析技术的集成实现以上目标。根据空间分析的对象可以将空间分析的内容界定为基于图的分析、基于数据的分析和基于事件机理的分析三类。

1）基于图的分析

基于图的分析主要包括缓冲区分析、叠加分析、网络分析、复合分析、邻近分析及空间连接关系分析等，这些方法以图形为基础，在现有的空间分析软件中已较为成熟，是空间分析的一个重点内容。图 5-8 显示了进行缓冲区分析的实际应用，可以辅助防洪决策。

2）基于数据的分析

基于数据的分析利用采样数据来选择变量、分析变量之间的关系并进一步得出函数关系式来描述事件的发生规律。基于数据的分析的理论基础是空间统计学，统计分

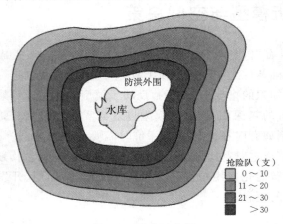

图 5-8　缓冲区分析

析是常规的数据分析技术之一。由于空间数据的本质特征和传统的统计学方法的基本假设不同，传统统计学方法在分析空间数据时存在一定的缺陷。传统的统计学方法是建立在样本独立与大样本两个基本假设之上的，对于空间数据，这两个基本假设前提通常都得不到满足。空间上分布的对象与事件在空间上的依赖性是普遍存在的，这使大部分空间数据样本间不独立，即不满足传统统计分析的样本独立性前提，因而不宜于进行统计分析；此外有些空间数据采样存在困难，常使样本点太少而不能满足传统统计分析方法大样本的前提。空间统计学包括一整套分析技术，如各种克里格内插方法、多变量空间统计和模糊空间统计、优化采样设计等，典型的应用如等值线的绘制、农业中的田间最佳取样点分析等，图 5-9 即是通过有限的降雨观测站得到一些观测样本数据，通过空间插值法形成降雨等雨量线。空间统计理论假设样本是随机分布的，在此假设基础上，通过对样本点得出的经验变率函数的拟合以得到真实的变率函数，从而进行进一步的分析。此外还有空间探索性数据分析，它与一般数据探索分析的主要区别在于它考虑了数据的空间特性（如空间依赖性和空间异质性），即利用统计学原理和图形图表相结合对空间信息的性质进行分析、鉴别，用以引导确定模型的结构和解法。

3）基于事件机理的分析

有一些事件由其相应的机理提供公共构架，由环境信息提供初始边界条件，那么，可直接利用前人所总结的成果来描述事件，在此基础上，根据需要再进行分析。例如进行环境污染物扩散分析时，可以利用污染物的扩散方程，加上环境信息提供的初始边界条件，实现污染物空

间分布的预测或进行污染物未来状况的预测。

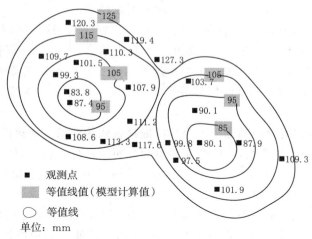

图 5-9　空间内插形成等值线

5.2.2　空间分析模型

　　什么是模型？简单地说，就是在不影响事物本质的情况下，用尽量简单、易于理解的语言或实物实体来表达复杂的现实世界。模型是理解、分析、重现现实世界的有力工具，是现实的表象。模型可以用语言来表达，如可以用文字来描述，也可以用数学语言来形式化地描述，甚至可以用一个草图来简要地表示。当然，模型也可以用概略化的实体来勾画，如一座桥梁、一个城市、一栋房屋等。在计算机领域，模型一般用特定领域的专业语言来描述，用计算机语言来实现该描述，从而达到模型是可表达和计算的。

　　前面曾多次提出了空间分析模型或领域分析模型的概念，实践经验告诉我们，复杂的空间现象可以用人们易于理解的数学或计算机语言来表达和模拟，并在机器上仿真实现，这就是空间分析模型。空间分析模型是以空间现象为描述对象，以对空间现象的理解为基础，用计算机语言形式化，从而为分析、理解、预测空间现象提供了有效途径。例如，在观光旅游时有时会寻找到某个景点的最近的交通路线，交通路线的寻找依据是一些具有网络结构的连通图所构成的拓扑关系，该连通图由"节点"和"边"组成，通过连通图的最短路径分析模型，就可以从众多的"可达路线"中找到距离最近的通道；更为复杂的空间分析模型如环境中污染物扩散模型、森林火灾蔓延模型等，构建这些分析模型，都需要在一定的领域背景下，综合考虑多种因素（指标）完成。

　　空间性是空间分析模型必须考虑的基本特征，空间分析模型的输入或输出，一般都存在空间要素，如空间上的点、线或面。从应用的范围看，空间分析模型包括基础空间分析与专题空间分析两大类别，基础空间分析模型如上面提到的最短路径分析，此外，其他常用的还有缓冲分析、叠加分析等，这类模型的应用范围不局限于某个领域。专题空间分析涉及特定领域，如环境科学中的污染物扩散模型、森林管理中的火灾蔓延等，在§5.2.1 讨论的空间分析的基本内容中，基于数据的分析与基于事件机理的分析大多属于专题空间分析。空间分析模型的实现一般建立在通用空间分析功能的基础上，然后开发一定的专业空间分析模型，再通过各类空间分析功能的组合来实现一个具体的应用。在数字工程中，根据空间问题的复杂性和数字工程应用平台情况，可以采用多种方法来实现模型。目前实现基础空间分析功能与各种领域专用模型的结合主要有以下五种途径(赖格英,2003)。

1. 软件平台基础上的二次开发语言的空间分析建模法

软件平台大多通过提供进行二次开发的工具和环境来解决这一问题,如空间信息应用中的 ArcInfo 软件平台提供的进行二次开发的 AML 宏语言,ArcView 提供的 Avenue 脚本语言,又如 GeoMedia、MapInfo 也都提供了二次开发语言。二次开发工具的一个主要问题是它对于普通用户而言过于困难,而空间信息系统成功应用的关键在于支持建立该领域特有的空间分析模型。

2. 基于专业软件空间分析基础上的外部松散耦合式的空间分析建模法

这种方法是一种松散耦合式,即除专业的空间分析软件外,借助其他软件环境(比如 SAS、SPSS 等)来实现专用模型,这些模型与专业的空间分析软件之间采取数据通信的方式联系。

3. 混合型的空间分析建模法

这种方法有两种情况:第一种是上述两种方法的混合,其目的是尽可能地利用平台软件所提供的功能,最大限度地减少用户自行开发的压力;第二种就是利用组件技术,利用空间信息平台软件商家提供的组件和计算机可视化开发语言自行开发应用模型软件,例如 ArcGIS 平台软件所提供的 ArcEngine 组件就可以嵌入到可视化开发语言中,从而开发的应用软件将可以独立于软件平台运行。

4. 基于插件技术的空间分析建模法

插件(plug-in)技术在目前的 Windows 应用程序开发中是一项非常热门的技术,在很多著名的软件中都被使用。所谓插件技术,是在不修改程序主体的情况下对软件功能进行加强,当插件的接口被公开时,就可以自己制作插件来解决一些操作上的不便或增加一些功能。在软件产业化的环境下,插件技术形成的空间分析功能插件可以成为具有知识产权的产品,进入软件流通领域,具有较高的复用效率。插件式的空间分析功能模块,带有"即插即用"的特性,这就为中、小用户提供了选择的余地,可以不用购买大而全的软件平台,只需购入一些空间分析的插件即可,降低了应用成本。

5. 基于面向目标的图形语言建模法

面向目标的图形模型语言开发工具提供了一个面向目标的图形化的空间分析建模语言,使用户可设计高级的空间模型功能,所有这些设计都是在图形的方式而非编程语言方式下进行的,建模过程中的对象和空间分析操作均以图标形式展示给用户,用户完全可以摆脱编程语言的复杂性,省去了烦琐的中间过程。

对以上五种方式的比较见表 5-1。空间分析模型的开发实现过程一般包括模拟问题的机理分析、模型数据(参数)分析、模型软件实现、模型的模拟与验证(修正)等步骤,在 §5.2.3 中将重点讨论。

表 5-1　空间分析模型开发方式比较

实现方法	优点	缺点	实例
软件平台基础上的二次开发方式	对专业人员,软件平台提供的功能可以很快搭建各种复杂的模型	对于一般的开发人员而言很困难,开发者必须掌握该二次开发语言的语法;专业平台软件对系统资源要求较高	ArcInfo 软件平台提供的进行二次开发的 AML 宏语言,ArcView 提供的 Avenue 脚本语言

续表

实现方法	优点	缺点	实例
基于专业软件空间分析基础上的外部松散耦合方式	综合了软件平台和其他工具的优势,可以实现复杂的模型	对一般的开发人员同样困难,开发者熟练掌握一定的专业软件平台二次开发和外接程序开发的方法	ArcInfo 结合统计分析系统（ statistics analysis system,SAS)实现统计和空间分析功能
混合型的空间分析建模方式	具有前两种方法的优点,实现时具有较大的伸缩性	具有一定的开发难度	ArcGIS 平台软件所提供的 ArcEngine 组件
基于插件技术建模方式	具有较高的复用效率,不用购买大而全的软件平台,只需购入一些空间分析的插件即可,降低了应用成本	有时功能方面没有软件平台强大	如 MapPoint 可实现分析服务与地理信息系统的结合
基于面向目标的图形语言建模法	支持可视化,领域用户可以进行模型建造	目前支持这类功能的成熟的软件平台还没有出现	仍是空间分析模型平台开发的目标,暂时还没有成熟软件

5.2.3　空间决策与空间决策支持系统

什么是决策？按字面上的理解,决策是为了一定的目标而制订的为实现该目标的行为方法的总和。所以决策首先是在一定的目标的指引下,即决策目标的明确性。其次,决策是一个具体的过程,即为了达到既定的目标所采用各类行为方法的总和。最后,决策必须有实现的手段,即制订决策方案的工具,如可以用机器或人工的方法来完成决策过程,通过决策将形成决策方案,该方案是决策实施的依据,按照该方案记录的行为方法,在可预见的范围内,就应该能够达到既定的目标。

需要指出,决策是需要人的参与的,人的主观性在决策过程中起着至关重要的作用。人的知识、经验直接影响着决策结果,因此决策时离不开人的知识。由于决策是为了达到既定的目标而采用的行为方法,该行为方法一般不具有唯一性,即决策结果将因人而异,但是对决策的制定者来说,通过科学的决策过程而形成的决策方案通常是较优的。

空间决策是一类特殊的决策过程,空间决策所形成的决策方案通常涉及空间元素,决策方案的实施一般与空间的概念相关联,且这些决策都必须建立在一定的空间数据环境基础上。现实中的空间决策的范畴十分广泛,空间优化、城市发展规划、区域发展规划、公共设施选点、交通网络分析及环境管理等都是典型的空间决策问题。例如图 5-10 表达的通过空间分析模型实现森林火灾的预测就可以为制订决策方案提供非常重要的参考,如可根据火灾蔓延的速度相应地调集灭火物资(见图 5-11)。数字工程中的智能化技术是一种应用的智能化,在该应用的过程中,其数据基础是建立在广域网络环境下的、具有高度共享性的空间数据及属性数据,并设计开发分析模型,在此共享的数据平台上搭建的数字工程应用系统的智能化就是实现在空间数据及空间分析模型的支持下的智能空间分析与决策的任务,为各类、各级应用系统提供可参考的决策方案。

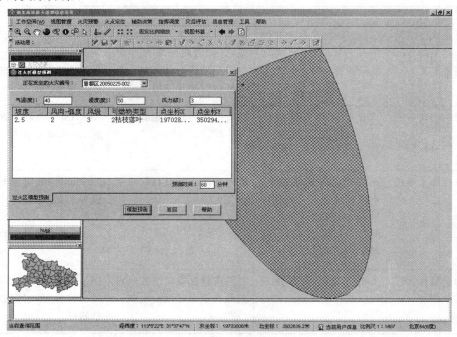

图 5-10   基于空间分析模型进行森林火点发展趋势预测

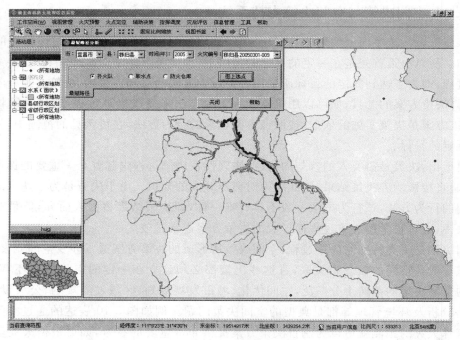

图 5-11   网络最短路径分析

空间决策支持系统（spatial decision support system，SDSS）是实现空间决策的计算机软件系统，也奠定了实现数字工程应用中智能化软件系统的基础框架。空间决策支持系统的基本构成包括空间数据库、模型库、方法库，有时也包括知识库，关于空间决策支持系统的详细结构可参考§5.5中的智能空间决策支持系统的内容。

§5.3　空间知识的获取与表达

在日常生活中,知识的重要性不言而喻,人们每天都在接触新的事物,每天都在学习新的知识,当然,不同领域的人接触的事物、知识是不同的,拥有知识就拥有了解决问题的思路,可以说知识是改变人们生活方式的内在力量。在数字工程智能化技术中,知识是形成智能的基础和源泉,因此知识从什么地方获取、如何获取以及如何表达知识是智能化技术首先应解决的问题。

5.3.1　知识和空间知识

什么是知识? 通俗地说,知识就是在一定的领域范围内,人们从实践经验中总结出来且为新的实践所证实的东西,因此知识是特定领域的知识,也称为领域知识;从认识论的角度,知识是关于事物运动状态和状态变化规律的描述。例如"春暖夏热"、"南炎北寒"等都反映了人们在生活实践中对一般规律的总结,这些知识对于指导人们的衣食住行起了非常重要的作用。

知识是一个抽象概念,本来没有空间与非空间之分,在空间信息与数字工程领域,空间知识的概念通常是指对空间关系、空间分布、空间实体特性相关内容的概括、描述、结论等,以帮助人们理解空间规律、获取空间信息、改造空间格局,这样就区别了一般的与空间信息无关的知识,即空间知识是对空间实体的理解。所谓空间实体,是自然界中业已存在的客观对象,如河流、土地、矿藏等,这些对象具有的显著特征就是具有位置相关性,当我们一想到这些对象,在脑子里首先呈现的是其位置、形状(廖楚江 等,2004;郭仁忠,2001),这些都是数字工程中所要重点考察的对象。空间知识本身不是空间实体,但空间知识的组成内容中大多存在与空间位置或空间方位有关的属性,这些属性一般是从现实空间中直接继承或抽象出来的特征,可见空间知识有时与空间实体在信息表达的内容上具有很大程度的交叉,即与空间实体表达的统一性。对空间实体的理解一般都离不开时间和空间的限制,由此,空间信息智能化应用中的知识大多具有空间与时间特征,体现在决策的问题一般与空间相关联,且具有一定的时空因素。尽管目前大多数智能系统,对知识的研究一般没有考虑时空因素,而是假定知识在系统的任何时间、过程、空间中都是适用的,即具有全局适宜性,严格地讲,空间信息智能化应用的知识系统应能够区分知识的时空特征。

知识的时空特征体现两个方面的含义,即知识的时间特征和知识的空间特征。

1. 知识的时间特征

知识的时间特征体现在知识应具备时间修饰成分,例如"春天武汉不下雪"即为一个具有时间修饰限制因子的知识,去除时间因子的知识"武汉不下雪"是不完整或不正确的。

2. 知识的空间特征

同样知识的空间特征也体现在知识应具有空间成分,上例中"春天武汉不下雪"实际上也具有空间修饰因子,如果去除空间因子得到的仅是"春天不下雪",该知识也是不完整或不正确的。再如农业生产中的领域知识,"如果土壤是沙质的且种植的是玉米,则灌溉后的土壤持水量不应高于30%"适用于区域 A,以及"如果土壤是沙质的且种植的是玉米,则灌溉后的土壤持水量不应高于50%" 适用于区域 B,就反映了针对不同区域而适用的领域知识的差异性,即具有空间性,产生这个差异的原因可能是因为不同区域的气候环境的差异所造成的(见图 5-12)。

与空间实体表达的统一性及时空特征是空间知识的基本特点,数字工程智能化技术中关于知识的范畴涵盖了空间知识及具有全局适宜性的一般领域知识,当知识具有时空条件时,在知识表达、知识检索利用时需要明确给出,并需要进行特别处理,而一般情况下认为知识是全局适用的。

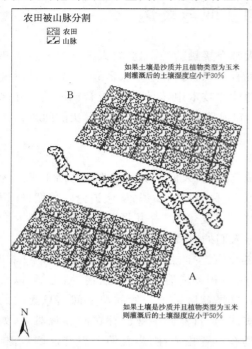

图 5-12　领域知识的空间性示例

5.3.2　知识获取

人们通过感官系统如眼睛观察、触觉触摸以及大脑的深加工与思考可以获取对外界的映像,那么在数字工程中,又是如何获取知识的呢?作为纯技术的概念,知识获取在人工智能领域由来已久,一般认为,知识获取的过程就是将知识从外部知识源到计算机内部的转换过程,也就是如何将一些问题求解的知识从专家的头脑中和其他知识源中提取出来,并按照一种合适的知识表示方法将它们转移到计算机中。

目前,知识获取主要有两种途径:知识工程师知识获取和自动知识获取。知识获取的途径不同,知识获取的步骤也不同。知识获取的第一种方法是将智能系统的知识获取方式建立在知识工程师的专业技能上,知识库系统是一个独立的、由知识工程师规划好的知识寄存区,知识工程师从相关领域专家处通过座谈、交流发掘相关领域的知识,并按一定规则输入到知识库,因此该获取步骤包括知识规划、专家座谈、知识输入、知识验证等,对知识工程师的要求较高。知识获取的第二种方式是由机器从已经存在的信息中自动发现知识,如果信息是存储在数据库中,则此过程被称为从数据库中发现知识(knowledge discovery from database,KDD),机器自动发现知识的获取步骤包括数据抽取、数据挖掘、知识输入、知识评价等过程。图 5-13 给出了空间知识获取的结构框架,表示了两种知识获取方式的主要流程。在目前的智能系统应用中,第一种方法仍然占据主要地位,第二种方法是一种辅助的补充措施。

1. 基于知识工程师的知识获取

首先介绍基于知识工程师的知识获取方法。基于知识工程师的知识获取是知识工程师通过向领域专家咨询、学习,整理出与智能系统建设相关的专业知识,并以适当的形式存储于系统中,为系统提供智能基础的一种知识获取方式。

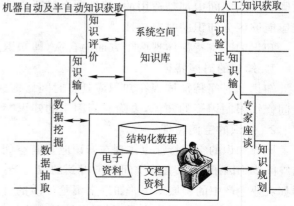

图 5-13　空间知识获取的结构框架

通常基于知识工程师的知识获取流程包括问题定义、概念化、形式化、实现、测试五个基本过程,如图 5-14(a)所示。实际上知识的获取是一个不断循环、永无止境的过程,知识库中的知识进行增加、删除与更新等操作是经常性的,所以完整的领域知识获取流程还应该包括应用阶段和维护,形成七个不断循环的阶段如图 5-14(b)所示。

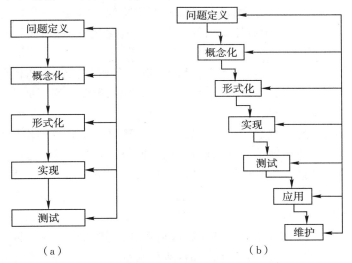

（a）　　　　　　　　　　　（b）

图 5-14　知识的获取流程

阶段(1):问题定义。主要是知识工程师对领域问题的实质进行分析研究,是一个全面把握问题实质的过程。包括问题识别、基本概念及术语的一般分析,子问题划分及其相互关系分析,确定知识来源,制订知识获取具体计划与步骤。通过领域问题识别,可确定领域知识库应包含的知识的范围及其要达到的目标和知识获取的详细策略。

阶段(2):概念化。该阶段主要是确定领域的基本概念及其关系,对系统的各主要任务作进一步分解,即从知识源中获取知识。该阶段需要掌握与领域问题相关的概念、术语及基础知识,知识工程师需要从领域专家处总结归纳与问题求解相关的各类知识(控制性元知识、领域知识以及可能的事实性知识),通过去粗取精、去伪存真,把与领域问题无关的、冗余的、矛盾的知识进行协调和排除后,记录并归类此类知识。

阶段(1)和阶段(2)完成领域空间的建模过程。

阶段(3):形式化。把概念化阶段总结出来的各种知识进行提炼、整理,映射成某种适当的知识表达方式,该过程需要知识表达的方式,确定知识结构和问题求解模式,使问题求解的领域知识系统化、条理化、结构化,以满足领域特点的知识表达方式表示出来,适应机器知识推理的要求。

阶段(4):实现。该阶段需要系统用户(知识工程师、领域专家或经过培训的用户)把形式化的知识通过知识管理器输入到机器中,解决知识库结构的物理设计并将知识库的外部逻辑结构编译成知识库的内部形式。

阶段(3)和阶段(4)将解决领域空间向知识的逻辑空间转换的过程,这两步需要结合空间知识表达,保证获取的知识是可用的。

阶段(5):测试阶段。该阶段由知识工程师从整体上(包括问题识别、概念化、形式化、实现)全面评价知识库原型系统,对不合适的部分(阶段)进行修改,逐步完善知识库结构和内容,消除知识库中不一致和冗余的内容。当出现任何一个不合适的阶段,都需要返回重新找出该阶段出现问题的原因,再重新测试。

　　阶段(6)：应用。经过测试的知识库系统可以用来解决实际问题，该阶段要求系统用户(知识工程师、领域专家或经过培训的用户)输入问题，在知识控制策略的引导下能够正确解决该问题。知识运用阶段可以被认为是测试阶段的延伸或特例。

　　阶段(5)和阶段(6)解决了领域知识向领域空间的转化过程，这两步的实现将依赖于基于知识的空间推理决策的实施。

　　阶段(7)：维护。维护就是对知识库进行增加、删除与更新操作。知识库运行过程中随着实际问题的求解，以及专家求解问题的经验积累，原有的知识库内容可能出现逻辑上的不一致和冗余现象，因此需要及时维护。

　　由上可知，领域知识的获取是一个繁杂的过程，计算机信息系统的作用是可以帮助用户从繁杂的事务中解放出来，知识系统的开发者通过各种手段可以为用户提供方便的知识管理手段，让专家直接面向智能系统，或提供用户进行知识获取与维护而开发一些图形工具来帮助用户获取知识。

2. 知识的自动获取

　　在数字工程智能化技术中，知识的自动获取可以作为知识获取的一种辅助途径。所谓知识的自动获取方法，是相对于人工方法而言的，即系统在运行中能够自动地提取与系统任务相关的模式或求解问题的规律，使这些模式或规律能够持续地为后续的问题求解提供知识支持。智能系统的自学习就是知识的自动获取的典型例子，也是智能系统中智能性的高级层次的一种表现形式，即自学习性。

　　通过机器自动获取知识的方法很多，这里简要介绍智能系统中比较常用的几种方法。

1) 类比学习

　　类比学习(learning by analogy)是基于类比推理的一种知识获取方法(杨君，2004)。其一般含义是：对于两个对象，如果它们之间有某些相似之处，那么就可以推知这两个对象间还有其他相似的特征。类比学习系统就是通过在几个对象之间检测相似性，根据一方对象所具有的事实和知识，推论出相似对象所应具有的事实和知识。

　　类比学习的一般过程主要包括以下几个步骤。

　　(1)输入。先将一个老问题的全部已知条件输入系统，然后对于一个给定的新问题，根据问题的描述，提取其特征，形成一组未完全确定的条件并输入系统。

　　(2)匹配。对输入的两组条件，根据其描述，按某种相似性的定义在问题空间中搜索，找出与老问题相似的有关知识，并对新老问题进行部分匹配。

　　(3)检验。按相似变换的方法，将已有问题的概念、特性、方法、关系等映射到新问题上，以判断老问题的已知条件同新问题的相似程度，即检验类比的可行性。

　　(4)修正。除了将老问题的知识直接应用于新问题求解的特殊情况外，一般说来，对于检验过的老问题的概念或求解知识要进行修正，才能得出关于新问题的求解规则。

　　(5)更新知识库。对类比推理得到的新问题的知识进行校验。验证正确的知识将存入知识库中，暂时还无法验证的知识只能作为参考性知识，置于数据库中。

　　类比学习的关键是相似性的定义与度量，相似定义所依据的对象随着类比学习目的的不同而变化，若学习的目的是获得新事物的某种属性，则定义相似性时应依据新老问题的其他属性间的相似对应关系；若学习的目的是获得求解新问题的方法，则应依据新问题的各个状态间的关系与老问题的各个状态间的关系来进行类比。

在数字工程领域,类比学习对于人们认识、理解新的空间实体的性质、运动规律提供了重要的途径,同时也为空间信息应用的智能化的知识获取奠定了一种有效的技术方法。

2)事例学习

基于事例的学习(case-based reasoning,CBR)是类比学习的进一步发展,它是由人工智能方面的著名学者 R. Schank 提出的。这种方法目前正被广泛地应用在气象、环保、农业、医疗、商业、计算机辅助设计(computer-aided design,CAD)等诸多领域。基于事例的学习的基本思想是基于人们在问题求解中习惯于过去处理类似问题的经验和获取的知识,再针对新旧情况的差异做相应的调整,从而得到新问题的解并形成新的范例,这种新的范例即是新知识,可以为以后类似的问题提供解的依据。一般地,范例推理具有如下步骤:

(1)提出问题。输入待解决问题的有关信息。

(2)检索范例。从范例库中搜索到一组与目标范例相似的范例。

(3)修正范例。从相似范例中形成解决方案,并通过对目标方案的修正来满足要求。

(4)存储范例。将新范例及其解存入范例库中,即基于事例的学习的学习方式。

基于事例学习具有的优点为:①它能在那些较难发现规律性知识以及不易找到因果关系的领域中,通过实际的事例来进行学习;②由于事例库存放的都是实际案例,所以不存在知识的一致性问题;③因为事例库中的事例是逐个加入的,因此事例库的修改是局部的,不需要对事例库实行重新组织;④事例库的建立比规则库建立更快更方便。

由于基于事例的学习实现比较简单,在空间信息应用中非常有用。例如,进行城市规划时,通过制定影响规划实施的可比指标,A 市如果具有与 B 市相类似的经济发展水平、区域环境以及其他可比较的指标,就可以参考 B 市的城市规划措施来进行 A 市的规划。

3)解释学习

解释学习(explanation-based learning)是利用一个训练例(training case)获取一般概念描述的一种技术(周光明　等,2004)。近年来它已发展成为机器学习领域内最活跃的研究分支之一。从本质上讲,这种方法并没有学到“新”知识,而是进行了知识转换。它把原先抽象定义的、实际中不可用的概念明确化,使之变为可操作的概念。

基于解释的学习方法是由解释和推广两个阶段组成,解释阶段根据领域知识和要学习的目标概念,分析单一训练例,并产生为什么训练例是目标概念的一个例子的解释。相应的解释结构被推广后,形成了目标概念定义的基础。一般来讲,一个基于解释的学习算法的输入由四部分组成。

(1)目标概念。它是待学习概念的一个定义,该定义较为抽象,不满足操作性准则。例如定义目标概念的初始定义为:

safe—to—stack (X,Y):—lighter (X,Y)

其含义是当 X 较 Y 轻时 X 可安全地放置在物体 Y 上,但谓词 lighter 的定义不明,学习的任务在于进一步明确化。

(2)一个训练例。它是目标概念的一个例子,不需要对它进行特别选择,只要能充分说明目标概念即可。

(3)领域理论。它是一组规则和事实,用于说明为什么训练例是目标概念的一个例子。

(4)操作性准则。它规定了目标概念定义的一组谓词,确定将要学习的概念被表达的形式。简单地说,操作性准则指出了目标概念应使用那些谓词来描述。

  对应以上四种输入部分,基于解释的学习的输出是目标概念的充分定义,且该定义满足操作性准则。算法在学习的第一阶段,由目标引导逆向推理过程,在领域知识库中寻找可匹配的规则,把目标分解成各子目标,进一步进行推理,如此反复,最后形成一棵证明树,说明训练例是怎样满足目标概念定义的,证明树的叶节点满足操作性准则。在推广阶段,利用解释阶段形成的证明树,得到满足操作性准则的目标概念描述。通常,推广时采用的方法是将常量变量化,推广后证明树的叶节点与连接关系形成了目标概念描述。

  4)数据挖掘

  数据挖掘(data mining,DM)是从大量数据中提取或"挖掘"知识,是一种自动的模式提取的总称,这些模式代表隐藏在数据库、数据仓库或其他大量信息存储中的知识。严格地说数据挖掘是一种综合的知识获取方法,因为数据挖掘技术本身可以采用多种方法,例如归纳学习方法(决策树、规则归纳等)、基于范例学习、遗传算法、统计分析方法。数据挖掘的任务一般可以分两类:描述的和预测的,其中描述性数据挖掘可以实现挖掘出描述数据库中数据的一般特性的知识,主要的模式类型包括规则知识、关联知识、聚类知识等,如可以通过对房地产价格的数据挖掘,形成"靠近地铁的区域房价高"这样的关联知识,而预测性挖掘任务在当前数据上进行推断,以进行预测,主要的模式类型包括分类、回归、演变分析、时间序列等。

  典型的数据挖掘系统由数据存储、数据提取工具、知识库、数据挖掘引擎、知识评估以及部分图形用户界面所组成。其中数据存储包括数据库、数据仓库或其他信息库;数据提取工具根据数据挖掘的需求,从原始数据提取相关数据;知识库用来指导搜索或评价结果模式的领域知识以及部分知识的存储;数据挖掘引擎由一组功能模块组成,用于完成用户指定的数据挖掘任务;知识评估对挖掘的知识进行评价;而图形用户界面主要提供用户与系统的交互,指定数据挖掘任务、帮助搜索聚焦评估挖掘的模式等。

  数据挖掘的一般步骤包括了数据选取、数据预处理、数据缩减、数据挖掘、模式解释和知识评估,如图5-15所示(王家耀,2005b)。通过数据选取、数据预处理及数据的缩减,形成数据挖掘的数据基础,然后通过数据挖掘工具,形成特定的模式(规律),最后将这些模式(规律)进行评估,形成可支持决策的知识,进入到知识库中。

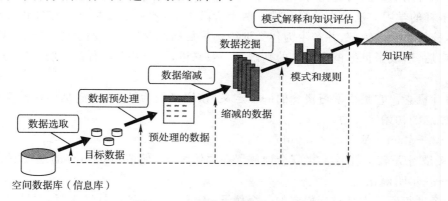

图 5-15　空间数据挖掘的一般过程

  机器的自动知识获取的方法很多,除了以上所介绍的方法外,还有基于神经网络的机器学习、基于数理统计的学习、基于遗传算法的知识获取等方法,有兴趣的读者可以参考相关的文献资料。

5.3.3　知识表达

人类可以采用语言、形体动作、文字媒体等来交流信息、表达知识,例如听到"过马路要左右看"时,就知道"过马路"有潜在危险;需要"左右看"注意汽车。同样,在信息系统中,也需要有一定的机制来保证知识能够得到理解和运用,对知识进行形式化是进行知识传播和应用的前提条件。表达的本质就是一种协议、一种约定的符号系统,这种符号系统无论对机器内部的知识传输还是对人机交互都是至关重要的。对于数字工程应用中的知识,无论是从空间数据库中自动获取的且与空间决策相关的知识,还是通过知识工程师从领域专家处获取,如果要想为机器所识别,首先需要考虑对知识进行编码组织,以便机器在利用知识进行推理决策时能够准确理解知识的含义,这种有组织的编码即为空间知识表达,一种知识的符号系统。目前大多数基于知识的系统在表示知识时多采用产生式规则,产生式规则具有"IF A THEN B"的结构,可以很好地模仿人类求解问题的行为,其表现形式简单明了,易于实现知识的形式化与计算。例如上面的"过马路要左右看"如果用产生式规则表示,就成为"IF[过马路]THEN[左右看]"。目前知识表达的方法除了产生式规则的知识表达方法外,谓词逻辑的知识表达方法、语义网络的知识表达方法、框架知识表达方法等也都是常见的方法,各类知识表达方法都有其优缺点。

1．产生式规则表示法

产生式规则(production rule representation schemes)是一种应用最广泛的表示方法,其一般表示形式为 IF A THEN B,记为 A→B。其左边一般是表示一组前提或状态,右边表示若干个结论或动作,其含义是"如果前提 A 满足,则可推出结论 B"。产生式规则表示法一般是在产生式系统中使用,一个产生式系统有三个基本组成部分:全局数据库(global database)、规则库(rule base)和规则解释器(rule explanation)。其中全局数据库用于描述问题和环境,包括与特定问题有关的种种临时信息,也叫短期记忆。规则库由一组产生式规则组成,每一个规则是由条件和动作两部分组成的对偶。与全局数据库相比,规则库相对稳定,也称为长期记忆器。规则解释器负责把规则的条件部分与全局数据库的内容进行一一比较称为匹配。如果成立,规则解释器则根据动作部分描述的信息去修改全局数据库的内容。

产生式规则是一种比较简单的知识表达方法。产生式系统除了对系统的总体结构,各部分相互作用的方式及规则的表示形式有明确规定外,对系统的其他实现细节均无具体规定。这使设计者在开发实用系统时具有较大灵活性,可以根据需要采用适当的实现技术,特别是可以把对求解问题有意义的各种启发式知识引入到系统中。由于产生式规则与人类的判断性知识形式上基本一致,比较自然;规则库中的知识具有相同的格式,并且全局数据库可被所有的规则访问,因此规则可以统一处理;规则库中的各个规则之间只能通过全局数据库发生联系,而不能直接相互调用,从而增加了规则的模块性,有利于知识的修改和扩充。

但是产生式规则也有自己的弱点,产生式规则由于采用相互独立的规则表示知识,缺乏高级的结构化概念,使开发大型基于规则的系统很困难,常会出现冗余、不一致的规则。另外它的局限性在于低效率,当规则库中的规则知识很多时,产生式规则搜索匹配的效率很低,导致推理效率低下或结果不理想,所以不太适合大型知识库系统(朱福喜 等,2002)。

2．逻辑表示法

逻辑表示法(logical representation schemes)是一种最直观、自然且使用方便的表示方法,是唯一的具有公式形式的知识表示法,其基本组成部分是谓词符号、变量和函数,简单形式为$P(A_1,A_2,\cdots)$,其中,P为谓词符号,表示$A_1,A_2,\cdots$之间的关系。所谓谓词,是定义在某一集合上的取值为"真"或"假"的函数。如果一个谓词$P(X_1,X_2,\cdots,X_n)$的每个变量都不是谓词,称它为一阶谓词。利用谓词、连接词及量词,我们可以描述较为复杂的知识、事实甚至动作。在使用一阶谓词逻辑表示知识的知识系统中,大多都是将要解决的问题转化成一个定理证明问题,然后用归结方法证明它。归结方法主要建立在反证法的基础上,其基本思想是:设法合并子句集中的语句,如果能得到一个空子句,就证明该子句是恒假的。

由于逻辑表示法建立在形式逻辑的基础上,决定了它具有下列优点:逻辑表示法接近于人们对问题的直观理解,易于被人们接受;逻辑表示对如何由简单陈述构造复杂事物的方法有明确、统一的规定,易于理解;此外,它有效地分离了知识和处理知识的程序。

但是,逻辑表示法没有关于如何组织知识的信息,多数基于逻辑的系统采用顺序存储的方式组织知识。当知识量较大时,这种方法给知识检索带来了困难。逻辑方法还要求推理具有严格的单调性,不具有模糊推理的能力。从推理的角度来讲,归结方法作为一种完备的推理方法,能够保证结论的正确性;同时作为一种形式推理方法,使得它不依赖于任何具体领域,有较大的通用性。然而,完全形式化的推理方法无法使用启发性知识,而且有浪费时间和空间的趋势,还可能会引起组合爆炸。此外,归结方法还有以下缺陷:例如没有回溯策略,不适合处理启发性知识;推理过程不易理解;需要事先知道所需达到的目标。逻辑表示和归结方法的弱点限制了它们的应用范围和解题难度,因此,它主要用于自动定理证明、问题解答、机器人等领域。

3. 框架表示法

框架表示方法(frame-based representation schemes)可以有效地描述复杂结构的事物特性知识,框架主要适用于描述固定情况的数据结构,也可以把框架看成是一个由节点和关系组成的网络。框架由若干个存储对象信息的槽组成,它分为框架名、槽和槽的侧面三部分,每一部分都有其名称和对应的值,框架的顶层——框架名是固定的,并且它描述对于假定情况总是正确的事物。在框架的较低层上有许多终端,称为槽(slot),槽中填入具体值后,可以得到一个描述具体事物的框架。每一个槽都可以有一些附加说明,称为侧面(face),用于指出槽的取值范围、求值方法等。一个框架中可以包含各种信息:如描述事物的信息、如何使用框架的信息、关于下一步发生什么事物的期望,以及如果所期望的事件没有发生应该怎么办等。这些信息包含在框架的各个槽或侧面中。一个具体事物可由槽中已填入值的框架来描述,具有不同的槽值的框架可以反映某一类事物中的各个具体事物。相关的框架链接在一起形成了一个框架系统。框架系统中由一个框架到另一个框架的转换可以表示状态的变化、推理或其他活动。不同的框架可以共享同一个槽值,这种方法可以把不同角度搜集起来的信息较好地协调起来。

框架表示法以表达能力强、层次结构丰富、提供了有效的组织知识的手段、容易实现默认值、较好地把叙述性表示与过程性表示协调起来等优点,在知识系统中引起了人们的重视,目前有许多专家系统使用。

框架知识表示法也有其缺点,同语义网络表示法一样,框架表示法对如何用框架表示知识的许多细节问题没有明确规定,因此框架表示法也面临着语义网络表示法所遇到的同样问题。另外,尽管框架知识表示法对描述复杂的对象很有效,能充分突出被描述事物的状态,但事物间的联系描述不够突出,不足以描述复杂的知识。

4．语义网络表示法

语义网络是由节点和弧组成的有向图。语义网络知识表达思想起源于人类的联想记忆模型——人类的记忆是由概念及概念之间的联系组成的，人类的联想记忆是将相关的概念、知识按照一定的规则组成一个网络结构，所以也称为联想网络。同样语义网络表示法(semantic network representation schemes)也是由网络节点和连接节点间的弧构成，从图论的观点看，它其实是"一个带标识的有向图"，其中，节点表示目标、概念或事件，节点间的弧线代表概念、目标或事件间的联系。

例如，事实"武汉很大"，可表示成：

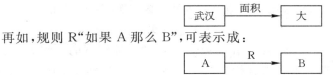

再如，规则 R"如果 A 那么 B"，可表示成：

可见语义网络既可以表示事实，也可以表示规则(知识)，事实与规则的表示是相同的，区别仅是弧上的标注有别。

在语义网络中，通过引入标记节点、深度格、分块技术等，语义网络可以构造任意复杂的句子。与谓词逻辑不同，语义网络没有公认的形式表示体系。一个给定的语义网络所表达的意思完全取决于处理程序如何解释它。使用网络的本质是找出网络的某一部分，一般称为网络碎片，它能表达我们所需要的信息。大多数用语义网络表示知识的系统都采用匹配技术处理网络。在这种技术中，我们把所要寻找的信息或需要回答的问题表示成一个网络碎片，然后把这个碎片与整个网络相比较(匹配)，以找出我们所需要的信息。匹配的关键是要利用网络提供的各概念之间的联系。

语义网络是一种比较直观的表示方案，用它们表示的知识容易理解；自然语言与语义网络之间的转换也比较容易实现。此外，语义网络是一种强有力的表示方案，语义网络的最大优点是它提供了检索信息的索引，各节点之间的重要联系以明确、简洁的方式表现出来；通过边节点的各种弧很容易找出与某一节点有关的信息；正是这种自索引能力使语义网络系统可以有效地避免搜索时所遇到的组合爆炸问题。

语义网络中节点之间的联系或是线状的，或是树状的，也可能是网状的。这就给知识的存储、修改和检索带来一定的困难，使得语义网络系统的管理与维护变得比较复杂。

5．剧本表示法

剧本表示法(scripts representation schemes)是以一组框架描述的一个事件序列。每个框架描述一个事件，一组框架表达一个知识，能够表达现实世界中发生的起因、因果关系及事件间的联系，从而构成一个大的因果链。它是与框架理论相似的理论，在自然语言理解方面获得了应用。

一个剧本一般由五个部分组成：

(1)开场条件。给出在剧本中描述的事件发生的前提条件。

(2)角色。用来表示在剧本所描述的事件中可能出现的有关人物的一些槽。

(3)道具。这是用来表示在剧本所描述的事件中可能出现的有关物体的一些槽。

(4)场景。描述事件发生的真实顺序，可以由多个场景组成，每个场景又可以是其他的剧本。

(5)结果。给出在剧本所描述的事件发生以后通常所产生的结果。

剧本中所描述的事件形成了一个巨大的因果链,链的起点是一组开场条件,满足这些开场条件,剧本中的事件才能产生。链的终点是一组结果,有了这组结果,以后的事件或事件序列才能发生。在这个链内一件事情和前后的事情都相互联系,前面的事件使当前的事件有可能产生,而当前事件又使后面的事件有可能产生。剧本的前提、道具、角色和事件等常能起到启用剧本的指示器的作用。

剧本是有用的知识表达结构,因为在现实世界中事件发生的某种模式来自事件之间的因果关系,对于表达预先构思好的特定知识,如理解故事情节等,是非常有效的。但是剧本表示法也具有其局限性,其表现能力有限,很难用一个简单的剧本考虑各种千变万化的事实。

6. 面向对象表示法

面向对象表示法(object-oriented representation schemes)是一种较新的知识表示方法。所谓对象就是对这些实体的映像,其基本出发点就是:客观世界是由一些实体组成的。这些实体有自己的状态,可以执行一定的动作。具有相似状态和动作的实体可以进一步进行抽象,形成层次更高的实体,实体之间能以某种方式发生联系。对象中封装了数据成员(实例成员)和成员函数(操作方法)。数据成员可以用来描述对象的各种属性,这些属性是对外隐蔽的,外界可以且仅可以通过成员函数访问对象的私有成员。数据成员可以被初始化,可以通过成员函数被改变。因此对象可以动态地保存当前自己的状态。由于对象中还包含了操作方法(成员函数),因此可以把求解机制封装于对象之中。这样对象既是信息的存储单元,又是信息处理的独立单位,它具有一定的内部结构和处理能力。各种类型的求解机制分布于各个对象,通过对象之间消息的传递完成整个问题求解过程(董军,1997)。

面向对象的知识表达方式是一类非常有效的知识表达方法(曹元大 等,2000)。用对象表示的知识与客观情况更为接近,这种表示方案比较自然,易于理解。由于面向对象表示的推理机制散布于各对象中,因而可以根据具体情况混合使用不同的求解方案。面向对象技术所提供的继承机制允许类的继承,有利于表示实际情况中复杂的层次结构。对象的封装性和消息传递机制使得知识库以及整个系统都有结构性,利于知识库的修改和扩充,也利于推理方法的修改。面向对象表示法与框架表示法比较相似,但它在模块性、继承性、封装性等方面比框架更完善,它是一种很有前途的知识表示方案。

以上讨论的六种知识表达方法中,语义网络和框架与面向对象的知识表达的结构很相似,但三者实际上是不同的。框架结构本身还没有形成完整的理论体系,框架、槽和侧面等各知识表示单位缺乏清晰的语义。同时,由于框架之间的关系既可能是具有继承关系的子类连接,也可能是反映全体和部分关系的组成连接,而且不是唯一的,所以框架系统的结构化受到削弱。语义网络是一种采用网络形式表示人类知识的方法,其主要优点是灵活性,网络中的节点和有向弧可以按规定不加限制地定义。这种灵活性在面向对象的知识表示方法中依然存在,而且对象和对象之间的关系还可以动态建立。语义网络的节点对应于面向对象表示方法中的对象;有向弧定义的语义关系对应于面向对象表示方法中的消息传递;实例联系、泛化联系对应于面向对象表示方法中的对象、子类与类之间的继承关系;因此面向对象的结构可以看作是一种动态的语义网络。而在面向对象的知识表示方法中,两个类之间的连接只有子类连接,类的对外接口是消息传递,类之外的代码只有通过消息传递才能与该类的方法交互。因此,面向对象的表示方法特别适合于大型知识系统的开发和维护。面向对象的方法反映了领域专家使用知识的方式,提供了一个严密的结构描述关系。面向对象知识表示方法汲取了语义网络和框架系统的优点,并有效地克服了这两种方法中的不足。

以上是应用比较成功的知识表示法,此外还有概念图、演绎知识表示方法、神经网络等知识表示法,在此不再详述。现实世界的知识类型多样化(有分类知识、事实知识、关系知识、统计知识、判断知识、经验知识和控制知识等),实际上每种知识表达方法都有其局限性,很难用单一的方法准确而有效地表达,许多专家系统的建造都采用了多种形式的混合知识表示方法,以提高知识表示的准确性以及推理效率。因此在实际应用中,首先是分析各自领域的知识类型,根据其特点,在选择知识表示法时有所侧重,或需要对现有的知识表示法进行改进。

§5.4　智能空间决策支持系统

智能空间决策支持系统是数字工程应用的智能化所采用的典型结构,即数字工程智能化应用中一般都包含有智能空间决策支持系统的结构特征和运行环境,例如基于空间信息为主体的数据平台、基于专业分析模型和领域知识为支持的智能分析等,在§5.2中曾简单讨论了空间决策支持系统的概念,下面从智能空间决策支持系统的软件实现角度讨论其产生、结构、开发与应用,为数字工程智能化应用的实施提供指导。

5.4.1　智能空间决策支持系统的产生

智能空间决策支持系统是在空间信息科学与人工智能科学的基础上,通过与各类应用学科相结合,集成各类具体领域的特定领域分析模型与知识集,形成可应用于具体领域的智能空间决策支持应用系统(见图 5-16),如数字农业、数字水利、数字交通等应用的智能决策实现。首先,人工智能科学(包括专家系统、机器学习等各个应用分支)与空间信息学(如地理信息系统、遥感科学等)的结合形成智能空间决策支持系统(intelligent spatial decision support system,ISDSS)的基础框架,然后该基础框架再与具体的应用领域结合,形成智能空间决策支持系统的应用实例,作为支持数字工程领域应用智能化的支撑环境。

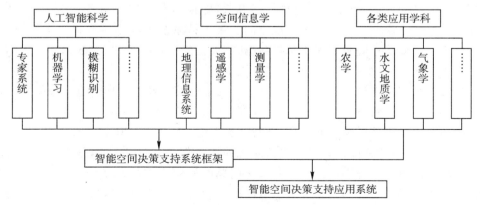

图 5-16　智能空间决策支持应用系统产生的背景

智能空间决策支持系统应用中存在的两个重要基础即支持决策实现的数据层和空间决策分析模型及领域知识,关于空间决策分析模型及领域知识,前面已经对相关内容进行了详细的介绍,空间分析模型的组织、实现以及领域知识的获取、表达都是智能空间决策支持系统应用的前提条件。一般来说,辅助空间决策的模型可以分为通用型的模型支持和面向专业领域的模型支持,前面也已经对这两类模型做过比较,而领域知识则包括应用领域中特定的专业知识、事实知识及控制性知识等内容。

5.4.2　智能空间决策支持系统的结构

智能空间决策支持系统的结构建立在智能系统的实现框架之上,包括了模型库及其管理子系统、方法库及其管理子系统、知识库及其管理子系统、空间数据库及其管理子系统、推理控制装置及人机接口(见图 5-17)。

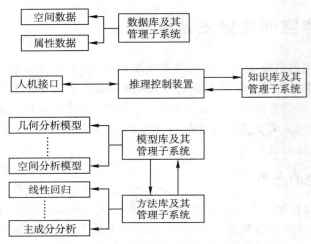

图 5-17　智能空间决策支持系统结构框架

模型库和模型库管理子系统组成了模型库子系统。空间分析模型是为解决问题的方便而对客观问题解决思路的抽象,因此具有一定的简化,需要经过验证。专业模型有很多类型,数学模型是辅助决策中使用最多、使用范围最广的模型。除此之外还有图形图像模型、报表模型、智能模型等。模型库是智能空间决策支持系统不可缺少的,它将众多的模型按一定的结构形式组织起来,包括预制的标准模型和用户使用系统提供的模型构造语言为解决特定问题建立的模型。模型库管理系统负责管理和维护模型库,包括对模型的增加、删除、修改、查询、组合等。

方法库和方法库管理子系统组成了方法库子系统。智能空间决策支持系统中的方法是指解决问题的基本算法,而方法库是各种方法的集合。在方法库中可以有两类方法:第一类是传统的方法,包括基本数学方法(如拟合法、插值法、各种初等函数算法等)、数理统计方法、优化方法、预测方法、计划方法等;第二类是创造性方法,即根据专家知识和经验创造的,是一类更专业的方法。建立方法库的目的是为智能空间决策支持系统的问题模型提供求解算法,空间决策中的计算过程即从空间数据库中选择数据、从方法库中选择方法,将数据和方法结合起来进行计算。

方法库管理系统负责对方法库中的方法进行增加、删除、修改、检索,也可根据用户需要自动生成解决某一问题的新方法。

知识库和知识库管理子系统组成了知识库子系统,负责对知识库中的知识进行增加、删除、修改等。知识库是对智能空间决策支持系统的智能化要求而引入的,是智能空间决策支持系统必不可少的部分。知识库中包含了在解决问题时所使用的特殊知识,即既无法用数据表示也不能用模型描述且不能用固定方法求解问题的专门知识和经验总结。知识库的使用简化了系统的工作过程,保证部分依靠模型方法求解需要消耗大量时间或无法解决的问题可以顺利进行,使问题求解可以利用已有的知识而不必从头开始计算,保证系统的正常工作。知识库中可以通过存储领域专家直接提供的知识,也可以是通过机器自动知识获取得到的知识。知识应该能够识别模型、数据,以便在需要模型的时候可以得到模型,在需要数据支持时从数据库中获取数据。

在智能空间决策支持系统中,空间数据库是空间数据与非空间数据的合称,是空间实体概念、空间实体关系与属性的集合。空间数据与非空间数据按照一定的格式存储,两者既可以分开存储,也可以统一存储。在不支持一体化管理的数据库系统中,通常将空间数据以文件方式存储,非空间数据存储在数据库系统中,空间数据与非空间数据以关键字连接。当数据库支持一体化的图形属性存储时,即可以将图形和属性数据统一存储在数据库中,以方便数据管理。空间数据库管理系统负责对空间数据库的维护。

在以知识为核心的智能空间决策支持系统中,推理控制装置负责问题求解系统的整体调度。推理控制装置通过人机接口识别问题的性质,并统一协调数据库、知识库、模型库的运行,因此在传统的智能空间决策支持系统中,推理控制装置是系统运行的引擎。

人机接口负责人机间的交互,用户输入具体问题后,用户可以以多种形式包括界面按钮、菜单选择、命令语言等表达的提问,人机接口进行语义转换,将问题变为推理控制装置可以理解的结构表达式。另一方面经过知识处理、模型分析得到的决策结果也可以通过人机接口转化为用户可理解的结论,如表格、曲线、直方图、文字说明等,因此人机接口是一个人机问题的翻译器。在整个系统的运行与推理过程中,允许决策者直接干预并能给出提示和接受决策者的主观判断和经验信息。

5.4.3　智能空间决策支持系统的开发

智能空间决策支持系统的开发是一个复杂的过程,涉及开发工具的选择、开发方法的确定及开发步骤。下面简单介绍开发的方法及开发步骤。

1. 开发方法

开发方法一般采用目标导向法(object-oriented)和快速原型方法(prototyping)相结合的方法。具体步骤是先研制各个智能空间决策支持系统的技术部件(应用原型法),然后按照一般系统的结构和系统生成方法组合成决策支持系统(decision support system,DSS)的开发工具和开发环境(应用目标导向法)。

(1)目标向导法:根据应用目标,将实现的基本功能分解,在逐个完成的基础上,在按目标进行功能组装。

(2)快速原型法:其基本思想是系统开发人员凭借自己对用户需求的理解,通过强有力的软件环境支持,构造出一个实在的系统原型,然后与用户协商,反复修改原型直至用户满意。原型法的应用使人们对需求有了渐进的认识,从而使系统开发更有针对性。另外,原型法的应用充分利用了最新的软件工具,使系统开发效率大为提高。

在运行环境和开发工具方面,智能空间决策支持系统的开发可以从底层开发,也可以借助于决策支持系统环境,通常决策支持系统开发环境可以分成三个不同的技术层次:决策支持系统工具,即决策支持系统的基本技术部件;决策支持系统的生成器,即组织决策支持系统的通用框架;专用的决策支持系统,即针对具体决策问题由决策支持系统生成器生成的实际应用系统。

2. 开发步骤

智能空间决策支持系统的开发步骤可以划分为问题分析阶段、可行性研究阶段、开发方法和开发策略确定阶段、系统设计与编码阶段及决策实施阶段。

（1）问题分析阶段：该阶段对所面临的问题进行实际调查和分析，达到明确求解问题的目标。

（2）可行性研究阶段：依据问题分析阶段的分析结果，从实际系统出发，在技术方面、可能性方面、方案的有效性方面，以及经济和社会效益方面来研究确定系统开发的可能性。

（3）开发方法和开发策略的确定阶段：该阶段要明确系统开发的组织问题和采用何种开发方式进行，并且明确在开发过程中，所采用的工具、方法、手段和具体实现的途径以及系统运行的软件平台。

（4）系统设计与编码阶段：包括总体设计阶段、详细设计阶段和编码，总体设计阶段指针对系统开发目标，对其结构、开发环境、运行环境等进行概要性的设计，详细设计针对实际问题领域的智能空间决策支持系统，实现数据模型、知识方法的结构、确定评价标准和指标体系等，其中针对智能系统，知识获取尤其重要，主要包括知识的组织方式的确定、知识获取方法的确定以及推理方式和推理策略的确定等。编码阶段完成设计的功能，使系统可以在软硬件基础平台的基础上运行。

（5）决策实施阶段：系统开发完成后的实际运行阶段，包括运行结果分析的方法，支持决策的形式，以及反映系统运行结果有效和实际效果的信息反馈等。如果运行效果与理想中的目标有差异，就要检查原因，重新进行上一步设计与开发，直到满足目标。

5.4.4 智能空间决策支持系统的应用

智能空间决策支持系统针对空间决策问题，在各类数据、分析模型及领域知识的支持下，形成具有智能作用的人机交互系统。系统能够为决策者提供决策所需的信息或背景材料，帮助明确决策目标和进行问题的识别，建立或修改决策模型，提供各种决策结果的备选方案，通过人机交互功能进行分析、比较和判断，为正确决策提供必要的支持。此类应用一般具有如下特点。

（1）系统的使用面向决策者，在运用智能空间决策支持系统的过程中，参与者都是决策者。

（2）系统解决的问题是针对半结构化的决策问题，模型和方法的使用是确定的，但是决策者对问题的理解存在差异，系统的使用有特定的环境，问题的条件也不确定和唯一，这使得决策结果具有不确定性。

（3）系统强调的是支持的概念，帮助加强决策者做出科学决策的能力。

（4）系统的驱动力来自模型和用户，人是系统运行的发起者，模型是系统完成各环节转换的核心。

（5）系统运行强调交互式的处理方式，一个问题的决策要经过反复的、大量的、经常的人机对话，人的因素如偏好、主观判断、能力、经验、价值观等对系统的决策结果有重要的影响。

下面就智能交通、水利、气象、环保、农业等五个领域简单介绍其应用的内容和特点。

1. 智能交通应用

智能交通系统（intelligent transportation system，ITS）是在人员与交通工具、交通设施可用性发生矛盾时为解决交通设施的利用率、提高交通通畅性的背景下提出的，它融合了传感器技术、通信网络技术、计算机技术、地理信息技术和卫星定位技术、智能决策实现等技术，已经成为各国政府解决交通问题的一种有效的技术手段。近年来,随着我国改革开放的不断深入、经济的高速发展,人民生活水平的日益提高,各大城市的机动车辆和驾驶人员数量急剧增加,道路交通建设的速度远远赶不上机动车辆和驾驶人员的增长速度,因此交通拥挤、违章严重、道路交通事故时有发生,严重影响了市民出行和企事业单位的生产及公务活动,同时也给交通管理和控制技术带来新的挑战,现有的指挥中心的设备和技术已难以适应当前的交通需求,亟待用高科技手段使交通管理工作更上一层楼。为了解决我国城市的交通问题,改善城市交通系统的性能,一方面需要通过改造路网系统、拓宽路面、增添交通设施以及道路建设等城市交通所必需的"硬件"建设来实现,另一方面需要通过采用科学的管理手段,把现代高新技术引入到交通管理中来提高现有路网的交通性能,来达到改善整个道路交通的管理效率,提高道路设施的利用率,实现城市交通管理的科学性和有效性的目的。

智能交通涉及城市范围内的交通信号控制、紧急呼叫中心与综合联动、电视监控、电子警察、流量采集、交通诱导、交通指挥决策等功能以及隧道内的交通信息数字化采集、交通信号控制、电视监控、紧急救助电话、视频检测、交通疏导、广播、大屏幕等各个方面。智能交通管理可通过多个应用合作完成,各应用的信息需求复杂多样,但很多信息是可以共享的,通过数字工程来建设共用信息平台,使各类信息增值,且整个智能交通管理系统的信息通过共用信息平台的统一存储、组织、处理,能够更有效地保证数据间关系的正确性、可理解性和避免数据冗余,提高系统中信息的利用率和传输速度。

智能交通建立在统一的硬件和网络平台上,将领域应用的各类信息进行数字化,建立智能交通的数据平台,并在网络平台上共享,在应用层次上,建立交通选线、分析、评价等一系列的领域应用模型,同时可通过数据挖掘、专家调研、专家走访等途径建立知识库,如建立交通道路流量规律知识,支持交通选线优化,并进行可视化结果表现,为相关人员提供辅助决策信息。在此,强调交通的管理、路线的选取是"智能"化的,即需要利用现有的数据和领域知识,实现对交通管理的优化和行走路线的优化,这里的一个关键问题是如何从交通数据中提取出规律(模式或知识),并在这些规律的指导下"推理"出交通规划或行走路线。

2. 水利应用

水利方面主要应用在"三防"(防风、防洪、防旱)指挥决策支持系统中。由于"三防"工作一般是一个区域范围内全方位的协作过程,因此各类信息的共享十分重要,需要完成系统建设中的各类软硬件的分析、数据获取途径与共享实现的可能性、共享应用平台建设等,从而可为科学合理地统一调度和运用区域防洪工程,控制、调节和疏导洪水,缓解旱情、减轻风灾提供支持,提高"三防"决策的准确性和时效性,从而最大限度地减轻洪涝旱和风灾所造成的损失。在共享的软硬件平台和数据平台的基础上,通过建立"三防"决策模型(如洪水演进模型、干旱预测模型),结合"三防"工作中的经验知识(如"三防"预案),为"三防"业务中的查询、分析、统计、智能决策服务,可快速、灵活地以图、文、声、像等多种媒体方式提供水、雨、风、工(工程)、旱、灾情,历史资料及预测仿真等信息服务,改善"三防"调度手段,增强科学性和严密性。此外,"三防"决策中通过集成各类资源,为建设"三防"决策会商服务平台,为会商现场提供决策支持环境和手段,满足决策者对"三防"决策信息的需要。对会商决策过程进行控制和管理,提供决策所需的各类实时信息、历史信息和预测预报信息,提供分析防灾、抗灾方案集的工具,提供对会商过程的全面支持,并能根据会商结果进行"三防"物资的调度。

除了对一些空间数据的查询、简单的统计分析外,水利上的应用也需要建立专业分析模型,实现对业务管理的深层次模拟,有时也需要结合专家的知识,如对干旱程度的评估、引水调度。专家知识和经验非常重要,因此可采用智能空间决策支持系统的结构模式,应用抽象的模型及专家经验进行"三防"事件的预测、分析与响应。图 5-18 是基于空间信息的统计分析,统计出不同旱区的灌溉等级。

灌溉等级

1
2
3
4

图 5-18 灌溉面积统计图

3. 环保应用

以空间信息为载体,加载城市规划、土地利用规划、环境保护规划、环境功能区划、各类保护区、排污单位、环境质量、生态环境状况和社会发展情况等数据,来建立环境保护数字工程应用。在环境保护中,数字工程应用可体现在环境业务管理和环境信息监测及环境评价上。环境业务管理方面,各级环保部门在日常管理业务中,需要采集和处理大量的、种类繁多的环境信息。通过建立各种环境空间数据库,如污染源空间信息数据库(包括工业、农业、交通等污染源数量、属性和污染源发生的地域范围)、环境质量信息数据库(包括空气、水、噪声等),就能够把各种环境信息与其地理位置结合起来进行综合分析与管理,以实现空间数据的输入、查询、分析、输出和管理的可视化,也可以制作环境专题图进行专题展示,如通过叠加分析,可以提取该区域内大气污染分布图、噪声分布图;通过缓冲区分析,可显示污染源影响范围等。流域的环境监测首先通过网络化环境进行数字化采集与存储,再利用空间分析模型及领域知识进行动态信息的分析与输出,从而可以直观地显示和分析水、大气、土壤等环境现状、污染源分布,追踪污染物来源,形成环境污染事故区域预警,对环境污染源的地理位置及其属性、敏感区域位置及其属性进行管理,提供污染扩散的模拟过程和应急方案。利用空间分析功能,可以综合性地分析各种数据,帮助确立环境评价模型。在区域环境质量现状评价工作中,可将地理信息与大气、土壤、水、噪声等环境要素的监测数据结合在一起,对整个区域的环境质量现状进行客观、全面的评价,以反映出区域中受污染的程度以及空间分布情况。

4. 农业应用

农业应用的目标是在数字工程支撑下,将现代高新技术(地理信息系统、遥感、全球定位系统、计算机网络、数据库管理技术、智能数据处理技术以及工业控制技术等)与传统农业、地理学、生态学、植物生理学和土壤学等基础学科进行有机的结合,进行数字农业技术系统集成并构建精准农业生产应用平台,为精准农业的广泛推广应用提供科学依据,为推进农业信息化和提升农业现代化水平奠定基础。精准农业(precision agriculture)是由美国农学家于 20 世纪80 年代末首次提出的崭新概念,它是利用现代高新技术与地理学、农学、生态学、植物生理学和土壤学等基础学科有机地结合,实现对农业生产过程中土地、农作物、土壤从宏观到微观的实时监测,以实现对农作物生长、发育、病虫害、水肥状况以及相应的环境状况进行定期信息获取和动态分析,通过诊断和决策制订实施计划,并在定位系统和空间系统支持下进行田间作业的精细管理的农业,使农业生产由粗放型转向集约型经营,其重要特征是在统一的空间框架下精确规划和使用各种资源,并将农业生产纳入到工业化生产流程中连续进行,从而实现规模化经营和现代化管理。精准农业以农业可持续发展为最终目标,以生态系统的理论为基础,以信息化技术、数字化技术、智能化控制技术和精准变量投入技术为装备,包括农、林、牧、渔各业的"大农业"整个生产工艺过程实现精细化、准确化的农业微观经营管理的思想。精准农业的目标是在区域内以最少的资源消耗和最优化的变量投入,实现最佳的产量、最优的品质、最低的农业环境污染和合理的生态环境,达到社会、经济、资源、环境协调,最终实现农业的可持续发展。

精准农业技术包括了以 3S 技术为主要内容的空间信息处理技术、数据库技术、网络技术、智能数据处理技术以及工业控制技术等。概括地讲,GIS 为数字精准农业提供统一的地理定位框架和数据存储模式,通过对数据的空间、非空间以及两者之间的分析、运算,达到以空间为基础的数据表达以及决策运用的目的;RS 作为数据采集的主要手段,提供对大范围土壤、作物物理特征的获取、识别、解译,由此生成空间分布的田块与作物信息;GPS 为精准农业提供各种节点(地块单元、采集节点、移动农业机械等)的实时精确定位,保证精准农业生产的动态性和地理准确性;数据库技术为数据存储提供规范化、关系型的统一数据源,为各种数据应用提供数据准备;网络技术则为数据的传输、交换提供协议保障、接口标准以及信息服务;智能数据处理技术在数据库的基础上发现数据库中潜在的规律性知识,并应用模型手段提供对农业信息的深层次挖掘;工业控制技术将数字化决策与诊断结果转化为各种控制信息,实时提供给精准农业的终端使用。

精准农业可以提出有针对性的农田的管理措施,为农业生产管理(如施肥、灌溉)提供信息服务,而生成这些管理措施所依据的农田信息也可以进行动态的维护。

§5.5　空间数据仓库

在数字工程中,数据平台是一类重要的应用环境,数据的内容覆盖了整个应用领域的多个方面,如果能够对这些异源、异构、多时态的信息按一定的规则进行再组织和加载,将会对数据的深层应用提供更大的方便,为数字工程应用智能化奠定集成的数据环境。传统的数据库技术难以处理以下问题:①大量的历史数据分析;②分散于不同部门的数据分析。数据仓库技术给以上问题的解决带来了契机。数据仓库实际上是一种数据环境,它基于多维逻辑数据结构,通过多维逻辑视图,实现复杂的数据分析,为决策分析提供了一种有效的数据和应用环境(杨泽雪 等,2004)。由于智能的本质是一种知识的应用,而知识来源于实践,来源于现有信息,对现有数据的有效提取与分析,对现有信息的充分利用,是获得知识、提高应用智能化的一种有效途径,因此 IBM、Oracle、Sybase、Informix、微软等有实力的公司都相继(通过收购或研发的途径)推出了自己的数据仓库解决方案。

空间数据仓库是在数据仓库及空间信息技术的基础上发展起来的,与国家空间信息基础设施、"数字地球"战略是一脉相承的,不少国家在建设国家空间信息基础设施的同时也将空间数据仓库列为空间信息学研究的重点项目。然而空间数据仓库的建立也具有较大的难度和复杂性,设计空间数据仓库的多维数据模型以容纳多源、多时态、不同比例尺的空间数据并满足日常的数据分析任务,是一个比较大的工程。另外,对于空间数据而言,数据分析工具也是实现空间数据仓库基础上的数据分析的重要内容,本节仅从空间数据仓库的一般概念、结构出发,对该领域的内容做简单介绍。

5.5.1　数据仓库与空间数据仓库

传统的数据库应用主要是联机事务处理,进行数据的记录、维护,数据库系统主要是针对事务处理而设计的,所以可以方便地进行相应的事务处理,例如可以支持大量用户进行新建或者修改数据记录的操作,且支持高频度的操作。但当管理或决策人员需要对数据进行决策性的分析时,往往需要访问大量的历史数据,虽然在传统的数据库结构下也可以通过复杂的语句得以实现,但其性能和安全性无法得到保障。此外,数据也大多分布于各个不同部门中,如果进行综合性的分析处理,就可能需要从不同类型的数据源获得信息,这就给数据库的实际应用带来了很大的困难,数据仓库正是为解决大数据量的分析从而支持制定决策方案产生的(杨泽雪　等,2004)。

数据仓库目前还没有一个公认的统一定义,根据数据仓库专家 W. H. Inmon 的描述,认为数据仓库是一个面向主题的、集成的、相对稳定的、反映历史变化的数据集合,用于支持管理决策(Inmon,1992)。我们可以从两个层次理解该定义,首先,数据仓库用于支持决策,面向分析型数据处理,它不同于现有的操作型数据库;其次,数据仓库是对多个异构的数据源有效集成,集成后按照主题进行了重组,并包含历史数据,而且存放在数据仓库中的数据一般不再被修改。

根据数据仓库概念的定义,数据仓库拥有以下四个特点。

(1)面向主题。操作型数据库的数据组织面向事务处理任务,各个业务系统之间各自分离,而数据仓库中的数据按照一定的主题域进行组织。主题是一个抽象的概念,是指用户使用数据仓库进行决策时所关心的重点方面,一个主题通常与多个操作型信息系统相关。

(2)集成的。面向事务处理的操作型数据库通常与某些特定的应用相关,数据库之间相互独立,并且往往是异构的。而数据仓库中的数据是在对原有分散的数据库数据抽取、清理的基础上经过系统加工、汇总和整理得到的,必须消除源数据中的不一致性,以保证数据仓库内的信息是关于整个企业的一致的全局信息。

(3)相对稳定的。操作型数据库中的数据通常实时更新,数据根据需要及时发生变化。数据仓库的数据主要供企业决策分析之用,所涉及的数据操作主要是数据查询,一旦某个数据进入数据仓库以后,一般情况下将被长期保留,也就是数据仓库中一般有大量的查询操作,但修改和删除操作很少,通常只需要定期的加载、刷新。

(4)反映历史变化。操作型数据库主要关心当前某一个时间段内的数据,而数据仓库中的数据通常包含历史信息,系统记录了企业从过去某一时点(如开始应用数据仓库的时点)到目前的各个阶段的信息,通过这些信息,可以对企业的发展历程和未来趋势做出定量分析和预测。

数据仓库基于多维数据模型,多维数据模型是由一组维度和度量定义的多维结构,所谓维度是指多维数据集的结构性特性,是按一定分类规则来描述事实且具有一定相似性的成员集合,用户将基于这些成员集合进行分析,而度量值是一组值,这些值对应多维数据集的事实数据的成员值,通常为数字。空间数据仓库中的多维数据结构至少包含了一个空间维度,该空间维度通常与其他维度相关联,这也是空间数据仓库区别于一般的数据仓库的显著特征。

5.5.2　空间数据仓库体系结构

这里先将数据仓库(data warehouse,DW)与数据仓库体系结构两个概念进行区分。数据仓库与数据仓库体系既有联系又有区别,数据仓库是数据仓库体系结构的核心,通常特指数据的存储地,而数据仓库体系除了包含数据仓库,还包括数据仓库的建立、管理、应用以及联机分析处理(online analytical process,OLAP)、数据挖掘等。数据仓库的数据来源包括联机事务处理(online transaction process,OLTP)数据库、历史数据和外部数据,通过数据转化、抽取工具进入数据仓库,决策人员通过联机分析处理和数据挖掘从数据仓库中获取知识或进行数据分析。数据仓库提供了一个全局的、集成的数据环境,外部数据通过数据采集、净化、转换、聚合、存储加载到数据仓库中,数据仓库的使用者通过联机分析处理、数据挖掘工具使用集成数据,以支持决策。现实世界的数据绝大多数都是空间特征,空间数据具有空间性、抽象性、多尺度与多时态性,在数据仓库多维视图的基础上,引入空间维的概念,根据决策主题的不同,从空间信息应用系统中截取由瞬态到区段直到全球系统不同规模的时空尺度上的信息,来建立空间数据仓库(spatial data warehouse,SDW)。空间数据仓库不同于一般的数据仓库的根本原因在于其数据集中除了属性数据外,还有空间数据,包含了现实世界的几何和空间关系信息(拓扑关系、方位关系、度量关系等)。

空间数据仓库的体系结构的内容,包括空间数据仓库实体结构、理论技术基础(包含了基础理论、关键技术)与空间数据仓库的层次结构,每一内容又由不同的层次所构成,如图 5-19所示。专题应用数据库通过专题应用系统进行维护和更新,多个业务数据库通过数据仓库的加载转化工具转化到数据仓库中。从包含的数据范围看,空间数据仓库是建立在多个部门之上的数据模型,而空间数据集市是数据仓库的一个子集,主要面向部门级业务,并且只面向某个特定的主题,空间数据集市可以在一定程度上缓解访问空间数据仓库的瓶颈。在多维空间数据仓库的基础上,有两类分析应用工具,一类是做分析型工作的联机分析处理,另一类是做预测型工作的数据挖掘,这两类应用都可以为决策者提供非常有用的参考信息。在理论技术基础研究领域,重点需要解决数据的净化、抽取转化、多维空间数据仓库模型以及数据挖掘与分析的方法,其中数据的净化、抽取转化是解决数据仓库中数据源的问题,多维空间数据仓库模型是解决空间数据仓库中数据如何组织的问题,数据挖掘与分析将解决如何从数据中获取有用信息的问题,空间数据仓库的层次结构可以划分为部门应用、联机事务处理数据源、联机事务处理源数据加载工具、集成数据层(数据仓库)、数据分析、用户层等六大层次。

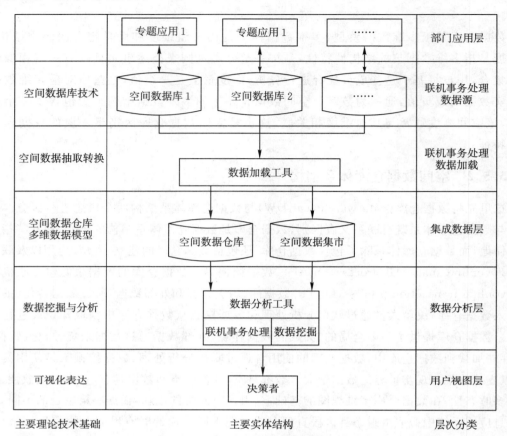

图 5-19   空间数据仓库的体系结构

5.5.3   空间数据仓库的数据模型

空间数据仓库中常用的数据模型是星型模型和雪花模型,星型模型包括一个事实表和围绕该表描述此事实的多个维度表,其中事实表由维和度量组成。例如,在数字交通中,我们可以将交通流量作为我们考察的事实,通过对交通流量的分析来支持交通规划决策分析。首先通过对长期积累的众多道路的实际流量观测数据,按星型数据模型来设计空间数据仓库。一般的数据库存储该信息可以用表(时间、地点、车型、监测数量)来表示,然后再通过对这些数据的数据抽取、转换与数据模型的设计,形成如图 5-20 所示的星型数据模型,这样的结构在数据仓库中也形成一个数据立方体,即由时间、地点、车型、监测数量唯一地确定一个事实。该模型表示的信息包括时间段、地点、车型、监测数量四类,如在武汉武珞路 129 号路段 2005 年 12 月 4 日监测的神龙轿车流量为 1 500 辆,则包含的信息有

车型:神龙轿车;

日期:2005 年 12 月 4 日;

地点:武珞路 129 号;

数量:1500 辆。

其中的时段信息(如一周,通常情况下数据仓库中的信息粒度要比一般数据库中的大,在

一般数据库中按天计算)、地点、车型、监测数量就是维度,而描述维度的数据表称为维度表,监测数量是维的度量值,本例中应为一周的累积量。在数据仓库中,时间总是维度之一。

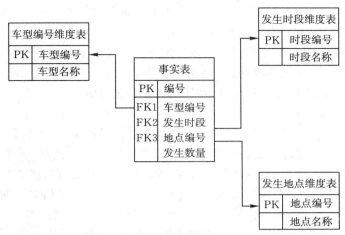

注:PK 为主键(primary key);FK 为外键(foreign key)。
图 5-20　空间数据仓库的星型结构模型

空间数据仓库的维度表至少包含维度的关键字和名称,有时维度也可能没有对应的维度表。一个多维数据集的数据立方体有且只有一个事实表,但可以用几个基础表组合成一个数据视图来做事实表。维度是有层次的,一个维度至少有两个层次,在大多数情况下维度的成员会按金字塔形布局排列,最上面总有一个全局的层次,如上例中交通的时间维就可以按年、季、月、周、天分为五个层次。如果一个维度多于两个层次,那么这个维度可能有多个维度表,这样就演进成了数据仓库中的雪花模型(见图 5-21)。

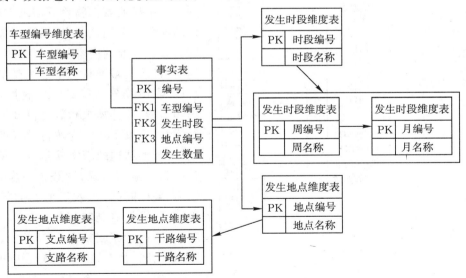

图 5-21　空间数据仓库的雪花结构模型

5.5.4　空间数据仓库的应用

数据仓库的建设,是以现有业务系统和大量业务数据的积累为基础。数据仓库不是静态的概念,只有把信息及时交给需要这些信息的使用者,为他们提供决策的依据,信息才能发挥作用,信息才有意义。而把信息加以整理归纳和重组,并及时提供给相应的决策人员,是数据仓库的根本任务。因此,数据仓库为实现智能决策提供了条件,空间数据仓库为智能空间决策奠定了良好的数据支持和应用条件。本节以广州农业资源数据库建设中的部分按数据仓库的概念和结构进行构建的内容,来具体介绍数据仓库的应用。

广州农业资源数据库系统是广州市农业局为加快农业信息化建设、提高农业信息资源可利用性的透明度而提出的,该系统的数据来源于广州市农业、国土、规划、统计等部门积累的多学科、多尺度、多类型的空间及属性信息,系统的任务是为各级领导、农业生产及管理者提供广州农业发展现状及历史情况提供实时信息,同时为广大互联网用户提供一个展示广州农业发展历程、广州各地特色农业的窗口。系统的主要应用是面向决策的,即为农业管理部门制订农业发展计划、为农业生产管理者制定农业生产管理措施提供决策依据,由于系统数据量大,数据类型多样(既有专题矢量数据、栅格影像数据,也有属性统计数据),需要对数据进行规范、沉淀、提炼和集成,在功能设计上按照农作物长势区域效应分析、农业信息查询辅助决策(如肥料配送决策)、农业生产管理决策支持等多个决策主题来组织应用,因此可以利用空间数据仓库技术来完成。由于农业资源数据库要集成管理各类矢量、影像、属性数据,因此在底层数据组织上,采用统一的数据模型将空间数据及属性数据存储在大型关系型数据库 Oracle8i 中,数据组织采用多维数据结构进行数据存储,并有维度索引及相应的元数据管理文件与实际数据相对应。空间图形及影像数据的存取以 Esri 公司的 ArcSDE 8.1 为中间件,实现异构、多时相空间数据及属性数据的管理。

下面以施肥决策为例,说明空间数据仓库数据多维模型的设计。

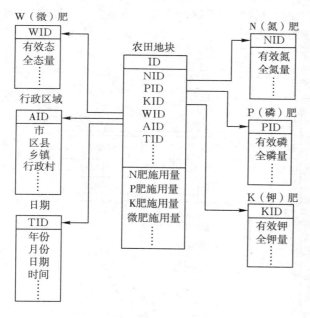

施肥决策是根据农田地块现状信息与农田种植作物的品种及阶段,从农作物知识库中抽取农作物养分需求知识,并与实际养分情况相比较,得出施肥决策专题图。数据涉及的内容包括矢量图形(农田地块、行政区域)、时态信息(农作物生长阶段、农田养分采集日期)、属性信息(农作物类型、养分需求),数据模型采用星型结构,将决策主题定为按行政区进行肥料配备,星型结构的事实就是各农田地块的各类肥料施用情况,围绕该事实,定义各维为:采样时间维、农田所在的行政区域维(空间维)、氮肥状况维(N 肥)、磷肥状况维(P 肥)、钾肥状况维(K 肥)、其他微肥(如硼肥)状态维,各个维度中可以进行分类,如氮肥可以分为有机氮肥和无机氮肥,行政区域可以分为地级市、区县、乡镇(街道)、行政村等,结构如图 5-22 所示。

图 5-22　空间数据仓库的星型数据模型
注:图中示意的决策主题为农田施肥决策。

通过对以上历史的、多维数据的分析,就可以为农业管理决策部门制订以行政区域为基本单元的肥料配送决策方案。

§5.6　空间数据挖掘

现代社会的显著特点是数据呈指数增加,传统技术对数据进行简单的统计分析、查询具有一定的成效,但对海量数据进行深层次的知识挖掘和知识发现却不尽如人意。如何从大型数据集中发现先前未知的、潜在有用的信息模式或知识,成为当前数据库技术与应用的重要领域——数据挖掘。通过数据挖掘而获取的知识模式,将可以反过来支持数字工程智能化中的知识获取过程。

空间数据挖掘是在数据挖掘的基础上,结合地理信息系统、遥感图像处理、全球定位系统、模式识别、可视化等相关的研究领域而形成的一个分支学科,实施的数据集为空间数据集,即从空间数据中发现有用的模式,通常也称为空间数据挖掘和知识发现(spatial data mining and knowledge discovery,SDMKD)。

自从数据挖掘和知识发现的概念于 1989 年 8 月首次出现在第 11 届国际联合人工智能学术会议以来,数据挖掘和知识发现领域的研究和应用均得到了长足的发展,形成了一些行之有效的理论和方法,并逐渐成为计算机信息处理领域的研究热点。空间数据挖掘和知识发现这一学科起源于国际 GIS 会议。1994 年,我国学者李德仁院士在加拿大渥太华举行的 GIS 国际学术会议上提出了从 GIS 数据库中发现知识的概念,并系统分析了空间知识发现的特点和方法。

5.6.1　空间数据挖掘的任务

空间数据挖掘的任务可以概括如下:在空间数据库和数据仓库的基础上,综合利用统计学、模式识别、人工智能、粗集、模糊数学、机器学习、专家系统、可视化等领域的相关技术和方法,以及其他相关的信息技术手段,从大量的空间数据、管理数据、经营数据或遥感数据中析取出可信的、新颖的、感兴趣的、隐藏的、事先未知的、潜在有用的和最终可理解的知识,从而揭示出蕴含在空间数据背后客观世界的本质规律、内在联系和发展趋势,实现知识的自动或半自动获取,为管理和经营决策提供依据。简言之,空间数据挖掘的任务就是要从空间数据库和数据仓库发现知识,并提供相关的决策支持。一般而言,就空间数据挖掘的任务而言,从空间数据库和数据仓库中可能发现的知识类型包括以下几种类型。

(1)几何知识:即关于目标的数量、大小、形态特征等的普遍性知识,如点状目标的位置、大小等,线状目标的长度、大小和方向等,面状目标的周长、面积、几何中心等。可以通过计算或统计得出 GIS 中空间目标某种几何特征量的最小值、最大值、均值、方差、中数等,还可以统计出有关特征量的直方图等。

(2)规则知识:即包括空间关联规则、空间特征规则、空间区分规则和演变规则等在内的知识,可用产生式规则、语义网络、模拟表示及其他可能的方法来加以表示。

(3)空间聚类与分类知识:聚类是将一组对象划分成具有一定意义的子类,使不同子类中数据特征尽可能不同,而同子类中数据特征尽可能相似,例如,按空间分布特征将某种植被的分布进行空间聚类分析。

(4)空间分布规律:即关于空间对象在地理空间的分布规律方面的知识,包括各种维度的分布规律:如垂直方向、水平方向及整个空间的联合分布规律等,甚至还可包括属性空间的任何一个维度上的分布规律，如军事基地、防御工事的分布规律、电子战中电磁频谱的分布规律等。

(5)变化规律：即空间对象的某个或者某些属性的规律性变化，如植被演变趋势、环境污染扩展趋势等；这一变化规律的发现必须基于时空数据库或同一区域的多个时相的数据。

空间数据挖掘的任务是要在不同的空间概念层次(从微观到宏观)挖掘出上述各种类型的知识，并用相应的知识模型表示出来。可供选用的知识表示方法可以有多种，如基于规则的表示法(如产生式规则)、基于逻辑(如谓词逻辑)的知识表示、面向对象的知识表示、语义网络表示、脚本表示等。

不仅如此，空间数据挖掘的任务还包括根据所采用的知识表示方法设计出相应的推理模型，为不同领域、不同层次、具有不同应用需求的用户提供行之有效的辅助决策支持，形成智能空间决策支持系统。

5.6.2　空间数据挖掘方法

空间数据挖掘是数据挖掘的一个新兴的交叉性学科，因此，空间数据挖掘的方法是多种多样的，且还会不断出现新的方法。在实际应用中，为了发现某类知识，常常要综合运用多种方法。目前，常用的空间数据挖掘方法主要有以下几种。

1.空间分析方法

利用各种空间分析模型和空间操作对空间数据进行深加工，从而产生新的信息和知识。常用的有拓扑分析、缓冲区分析、距离分析、叠置分析、地形分析、趋势面分析、预测分析等，可发现目标在空间上的相连、相邻和共生等关联规则，或发现目标之间的最短路径、最优路径等辅助决策知识。例如可以利用 Voronoi 图，解决空间拓扑关系、数据的多尺度表达、自动综合、空间聚类、空间目标的势力范围、公共设施的选址、确定最短路径等问题。

2.统计分析方法

统计分析一直是分析空间数据的常用方法，着重于空间物体和现象的非空间特性分析。统计方法有较强的理论基础，拥有大量成熟的算法。统计分析利用空间对象的有限信息和(或)不确定性信息进行统计分析，进而评估、预测空间对象属性的特征、统计规律等知识的方法。主要运用空间自协方差结构、变异函数或与其相关的自协变量或局部变量值的相似程度实现包含不确定性的空间数据挖掘。例如可以通过空间统计分析，挖掘某一地区的经济发展与特定社会和自然因素间的定量关系。

3.归纳学习方法

归纳学习方法是从大量的经验数据中归纳制取一般的规则和模式，其大部分算法来源于机器学习领域，归纳学习的算法很多，如各种决策树算法，即根据不同的特征，以树型结构表示分类或决策集合，进而产生规则和发现规律的方法。采用决策树方法进行空间数据挖掘的一般过程是：首先利用训练空间实体集生成测试函数；然后根据不同取值建立决策树的分支，并在每个分支子集中重复建立下层结点和分支，形成决策树；最后对决策树进行剪枝处理，把决策树转化为据以对新实体进行分类的规则。

4.聚类与分类方法

聚类和分类方法按一定的距离或相似性系统将数据分成一系列相互区分的组。常用的经典聚类方法有 K-mean 法、K-medoids 等方法。K-mean 法以 k 为参数，把 n 个对象分为 k 个聚类,以使聚类内具有较高的相似度,而聚类间的相似度较低,相似度的计算根据一个聚类的平均值(聚类重心)进行。K-medoids 方法不采用聚类中对象的平均值作为参照点,而选用聚类中位置最中心的对象,即中心点来实现聚类分析。分类和聚类都是对目标进行空间划分,划分的标准是类内差别最小、类间差别最大。分类和聚类的区别在于分类事先知道类别数和种类的典型特征,而聚类则事先不知道。

5. 空间关联规则挖掘方法

即在空间数据库(数据仓库)中搜索和挖掘空间对象(及其属性)之间的关联关系的算法。经典的关联规则挖掘算法是 Agrawal 提出的 Apriori 算法,在该算法基本原理上,人们继续扩展了各种空间关联规则挖掘的优化算法。

6. 粗集方法

粗集理论是波兰华沙大学的 Z. Pawlak 在 1982 年提出的一种智能数据决策分析工具,被广泛研究并应用于不精确、不确定、不完全的信息的分类分析和知识获取。粗集理论为空间数据的属性分析和知识发现开辟了一条新途径,可用于数据库属性表的一致性分析、属性的重要性、属性依赖、属性表简化、最小决策和分类算法生成等。粗集理论与其他知识发现算法相结合可以在数据库中数据不确定的情况下获取多种知识。

7. 神经网络方法

即通过大量神经元构成的网络来实现自适应非线性动态系统,并使其具有分布存储、联想记忆、大规模并行处理、自学习、自组织、自适应等功能的方法;在空间数据挖掘中可用来进行分类、聚类知识以及特征的挖掘。

8. 模糊集的方法

一系列利用模糊集合理论描述带有不确定性的研究对象,对实际问题进行分析和处理的方法。基于模糊集合论的方法在遥感图像的模糊分类、GIS 模糊查询、空间数据不确定性表达和处理等方面得到了广泛应用。

9. 云理论方法

用于分析不确定信息的理论,由云模型、不确定性推理和云变换三部分构成。基于云理论的空间数据挖掘方法把定性分析和定量计算结合起来,处理空间对象中融随机性和模糊性为一体的不确定性属性;可用于空间关联规则的挖掘、空间数据库的不确定性查询等。

10. 遗传算法

一种模拟生物进化过程的算法,可对问题的解空间进行高效并行的全局搜索,能在搜索过程中自动获取和积累有关搜索空间的知识,并可通过自适应机制控制搜索过程以求得最优解。空间数据挖掘中的许多问题,如分类、聚类、预测等知识的获取,均可以用遗传算法来求解。

11. 可视化方法

可视化数据分析技术拓宽了传统的图表功能,使用户对数据的剖析更清楚。通过可视化技术将空间数据显示出来,帮助人们利用视觉分析来寻找数据中的结构、特征、模式、趋势、异常现象或相关关系等空间知识的方法。例如把数据库中的多维数据变成多种图形,这对提示数据的状况、内在本质及规律性起到了很强的作用。当显示空间数据挖掘发现的结果时,将地图同时显示作为背景,一方面能够显示其知识特征的分布规律,另一方面也可对挖掘出的结果进行可视化解释,从而达到最佳的分析效果。可视化技术使用户看到数据处理的全过程、监测并控制数据分析过程。

5.6.3 空间数据挖掘应用

空间数据挖掘是一个新兴的具有广阔发展前景的研究领域,同样具有宽广的应用范围。它在自然灾害监测、经济效益分析及选址评价、遥感图像土地利用分类、土地资源评价、安全检测、遥感影像处理、公共卫生领域以及交通、电力、环境变化的空间分布规律分析、农作物产量预测等方面均有成功的应用。空间数据挖掘可能的应用领域,涵盖了所有涉及空间实体发现与分析、空间决策、空间数据理解、空间数据库重组、空间知识库,以及需要发现空间联系以及空间数据与非空间数据之间关系的各个领域。

思考题

1. 列举三个日常生活中具有智能系统特点的实例,并解释其实现原理。

2. 智能系统的一般结构是什么?按照该结构,举例说明一个智能系统的实现过程。

3. 数字工程中实现智能应用的基础平台包括哪些方面?

4. 空间分析模型在数字工程智能化应用中扮演什么角色?举例说明空间分析模型的应用领域及开发过程。

5. 领域知识在数字工程智能化应用中起什么作用?举例说明领域知识的应用。

6. 领域知识的获取途径和一般过程是什么?常用的领域知识表达方式有哪些?详细说明一种领域知识表达的基本原理和特征。

7. 智能空间决策支持系统在数字工程应用中占据何种角色?其结构是什么?

8. 为什么需要研究空间数据仓库?空间数据仓库的特点是什么?举例说明空间数据仓库的应用。

第6章 数字工程的实施

§6.1 数字工程的工程化思想

空间信息产业是以现代空间信息处理技术和信息技术为基础发展起来的综合性高技术产业,是采用空间信息技术对空间信息资源进行生产、加工、开发、应用、服务、经营的全部活动,以及涉及这些活动的各种设备、技术、服务、产品的实体的集合体。由于空间信息科学技术、计算机科学技术、通信技术的发展和应用的普及,特别是网络技术和数据库技术的成熟,许多机构开始应用数字工程技术在空间信息基础框架下进行专业信息的管理。并从信息管理的数字化空间化出发,进一步提升专业功能的技术层次,从而实现空间决策支持,以提高工作效率,减少企事业单位运行成本,发展数字工程的建设。

6.1.1 数字工程的工程化思想

数字工程的工程化包括与空间位置相关的各类技术所形成的产业资源与产业活动,它具备的"地理空间"和"信息技术"两大构成要素,决定了其服务于空间信息产业的特征:

(1)当代高新科技结合紧密,数字工程在技术上具有前沿性、集成性和智能性。与当代高新科技结合紧密是数字工程的首要特性,也是它具有旺盛生命力的源泉。空间信息技术始终与人类最新科技发展步调一致,计算机、网络、通信、科学计算、高性能环境、航空航天等技术无不在空间信息产业领域发挥着重要的作用。反过来,空间信息技术与产业的发展,也带动了相关技术与产业领域的拓展与进步。这就是所谓的产业关联度,空间信息产业的关联度大于1:10。这里的产业关联度实际上就是由技术的关联而引起的产业链的放大效应。

(2)空间信息的载体性使数字工程的应用具有广泛性、基础性、兼容渗透性。地球空间是承载人类物质积累和精神积累的唯一空间。人类本身就是地球空间演化的产物,人类的一切活动无不与生存环境息息相关。在人类日常所接触的信息中,80%与空间位置有关。所以,空间信息的应用天生具有很强的兼容性和渗透力,涵盖人类生产、生活的方方面面。

(3)支撑数字工程的学科具有交叉性、综合性和复杂性。这个特性可以很容易从以上两点推理得到。数字工程技术本来就是空间信息科学、计算机技术科学、通信技术科学、信息科学、系统科学和复杂性科学的多学科交叉和融合,它在具体学科领域的应用,进一步增强了学科的综合性与复杂性。

数字工程具有明确的完成目标,并以此目标决定其价值,因此项目的成败取决于是否完成了预定的目标,在完成项目确立的目标的过程中,由于环境因素的影响,总是伴有技术、人员、客观环境变化等方面的不确定性,因此最根本的问题是对项目建设过程的管理控制。

图 6-1 为数字工程工程化的四维体系结构,其中,时间维反映了工程实现的过程,逻辑维表示了用系统工程方法解决问题的步骤,知识维则表示工程可能涉及的专业知识领域,

环境维用以适应环境多变的系统工程问题,加强环境分析在数字工程中的重要性。

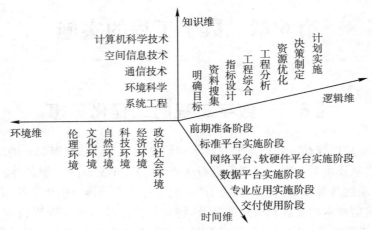

图 6-1　数字工程的四维体系结构

技术方法的运用是在管理控制的支配下进行的,而技术方法又为管理控制提供了依据。管理控制要在关键的时刻对工程进行检查监督,保证不出现偏离目标的错误,要做到这一点,选定这些关键时刻作为管理决策点是很重要的。在决策点处工程的进展需要有一个好的交接,要检查前一阶段的工作是否已经按预定目标完成,从而决定下步的行动方针。如果不符合要求,则还要重复前一段的工作。从这个意义上来说,前面所述阶段与步骤的划分是管理决策的需求。另一方面,为了进行决策,要求各个阶段和各个步骤的工作在技术上具有可交付性,也就是各个阶段或步骤的工作结束时,必须有一份相对完整的成果交付出来供下一阶段的工作使用。

6.1.2　数字工程的实施构架

数字工程初期的开展主要集中于一些业务数据具有"强"空间分布特性的部门,例如城市规划、国土资源、市政设施等。随着数字工程应用领域的不断扩展,许多其他领域的机构也开始采用数字工程技术,在这些机构中,业务数据具有"弱"空间分布特性,数字工程技术服务于其专门业务。例如商场可以采用数字工程技术来分析不同区域客户的购物倾向,建立区域用户模型;交通部门可以使用数字工程技术来指导智能交通。由于服务的专业对象日益复杂,技术要求不断提高,数字工程的建设需要经历一个大而复杂,且相对长期的过程。其涉及的对象、建设的内容、影响的广度和深度都是其他系统工作难以比拟的。

数字工程项目的组织不是简单的原理及方法的堆砌,而必须是基于系统科学方法的思想指导下的工程化建设过程。根据具体工程的各部分工作先后次序的差异、用户急需程度的不同,也为了保证阶段性成果尽快投入运转,尽快收到实效,可以对具体数字工程项目进行分期划分。由于项目实施的不同阶段各有不同侧重点,投入力度也应有所侧重,前期工程即应奠定系统的基石与核心,是工程实施工作的重点,后续工程则是完善与巩固提高的过程。数字工程需要技术、资金、人力和物力的大量投入,需要统筹规划,分步实施。图 6-2 列出了一般数字工程的实施构架。

该构架将数字工程的实施划分成了相对独立大项,并按照实施的先后顺序进行了组织。

宏观上分为工程前期准备、工程构架设计与实施、交付使用三大步骤。

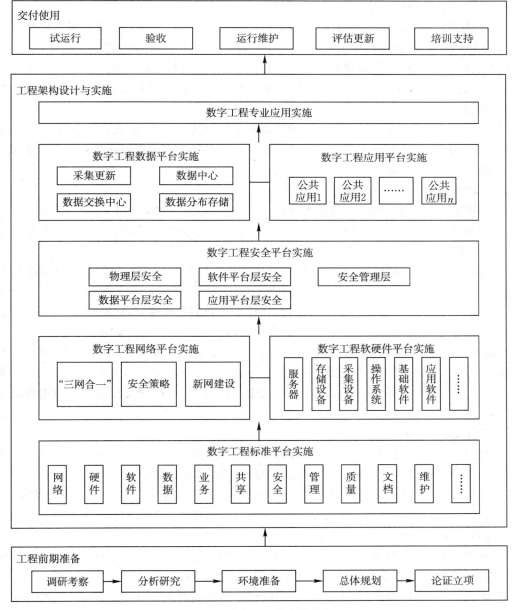

图 6-2　数字工程的实施构架

1. 工程前期准备

前期准备阶段是指数字工程建设的任务提出到调研立项这一过程。一般包括:调研考察、可行性与必要性分析研究、工程实施环境准备、总体工程筹划、论证立项五个步骤。

(1)调研考察:管理、业务、服务等方面实际工作中的原始需求是推动数字工程建设任务提出的直接动力。当数字工程建设纳入到议事日程后,首先要做的就是调研考察。其内容主要包括:原始需求调查、现有相关实例、当前相关支撑技术发展、工程建设环境的调查等。

(2)可行性与必要性分析研究:调查获得的材料、信息需要结合技术、经济、社会以及相关现状等各方面的因素综合分析,得出可行性分析报告和项目建议书,并组织专家和领导进行评估,并形成工程建设意见和建议。

（3）工程实施环境准备:若可行性分析报告评估后拟进行立项,那么就要根据评估意见和建议为数字工程的实施进行环境的准备。

（4）总体工程筹划:总体规划是对工程建设作全面、长期的考虑。该步骤需要对需求做进一步的调查,综合各种因素作进一步分析,提出工程建设的阶段划分以及人力、财力、物力要求和各阶段的投入计划。

（5）论证立项:基于可行性分析报告和环境准备情况的基础上,形成立项报告,并组织相关领域的专家进行评估。形成专家评估意见后连同立项报告提交主管领导或部门进行审批。审批通过即可进行下一个环节——设计与实施。

2．工程构架设计与实施

工程构架设计与实施阶段包括详细调查分析、总体与细节构架设计、实施三个步骤。

（1）详细调查分析是对现状和需求的更深层次的发现,并进行系统、详细的分析,形成需求分析报告为下一步的设计作准备。

（2）总体与细节构架设计是在详细调查分析阶段所确定的需求分析报告的基础上进行概要设计和详细设计。

（3）实施主要是进行工程的具体实现,包括标准平台的最终建立,网络平台、软硬件平台的整合更新,数据平台的整合搭建,专业应用平台的设计完成,组装与测试等。

在图 6-2 中,从建设内容时间顺序上,分成了五个时间段,即:标准平台实施、网络平台实施和软硬件平台实施、安全平台实施、数据平台实施、应用平台实施以及专业应用实施。调查分析、设计、实施贯穿于每个平台实施的过程之中,具体的实施过程将在后续章节中作进一步阐述。

3．交付使用

交付使用阶段是工程各平台按照总体规划和设计方案实施完成后的成果交付以及投入使用的过程,主要包括试运行、验收、运行维护、评价更新、培训支持等。

（1）试运行:该阶段是工程模拟真实环境测试检验各平台及相互配合是否符合建设目标,满足建设要求,该阶段可能是一个反复的过程,需要与设计实施阶段进行反复交流。该阶段的成功通过是工程建设的一个里程碑。

（2）验收:验收是组织相关专家、领导、用户等根据试运行的报告和工程建设目标和指标体系进行审核、检查。该阶段的顺利通过标志工程建设的完成。

（3）运行维护:通过验收后,工程将在领导决策下,正式投入运行使用。这一过程是一个长期的过程,需要对工程的各个平台进行维护活动,如监控、升级等。

（4）评价更新:是对工程绩效及运行过程积累的问题进行评价,并准备新的请求。

（5）培训支持:系统的正式运行需要相配套的专业人员和技术人员。对这些人员的培训是一个长期的不断进步的过程。

6.1.3　数字工程与外部环境的关联

环境适应性作为系统的特性意味着任何一个系统都存在于一定的物质环境之中,系统与外界环境之间必然要产生物质的、能量的和信息的交换,外界环境的变化必然会引起系统内部的变化。当今世界经济技术国际化、社会信息化,地球村的建立,基础设施的共用共享,使得现代社会环境关系错综复杂,在运用系统工程理论进行数字工程的组织管理时,应当考虑到数字地球与全球信息网络化的大环境,带来的时空联系和地域环境的空间影响。

在数字工程技术影响周边环境的同时,一些环境因素也影响着数字工程的发展。例如,空间信息是数字工程的核心资源,其中的基础地理信息,很大部分涉及国家的机密。一方面,科学研究和社会经济各行业的应用,需要大比例、高精度、多时相、全要素的基础地理信息,需要充分共享;另一方面,这些信息往往是涉及国家与民族安全的战略资源,需要严格保密;这样就形成了一对尖锐的矛盾。因而,对数字工程产业的安全监管就显得十分重要。社会化的数字工程应用,也意味着许多机构主动地采用并建立数字工程,以提高管理效率,而随着数字工程产业的发展和壮大,会出现与其他信息技术产业类似的问题,如不正当竞争、计算机犯罪、数据或软件版权侵害等,同样需要有相应的对策进行协调控制。

为了促进数字工程应用的社会化,需要政府和立法部门制订相应的政策法规,以保证产业运行的有序性,提高数字工程应用的广度和深度,规范数字工程应用以及产业的运作,便于实现异源异构数据的共享和互操作,指导数字工程应用的建立。数字工程应用的市场交易与运作,必须自觉遵守和接受相关法律法规的约束和监督。

数字工程与外部环境的关联性主要体现在任何一个数字工程应用都要居于特定的环境之中。环境可从政治社会环境、经济环境、科技环境、自然环境等方面进行分析。分为一般环境和相关环境,一般环境指一般系统共存的环境,从社会学的角度可分为文化、技术、教育、政治、法律、自然资源、人口、社会学和经济等因素,相关环境指系统特有的密切相关的环境因素。主要包括六个方面,如图 6-1 中环境维因子所示。

(1)政治社会环境:包括国际局势,国内制度、法律、法令等。例如专业部门政策法规的制定,数据版权的规定等。

(2)经济环境:包括外部经济形势、经济管理环境及外部组织政策等。如私营企事业单位主导数字工程开发程度,潜在客户希望通过数字工程解决的问题和他们预期的付出等。

(3)科技环境:包括国内外技术标准、科技发展因素、教育提供等。例如专业学科的建设,认证体制的完善等。

(4)自然环境:包括自然资源变化、人口状况与流动等。例如基础资源与环境的变迁,专业人才的地域平衡等。

(5)文化环境:不同地域、不同传统的文化背景对数字工程现势发展的影响。

(6)伦理环境:道德约束、犯罪与遏制犯罪等。例如网络涉密传播,数据版权侵害等。

从本质上说,环境就是系统的上层系统,任何开放系统总是在一定的环境中存在和发展的,系统功能取决于系统结构并受环境影响的制约,系统只有与环境互相协调统一才能有效。

§6.2　网络与软硬件平台的实施

数字工程应用范围广泛(体现在应用领域的广泛性和覆盖地域的广袤性)、数据量庞大,需要业务协同、信息共享、互联互通和安全可靠。一个数字工程项目成功与否,同网络与软硬件平台的选择及应用环境的状况密不可分。选择成熟、稳定的平台,既便于系统的维护,又便于与其他系统接口。网络与软硬件平台的实施过程如图 6-3 所示。

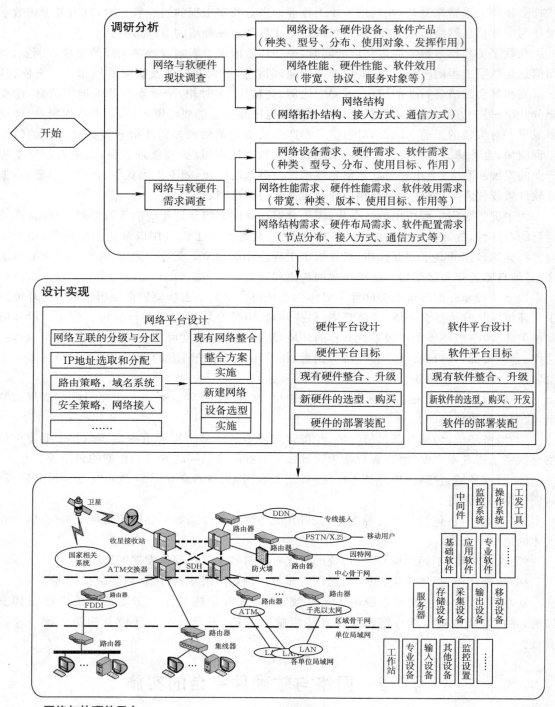

图 6-3 网络与软硬件平台实施流程

网络平台、软件平台和硬件平台的实施在某些方面具有一定的相似性，并且密不可分。网络平台离不开软硬件环境的支持,而没有软件平台,硬件平台发挥不了很好作用,硬件平台则需要通过软件平台为各种应用提供硬件载体。三者在实施过程中往往需要综合考虑,并行进行。

网络与软硬件平台的实施从大的方面可以分为两个部分:调研分析和设计实现。调研分析主要包括现状调研和需求分析;设计实现包括结合网络平台,设计软硬件平台的架构、配置,对现有的硬件和软件进行整合,并选购新的软硬件以实现软硬件平台的目标。

6.2.1 网络平台的实施

网络的互联互通和安全可靠是实现业务协同、信息共享的基础。数字工程网络的建设离不开我国网络基础设施和信息化建设的实际。经过几十年来的信息化建设,我国网络基础设施的建设初具规模,从中央到地方的各级政府在不同程度上建立了局域网,或通过广域网建立了纵向专网。当前数字工程在网络方面面临的建设有:在没有建立网络的部门建立网络,在已经建设网络的部门需要互联互通。

1. 现状与需求分析

网络平台建设的调研主要是了解建设单位内部以及相关部门和社会团体之间的网络现状,以及对未来的期望。具体包括以下内容,如表 6-1 所示。

表 6-1 网络现状与需求分析

状态	内容
现状	现在各种在用的硬件有哪些,分属哪些部门
	目前设置的缺陷如何
	网络功能如何
	共享性如何
	硬件清单和连接总图
期望	需要增减的硬件可能是哪些,何时会发生
	是否有资金来实施增补
	对硬件的倾向性怎样
	硬件设置一览图

上述调查是获取数字工程建设的网络环境情况的手段,后续的整体网络设计以及网络整合都将基于对当前网络现状和工程建设目标对网络平台的要求上。

2. 网络平台的规划设计

计算机网络系统作为一个有机的整体,由相互作用的不同组件构成,通过结构化布线、网络设备、服务器、操作系统、数据库平台、网络安全平台、网络存储平台、基础服务平台、应用系统平台等各个子系统协同工作,最终实现用户的各项需要。网络工程实质上是将工程化的技术和方法应用于计算机网络系统中,即系统、规范、可度量地进行网络系统的设计、构造和维护的全过程。传统的生命周期过程在网络工程中也发挥作用。

如图 6-4 所示,它包括了用户需求分析,逻辑网络设计,物理网络设计,执行与实施,系统测试与验收,网络安全、管理与系统维护等过程。

1)逻辑网络设计

当设计者完成网络需求分析和通信规范后,就可以进入逻辑网络设计阶段。逻辑网络设计的目标是建立一个逻辑模型,主要任务有网络拓扑结构设计、局域网设计、广域网设计、IP

地址规划、名字空间设计、管理和安全方面的考虑等。

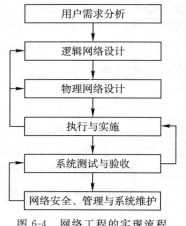

图 6-4　网络工程的实现流程

逻辑网络设计集中解决"如何做"的问题,在该过程中,网络设计者首先建立一个逻辑模型。系统的逻辑模型允许用户、设计者和实现者看到整个系统是如何工作的,为大家提供参照物。通常,其主要任务有:确定网络拓扑结构,规划网址,选择路由协议,选择技术和设备。

图 6-4 中的设计方法(逻辑网络设计、物理网络设计)是可以循环反复的。为避免从一开始就陷入细节陷阱中,应先对用户需求有一个全面的了解,以后再收集更多有关协议行为、可扩缩性需求、优先级等技术细节的信息。逻辑设计和物理设计的结果可以随着信息收集的不断深化而变化,螺旋式地深入到需求和规范的细节中。逻辑设计必须充分考虑到厂商的设备有档次、型号的限制,以及用户需求会不断变化和发展,因此,不必过分拘泥于用户需求的指标细节,相反地,应当在设计方案经济性、时效性等方面具有一定的前瞻性。

2)物理网络设计

物理网络设计的主要任务有:结构化布线系统、网络机房系统和供电系统的设计。在物理网络设计中应采用系统集成的方法。首先要考虑系统的总体功能和特性,再选用(而不是制造)各种合适的部件来构造或定制所需要的网络系统。也就是说在选择设备时,根据系统对网络设备或部件的要求,仅需要关注各种设备或部件的外部特性即接口,可忽略这些设备或部件的内部技术细节。这种方法使得开发网络系统的周期大大缩短,成本大大降低,从而减少了系统实现的风险。

网络机房系统主要包括设备和机房环境。机房环境又包括卫生环境、温度与湿度环境以及系统防电磁辐射的环境。供电系统主要考虑以下几个方面的因素:计算机网络系统中设备机房的电力负荷等级,供电系统的负荷大小,配电系统的设计,供电的方式,供电系统的安全,机房供电设计以及电源系统接地设计。

3)网络安全设计

由于计算机网络具有连接形式多样性、终端分布不均匀性和网络的开放性、互连性等特征,致使网络容易受黑客、怪客、恶意软件和其他不轨行为的攻击,所以网上信息的安全和保密是一个至关重要的问题。解决网络安全问题的一般设计步骤如下:确定网络资源→分析安全需求→评估网络风险→制定安全策略→决定所需安全服务种类→选择相应安全机制→安全系统集成→测试安全性、按期审查→培训用户、管理者和技术人员。

3. 网络资源整合

网络资源的整合可以从两个方面来说:一是网络的互联互通;二是建设单位内部的网络软硬件资源的调配。

几十年的信息化建设,形成了大量的孤立的不同标准的网络系统。数字工程的建设不能完全抛弃这些网络系统,而要将对这些网络系统进行评估,尽量将有用的资源进行整合,使得各种大小不同、结构不同的网络系统互联互通。对于那些没有建立网络的部门需要建立新的网络,对那些现有网络系统不能满足要求的,需要进行设备升级和设备整合。采用相应的网络连接设备,统一网络交换的协议、接口等是网络互联互通的主要措施。

网络资源整合的步骤一般包括:

(1)充分调查了解当前已有网络的结构、性能、设备、运行、用途、连通等。

(2)充分分析数字工程建设对网络的要求,尤其是对某网络所在部门的要求,尽可能在网络所在部门内部作适当调整,满足本部门的要求,避免大的改动。

(3)当部门整合或者职责范围发生变化时,需要对相关用途的设备进行全局的调配。

(4)当硬件设备性能不能满足要求,若可以升级,则升级后再按照(2)、(3)条进行整合。

(5)对于不能满足数字工程要求的硬件设备,予以淘汰。

除了网络的互联互通外,网络资源的调配整合也很重要。假设某数字工程涉及的用户范围存在多个孤立的子网,如何将这些子网互联互通,如何使得互联互通后的网络符合数字工程的需要。一般从以下两方面考虑:

(1)各个子网之间的互联互通。

(2)每个子网内是否符合整体数字工程的需求。如果不满足,若结构不合理,就调整结构,若设备不合理就调整更换设备。对于不满足要求的设备就淘汰。

除了前面所说的内部专网外,作为基础设施的电信、有线电视、互联网这三大网的融合也是目前的重要建设内容。三网合一的通信网络是一个覆盖全球、功能强大、业务齐全的信息服务网络,采用超大容量光导纤维构成地面的骨干网,为全球任一地点采用任何终端的用户提供综合的语音、数字、图像等多种服务。这一全球网络将是以 IP 协议为基础,所有网络将向以 IP 为基本协议的分组网统一,如图6-5所示。

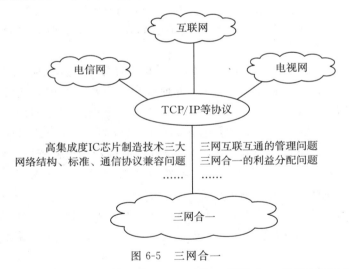

图 6-5　三网合一

作为全球一体化的综合宽带多媒体通信网,三网合一是数字工程的外网环境的最终目标。该环境的建立将极大促进数字工程的应用推广,促进数字工程为更广泛的用户提供更加全面的服务。

6.2.2　硬件平台的实施

硬件平台是其他平台建设的基础,为其他平台提供了一个硬件环境。各种应用、数据、服务都将在该平台上实现。

硬件平台的建设流程包括:硬件环境调研、硬件平台规划、采购硬件及现有硬件整合、硬件平台的部署。硬件包括的内容繁多,包括网络设备、计算机及相关外设、专业设备等。由于网络设备的选型、整合等在网络平台实施时,会根据网络平台建设的要求统一设计,选购、整合、部署等,因此,这里所说的硬件平台是指整个数字工程实施运行所需的计算机及相关外设和专业设备等。

1. 现状与需求分析

数字工程的总体要求和当前的硬件现状是硬件平台实施的依据。硬件平台建设的调研主要是了解建设单位内部以及相关部门和社会团体之间的硬件现状以及对未来的期望。硬件平台的现状与需求分析主要包括以下内容,如表 6-2 所示。

表 6-2　硬件现状与需求分析

状态	内容
现状	现在各种在用的硬件有哪些,分属哪些部门
	目前硬件的缺陷如何
	硬件清单和连接分布总图
期望	需要增减的硬件可能是哪些,何时会发生
	是否有资金来实施增补
	对硬件的倾向性怎样
	硬件设置一览图

2. 硬件平台的规划

硬件平台的规划是指对各种物理设备的性能、参数、型号等的设定和各种物理设备的分布设计。硬件平台的规划可从以下四个层面考虑。

(1) 数据层面:主要包括数据采集、存储、传输、共享四个方面。

(2) 应用层面:主要指数字工程的各种不同应用,这主要包括部门内部的业务应用以及对外的服务等。

(3) 管理层面:主要指对数字工程运行的各个方面的管理功能,如监控等。

(4) 硬件资源共享层面:在网络环境中,管理员和用户除了使用本地资源外,还可以使用其他计算机上的资源。资源共享极大地方便了用户,也有效地利用了资源,节省了资源的重复性浪费。通过计算机网络,不仅可以使用近距离的网络资源,还可以访问远程网络上的资源。用户可以使用远程的打印机、远程的 CD-ROM 及远程的硬盘等硬件资源。资源共享主要考虑的问题是:资源共享的范围、硬件资源的负载容量、共享范围的使用需求等。综合这些方面,考虑哪些设备要共享,共享在多大范围进行等。

从上述四个层面出发,对每项内容进行细分,分别考虑需要什么样的设备,需要多少,设备安置在什么地点等。图 6-6 即为一个硬件平台规划流程图,按照这种流程的思路规划完成后将形成一个硬件平台规划图,如图 6-7 所示。

3. 现有硬件整合升级

多年的信息化建设,可能在建设单位或多或少地有了一些硬件设备,对于这些过去信息化建设的投资需要保护,因此作为数字工程建设的硬件平台实施需要充分考虑到现有硬件的整合升级加以利用。硬件整合升级大致包括以下几个方面:

(1)充分调查、了解当前已有设备的参数、性能、运行情况、用途、所在部门、使用人等。

(2)充分分析数字工程建设对硬件的要求,尤其是对当前设备所在部门的要求,尽可能在设备所在部门内部调配,满足本部门的要求。

（3）当部门整合或者职责范围发生变化时，需要对相关用途的设备进行全局的调配。

（4）当硬件设备的性能不能满足要求，若可以升级，则升级后再按照（2）、（3）条进行整合。

（5）对于不能满足数字工程要求的硬件设备，予以淘汰。

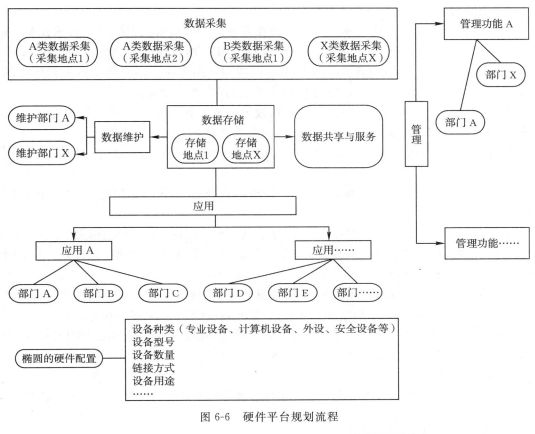

图 6-6　硬件平台规划流程

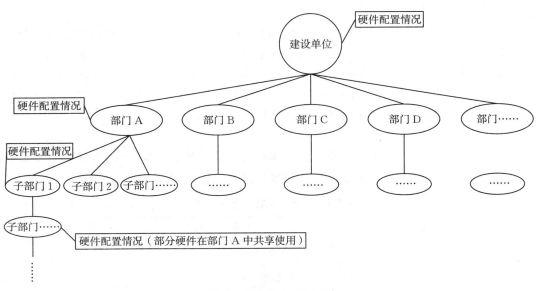

图 6-7　硬件平台规划示意

4. 新硬件的选型

硬件平台仅靠原有硬件的整合一般是不够的,新技术的使用和新需求的提出往往需要大量新设备的支持。而当前市场上的各类硬件品牌众多,性能各异,价格也不同。总体来说,新硬件的选型应当遵循以下原则:

(1)开放性。选择的硬件和网络工程实施性要好,支持全部流行协议,如传输控制/网际协议(transfer control protocol/internet protocol,TCP/IP)、网间数据包交换协议(internetwork packet exchange,IPX)等,保证系统之间的可连接性和可操作性。网络能支持不同厂商的系统,并使各个系统之间能够以统一的界面对文件、数据以及应用系统进行访问。

(2)可用性。在网络带宽效率、时速、负载、故障频率等物理性能上有满意的指标,在文件和数据的传输、访问和共享,多媒体的传输、访问和共享服务上有满意的质量。

(3)兼容性。当网络系统采用新技术、新设备进行改进、扩充和升级时,新旧系统要互相兼容。

(4)可扩展性。网络规模可按需要扩大或减少,网络要具有可重构性,并支持虚拟网络设置。

(5)支持互联网。使用互联网技术,内部企业网基于互联网技术,并与国际技术接轨。

(6)高性能。所采用的网络设备和主机服务器吞吐量大、响应时间短,具有强大的实时联机事物处理能力及快速的输入输出(Input/Output,I/O)通道。

(7)高可靠性。为确保数据不丢失,系统要具备高可靠性,选择可靠性高的硬件和网络设备,具有错误的自动识别、自动纠错和恢复能力,如冗余供电系统、双机备份等。

(8)安全性。由于数字工程中涉及的一些技术数据和信息涉及企业利益和国家利益,因此系统必须具有较高的安全级别,保证数据、信息的安全性。

5. 硬件的部署装配

在前述步骤完成之后,就要按照规划对硬件设备进行安装、调试,即硬件的部署装配。

6.2.3　软件平台的实施

在硬件平台实施之后,需要进行软件平台的实施。这里所说的软件平台主要指为数据平台和应用平台等作支撑的操作系统平台和软件基础架构平台、数据库平台以及专业软件平台。软件基础架构平台是构建在操作系统之上的平台,它为复杂的软件系统提供技术支撑,如BEA 的 Weblogic,IBM 的 WebSphere,Esri 的 AO 等;专业软件平台主要是指与数字工程应用领域相关的为建立应用服务的专业第三方软件。

1. 现状与需求分析

主要调查现有工程范围及相关用户的操作系统和软件基础架构平台、数据库台及专业软件的情况。软件平台的现状与需求分析主要包括以下内容,如表 6-3 所示。

表 6-3　软件现状与需求分析

状态	内容
现状	现在各种在用的软件有哪些,分属哪些部门
	目前软件的缺陷
	软件清单及目前放置一览表

续表

状态	内容
期望	需要增减的软件可能是哪些,何时会发生
	是否有资金来实施增补
	对软件的倾向性怎样
	理想软件清单
	软件的优先次序
	软件设置一览表(理想状况)

2. 软件平台的规划

软件平台规划的内容包括对操作系统平台和软件基础架构平台、数据库平台以及专业软件平台的选择和各种平台软件的分布设计。软件平台的规划可从四个层面考虑,如图 6-8 所示。

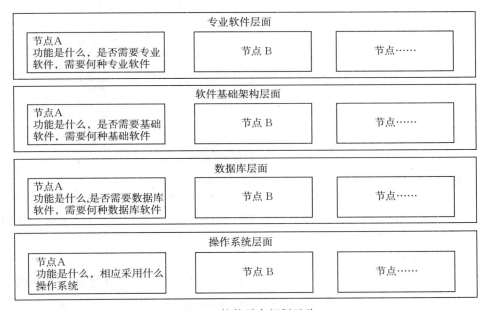

图 6-8　软件平台规划思路

(1)操作系统层面:根据各节点计算机的功能考量配置什么样的操作系统。

(2)数据库层面:根据各节点的功能考虑配置什么样的数据库系统软件。

(3)软件基础架构层面:根据总体的技术框架考虑选用什么样的软件技术架构平台。

(4)专业软件层面:根据应用的专业需求,考虑在各节点配置什么样的专业软件。

从上述四个层面出发,对每项内容进行细分,分别考虑需要什么样的软件,需要多少,软件安置在什么硬件上等,按照这种思路规划完成后将形成一个软件平台规划图,如图 6-9 所示。

3. 现有软件的整合升级

从保护过去信息化建设的投资考虑,软件平台实施也需要充分考虑到现有软件的整合升级。大致包括以下几个方面:

(1)充分调查了解当前已有软件的类型、版本、厂商、性能、运行情况、用途、所在部门、使用人等。

(2)充分分析数字工程建设对软件的要求,尤其是对当前软件所在部门的要求,尽可能在软件所在部门内部调配,满足本部门的要求。

(3)当部门整合或者职责范围发生变化时,需要对相关用途的软件进行全局的调配。

(4)当软件设备的性能不能满足要求,若可以升级,则升级后按照(2)、(3)条进行整合。

(5)对于不能满足数字工程要求的软件,予以淘汰。

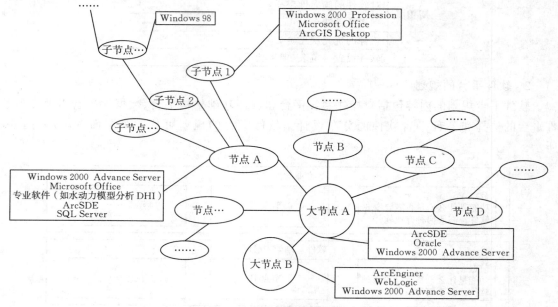

图 6-9　软件平台规划示意

4．新软件的选型

原有软件平台的整合只能实现部分软件环境的建设,还需要根据新的需求以及当前技术发展选用若干新的软件以支撑其上的各种应用。总体来说,操作系统平台、数据库管理平台、软件基础架构平台及专业软件应当满足下列要求:

(1)软件成熟而完善。

(2)有优秀的向上升档和向下扩展性:该平台在数据量扩大时可方便地向上升档,有更广泛的用户也可方便地向下扩展,满足不同层次的应用需要。

(3)基于空间基础设施进行的商用业务数据可视化显示功能方便、实用。

(4)该平台应具有很高的运行效率,应支持海量数据实时显示、操作、仿真、分析功能,确保该平台实时高效地运行。

(5)数字工程项目是一个多级分布式的网络系统,其实用化的关键是建立协同工作环境,从而推动业务流程的优化重组,实现真正意义上的并行协同工作。

(6)软件平台应严格遵循标准平台,符合国际标准及行业标准,支持多种格式数据的双向交换,便于与其他系统接口,具备较强的开放性。

(7)便于用户间技术交流。

(8)费用合理。

5．软件的部署装配

在前述步骤完成之后,就要按照规划对软件进行安装、调试,即软件平台的部署装配。

§6.3　数据平台的实施

数据平台建设所面临的数据环境是极其复杂的。从类型上看,有基础空间数据、社会经济统计数据以及资源与环境等专题数据;从载体上看,有传统纸质的,有存在于各种系统中(包括网上)电子的和多媒体的,严格地说还有存在于各行业专家头脑中的知识"数据";从形式、格式上看,有图形、图像、文本、表格等,有矢量的、栅格的各种存储形式。

如图 6-10 所示,数据平台的实施从总体上说有以下几个步骤。

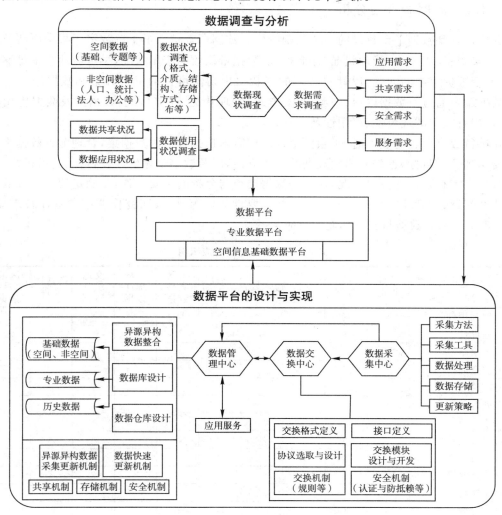

图 6-10　数据平台实施步骤

(1)数据采集中心的任务是要根据需求确定采集数据的范围、种类以及相应的手段、工具、方法,直至采集完成后的数据形式、格式,以及数据采集中的数据传输方式、存放介质、存放路径等。在对这些作了规定并形成文档后,需安排人员利用相关工具进行数据采集,并做好数据采集的记录,记录每一种数据每一项数据的采集情况。对于有些采集来的数据还需要进行预处理工作,以便为入库和进一步的数据处理做准备。对于存在问题的需要及时反馈上一级,并做出相应处理。

（2）数据管理中心的任务主要是多源异构数据平台的设计与组织。数字工程是一项涉及多部门的复杂的系统，涉及大量的异源异构数据。并且最终的数字工程的运行均有可能建立在一个处理多源异构数据的环境下，因此设计该平台是数据工程建设的关键。

（3）数据交换中心是打破信息壁垒、解放信息孤岛的技术保障，也是实现信息资源共享的通畅渠道和组成整体系统网络的核心枢纽。通过数据交换中心，各业务数据库实现了相互之间的信息交换。

6.3.1　数据调查与分析

数据调查是数据平台建设的一个基础阶段。数据调查是为了了解数字工程中所涉及的数据内容、来源、采集方式、管理状况、存储格式、数据量及数据应用状况，尽可能地收集足够的信息，并发现数据存在的问题，以针对数据的现状提出切实可行的解决方案和数据组织建设方案。数据调查通过对数据内容、来源、采集方式、管理状况、存储格式、数据量及数据应用状况等，确定现有数据的现势性、可用性及可移植性。

在进行数字工程的建设时，必须要根据应用需求选择合适的数据集，合理配置数据采集体系。要达到这一目标，首先要明确数据的应用方向，以及数字工程的建设目标、建设规模、建设计划等数字工程建设的概要情况，这就是数据调查与分析的主要工作，要确定使用什么数据来解决什么问题、达到什么目的以及任务的技术要求如何等，以及研究作业中的具体技术要求。表6-4表示了部分数据与服务功能的对应关系。

表 6-4　数据与功能对应示例

系统功能 ＼ 相关数据	基础数据	环境数据	公用设施数据	工程平面图	地块平面图	街区类型数据	区域统计数据	交通统计数据	街道网文件	区域境界线数据
土地利用规划		×			×	×	×	×	×	×
工程设计	×	×	×	×	×	×		×		
地图绘制	×	×		×	×	×		×		
名称查询	×					×	×	×		
完成税收						×	×	×		
邮务管理						×	×			
人才资源分配								×		×
公用设施管理			×	×	×	×	×			
财产清查管理	×	×	×			×	×			×
自然资源管理		×								×
烟草控制										
地图管理	×	×	×			×	×			×
制图管理			×					×		
数据库管理						×	×	×		
道路开发						×	×			
传播公共信息						×	×	×	×	
回答公众咨询		×				×	×	×	×	×

数据调查的内容包括现有数据内容、数据来源、数据采集方式、目前管理状况、数据存储格

式、数据量与数据应用状况,发现数据存在的问题并提出解决方法,为结合工程目标制定具体可行的基础空间信息平台与数据仓库实施方案打下基础。

进行数据调查与分析时,所需信息资料的获取通过以下两种调研途径实现:

(1)数据应用流程分析。数据的流动伴随着应用流程的运转,数据类型包括输入数据、中间处理结果、输出数据,其形式表现为实现应用要求时需要提交的文档、图件,办理过程中需填写的表格、批示信息和参考图件以及应用流程结束时输出的内容。因此在调研过程中,在了解应用流程的同时要注意收集与应用相关的资料,以利于数据需求分析。

(2)已有系统数据资料的提取。通过对已运行系统的数据库结构及数据内容的提取,达到搜集数据信息的目的。由于收集到的信息经过系统设计与优化,直接针对一项或多项业务处理工作或专题信息管理目的,因此通过这种途径收集的数据信息更具代表性和针对性,使用价值较高。

数字工程的最终目的是为用户提供服务,系统的使用方式和用户群对数据分布策略同样有决定性的影响,用户可以划分为三种类别:决策支持系统用户、行业用户和大众用户。其中,决策支持系统用户的特点是数量小,使用模式固定,涉及全局的数据应用,其接入系统的网络带宽应予以保障;大众用户数量巨大,需求多样,使用模式和涉及数据随机,用户接入系统的方式多样,连接带宽差异较大;行业用户的数量、涉及数据的规模和接入带宽都介于前面两者之间,其使用系统的模式也相对固定。数据调研的最终目的是为了确定各方面用户和应用对数据的要求,包括下列三个方面。

(1)数据管理需求调研。数据管理应该从数据生产、数据管理和数据提供这一整体过程来考虑,使数据库数据能及时、高效提供给使用者,并为工程的实施提供最为方便、快捷的操作,降低工程实施的复杂程度。具体包括:

——制定统一的数据标准和操作规范、在数据平台建设的各个环节严格按照标准和规范执行;

——保证数据的一致性和完整性,消除因资料传送造成的时间差;

——建立数据管理的控制机制,防止数据最后确认后再被改动,保持系统的稳定性;

——方便地实现各部门之间数据的迁移,包括定义数据结构时考虑与现有数据的兼容;

——数据的更新、变更处理,数据库维护和备份;

——解决历史数据的入库管理问题;

——多源异构数据的集成管理;

——数据库安全机制的确定。

(2)数据应用需求调研。数据应用需求是面向用户的,因此调研内容集中在如何解决用户提出的问题。具体包括:

——数据应符合国家或地方的行业标准和规范;

——实现业务信息的采集、处理过程的数字化与可视化;

——确保空间和非空间数据的一体化集成;

——应满足高层次应用决策支持的智能化要求。

(3)数据服务需求调研。从数字工程建设的整体来考虑,要立足于社会大生产范围内的信息共享与服务,在项目应用领域范围内实现业务和管理数据的有条件共享。具体包括:

——数据交换途径和传输效率的要求;

——数据库检索机制的确定；

——数据标准化程度；

——依通用交换格式的数据输出；

——不同坐标系间的转换能力。

实施时可依照下面的步骤进行：

（1）制订调查方案。数据调查需要根据数据库建库目标，制定科学可行的数据调查方案。包括数据调查的调查内容，时间安排，人员安排及详细任务分工。

（2）实地调查。根据定制的调查方案进行数据调查。主要调查现有工程范围及相关用户的数据情况，如表 6-5 所示。

表 6-5　数据调查内容

状态	内容
现状	目前使用的各种数据的种类、内容及表达方式，来源，格式，数据量，存储方式及介质，使用情况
	传输情况等
	问题是什么
	数据样本
	各种数据使用的频率，更新和维护的方式
	数据与各常规任务的关系
	数据在机构间的流通程序
	各类数据重要性程度如何
	共享性如何
	各类数据清单
与其他单位数据合作	合作数据
	合作单位
	合作方式
	输入信息
	输出信息
期望	数据的内容、种类和表达方式需要有哪些变化
	是否有新的数据，若有与各常规工作的关系怎样
	是否有书面的材料或样本
	各类数据清单

（3）完成调查报告。完成实地调查后，完成调查报告，详细了解数据现状和存在的问题，以及与项目建设目标之间的差距，提出解决方案。

数据调查分析的阶段完成后，就可以开始进入数据平台的实质性设计与实现阶段，包括确立统一的地理定位框架，建立数据采集中心、数据管理中心以及数据交换中心几个过程，最终搭建起完整的数据平台，为后续工程内容服务。

6.3.2　确立统一的地理定位框架

确立统一的地理定位框架是数据平台建设的第一步。各类数字工程项目都要依托统一的地理空间定位数据框架进行建设，从而满足空间信息在地理上分区、层次上分级、专业上分类处理和综合集成的需要，为多尺度、多分辨率、多数据源、多专题的数字工程提供一个完整理想的框架与公共平台。统一的地理空间定位数据框架是所有的基础空间数据系列必须具备相应统一的空间定位标准,即具有统一的平面坐标基准、高程基准、投影类型和分带系统。

基础空间信息平台是构筑在信息化基础设施、支撑软件环境之上的空间框架性基础数据,它主要包括多种比例尺的数字化地形图、数字化遥感影像图、城市基本地理统计单元、行政区划图以及人口状况等数据,其中的每一种数据都可以是多比例尺和多时相的。大多数用户所需要的基础空间数据有七种,即大地测量控制、正射影像、数字高程、交通、水文、行政单元和地籍数据。除此之外,针对不同的专业要求,还会涉及大量其他基础空间数据,例如市政设施管理部门需要了解地下管线数据,房产管理部门需要了解建筑、房产数据,电力部门需要了解电力网络数据。这些数据的采集来源多样,生产部门不同,遵循的坐标体系也可能不一致。对于局部地区,为了适应本地区建设的需要,往往建立了自己的独立或相对独立的坐标系,在实际操作中,不同的地区、不同的生产部门都可能采用不同的坐标系统,由于地方独立坐标系在本地区投影变形影响小,适合于本地区的建设使用,有些地区甚至存在两个以上的独立坐标系。建立数据平台之前,对于那些相对独立的平面坐标系统,要求能与国家大地基准实行严密转换,使各种地方上生产的各类空间地理信息能纳入国家统一的基础空间数据框架中,如图 6-11 所示。

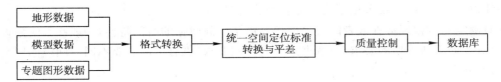

图 6-11　统一地理定位框架的建立过程

数据平台中包含的基础空间信息内容并非随意存储,而需要按一定的规律进行分类和编码,使其有序地存放在数据中心,以便按类别和代码进行检索,以满足各种专业应用分析的需求。分类编码要遵从国家标准,以便实现基础空间信息的共享。

6.3.3　数据采集

数据采集的主要任务是将关于现实世界和管理世界的数据收集起来转换为计算机可以识别的数据,以便于后续分析或操作。数据采集与生产流程如图 6-12 所示。

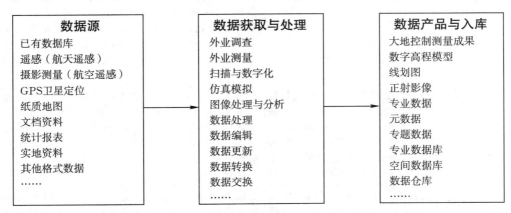

数据源	数据获取与处理	数据产品与入库
已有数据库	外业调查	大地控制测量成果
遥感(航天遥感)	外业测量	数字高程模型
摄影测量(航空遥感)	扫描与数字化	线划图
GPS卫星定位	仿真模拟	正射影像
纸质地图	图像处理与分析	专业数据
文档资料	数据处理	元数据
统计报表	数据编辑	专题数据
实地资料	数据更新	专业数据库
其他格式数据	数据转换	空间数据库
……	数据交换	数据仓库
	……	……

图 6-12　数据采集与数据生产总体流程

在数字工程的设计与建设中需要根据项目目标来确定需要的数据,并确定其来源及数据

采集方法(利用现有的数据,系统内部开发、定制产品等),主要考虑以下的因素:

(1)确定数据要解决的所有问题的规格说明。例如希望辅助提供什么信息、需要多大的比例尺数据、对数据现势性的要求、对图形数据属性的要求。

(2)明确数字工程建设的时间安排。明确项目建设期限如何、何时需要提供哪种数据、数据变化周期情况如何(用于确定数据更新周期),怎样获取最新的数据等(最新的数据采集技术)等各类问题。

(3)确定数据建设的合作伙伴,即工程参与者。根据项目的边界和功能可以确定需要与哪些外界对象交互,需要外界对象的什么数据,或者能向那些对象提供什么数据,这些外界对象是否能参与到项目的建设中来。

(4)落实工程费用。任何数字工程并不会建设成为大而全的系统,工程建设资金不仅约束了数字工程的规模,也决定着数据的内容和采集方式。一般有几种不同的数据采集模式:购买数据、数据使用费、数据的定制生产、内部建设等。

(5)确定数据的使用范围。确定系统研究对象的使用范围直接关系到数据的采集成本与方式。例如采集市中心、城郊结合部、郊区以及整个市域范围的数据由于研究对象的重要性不同、关注内容不同等,需要采用不同的分辨率、比例尺和采集手段。

(6)确定对数据现势性或者时段的要求。由于空间数据的时间特性,一般在系统建设中都要确定对数据更新周期的要求,对数据的时间范围要求,也有可能需要不同时间段的同类数据以便对比分析。

(7)明确后续工作内容。如果将来工程需再次收集数据构成系列数据,则现在应对这项工作进行规划。通常需研究工程中使用的各类数据将来的应用趋势,以便现在采集的数据与将来很可能采集的数据之间尽可能相兼容。

数据采集需要针对不同的数据源采用不同的采集手段,方式种类众多,表 6-6 给出了常见的数字工程数据采集方法。

表 6-6 数据采集方式

采集手段名称	采集过程	应用范围	操作特点
人工键盘、鼠标输入数据	键盘、鼠标输入	数字工程的文档、仪器测量数据和属性信息的数字化、大多数应用系统中的交互式用户界面	可以快速地进行任意检索,包括全文检索等。但是人工键盘录入数据需要花费大量人力、物力,以及花费相当多的时间和经济投入,更困难的是文字校对工作
扫描输入数据	通过扫描将纸质的信息形成扫描图像,对于文字档案数据则可以通过文字识别(optical character recognition,OCR)进行识别实现数字化,而对于图形信息则可以通过矢量化软件实现其数字化	手写稿件、印刷稿件、纯英文、纯数字、各种书籍报纸杂志的文字录入,也可以实现各类设计图、地图等的矢量化录入	输入速度快,但是无法全部实现自动化,需要比较多的人工干预、校对与编辑
语音录入	通过音频采集设备(录音机、录音笔等)录制语音,并使用专门处理软件转化为一定格式的流媒体文件	会议语音、访谈语音、电台广播语音、演讲语音和其他语音信息	对录入者的口音以及录入环境要求较高,需要经过大量的识别训练才能拥有较高的识别精度,录入速度一般

续表

采集手段名称	采集过程	应用范围	操作特点
电子档案数据转换录入	使用专门的数据转换工具进行数据的抽取、整理与再加工进入新系统	已有的数据文件（Word 文档、Excel 数据表、PDF 格式文件等文档数据）	会因为新系统的需求发生重大变化以及要求数据之间的关联与互动等需求带来较大的工作量
数据迁移	使用数据迁移手段在数据库之间移植数据（具体迁移流程在 6.3.6 中详细介绍）	已有数据库数据	需要专业工具软件的支持，人工干预程度小，但技术要求较高
联机数据采集	把传感器接连接到计算机上采集若干连续量，将数据由采集系统传输到计算机	密度、速度、温度、浓度、液位、流量、计数测量等连续物理量，如测量土壤中的水分含量、电压负荷量等	具有更高的速度，可以实时或准实时采集数据，并且可以从多输入通道汇集数据；联机数据采集比其他数据采集形式更灵活，可以由程序来直接控制采集哪些数据和数据的量，可免去大量的人工干预，因而可以实现全自动的数据采集与处理
Web 信息检索与信息抽取	通过互联网可以查询各类信息库、数据库，从大量纷繁复杂的信息中筛选出所需的各种信息资料，然后使用信息抽取技术，将系统感兴趣的数据从 Web 文档中"抽取"出来，附加上清晰的语义，并按照数字工程的要求重新组织数据的结构	各类数据	资料丰富、动态开放、使用简便快捷
网络数据交换	对原有的各部门的网络进行横向集成，将已有的分散式和分布式数据库系统集成，通过统一规范的数据接口、中间件、Web 服务等方法实现数据交换，进行各种多源、异构的相关信息的动态访问	各类需要进行交换的信息	操作方便，满足共享需求
可见数据的采集和转换	数码相机或者数码摄像机进行数据采集，形成图像文件或者视频文件，再进行解译处理或者转换	可见视频信息	操作简便，需要专业软件支持
跟踪数字化	将需数字化的图件（地图、航片等）固定在数字化板上，建立地图平面坐标系和数字化仪的平面坐标系的转换关系，然后用游标逐一采集图件的点、线和面状等，再转换成地理坐标或大地坐标，经过编辑处理提交给数据库管理，在数字化时要将不同要素的数据分离开来	纸质地图数据	数据的可靠性和质量主要取决于操作员的技术熟练程度、经验和技能等因素，并且这种方式需要操作员弯着腰进行操作，所以工作量强度大，效率不够高，现在已经很少使用
扫描数字化	首先通过扫描将地图转换为栅格数据，然后采用栅格数据矢量化的技术追踪出线和面，采用模式识别技术或者人工干预方式采集点和注记，并根据地图内容和地图符号的关系，给矢量数据赋属性值	纸质地图数据	速度快、精度高、自动化程度高

续表

采集手段名称		采集过程	应用范围	操作特点
空间数据转换	直接转换	两个软件互相调用数据	不同的空间数据平台所支持的不同格式数据(具备不同图型分层体系和属性结构)	需要制定一定标准格式,不同软件应遵循开放式要求满足该标准规范,提供相应格式的转换功能
	间接转换	两个软件通过一个都可兼容的中间格式来转换数据		
空间数据交换		通过网络进行直接的空间数据交换	需交互访问的数据	需要基础网络设施和数据访问功能的支持
遥感		利用空中对地观测技术获得地表影像和其他观测数据,并经过光谱校正、几何纠正、影像增强、特征提取、自动识别、自动成图、数据压缩等卫星影像处理技术	基础空间信息	覆盖范围大、重复覆盖周期短,获取信息的现势性强,迅速、准确、综合性地采集大范围的环境、地质和其他专题数据
GPS		以卫星为基础的无线电测时定位导航系统,为航空、航天、陆地、海洋等方面的用户提供不同精度的在线或离线数据	空间定位数据	可以用来快速采集空间对象以及具体事件的空间位置,配合其他属性数据输入,是重要的信息采集手段
摄影测量		利用专门的摄影机(如航空摄影机、近景摄影机等)获取地表的影像,然后根据地表影像、摄影机参数、摄影姿态以及地面控制点可以建立起地表的"缩微"三维模型,然后在此三维模型上进行测绘获取需要的地表信息	基础空间信息	获取数据快速、产品多样
基础地形测量		运用水准测量、控制测量、大地测量等手段获取外业数据,并通过一定的内外业一体化成图软件将采集到的文本信息转化为图形信息	实地地形或地物数据	应用范围广泛,对客观环境条件要求较低

例如某一项目需要获取城市社会、经济信息,并在此基础上实现对城市社会、经济及空间发展的分析决策功能,那么可以采用下列手段收集社会经济信息:

(1)从每年的社会经济发展年鉴中获取,这种方法需要采用人工键盘录入或者扫描识别录入方式。

(2)直接深入相关部门调查收集,这种方式需要采用人工录入或者转换导入的方法。

(3)通过统一的数据和技术规范建立的网络数据交换机制,通过网络实时从其他信息系统中抽取数据。

(4)从遥感影像上经过专家解译获取部分社会经济数据(如农业种植结构、人口分布等)。

(5)将部分社会经济专题图矢量化采集入库。

总而言之,确定数据采集方式时应进行全面周到的考虑,要满足完整的应用覆盖范围,满足尽可能多的潜在用户的需要。

6.3.4　数据管理

数据管理包括基础空间数据平台与专业数据平台两部分内容,最终实现目标为数据仓库的建立,这是支持决策和应用的基础,各个部门的专业应用可以基于自身的数据库,但是当需要用到其他相关数据或进行进一步深入决策应用时,就应该在共享的前提下,从数据仓库中提取挖掘有关资源。

1. 基础空间数据平台建设

统一的地理定位框架和分类编码体系的建立,是基础空间数据平台建立的前提,基础空间数据平台建立的目的,就是要使各个专业应用部门在地理空间数据基础上开发专业信息,附加和编辑专业知识信息,专业基础数据包括城市规划数据、环保数据、市政建设数据、人口数据等。一个部门可以把本部门专业基础数据提供给平台,作为平台的一个基础信息专题,还可从平台中获得其他部门提供的专业基础信息,形成数字工程的基础空间数据共享与处理平台。平台建设应当按照"突出重点、有序推进"的策略,总体上分三个阶段进行,实际工作过程中,每个阶段还可根据人力物力的投入要求,细分为子过程。

1)第一阶段:建设基础空间数据平台的空间信息基础数据库

(1)建立基础地形框架要素库和可叠合遥感影像数据的基础数据库。

(2)初步制定并试行空间信息基础数据库管理、分发、使用若干办法。

(3)选择一到两个示范区域进行空间信息基础数据库应用的试点工作。

2)第二阶段:基本建成和实现基础空间数据平台的网络交换及其共享功能

(1)以空间信息基础数据库为核心,增加人口、绿地、环境、城市基础设施、土地利用等基础信息,逐步完善基础空间数据平台。

(2)制定基础数据平台数据交换、资源共享、网络通信、质量控制等标准和规范,实现行业间基础信息共享,建立行业间数据交换的标准和操作规范。

(3)确定基础空间数据平台基础数据维护机制和数据现势性要求,筹建空间信息应用行业协会,探索并筹建基础空间数据平台运作机构。

3)第三阶段:使基础空间数据平台成为支撑各类城市管理信息系统的基础,并为社会各行各业服务,推进数字工程建设进程

(1)组建基础空间数据平台运作机构,探索市场化运作的方式。

(2)探索、建立基础空间数据平台基础数据市场化维护机制,制定数据现势性的指标,扩充、完善基础空间数据平台基础数据类型和内容。

(3)增强基础空间数据平台信息处理能力,通过信息加工实现增值,促进地理空间信息服务、咨询产业。

2. 专业数据平台建设

专业数据平台的建设依托于基础空间数据平台的建立与完善。对于大量专业数据,首先进行"主题性"的提取,即它必须反映某一主题或服务于某项专业功能;然后根据工程项目的详细设计要求进行规范化整理,按照统一要求进行数据采集与数据库组织。数据提取的过程如图 6-13 所示。

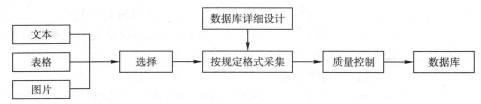

图 6-13　各类专业数据的提取

由于数据量大、数据来源多样化,在数据平台的实施时,不可避免地会遇上如何管理这些浩如烟海的数据,以及如何从中提取有用的信息的问题,这就需要建立数据仓库。

数据仓库在构建时,由于历史情况和现实需求的不同,存在两种途径。

1)新数据信息的抽取

对于新建的数字工程项目,如果涉及的部门现有资源有限,可以不需考虑大量历史数据的处理问题,同时考虑到搜集过程中可能存在多个数据来源,因此可以在工程实施的同时构建数据仓库,将搜集来的各种数据通过数据抽取整合到数据仓库中。

2)在完善原有信息资源的基础上建立

对于在过去的信息化过程中已经沉淀了大量历史数据的数字工程项目,则可以先在原有资源基础上建立逻辑数据仓库,即使用数据分析的表现工具,在关系模型上构建一个虚拟的多维模型。当系统需求稳定后,再建立物理数据仓库,这样既节省投资,又缩短开发工期。

6.3.5　数据交换

在空间信息基础设施的建设中,数据交换中心的建立是一个重要环节。数据交换中心是一个分布式网络,其功能是提供可用于查找空间信息、判定信息可用性和尽可能经济地获取或订购空间信息的方法。例如,美国就采用这种数据交换机制:联邦、州、地方都建立了交换中心节点,同时鼓励其他空间信息生产者建立节点,所有节点均连入互联网。南极公约国、澳大利亚、德国、芬兰、日本、马来西亚、荷兰、瑞典等国家也都仿照美国,采用空间数据交换中心的信息访问机制。

整个数字工程是由各个业务部门协同运行的整体,因此各个相对独立的业务部门拥有自己独立的子节点工程非常合理,但这些相对独立的子节点之间只有按照各个部门的自然关系进行必要的信息交换及服务协作,才能真正实现数字工程体系内部的整体运行及管理。为解决数据的互操作与集成问题,涉及数据的服务共享,因此如何建立可信的数据共享交换中心是数据平台乃至整个数字工程建设的关键。应当通过调用软件平台和数据平台提供的标准信息共享交换接口,确保整个信息交换过程的安全性、可靠性。

实际建立数据交换中心时,首先实现各个业务部门业务数据的分布式共享,然后实现基础空间信息与其他公用信息数据库的集中存储,最终实现整个数字工程内部自由的信息交换。通过可信信息交换系统,实现跨平台、跨系统、跨应用、跨地区的互联互通和信息共享,为各部门之间进行信息交换、协同工作、数据挖掘等提供支持,其结构参见图 6-14。

数据交换中心的建立应该在数据平台建设的初期就进行良好的规划,但又是一个逐步完善的过程,可以在总体的规划框架下分步实施。数据交换中心的建设分四个步骤。

(1)根据对子节点应用需求的理解,抽象、规划出各类主要数据表的规范。

(2)建立数据逻辑视图。绘出数据流程,找出数据流转与应用的对应关系。

(3)建立物理数据库到逻辑数据库的映射关系,并根据实际情况确定是直接在数据交换中心建立物理的数据存储还是在数据交换中心建立逻辑视图。

(4)建立各子节点到数据交换中心的同步控制组件与访问组件。

数据平台是建立在分布式网络基础上,数据交换网络把各专业机构的专业数据库连接成松耦合系统,即在物理上是分散的,而在逻辑上是一个整体。基础空间信息和其他公用数据可以在数据交换中心节点存储,而各种专业数据可以在远程节点存储,如城市规划数据存放在规划局,环保数据存放在环保局,市政建设数据存放在市政局等,各节点空间信息的融合是以共同的几何参照系统、数据模型和标准接口为基础的。

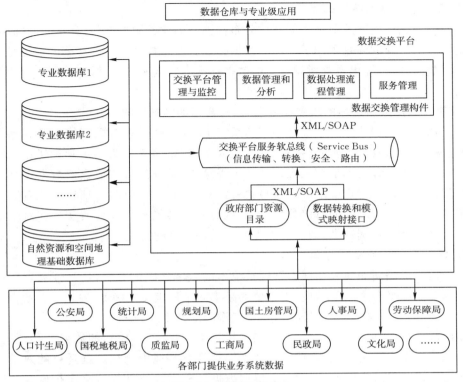

图 6-14　数据交换中心

6.3.6　既有数据整合

数据平台建设面临的最大问题就是对已有数据的利用问题。数据的利用涉及数据迁移技术的利用。这项工作不是一个单一的技术问题,而是一项工程,需要系统分析数据现状,同时熟知拟建工程项目的设计思路,才可以设计出针对性的解决方案。

数据库中的数据迁移是指,在现有系统运行环境向新系统运行环境转换、低版本数据库向高版本数据库转换以及两个不同数据库之间进行转换时,数据库中的数据(包括结构定义)需要被转移并使之正常运行。

在数据迁移方案确立时,要注意全面调查分析所有的数据源。对于多源数据,制定周全的数据取舍方案;对于无源数据,定制数据补录工作;查明原有数据采用的坐标系和高程系,设计坐标变换和投影变换方案,对原有数据进行测试转换工作;详细比较原有数据库定义与新系统的数据库定义之间的对应关系,设计批量数据转换程序及代码实现;考虑应用成熟的数据迁移工具解决数据迁移问题。对于批量转换程序不能自动判断的特例数据,需要人工参与进行数据的清理;数据迁移工程的成功性在很大程度上依靠工程人员的工程经验。

设计数据迁移方案主要包括以下几个方面工作。

1. 研究原有数据的结构、来源、数据项定义、取值等现状

在数据迁移方案的设计过程中要详细分析原有数据库的逻辑关系,熟知每一个数据项的定义,全面调查分析所有的数据源,对于多源数据制定周全的数据取舍方案,对于无源数据定制数据补录方案,例如查明原有数据采用的坐标系和高程系,设计坐标变换和投影变换方案,

对原有数据进行测试转换工作。

2．研究新旧数据库结构的差异

由于原有数据的生产及数据库的建设分布在不同的业务职能部门,具备明确的应用目的,同类数据因解决不同的问题采用了不同的数据标准。所以数据整合与迁移的前提是数据标准和数据库规范的整合,提出系统建设唯一的数据标准和数据库规范,所有数据以统一的标准规范迁移入库。

3．评估和选择数据迁移的软硬件平台,选择合适的数据迁移方法

数据迁移是把数据从原有系统迁移到新系统中,这中间存在着数据格式和存储结构的不同,所以这需要一系列程序辅助迁移,尽量减少人工参与,避免人为的主观性错误。数据迁移工程的成功性在很大程度上依靠工程人员的工程经验,最好能应用成熟的数据迁移工具解决数据迁移问题。对一些特定要求应当编写具有针对性的迁移程序,详细比较原有数据库定义与新系统的数据库定义之间的对应关系,设计批量数据转换程序及代码实现。对于批量转换程序不能自动判断的特例数据,则需要人工参与进行数据的清理。

4．设计数据迁移和测试方案

对于结构定义相同的同种数据库管理系统不同版本之间的升级,这种迁移比较简单。但对于不同的数据库平台之间的转换,更重要的是不同结构定义之间的转换,二范式向三范式的转换,各种约束的重定义等,数据迁移与转换工作的复杂度大大增加。

实际操作过程中,应当根据设计的数据迁移方案,建立一个模拟的数据迁移环境,它既能仿真实际环境又不影响实际数据,然后在数据模拟迁移环境中测试数据迁移的效果。数据模拟迁移前也应按备份策略备份模拟数据,以便数据迁移后能按恢复策略进行恢复测试。测试数据模拟迁移,也就是检查数据模拟迁移后数据和应用软件是否正常,主要包括数据一致性测试、应用软件执行功能测试、性能测试、数据备份和恢复测试等。

数据模拟迁移测试成功后,在正式实施数据迁移前还需要做好以下几个方面工作:进行完全数据备份、确定数据迁移方案以及安装和配置软硬件等。最后按照确定的数据迁移方案正式实施数据迁移,迁移完成后进行数据迁移效果的测试,并对数据迁移后的数据库参数和性能进行调整,使之满足数据迁移后实际应用系统的需要。在正式实施数据迁移成功并且数据库参数和性能达到要求后,就可以正式运行应用系统,并投入实际使用。

6.3.7　数据平台的维护与更新

数据是维持系统运行的血液。只有保持数据的高度现势性,系统运行结果才具有可靠性。数据平台的维护包括两个方面的内容:一是数据库的更新与维护,二是数据仓库的更新与维护。无论是数据库还是数据仓库,其中数据的维护与更新往往涉及跨部门、跨行业的多种数据格式和多种数据类型,由于数字工程涵盖了各类空间与非空间数据,信息海量多源,各数据库数据内容、性质互不相同,更新周期也大有差异。另外,由于数据的全面更新同样需要投入大量的人力和财力,为保证系统的现势性和相对稳定,必须规定适当的更新周期。

数据更新一般分为两个层次,即不定期的局部数据更新与周期性的全局数据更新。严格说来,对于不同的应用部门,不同的数据类型,更新周期都有所不同,应当针对具体的应用要求来制订更新计划。对处于应用核心地位且时态性表现明显的数据,要求保持现势性,如果更新手段先进且资金投入可以保证,则要做到随时更新。而对于变化缓慢,覆盖面较大的数据,则

要做到定期更新。更新时可以以数据局部更新为主,局部更新会随系统的运行而运行,但是数据局部更新的结果可能会导致系统数据的有序性变差,使冗余度增加,同时还会增加大量的文件碎块,因此,系统数据的全面更新也是十分必要的。

数据更新要尽量做到以最合适的人力、物力条件取得最好的效果,充分协调各方面资源的力量。例如对于基础空间数据的更新采集,无须总是进行大面积重新采集,而是可以结合现场工作人员的日常常规采集任务,要求他们在完成工作任务的同时,也对周围地物的变化进行记录,再由信息中心的工作人员进行更新,这样可以把工作化整为零,减少全局数据更新的工作量,同时确保基础空间数据库具有较好的现势性。另外,要充分利用全野外数字测量和 GPS 技术,提高数据更新的质量和效率。在完成空间数据更新的同时,要加强社会与经济属性调查工作,扩充基础空间数据的内容,加大空间信息承载量,开拓专业应用领域。

表 6-7 显示了一个简单的例子,来说明不同种类数据的更新要求。

表 6-7　数据更新要求示例

数据名称		数据类型		数据内容	维护更新
基础空间数据	基础地理信息数据	图形数据	矢量数据	1∶500、1∶1 000、1∶2 000、1∶10 000 地形图、控制网、行政区划、道路网等	定期更新长期保存
			栅格数据	航片、卫片影像图	
		属性数据		编码,坐标,周长,面积,地名文字,控制点数据,行政区划相关信息,有关测量管理信息等	
	市政设施数据	矢量图形数据		各种管线(供水、排水、供热、电力、电讯等)分布图	定期更新长期保存
		属性数据		管线编号、性质、所在道路名称、起止点、走向、管材、分区号、小区号、管径、长度、铺设方式、铺设日期;附属物名称、编号、类型、规格等	
空间型专业数据	规划成果数据	矢量图形数据		各种类型的总体规划图、专项规划图等总体规划、分区规划、控制性详细规划、区块规划、专题规划等图件	定期更新长期保存
		属性数据		建设工程规划相关信息,如图名、各种规划说明	
	用地规划数据	矢量图形数据		土地利用规划图,用地红线图,总平面布置图	随时更新长期保存
		属性数据		土地利用类别信息,项目用地红线信息	
	工程竣工成果数据	图形数据		建设工程竣工验收相关的各种图形数据	随时更新永久保存
		属性数据		项目名称、类型、开竣工日期、工程进度情况等	
	建筑单体数据	图形数据		建筑单体的平、立、剖面图	随时更新永久保存
		属性数据		建筑单体的有关说明	
	规划建设档案数据	图形、属性数据		储存业务项目所涉及的申办图件及案卷类信息	随时更新永久保存
非空间型专业数据与公用数据	业务办公自动化系统数据	属性数据		业务办公自动化系统运转过程中产生的纯业务数据及日常办公自动化产生的行文、图片、表格记录	随时更新永久保存或临时保存
	人事数据	属性数据		人事档案信息	随时更新永久保存
	政策法规数据	属性数据		储存中央、地方、部门法规文件等	随时更新永久保存
	企业资质与个人信用数据	属性数据		企业的建设规划业务方面的资质信息,项目经理信息,专业技术人员的业绩、建筑市场违法违规行为、工程质量安全事故及其他不良记录等	随时更新永久保存

续表

数据名称		数据类型	数据内容	维护更新
管理维护及辅助设计数据	元数据	管理维护型数据	有关系统内数据结构、内容描述、功能描述、流程定义描述、业务分类描述等描述型元数据和管理维护型元数据	随时更新 永久保存
	地名数据	管理维护型数据	规划建设业务涉及的各种地名数据。点状地名、线状地名（河流）和面状地名（如小区、大型建筑物）	
	分层分类编码数据	管理维护型数据	分层分类编码方案以及其他编码方案以数据表的形式存储	
	系统开发辅助数据	管理维护型数据	存储为实现系统开发任务而设计的辅助性数据，如业务及业务流程定义、工作流运转控制、系统用户及权限设定等	随时更新 永久保存
	生僻汉字	管理维护型数据	根据地方语言特点建立生僻汉字	
	各类标准	管理维护型数据	标准编号、索引、说明、标准内容	
	知识方法	管理维护型数据	业务涉及的专业知识和处理方法	
	功能部件	管理维护型数据	部件索引、部件元数据、功能部件等	

在实际进行数据平台的更新与维护时，要注意一个非常重要的问题，那就是数据的时间版本。无论什么数据，都具有一定的时态性，这就使得数据平台本身也具有时态性，同时还要求数据平台具备管理不同时间数据的功能，要能够反映现状，追溯历史，并避免数据存储的冗余，能够重现某一区域在历史上某一时刻的数据状况。

以前常用的办法是将不同时段的数据以"快照"的方式存储和管理，这种方法的突出弱点是数据冗余，尤其是对于基础空间数据而言，会导致空间实体关系被隔断，而且在用关系型数据库存储属性数据时，会使关系表越来越多，维护起来越来越不方便。在实际工程建设中，除现势数据外，其他的所有历史数据都存储在同一个数据平台体系中，当数据更新时，只对实体做更新标志，并不删除旧的数据，实现数据的增量存储。针对基础空间数据，还要通过建立空间实体之间的变化父子关系的形式，解决空间实体历史数据的保存问题，采用时间标记的方法来管理现状和历史数据。

由于数据平台是由基础空间数据和多种专业平台数据组成的，包含了各类异源异构的数据，并且涉及数据的互操作，为了保证数据更新的一致性，应当实现相关数据库在更新时的联动，建立数据库联动检索和空间数据引擎的多级空间索引机制，使各类实时关联的数据库能够进行同步更新，实现内容相关和位置相关的联动与快速检索，加快数据实时更新的速度与准确性。在数据平台的数据管理中采用

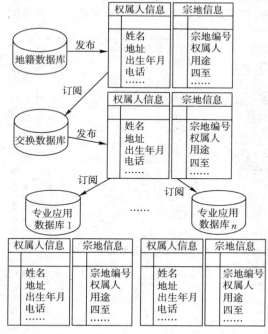

图6-15　利用复制技术实现数据库联动的逻辑顺序

数据复制技术实现数据同步。例如，假设需要实现数字工程应用中地籍数据库中宗地信息、权属人信息的实时更新和发布，图6-15即表示了相应数据库联动的逻辑顺序。

图 6-15 中,各应用系统收到更新的数据后,根据各自业务逻辑和相应的数据结构进行数据处理,更新本应用的宗地信息、权属人信息。为了方便共享数据的扩充,建立交换数据库,专门用于共享数据的存储,如宗地、权属人的基本信息等,便于系统应用之间交换和传递。发布数据库发布数据表,交换数据库进行订阅,然后交换数据库再将数据表发布到各个应用系统。实现时可以选择事务复制方式。通过事务复制,先将地籍数据库的宗地、权属人信息表以快照方式发布到交换数据库,交换数据库同样以快照方式发布到各个应用系统。在系统管理员维护宗地、权属人信息后,系统捕获到宗地、权属人信息的变化,传播到交换数据库,交换数据库依次传播到各个应用系统。这样可以大大提高信息的及时性和准确性。

§6.4　专业应用服务平台的实施

专业应用是在平台建设的基础上进行的,也是各类专业数据在空间信息载体上叠加后的实际应用过程,实施步骤如图 6-16 所示。

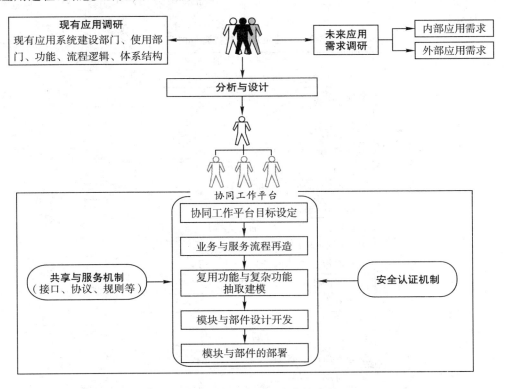

图 6-16　专业应用平台实施步骤

6.4.1　应用调查与分析

数字工程项目是一个全方位的人机工程,其应用效果不仅仅取决于软硬件平台、数据平台、网络平台等支撑环境的建设,更重要的是,与应用单位的管理水平和人员素质有密切的关系。应用调查与分析主要包括两方面的内容:一方面是人员现状与需求调查,一方面是管理及应用现状与需求调查。

人员现状与需求调查主要调查现有工程范围及相关用户的机构职能部门及管理人员、专业人员、技术人员的配备情况等，如表 6-8 所示。

表 6-8　人员现状与需求调查内容

状态	内容
现状	日常的各种任务是由哪个部门的哪些人来完成的
	人员的专业知识水平和对数字工程的理解
	人员设置的缺陷
	各类人员的联络方式
	技术人员共享性如何
期望	是否会有人员的变动
	是否专业水平能够有提高的潜力，对新技术的态度如何
	专业人员对其日常工作的理想情况如何

管理及应用现状与需求调查主要调查现有工程范围及相关用户的相关部门的业务情况，如表 6-9 所示。

表 6-9　管理及应用现状调查内容

状态	内容
现状	现行机构的组织结构及有关的部门
	各组织的职责及执行的任务
	是否有不足或缺陷
	短期内有什么变动
	现行机构的书面材料
	各部门的日常工作职责是什么
	各日常工作的流程，每天、月、年的工作
	各项工作的优先次序
	目前的问题及需解决的优先次序
	有关的书面资料
期望	是否有改变缺陷的计划
	新的系统实施后有什么机构变更
	是否有书面计划
	资金状况如何
	理想的工作流程是怎样的
	是否有新的职责加入；若有，优先权如何
	是否有书面资料
	长短期的变化又怎样

在实际调查过程中，应该与用户良好沟通，充分了解并引导用户对需求的描述。系统的调研对象分为两类：直接用户和间接用户。调研可采用问卷的方式，在各机构大致了解如表 6-10 所示内容，取得问卷结果后绘出初步应用分析图，并求得用户对分析结果的认可，如果双方理解有差异，应当继续深入了解，直至最后达成一致。

表 6-10　调查问卷示例

调查主题	调查内容	调查项目
业务现状调查	单位基本信息	☑ 单位名称 ☑ 单位类型（局机关科室与直属单位） ☑ 地址 ☑ 邮政编码 ☑ 传真 ☑ 联系人姓名与电话 ☑ 信息分管负责人姓名与电话 ☑ 单位的管理和行政职能 ☑ 上级单位 ☑ 机构的内部结构（包括部门人数）
	用户机构状况	☑ 各机构部门的构成关系 ☑ 人员构成 ☑ 各机构部门的职能
	用户正在运行的业务类型	☑ 业务名称 ☑ 每种业务的管理内容 ☑ 每种业务的运行流程 ☑ 对每一流程节点有什么要求或限制（如审批时间或承诺办理期限） ☑ 每一流程节点操作需要参阅的数据（了解数据内容、数据类型及数据的长度） ☑ 审批过程中需要参阅的法律法规 ☑ 使用数据的目的和要求 ☑ 每一流程节点所产生的数据 ☑ 数据来源（流程） ☑ 数据去向（流程） ☑ 如果是审批，审查内容、审批依据、审批结果分别是什么 ☑ 填写审批意见时审批意见的常见长度怎样，有哪些常用的审批意见 ☑ 有无相关计算，计算方法怎样 ☑ 对节点数据的安全性要求如何，其权限如何控制 ☑ 有无异常情况（特例）、处理方法如何 ☑ 每种表格的格式是什么样的 ☑ 是否需要绘图，现有绘图方式如何，如何绘图 ☑ 是否需要输出图，对输出图图面要求如何，功能要求 ☑ 有哪些统计报表、统计报表，内容怎样 ☑ 填写各流程节点表格有无要求，要求如何 ☑ 填写表格内容是否遵循标准分类，分类编号方法如何（有哪些分编号方法，如地块编号、各种许可证编号、行政区域编号、街道编号等）
	部门行政职能	☑ 有哪些行政职能内容 ☑ 如何管理 ☑ 需要哪些信息 ☑ 有无行业分析或统计方法，如何分析
	税费与收费	☑ 税费类别 ☑ 各税费征收对象 ☑ 各税费征收时间和时机 ☑ 税目与税率 ☑ 各税费计算方法 ☑ 登记管理费及其计算方法 ☑ 收费单内容及样式 ☑ 收费方式

续表

调查主题	调查内容	调查项目
信息化现状调查	设备类	☑ 设备名称 ☑ 数量 ☑ 型号
	局域网建设	☑ 建设年份 ☑ 主干带宽、网络缆线 ☑ 支干带宽、网络缆线、布线方式
	系统软件	☑ 服务器系统软件类型 ☑ 工作站系统软件类型
	专业工具软件	☑ 软件名称 ☑ 版本 ☑ 数量 ☑ 购置时间 ☑ 使用情况
	数据处理软件	☑ 软件名称 ☑ 版本 ☑ 数量 ☑ 购置时间 ☑ 使用情况
	人员计算机水平	☑ 员工接收计算机培训情况 ☑ 接受培训的培训内容 ☑ 培训时间 ☑ 培训效果 ☑ 员工的中英文输入水平
	系统应用情况	☑ 系统名称 ☑ 系统简介 ☑ 系统概略功能 ☑ 软件平台 ☑ 完成时间 ☑ 开发方式 ☑ 开发单位 ☑ 使用情况

事实上,对于规模较大或结构复杂的工程项目,要想在实施初期就完全明确项目将要"干什么"往往很难做到,甚至完全办不到,主要原因有:

(1)用户所提出的系统需求本身可能就是一个模糊或者大概的想法,虽然专业业务人员对自己的工作有清楚的认识,但却很难将这些业务系统化地提炼出来,经常会有缺失的情况发生。

(2)即使用户对未来系统的目标明确,但是由于专业工作与空间信息及数字技术专业知识面的限制或相互沟通得不够,系统分析人员也很难做到在分析阶段一下子就能按照用户的想法完整地理解并描述系统的目标和功能,而用户同样也难以根据分析人员给出的信息推断出系统的未来运行效果,双方各自头脑中理解的逻辑系统与建成的物理系统可能存在较大差别。

此外,随着系统建设的不断深入,用户可能会由于心中要求的逐步成型或相应专业知识水平的提高而产生新的要求或因环境变化希望系统也随之进行相应修改,系统开发人员也可能因始料未及的某些问题而希望对用户需求作出折中变动,如果不采用一个合理的开发方法,就可能造成系统开发工作不必要的延滞。因此,应当允许工程设计与实施人员与用户不断沟通和反复交流并逐渐达成共识,即用户可在实施过程中分阶段地提出更合理的要求,建设人员则根据用户要求不断地对设计与实现进行完善。

6.4.2 应用流程分析

在花费大量时间收集到各种信息以后,接下来要做的则是应用需求的组织和分析,然后将分析的结果以某种方式表达出来。信息表达的方式通常有以下几种:现有机构的组织结构图、现有机构的功能示意图、现有机构的人员组织及功能示意图、现有数据内容及其来源清单、现有数据及其功能参照表、现有软硬件设备关系图。

在应用调查与分析过程中,常常会发现,工作情况的复杂性会造成工作中的种种问题,比如重复工作、流程管理方式不统一、历史问题未妥善解决而给现在工作带来的不便等。这些问题需要通过业务优化来统一解决。进行数字工程项目的建设,首先要理顺工作流程,解决工作中现存的问题,再将较优的工作流程进行计算机化,才能为系统的最终顺利运行提供有力保障。

除了对现存的状况进行综合分析外,还要将计划的将来状态表示出来,包括三部分内容:人员培训计划、项目成果、实施的进度计划。这里需要说明两点。

(1)对将来的计划模式常常不只是一种,很可能多达四五种,这时应该将这几种选择方案同时表达出来,从技术和组织的角度分析其利弊,然后由用户决定采用哪种方案。

(2)以上列举的各种报告内容可根据项目的复杂程度做相应的删减,有些部分甚至可以直接用客户提供的资料,例如现有机构的组织结构图。

分析结果的表达并不是调研的目的,而是为了提炼出用户的应用特点,从而充分理解拟建数字工程的目标要求。

举例说明流程分析的过程,图 6-17 为 N 市规划建设局单项业务流程图,图 6-18 为在该局进行业务调研后根据调研结果分析得到的业务流程总图。

从该总流程和单项流程的分析结果中,可以得到 N 市规划建设局的业务特点:

(1)业务面广:涉及几大类几十项业务,既有核准、审批、登记、注册、备案等时效性强的业务项目,又有测绘管理、总体规划编制与审批、档案整理等指导性、宏观性和基础性的工作。

(2)相关单位企业众多:与众多其他政府部门(如市政府、财政局、土地局、区城建办等)和单位企业(如建筑业企业、工程建设监理单位)等紧密联系。

(3)业务量大:以施工报建为例,年均 1 500 项,工程备案年均 800 项。

(4)业务具体情况多种多样:市规划建设局的业务与人民生活息息相关,生活中的种种复杂情形反映到工作中,就形成了工作具体情况的多样性。

(5)业务涉及法律法规种类繁多:国家标准、行业标准、地方标准、法律、法规、文件、政策等,某些情况下还需要根据各种法律法规和规范制定适合 N 市具体情况的特殊规范。

(6)部门间协作关系密切:其工作一般由一个主办部门和多个协办部门按阶段、分层次(科室经办人、科长、处长、局领导,甚至市政府、省政府)办理和审批,往往一个完整的业务流程经过的部门多达几个甚至十几个。

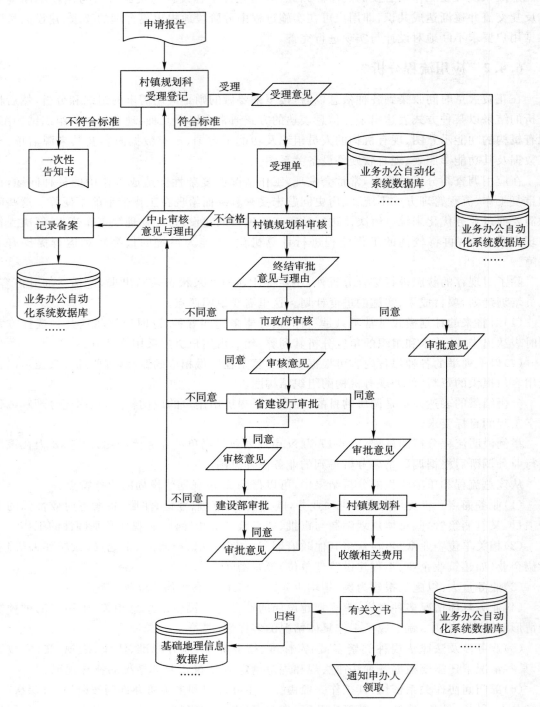

图 6-17　单项业务流程

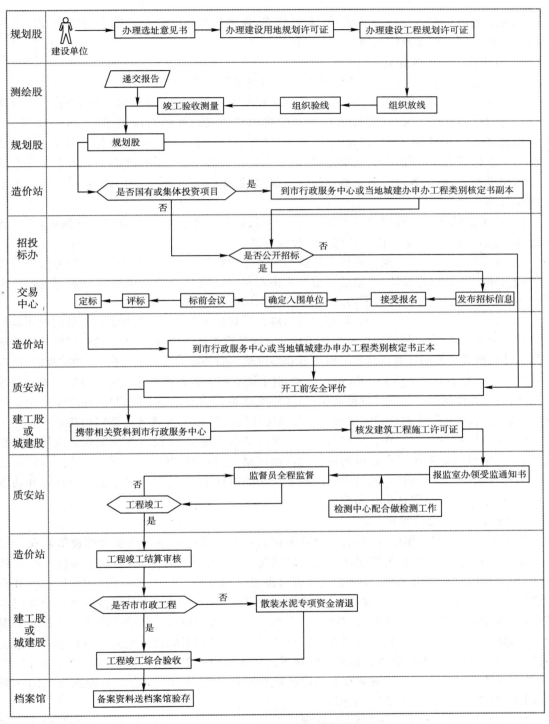

图 6-18　业务流程总图示例

6.4.3 专业应用协同工作平台

专业应用的实现涉及许多子应用工程的建立,在进行专业应用的实现时,包括专业应用模型的建立和协同工作平台的组织两方面工作。

1. 专业应用模型的建立

专业应用模型的定义涉及体系结构的选择和技术路线的制定。

在建立专业应用模型时,要定义专业数字工程项目的局部和总体计算部件的构成,以及这些部件之间的相互作用关系,还要表达出系统需求和构成之间的对应关系,如图6-19所示。部件包括诸如服务器、客户、数据库、过滤器、程序包、过程、子程序等一切软件的组成成分。相互作用关系包括诸如过程调用、共享变量访问、消息传递等。相互作用也包括具有十分复杂的语义和构成关系,诸如客户—服务器的访问协议、数据库的访问协议、网络的传输协议、异步事件的映射等。

(1)技术层的确立。确定项目实现的技术路线,选择由哪些技术构成技术支撑层,使系统在技术层次和应用层次上都能够达到一个比较好的效果。

(2)数据层的设计与实现。系统的数据层由若干数据库组成,按照数据库设计方法进行各类空间与非空间数据的设计,使该层与信息采集和信息接收处理子系统紧密联系,支持、实现系统各种既定功能对数据的需求,并根据设计要求实际建立相应数据库。

(3)应用层的设计与实现。设计应用层时,应首先划分各类用户对象和数据对象的应用范围以及要实现的功能目标,使应用层成为各子目标功能逻辑组件的集合,对于不同的层次采用不同的体系结构模式。例如针对浏览器—服务器和客户端—服务器混合的结构模式,在实现时,可以对客户端—服务器部分采用DCOM组件技术,对于浏览器—服务器部分采用EJB组件来封装逻辑层,同类型构件间拥有共同的规范和接口,能够实现透明的通信和基础服务,而对于不同组件间的功能调用,则采用中间件技术实现不同类型构件的相互集成,实现业务逻辑的共享。

(4)用户层的设计与实现。用户层是实现决策的最终层次,支持各个功能点的应用操作和表达,设计中尽可能采用用户认可的流行的界面风格,直接面向各种不同层次的用户,使表达风格和操作风格一致。同时,通过用户层的下层功能组件重组,可建立各子系统的连接和功能调用,实现子系统间的信息交互和共享。

2. 协同工作平台的组织

数字工程项目在运作过程中,每一个环节都会产生大量的信息。信息化的价值就在于帮助需要信息的用户更全面、更快速地掌握资源状况,并做出合理的决策,但从过去的一些项目发现,在进行信息化建设之后,管理者并没有获得更好的环境。原因之一是各部门、各环节的信息仅在一个封闭的系统中传输,缺乏关联性。而事实上,整个社会大环境内的每一个部门都是相互关联的。这时候,管理者就面临一个艰难的选择,或者投入额外的成本进行信息的整理和分析(其中不仅包括资金和人力成本,还包括所耗费的时间所隐藏的机会成本),或者根据这些缺乏关联性的信息进行决策。造成这种状况的根本原因是现有的应用软件都是分散开发和引入的,因此企业的各种数据被封存在不同的数据库和应用平台上。在这种缺乏协同的环境下,因为"应用孤岛"而导致了"信息孤岛"。

数字工程对此提出了全新的要求:必须建立一个动态的、可控的、统一的、全面集成和协作化的信息应用环境,从而使得各类公用与专业资源能够在一个统一的平台上高度共享信息、协同完成各种复杂的业务处理,即为图6-20所示专业应用的协同工作平台。

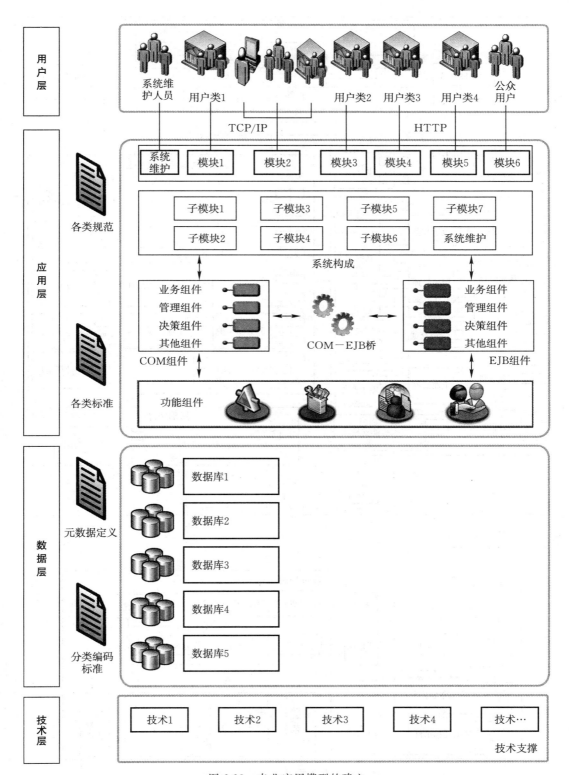

图 6-19　专业应用模型的建立

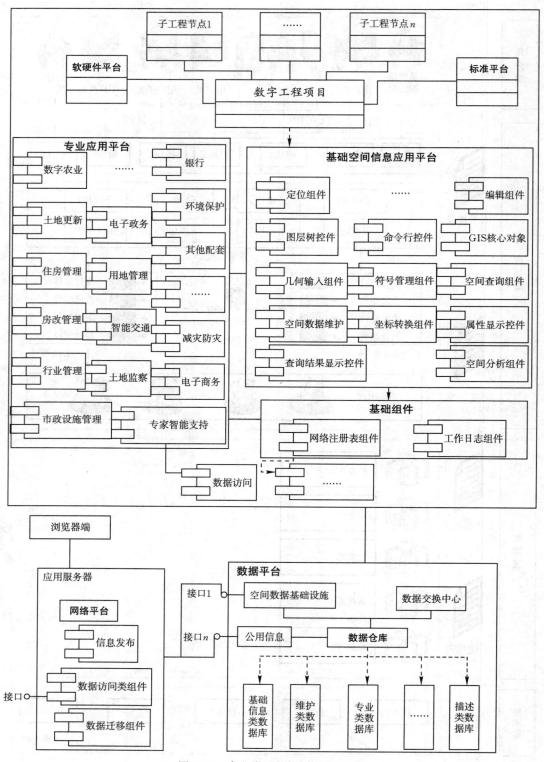

图 6-20　专业应用的协同工作平台

(1)确定协同工作平台的服务目标。协同工作平台要基于资源网状管理体系的思想,平台上任何一个信息点都可以非常方便地提取出与其相关的信息,所有的信息和应用都是多维的、立体化的、相互关联的,用户看到的信息不是一堆零散的数据,而是经过完全整合的有效信息。

(2)建立数据与功能互操作体系。以工程应用逻辑流程为核心,结合多领域的专业特点,将平台部件技术融入到数字工程建设和应用的各个阶段,对于通用的功能部件建立统一的管理中心,并完成相应的应用调度机制。

(3)建立专业功能部件管理体系。建立一系列面向不同应用的专业部件,包括面向空间数据管理、提供基本交互过程的基础部件,面向通用功能、简化用户开发过程的高级通用部件,以及抽象出行业应用的特定算法并固化的专业行业性部件,充分发挥软件复用与继承的优势,最大限度地利用有限资源,避免冲突与浪费。

§6.5　标准平台的实施

数字工程的建设是一系列的人员、制度、设备、数据、软件及各种工程技术等互相配合、互相作用的综合活动,标准平台是指导其他各平台建设和专业应用的基础性工作。标准平台的实施是以获得最佳秩序和效益为目的,以设计、开发、管理、维护等过程中大量出现的重复性事物和概念为对象,以制定和组织实施标准体系及相关标准为内容的有组织的系统活动,是关系到数字工程系统建设成败的关键环节。

6.5.1　标准化体系级别

标准化是指为在一定的范围内获得最佳秩序,对实际的或潜在的问题制定共同的和重复使用的规则的活动。标准化活动的主要内容包括建立、完善和实施标准体系,制定、发布标准,组织实施标准体系内的有关国家标准、行业标准和企业标准,并对标准的实施进行监督、合格评定和分析改进等。在数字工程的标准化工作中,除了遵从现有相关标准之外,有时还要针对工程的特点和需求制定工程内部的标准,实施时所制定的技术标准或法律法规应与有关的国家法律法规、行业标准、相关部委颁发的标准和地方标准、各种规范以及有关指导性技术文件相一致。

各类标准存在一定分级,主要包括以下几种。

(1)国际标准(international standard):由国际标准化机构正式通过的标准,或在某些情况下由国际标准化机构正式通过的技术规定,通常包括两方面标准:①国际标准化组织(ISO)和国际电工委员会(IEC)制定的标准;②国际标准化组织认可的其他 22 个国际组织所制定的标准。

(2)国家标准(state standard):由国家标准化主管机构批准、发布,在全国范围内统一的标准。

(3)行业标准(trade standard):在全国某个行业范围内统一的标准。行业标准由国务院有关行政主管部门制定,并报国务院标准化行政主管部门备案。当同一内容的国家标准公布后,则该内容的行业标准即行废止。

(4)地方标准(local standard):指在某个省、自治区、直辖市范围内统一的标准,地方标准由省、自治区、直辖市标准化行政主管部门制定,并报国务院标准化行政主管部门和国务院有关行政主管部门备案。当同一内容的国家标准或行业标准公布后,该地方标准即自行废止。

6.5.2 标准化体系构建

无论数据生产还是项目实施、管理标准化思想的引入都可以提高数字工程应用的可靠性,可维护性和互操作性,提高项目人员之间的通信效率,减少差错和误解;有利于项目管理,有利于降低运行维护成本,缩短建设周期。而数字工程项目的规范、标准是一个内容丰富、种类繁多的体系。

标准化体系的构建主要是指制订、颁布和实施这一系列标准,主要从编制标准体系表、制定数据分类编码标准、建立数据交换标准等几个方面进行标准化体系构建。

1. 确立标准化体系

数字工程标准化体系的建立,是将数字工程技术活动纳入正规化管理的重要保证。在标准体系表的制定过程中,必须遵守国家相关的法律、法规,特别是《中华人民共和国标准化法》和《中华人民共和国标准化法实施条例》。

1)制定数字工程技术标准的主要对象

标准的特有属性,使得对信息技术标准制定的对象有特殊的要求。按照标准化对象,通常把标准分为技术标准、管理标准和工作标准三大类。制定标准的主要对象,应当是数字工程技术领域中最基础、最通用、最具有规律性、最值得推广和最需要共同遵守的重复性的工艺、技术和概念。针对数字工程领域,应优先考虑作为标准制定对象的客体有:

(1)软件工具。例如软件工程、文档编写、软件设计、产品验收、软件评测等。

(2)数据。数据模型、数据质量、数据产品、数据交换、数据产品评测、数据显示、空间坐标投影等。

(3)系统开发。例如系统设计、数据工艺工程、标准建库工艺等。

(4)其他。例如名词术语、管理办法等。

在制定地理信息技术标准时,要遵守标准工作的一般原则,采用正确的书写标准文本的格式。我国颁布了专门用于制定标准的一系列标准,详细规定了标准编写的各种具体要求。

2)编制标准体系表

围绕着数字工程技术的发展,所需要的技术标准可能有多个,各技术标准之间具有一定内在的联系,相互联系的技术标准形成标准体系,具有目标性、集合性、可分解性、相关性、适应性和整体性等特征,是实施编制整个标准体系表的指南和基础。

标准体系表对国内、国外标准的采用程度一般分为三级:等同采用、等效采用和非等效采用。我国标准机构对标准体系表的编制具有详细的规定。实际标准化体系构建过程中,在技术标准的采用上应参照国际标准,首先选用国家标准,依次是行业标准、部颁标准和地方标准。在没有相关标准的情况下,应根据实际需要,采用相应的技术规范或指导性技术文件,或自行制定必要的工程技术规范和规定。根据我国标准化法的规定和有关标准化文件要求,数字工程应用项目在设计、实施、应用过程中,要实现标准化的目标,必须遵循下列原则:

(1)对系统中凡是需要统一的技术要求,只要有相应的现行国家标准,就必须贯彻执行国家标准。

(2)如没有国家标准而有相应的行业标准,则执行相应的现行行业标准。

（3）如没有国家标准和行业标准，但有相应的现行地方标准则执行相应的现行地方标准。

（4）如既没有国家标准和行业标准，也没有相应的地方标准，而有相应的国际标准或类似国外的先进标准，则可先参照采用国际标准或国外先进标准，同时建议立项制定相应的我国标准。

（5）如果没有任何相应的标准，但有相应的内部规范或指导性技术文件，则应借鉴采用相关规范或文件；并积极创造条件，加快申请立项。按照一定的制定程序和编写要求，制定相应标准。

2．制定数据分类编码标准

空间图形和空间数据表达方面的标准主要涉及地图要素的位置和位置精度等，如地图比例尺和投影均属空间信息标准的范畴；空间信息的分类编码可以根据具体需要直接应用数字地图之中。

空间信息的分类原则上是将各门类信息逐步细化，形成多级分类码，上一层是下一层的母类，同位类之间形成并列关系。它们之间的逻辑关系和规则为：下位类的总范围与上位类范围相等；一个上位类划分为若干下位类时，应采用同一基准；同位类目之间不能相互交叉重叠，并对应同一个上位类；分类要依次进行，不能有空层或加层。一般具有两种方法：线分类法和面分类法。线分类法是将分类对象根据一定的分类指标形成相应的若干个层次目录，构成一个有层次的、逐级展开的分类体系；面分类法是将所选用的分类对象的若干特征视为若干个"面"，每个"面"中又分彼此独立的若干类组，由类组组合形成类的一种分类方法。对地理空间信息的分类一般采用线分类法。

空间信息的编码设计是在分类体系基础上进行的，一般在编码过程中所用的码有多种类型，例如顺序码、数值化字母顺序码、层次码、复合码、简码等。我国所编制的空间信息代码中，以层次码为主。层次码一般是在线分类体系的基础上设计的。

层次码是按照分类对象的从属和层次关系为排列顺序的一种代码，它的优点是能明确表示出分类对象的类别，代码结构有严格的隶属关系，例如，GB2260—1980《中华人民共和国行政区划代码》，GB/T13927—1992《国土基础信息数据分类与代码》都是采用了层次码作为代码的结构。

空间信息的编码要坚持系统性、唯一性、可行性、简单性、一致性、稳定性、可操作性、适应性和标准化的原则，统一安排编码结构和码位；在考虑需要的同时，也要考虑到代码的简洁明了，并在需要的时候可以进一步扩充，最重要的是要适合于计算机的处理和方便操作。目前，已形成国家标准的空间信息方面的分类及代码已有多个，例如 GB2260－1980《中华人民共和国行政区划代码》、GB/T13923－1992《国土基础信息数据分类与代码》、GB14804－1993《1∶500、1∶1 000、1∶2 000 地形图要素分类与代码》、GB/T5660－1995《1∶5 000、1∶10 000、1∶25 000、1∶50 000、1∶100 000 地形图要素分类与代码》等。

表 6-11 为智能交通项目的分类编码片段，从中可以对分类编码有一个直观的了解。

3．建立数据交换标准

不同的平台软件工具，记录和处理同一类别信息的方式是有差别的，这往往导致不同软件平台上的数据不能共享。数据交换标准应在参考国际和国家的数据交换标准基础上提出。目前常用的国际国内空间数据交换标准有：美国国家标准协会（ANSI）空间数据转换标准（sdts）；我国国标、地球空间数据交换格式标准（vct）；Esri shape 数据格式标准（shp）；MapInfo交换文件格式标准（mif）；AutoDesk 文件格式标准（dwg、dxf）等。

在数据转换中,数据记录格式的转换要考虑相关的数据内容及所采用的数据结构。如果纯粹为转换空间数据而设立的标准,那么重点考虑的将是:①不同空间数据模型下空间目标的记录完整性及转换完整性,例如由不同简单空间目标之间的逻辑关系形成的复杂空间目标,在转换后其逻辑关系不应被改变;②各种参考信息的记录及转换格式,例如坐标信息、投影信息、数据保密信息、高程系统等;③数据显示信息,包括标准的符号系统、颜色系统显示等。

表 6-11　智能交通项目的分类编码片段

主门类		一级子类		二级子类	
名称	编码	名称	编码	名称	编码
……					
交通信息	04	道路及附属设施	0401	道路路线	040101
				路面	040102
				路基	040103
				桥涵遂	040104
				路线交叉	040105
				安全设施	040106
				服务设施	040107
				防眩设施	040108
				隔离护栏	040109
				道路标志	040110
				里程桩	040111
				收费站	040112
				公路渡口	040113
				交通量观测点	040114
		车辆	0402	车辆信息	040201
				业户信息	040202
水文气象地质信息	05	水文数据	0501	水体数据库	050101
				汇水面积	050102
				潮汐分布分级	050103
				潮流分布	050104
				波浪情况	050105
				冰况	050106
		气象数据	0502	降水量分布	050201
				暴雨强度	050202
				气温	050203
				风况	050204
				雾况	050205
		地质及地震	0503	工程地质	050301
				地震基本烈度	050302
社会经济信息	06	社会经济	0601	人口分布	060101
				重要单位	060102
				重要设施	060103
……					

对于空间信息,除了考虑上述数据的转换格式外,还应该多考虑下列内容:①属性数据的标准定义、值域的记录及转换;②地理实体的定义及转换;③元数据的记录格式及转换等。空间信息的数据交换标准,应以一定的概念模型为基础,不但用于交换空间数据,而且是在地理意义层次上交换数据,不但注重于空间数据的数据格式,而且注重于属性数据的数据格式以及

空间数据、属性数据之间逻辑关系的实现。

6.5.3　标准化平台的实施流程

在数字工程建设过程中,将涉及诸如开发技术和管理的关系、阶段划分与工程实施方法的关系、子系统数据分类、编码及数据文件命名规则、各子系统之间的信息共享、系统与其他系统的接口和兼容性以及适应信息高速公路建设的要求程度等,因此必须制定或采用有关技术标准,以规范系统的建设,从而使它具有强大的生命力和广泛的适用性。

数字工程标准化平台的实施步骤为:

(1)调查工程建设的总体需求和目标,对工程涉及的技术层面和管理层面的相关标准进行搜集。包括国际标准、国家标准、行业标准、地方标准以及内部的一些标准和规范。

(2)对这些标准进行梳理分析、整理,对于某些方面没有现行标准和规范参考的需要制定相关标准。

(3)经过标准整合和制定后,形成统一的工程实施和运行标准体系。由于每个工程项目的实施和运行都有一定的特殊性,因此在这一统一的标准体系下,要根据需求和工程建设要求进行标准条目的进一步细化,形成既有指导性标准又有具体可操作依据的标准体系。

(4)标准体系的建立除了标准本身之外,还需要建立一套标准的参照机制,即规定具体工程建设和运行过程中应该如何参照标准体系。

数字工程标准平台的实施过程总体流程如图 6-21 所示。

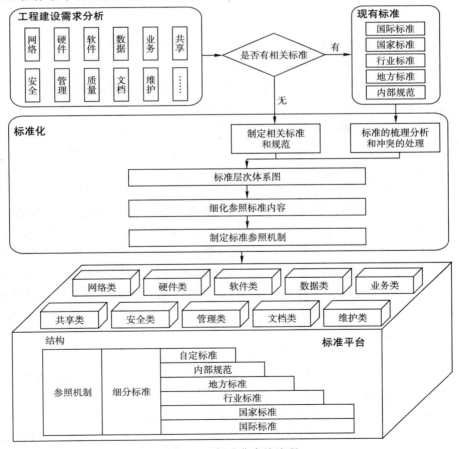

图 6-21　标准化实施流程

§6.6 安全平台的实施

数字工程是各相关部门、企事业单位、用户进行各类文件处理、传递、存储的重要工具、媒介和场所。与政务有关和商业机密有关的业务均有一套严格的保密制度。概括起来有:上下级及同级部门、人员之间有严格的保密要求;要保证分级、分层的部门、人员之间政令的畅通无阻、令行禁止、信息准确无误;严格的权限管理制度;严格的办事程序和流程要求。因此健全可靠的安全措施是数字工程的根本要求,它是关系到国家机密的大事,也是关系到数字工程能否成功运行的关键所在。安全是全方位的,即所谓要从安全体系的角度统一考虑数字工程的安全问题。

数字工程安全的需求可概括如下:

(1)维护数字工程建设方的良好形象。

(2)保证数字工程的稳定运行。

(3)保证数字工程信息的秘密内容不被泄露。

(4)认证各种活动中的角色身份。

(5)控制系统中的权限。

(6)保证信息存储的安全。

(7)确保信息传输的安全。

(8)有系统的安全备份与恢复机制。

不安全的因素来自两个方面:

(1)内部因素,即政府机关内部,内部人员攻击、内外勾结、滥用职权。

(2)外部因素,即病毒传染、黑客攻击、信息间谍。

由于我国数字工程发展中存在各种问题:例如核心技术来自国外,安全机制和产品不够完善,对不利信息在网上发布的控制较弱,组织机构、法律、标准、技术服务机制不健全等,设计数字工程的安全要从技术和管理两方面考虑。

在确定了数字工程相关活动的密级范围之后,在尽量满足保密等级的情况下考虑使用具有独立知识产权的中国产品。技术上考虑的是一些基础性平台:网络设备、软硬件设备、安全设备。按照系统的层次划分,数字工程的安全可划分为四个层次加以设计:物理层安全、基础平台层安全、应用平台层安全、管理层安全。而在管理层上要考虑四大环节:安全评估、安全政策、安全标准、安全审计,以保证工程运行在一个安全环境中。在各个层次上设计什么样的策略,采用什么样的设备,要视工程的安全级别、投入的经费而定。具体的设计过程和内容如图 6-22所示。

6.6.1 物理层安全设计

这里说的物理层安全指的是物理连接方面的安全,尤其是指不同密级之间的网络连接规范、要求,以保证物理结构上的安全。主要包括以下几个内容:

(1)电磁泄漏保护。对于重要的、涉密的设备进行电磁泄漏保护。

(2)恶意的物理破坏防范。采用网管设备等进行监控,对重要设备采用专用机房、专用设施、专门人员进行保护。

（3）电力中断防范。由于整个数字工程包括非常多的设备，如小型机、网络设备、服务器等，所以电力供应非常重要，一般应准备两种不同源的电路。重要设备均要有双电源冗余设计。重要设备应具有在线式不间断电源（uninterruptible power system，UPS），控制全部重要计算机系统的电源管理；并且安装相关服务器的自动关机程序，一旦断电时间接近 UPS 所能承受的延时服务时间的 70%，则发出指令自动关闭主要的服务器。

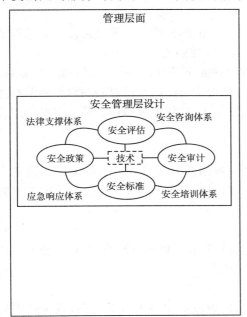
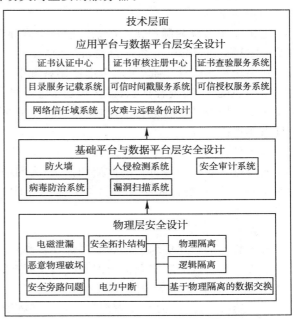

图 6-22　安全平台实施流程

（4）安全拓扑结构。针对数字工程的运行网络环境，存在涉密网络与非涉密网络间的连接，也有内外网的连接，拓扑结构复杂。主要接入方式分为物理隔离、逻辑隔离、基于物理隔离的数据交换等几种不同形式。①物理隔离方式：网络在完全意义上的隔离，对于涉密网与非涉密网之间的连接，无设备相连。②逻辑隔离方式：使用防火墙进行数据交换方面的审查，通行可信数据，拒绝非法请求。譬如，针对政府办公外网与电子政务网之间的连接。原则上办公单位与数据中心的连接均用防火墙进行逻辑隔离，保证可信的数据传输及对非法访问的拒绝。③给予物理隔离的数据交换方式：使用基于物理隔离的数据交换进行数据交换方面的审查，通行可信数据，拒绝非法请求。此项方式是防火墙模式的进一步提高，涉密外网有比较高的要求，可选用此设备，但是由于原理限制，大大降低了网络速度。

（5）安全旁路问题。主要指针对物理隔绝的内部网络的人员拨号行为要加以注意和管理。

6.6.2　基础平台层安全设计

基础平台层包括网络、设备、系统软件。基础平台层安全（安全防护系统）由防火墙、入侵检测系统、漏洞扫描系统、病毒防治系统、安全审计系统等组成，是一个安全网络系统的基础组成部分，在统一安全策略的指导下，保障系统的整体安全。具体可从以下方面考虑。

1. 网络层安全

1）外网攻击防范

主要指来自外网的攻击。可以在外网和内网之间安装防火墙。

2)内网攻击防范

主要指来自系统内部人员的攻击。这一点是很难防范的,主要依靠建立完善的管理制度来解决。除了要加强安全意识的培养外,还可以在中心内网的骨干三层交换机进行虚拟局域网(virtual LAN,VLAN)划分,配置三层路由,并配置路由访问控制列表。

2.设备与基础软件

1)操作系统的安全

主机操作系统漏洞和错误的系统设置也能导致非法访问的出现。目前流行使用的操作系统是 LINUX 和 Widows 系列为主,它们的安全主要以系统加固为主。

在系统用户安全上面,可以考虑使用系统平台自身的安全特性,如限制超级用户的数目、增强密码强度、定期查看日志、强化对登录情况进行审计的手段。同时针对一些常见的漏洞和错误配置队服务器平台进行安全加固,这些主要是通过补丁、健壮配置和使用第三方安全监控工具来实现。

2)入侵检测机制

入侵检测是对入侵行为的监测和控制,为网络或系统的恢复和追查攻击的来源提供基本数据。一旦发现攻击,能够发出警报并采取相应的措施,如阻断、跟踪等,并记录受到攻击的过程。

3)数据库系统的安全

由于数字工程建设的最终服务目标是各类广大用户,并且数据的来源众多,所以数据库的安全至关重要。数据库安全保密解决措施主要有以下几点。

(1)加固数据库安全,打上相关的安全补丁等。

(2)将数据库建库的全过程划分为几个主要阶段,每阶段指定专人负责处理,系统管理员分配给特定的账户和密码。

(3)账户依任务而定,任务结束,该账户就失去存在的价值,相应的权限必须收回,不可永久保存。

(4)制定完善的口令策略。

(5)修改系统参数,限制对权限、角色、堆栈等的调用问题。

4)防病毒系统

防病毒措施一般采用防病毒软件,在整体病毒防护上建议使用网关级硬件防火墙,这样可以保证整体的安全性,并提供全网范围内的病毒防护。

5)应用服务安全

应用服务安全主要包括程序的恶意代码问题、操作的抵赖性、入侵取证问题等。

(1)恶意代码。恶意代码主要是依靠上述的防火墙、监控等措施加以保障。

(2)抵赖性。主要包括网络攻击抵赖、破坏非成果数据后的抵赖、破坏机密成果数据的抵赖等。保障数据的抵赖性要加强系统平台的审计制度,清楚划分权限,并采用数据的完整性检验工具,建立数据完整性保障机制。

(3)入侵取证。一旦入侵出现,攻击成功,需要快速发现攻击者的身份和攻击步骤、手段,及时调整网络安全设计,挽回损失。解决这一问题的方法是建立统一的认证管理系统。

6.6.3 应用平台层安全设计

该层主要是指与安全认证相关的设计与实现。具体内容主要包括:证书认证中心

(certification authority,CA)、证书审核注册中心(registration authority,RA)、密钥管理中心(key manager,KM)、证书查询验证服务系统、可信时间戳服务系统、可信授权服务系统、网络信任域系统。安全体系的建设必须选用具有我国自主知识产权、通过国家密码主管部门安全审查的、具有完整体系结构的安全产品。

从安全、经济的角度出发,大型数字工程的安全认证应以租用由国家相关部门授权的认证中心的服务为好。但是不管采用哪种方式,应用层和应用支撑层的安全是基于公钥基础设施(public key infrastructure,PKI),为网络基础设施层、综合业务支撑平台层和应用层提供统一的信息安全服务。

该层的安全建设特别是安全证件和安全认证应用"集中式生产,分布式服务"的模式,即证书的生产(签发、发布、管理、撤销等)集中在证书生产系统进行,而证书的服务则由大量分布式的证书查询验证服务系统完成。图 6-23 举例说明了该层的应用情况(国家信息安全工程技术研究中心 等,2003)。

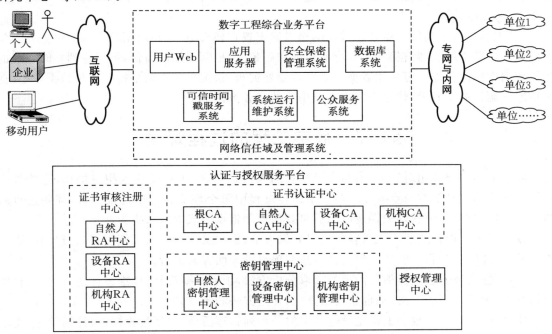

图 6-23　数字工程应用安全平台示例

6.6.4　安全管理层设计

前面三层次是安全的技术措施,但是除了技术措施外,还需要配套的安全管理制度等管理措施。主要包括安全评估、安全政策、安全标准、安全审计四种方式:

(1)安全评估。主要评估内容包括:工程中不同子系统有哪些潜在的威胁;威胁的严重程度如何;威胁将造成什么样的后果;系统对此到底需要什么样的安全措施。

(2)安全政策。主要内容包括:安全等级的分类;与等级相应的安全措施;对参与系统开发和运行的单位、人员的要求;系统安全审计;安全问题的报告制度和程序;紧急情况的处理和应急措施。

(3)安全标准。主要内容包括:制定具体的、针对每一个安全等级的系统安全标准,涉及物理安全的标准、系统运行的规范、管理的标准等。

（4）安全审计。主要指对标准、政策、制度等的执行情况、取得的各类安全数据进行达标审查。

6.6.5　灾难与远程备份设计

根据数字工程的发展情况，一般设计三级体系结构的容灾系统，设计应包括存储、备份、灾难恢复方案。

（1）数据存储子系统。正常情况下，综合业务系统运行在主中心服务器上，业务数据存储在主中心的磁盘阵列中。

（2）数据备份子系统。为了实现业务数据的实时灾难备份功能，应设计两个数据中心，分别是主中心和备份中心。主中心系统配置高性能主机（包括各种服务器），具体视工程范围的大小、投资情况而定。通过集群设备、全建组成多机高可靠性环境。主中心和备份中心距离应大于 40～50 km。

（3）灾难恢复子系统。将备份数据的磁带库安置在备份中心，利用用户现有的服务器安装备份软件。备份服务器直接连接到存储整列和磁带库，控制系统的备份，可以做到实时在线的备份数据库中的数据。万一主数据中心出现意外灾难，系统可以自动切换到备份数据中心，在保持连续运行的基础上，快速恢复主数据中心的业务数据。

§6.7　数字工程的过程管理

数字工程的规模相对较大，参与实施建设的人员也较多，工程周期也相应增长，这些都突出了工程管理的必要性与重要性。对数字工程过程中每个环节和整体建设而言，都要进行协调一致的过程控制，由管理失误造成的后果要比程序错误造成的后果更为严重。

数字工程过程管理的具体内容包括对开发人员、组织机构、用户、文档资料以及计划、进度和质量的管理与控制，一般从工程实施方法和项目管理两方面进行。

（1）工程实施方法包括项目需求的获取分析方法，项目概要设计、详细设计的方法，项目实施的方法，项目管理的方法，平台建设的方法，开发方法和测试方法等。

（2）项目管理包括数字工程建设过程中的一系列管理活动，包括过程控制、计划管理、需求管理、配置管理、风险管理、项目评估、质量保证、缺陷预防等。

6.7.1　项目进度管理

在数字工程项目管理过程中，一个关键的活动是制订项目计划。工程项目计划的目标是为项目负责人提供一个框架，使之能合理的估算工程实施所需资源、经费和实施进度，并控制工程实施过程按此计划进行。

若一个工程项目经过可行性研究以后，认为是值得建设的，则接下来应制订工程实施计划。制订实施计划指根据系统目标和任务，把在实施过程中各项工作的负责人员、实施进度、所需经费预算，所需软硬件条件等问题做出的安排记载下来，以便根据本计划开展和检查本项目的开发工作。实施计划是项目管理人员对项目进行管理的依据，并据此对项目的费用、进度和资源进行控制和管理。制订计划时一般遵从下列原则。

1. 总结工程实施各阶段工作经验

根据长期以来信息工程实施经验，各个开发阶段的工作量和时间具有一定规律，用户调查需要花费项目 10%左右的时间，系统分析和设计往往占项目的 30%多，系统实现占项目的 40%左右，而系统测试、安装、交付往往占项目的 20%左右。数字工程也基本符合这个规律，当然也有自身的一些特定规律，那就是数据采集和入库的工作量相当大。

2. 实施计划应该具有足够的灵活性

合理的实施计划是建立在系统正确评估的基础上的，要充分预料到不可预见因素的影响，特别是不可忽略文档在工程实施项目中所花费的时间，在制作开发系统计划时要在实际评估时间的基础上预留 1.2~1.5 倍时间。我国很多建设方案中，往往出于用户的需要和对项目难度估计不够，系统建设时间往往大大超过实施计划所规定的时间，造成被动的工作局面。

3. 建立各阶段的评审制度

数字工程项目的各个阶段环环相扣，上一个阶段的质量直接影响后面阶段的执行质量和进度，所以在各个阶段必须通过严格评审，合乎要求后，方可开始下一个阶段的任务。为保证对客户的承诺能够如期履行，在项目立项阶段，建设方每个子项目都会委任一个专职质量保证人员(quality assurance，QA)对项目进度等进行跟踪，所有项目都必须按照建设方规范模板中要求的各项内容制订该项目的《项目总体计划》、《质量保证计划》、《配置管理计划》等，并经用户和建设方技术管理委员会评审。

制订实施计划是一项宏观调控的工作，它受用户、实施单位和项目本身三方面因素的制约。项目本身具有一定客观规律，基本上确定了实施计划的框架；用户对项目交付时间是有要求的，通过加强与实施单位的沟通和投资力度等来使工程实施时间满足要求，甚至可以降低项目要求或延缓部分环节开发来加快项目进度；实施单位一方面与用户沟通，以获得合适的开发时间，另一方要发挥主观能动性，通过充实开发力量等手段加快项目进度以满足用户要求。具体使用的工具包括以下几种：

(1)员工周报、项目周报、项目月报。

(2)每周项目差异(提前或推迟)及原因报告。

(3)问题清单、尚待处理的事项清单等。

项目实施计划制订的好坏与制订者的经验有很大的关系，在对开发有充分了解的基础上，可按照如下步骤开展制订工作：

(1) 根据系统工程和构成特性，对系统进行分解，分为具有一定独立性的工作任务，系统一般包括数据采集入库、系统规划、系统分析、系统设计、编码、测试、交付安装等任务，针对项目本身的要求，还有其他一些特色任务，如用户培训、网络安装、分析模型设计。

(2)对任务进行分类，确定任务的性质，任务主要分为三类：承前启后性任务，这个阶段工作的开展必须在前一阶段工作接受之后，如程序编码必须在系统详细设计工作结束后才能够开展，承担这些工作的人员可以是一致的，也可是不同人员；独立性任务，与系统的开发的其他阶段的关系比较松散，具有较强的独立性，可以根据需要安排在工程实施的任何时期，某个阶段之后或贯穿系统整个生命周期的工作，如空间数据数字化。一般而言承担此类工作的人员往往与承担前一个工作的人员不同；另一种工作指依附于某个阶段工作性质的工作，主要指文档编写，不同文档对应于不同阶段的工作性质，如在系统规划分析阶段编写数据字典、系统定义说明书等，在系统设计阶段编写系统总体设计方案、系统详细设计报告等。

(3)确定各个任务需要投入的资源,包括软硬件、人员、资金和其他设施。对各项资源逐项调查落实,制订详细资源列表,保证各个阶段能够及时获得所需要的资源,结合各个任务的工作量,获得各个任务的时间及其开始时间,这个工作要与项目管理工作结合起来。

(4)组合工作,形成工程实施计划,以 Petri 图或甘特图的形式,通过活动列表和时间刻度形象地表示出任何特定项目的活动顺序与持续时间,将各个阶段的时间和资源组织起来。

实施计划往往是通过甘特图进行表示,在具体表达方式上有两种方式:一种是采用公历法进行表示,即各个阶段具有明确的起止年月,这种方式主要适用于项目简单、可预见性强的情况,如图 6-24 为某一项目进度的甘特图;另一种是采用时间期间进行表示,这种方式相对于前一种方式灵活性更大,通过排除系统实施过程中一些不可预见的干扰因素的影响,特别是来自用户方面的困难。资源列表包括各个阶段硬软件人员、资金、机房设施及其落实时间等。

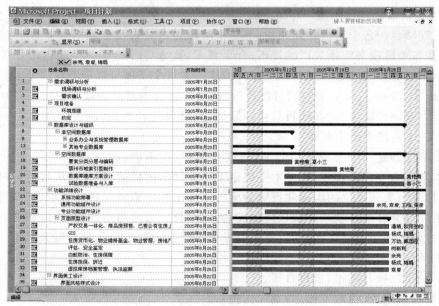

图 6-24　制订项目实施计划

6.7.2　项目文档管理

工程项目中还有一项非常重要的要求,就是文档齐备,这是为了能够良好地贯彻工程实施要求,满足项目维护与提升完善的需要。一般说来,文档编制策略陈述要明确,并通告到每个人且理解它,进而使策略被贯彻实施。

文档计划可以是整个项目计划的一部分或是一个独立的文档。应该编写文档计划并把它分发给全体开发组成员,作为文档重要性的具体依据和管理部门文档工作责任的备忘录。对于小的、非正式的项目,文档计划可能只有一页纸;对于较大的项目,文档计划可能是一个综合性的正式文档,这样的文档计划应遵循各项严格的标准及正规的评审和批准过程。

编制计划的工作应及早开始,对计划的评审应贯穿项目的全过程。如同任何别的计划一样,文档计划指出未来的各项活动,当需要修改时必须加以修改。导致对计划作适当修改的常规评审应作为该项目工作的一部分,所有与该计划有关的人员都应得到文档计划。文档计划一般包括以下几方面内容:

（1）列出应编制文档的目录。

（2）提示编制文档应参考的标准。

（3）指定文档管理员。

（4）提供编制文档所需要的条件，落实文档编写人员，所需经费以及编制工具等。

（5）明确保证文档质量的方法，为了确保文档内容的正确性、合理性，应采取一定的措施，如评审、鉴定等。

（6）绘制进度表，以图表形式列出在软件生存期各阶段应产生的文档、编制人员、编制日期、完成日期、评审日期等。

此外，文档计划规定每个文档要达到的质量等级，以及为达到期望结果必须考虑哪些外部因素。文档计划还确定该计划和文档的分发，并且明确叙述与文档工作的所有人员的职责。

6.7.3　项目变更控制

众所周知，项目过程的变更是不可避免的，但如果是无计划、无管理的盲目的变更则会造成整个项目的混乱，与预期目标的不符，甚至导致整个项目的失控。针对此类问题，建设方采取以下方式来防止以上情况发生：

（1）有计划地进行变更。由于投标方的项目采用产品和原型相结合的实现方式。在项目需求阶段客户就能够切实感受到系统，所以可以针对系统进行有计划的变更，一次是差异定义阶段，一次是第一次客户化结束后，可以根据项目的实际情况进行定义。

（2）在项目立项阶段，成立专门管理变更的组织变更控制委员会（SCCB），由客户方项目负责人和投标方项目控制人员共同组成，共同对项目中的变更进行控制。

（3）在工程实施过程中的各类短期开发成果和阶段性产品都列入配置管理并进行变动控制，包括开发文档、技术文档、数据、代码等。

（4）对完成的短期开发成果由开发小组自行进行审查通过后，标明版本列入配置管理，对短期开发成果内容的变动更新由开发小组自行决定，变动后修改版本号，重新列入配置管理。对完成的阶段性产品由项目小组进行审查通过后，标明版本列入配置管理，并交付小组进行试用。对阶段开发成果内容的变动更新由项目小组试用后向项目管理小组提出或由项目管理小组自行提出，需求更改经项目小组审核通过后方可提交开发小组实施变动，开发小组接收项目小组任务后，在下一阶段开发中将该任务列入反复开发内容。

工程配置管理用于整个数字工程过程，其主要目标是标识变更、控制变更，确保变更正确的实现，报告有关变更。工程配置管理的对象包括：①系统说明书；②项目实施计划；③需求说明书；④设计说明书（数据设计、体系结构设计、模块设计、接口设计和对象描述）；⑤测试计划和过程、测试用例和测试结果记录；⑥操作和安装手册；⑦可执行程序（可执行程序模块、连接模块）；⑧数据组织与描述（模式和文件结构、初始内容）；⑨用户手册；⑩维护文档（软件问题报告、维护请求和工程变更次序）；⑪工程标准；⑫工程实施小结。

工程过程中某一阶段的变更，均要引起配置的变更，这种变更必须严格加以控制和管理，保持修改信息，并把精确、清晰的信息传递到软件工程过程的下一步骤。变更控制包括建立控制点和建立报告与审查制度，如图 6-25 所示。

对于一个大型工程项目来说，不加控制的变更很快就会引起混乱。因此变更控制是一项最重要的工程配置任务，变更控制的过程如图所示。其中"检出"和"登入"处理实现了两个重要的变更控制要素,即存取控制和同步控制。存取控制管理各个用户存取和修改一个特定软件配置对象的权限。同时控制可用来确保由不同用户所执行的并发变更。

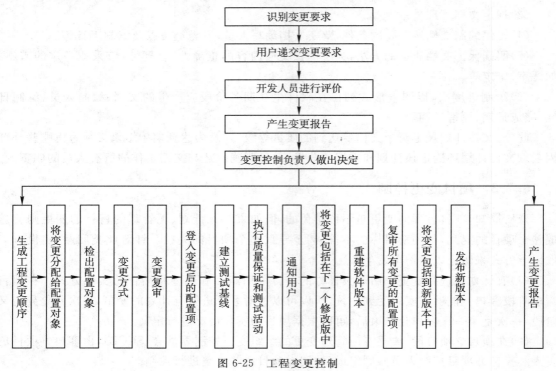

图 6-25　工程变更控制

6.7.4　质量保证体系

工程的质量是贯穿于工程生存期的一个极为重要的问题,是项目实施过程中所使用的各种技术方法和验证方法的最终体现。

数字工程质量管理的具体内容包括数据质量、工程质量、环境质量、人员质量。

(1)数据质量方面,主要是指在数据建设方面所进行的质量管理和控制,涵盖了从数据采集、预处理、深加工、入库等一系列的过程。

(2)工程质量方面,是指在整个工程设计实施过程中所进行的质量管理和控制,涵盖了从需求调研分析、概要设计、详细设计、代码实现、测试、运行等这一系列的过程中。

(3)环境质量方面,是指在软硬件以及网络环境建设方面所进行的质量管理和控制。

(4)人员质量方面,是指在工程开发的组织结构中的各类人员的专业水平、工作态度、工作速度和效率等方面的管理与控制。

数字工程是一个涉及很多方面的大型工程。在工程实施与运行的每个阶段工作中都可能引入人为的错误,某一阶段中出现的错误,如果得不到及时纠正,就会传播到后续阶段中去,并在后续阶段中引出更多的错误。因此,在工程实施的各个阶段都要采用评审的方法,以暴露项目过程中的缺陷,然后加以改正。

数字工程质量管理与控制的对象也是多方面的,为保证数字工程项目的顺利实施,应当有计划、有组织地依据有关国际国内标准,在需求分析、工程实施、系统测试、人员培训等方面为项目在预定时间内完成并达到用户要求而提供保证措施。

　　质量管理与控制是指采取一系列手段和方法管理和控制整个工程开发维护过程,以保证工程质量的相关活动。系统的质量保证活动,是涉及各个部门、各个开发小组的部门间的活动,质量保证贯穿于开发的全过程。例如,如果在用户处发现了软件故障,质保小组就应听取用户的意见,并调查该产品的检验结果,进而还要调查软件实现过程的状况,并根据情况检查设计是否有误,不当之处加以改进,防止再次发生问题。图 6-26 为数字工程实施过程的质量

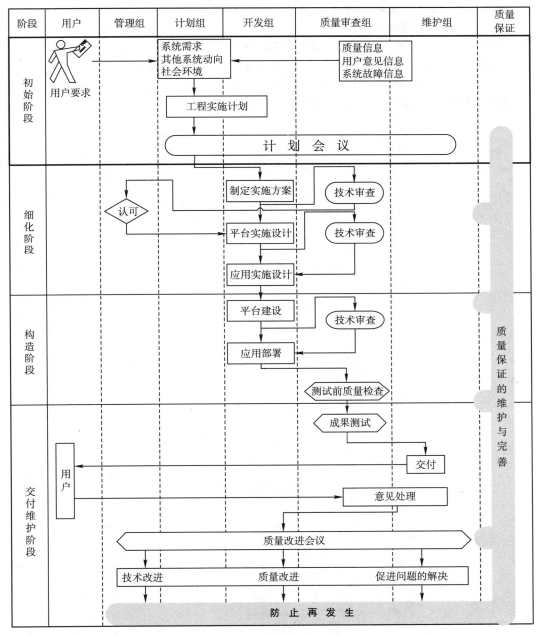

图 6-26　质量保证体系

保证体系图。质量保证体系的作用就是为了顺利开展以上活动,事先明确部门间的质量保证业务,明确反馈途径,明确各部门的职责,确立部门间的联合与协作。

思考题

1. 数字工程的工程化思想主要反映哪些内容？
2. 标准化体系构建包含哪些内容？
3. 请阐述网络平台的三级网络的内容？
4. 软硬件平台的建设流程是什么？
5. 数据平台的采集、组织与更新应当注意的问题有哪些？
6. 协同工作平台的作用是什么？简述一个专业数字工程项目的组织过程。
7. 安全平台包括哪些内容，作用是什么？
8. 数字工程的过程控制应当注意哪些问题？

第7章　数字工程的应用

数字工程的应用不是单一行业内部信息的数字化应用,也不是单个企业或部门的办公自动化和网络化,而是从整个社会协同发展的角度关注信息化建设中的各种问题,为信息资源的合理配置、实时传输、综合应用提供了完善的理论技术基础和标准框架,保证了信息社会的健康、有序、合理的发展。

数字工程应用中,信息的大范围共享为信息资源的合理配置提供了保障。"共享"的概念在数字工程的应用中不但指数据在一定范围内的共享,它更多的代表了一种开放式信息服务的概念。在以往的一些数字化应用中,共享主要是针对数据而言的,共享的方式包括数据的拷贝、提供数据访问接口等,也就是说,这仅仅是一种数据共享,而不是信息共享。信息共享在表现形式上应该是信息管理部门对外提供信息服务,而用户在获取共享信息时可以"按需所取",并可以对从多个服务节点获取的信息进行集成应用,或者进一步发布本行业相关的信息服务功能。例如,若旅游公司要提供任意甲、乙两地之间铁路沿线城市的气象服务,就可以通过甲、乙两地信息,到铁路部门发布的服务中获取沿线的城市,通过这些城市信息,进一步从气象部门发布的服务中获取这些城市的天气信息。这一例子中,铁路部门和气象部门通过对其行业信息的共享帮助旅游公司实现了预期的功能,而旅游公司在这一过程中并没有建设自己私有的数据库。从数字工程的角度来看,这种共享方式避免了数据的重复建设,而且还保证了数据平台建设过程中的专业性和唯一性,进一步保证了数字工程的应用中信息的准确性。从国民经济发展的角度来说,只有信息在全社会范围内的共享才能真正使各种信息资源达到合理配置,各种应用才能突破行业、专业等方面的限制,一个理想的信息社会也才能真正得以实现。

在数字工程应用中,其端对端的特点为目前许多实时性的功能需求提供了实现的基础。数字工程中的端对端的连接涵盖了从数据采集、共享、传输到具体应用的整个过程,这种连接是实时、高效的,该特点导致了数字工程应用于许多端到端的实时应用中,例如应急系统中对信息的实时获取并进行及时的决策,这解决了防灾救灾中的时效性问题;数字化战争中实时掌握战场信息并进行远程指挥,实现"决胜于千里之外"。

"数字工程"可以用于数字城市、数字农业、数字林业、数字水利、数字地矿、数字国土、数字电力、数字交通、数字环境、数字旅游等诸多领域(边馥苓 等,2004b)。

§7.1　数字城市

城市是国家政治、经济、科学技术和文化教育的中心。加强数字城市的建设,做到政令贯通、经济发展、文化先进、教育提高、科技创新、人居环境改善、交通环保治理、人文自然和谐、治安消防保障、灾害及破坏的预防与预警,对全面实现建设小康社会,实现城市的可持续发展具有重要作用。

7.1.1　数字城市的概念

数字城市从广义上来讲就是城市信息化，是指数字技术、信息技术、网络技术在城市生活中的广泛应用；从狭义上来讲是指利用"数字地球"理论，基于 3S、网络、数据仓库、知识挖掘、科学计算、可视化与虚拟仿真等关键技术，深入开发和应用空间信息资源，建设服务于城市规划、建设、管理，服务于政府、企业、公众，服务于人口、资源环境、经济社会可持续发展的信息基础设施和信息系统（边馥苓 等，2004b）。

狭义的数字城市概念可以作为数字城市发展的近期目标，它是以多媒体技术和大规模存储技术为基础，以宽带网络为纽带，运用 3S 技术、遥测、仿真虚拟技术等对城市进行多分辨率、多尺度、多时空和多种类的三维描述，即利用信息技术手段把城市的过去、现状和未来的全部内容在网络上进行数字化虚拟实现。其核心思想有两点：一是用数字化手段统一处理城市信息和管理等多种问题；二是最大限度地利用城市各种信息资源。

广义的数字城市概念作为数字城市发展的远期目标，最终实现将现代城市每一个角落的信息都收集、整理、归纳，并按照地理坐标建立完整的信息模型，再用网络联接起来，从而使每个人都能快速、完整、形象地了解城市过去、现状和未来的宏观与微观的各种情况，并充分发挥这些数据的作用，从而实现跨行业综合基础数据共享，使城市地理、资源、环境、生态、人口、经济、社会等复杂系统数字化、网络化，并虚拟仿真，实现可视化，从而使城市规划具有更高的效率，更丰富的表现手法，更多的信息量，并提高城市建设的时效性，促进城市管理的有效性和城市的可持续发展（王家耀，2005a）。数字城市的本质就是实现城市建设与管理综合信息的数字化、网络化、智能化与可视化。

由于数字城市为越来越多的人知道，同时也产生了一些认识上的误区。第一个误区是认为"数字城市就是城市地理信息系统"，有的城市有了大比例尺的航测数字图后，就认为已经建立了数字城市，有的城市部门，如规划、土地、环保等部门建立了自己的 GIS 系统，就认为这些系统就是数字城市；第二个误区是"数字城市是数码城市"，数码城市是利用 DEM 和三维立体模型，附加遥感影像和建筑纹理，将城市面貌在计算机上还原，是数字城市的三维可视化表现；第三个误区是"数字城市就是城市数码港"，认为城市窗口网站是数字城市。这些认识仅表达了数字城市的部分内容，不是完整意义上的数字城市。

7.1.2　数字城市的背景

在国外，从 20 世纪 90 年代起，一些国家就开始抢占数字化城市建设的先机。国外各先进城市在建设数字城市、智能城市时结合自身特点制订了相应的发展目标和推进计划，并相继开始了"数字家庭"、"数字社区"和数字城市的综合建设实验，取得了重要进展。美国 1993 年启动了国家信息基础设施计划，通过发展高等级的国家信息基础设施保持了美国在全球信息基础设施中的优越地位；日本已经建成一批"智能化生活小区"、"数字社区"的示范工程；新加坡提出"数字城市"的设想，为国民提供一个综合业务数字网和异步数字用户专线，将新加坡90％的家庭连接在一起，实现"网上生存"的梦想。

自美国提出数字地球以来，全球信息化建设进入了一个新的时代。我国政府对这一发展趋势高度重视，各级、各地、各单位不仅越来越深刻地认识到"数字地球"、"数字城市"等新概念的出现，而且从上到下还纷纷致力于信息化工作实践，在全国形成了数字城市建设的强大工作合力和浓厚工作氛围。

从技术支撑的角度看,近 10 多年来,深圳、北京、海口、济南等城市和国内著名科研院校相继建立了一些专业数据库和应用开发系统,为数字城市的研究积累了经验和数据。随着计算机宽带高速网络技术、高分辨率卫星影像、大容量数据处理与存储技术、科学计算、可视化与虚拟现实技术、人工智能技术、计算机视觉等技术的不断发展,目前已经有了很多成熟的操作系统软件、数据库软件及优秀的管理信息系统支撑软件,可以为数字城市的建设提供可靠的软件保障。许多科研院所都具有较强的系统开发建设能力和丰富的产业化推进经验,可以为数字城市的建设提供技术支持。

7.1.3　数字城市的应用范围

通过数字城市的建设,可以使政府部门的办事效率和服务水准在高新技术的支撑下,最大限度地满足社会经济发展的需要,满足企业、市民的切实需求,企业与市民也将真正体验到数字城市所带来的生产生活的便利和舒适,真正实现城市的跨越式发展(王开军,2005)。

从数字城市应用方面来看,主要有如下几个方面内容。

1. 数字政府

数字政府是适应网络化、信息化发展趋势,利用先进的计算机技术、网络通信技术,基于公众信息网、公用平台和全市政务工作网专用平台,改进政府的组织结构、业务流程和工作方式,建立数字化、信息化、网络化的政府办公、管理和服务的行政管理形式。数字政府主要包括电子政务和办公自动化等应用内容,以及与政府办公相关的方方面面内容。图 7-1 是一个政府门户网站实例,它提供了电子政务服务平台和在线咨询等内容。

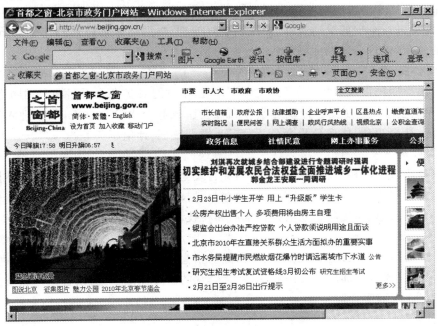

图 7-1　政府门户网站实例

2. 数字城建

"数字城建"是基于卫星定位、遥感遥测、地理信息系统等技术,把与空间地理有关的城市区域内的数据资源进行整合,建立虚拟仿真的城市模型,支持城域规划、城市建设、城市管理、各类资源的开发利用以及其他社会经济管理等。图7-2是某城市的三维城市景观模拟影像图,该图通过在三维建模的基础上添加建筑物纹理,来模拟城市的三维景观,采用二维和三维结合的方式显示和操作而成。

图 7-2   三维城市景观模拟

3．智能交通

智能交通是利用控制技术、人工智能技术、高速网络技术、虚拟仿真技术、3S技术和电子地图等技术来辅助交通管理,以提高通行效率,改善安全状况,减少环境污染,提高城市交通的效率和质量。智能交通内容包括为出行者推荐交通方式和交通路线;为交通管理部门汇集、分析的信息,辅助进行合理的交通疏导、控制和事故处理;协助运输部门掌握车辆运行情况和路网交通流的分布,进行合理调度等内容。

4．数字公民

数字公民指居民以"居民IC卡"为主要应用凭证,通过各类公众网络和专用网络的服务终端、家庭上网计算机等,办理各种政府服务和社会服务等个人社会事务,如办理入学、社会保险、社会救济、社会福利、住房公积金、工商登记、婚姻登记、计生事务等。

5．数字教育

数字教育指教育和科研机构等相关部门综合动态地组织、管理、协调教育和科技资源,实现网络教育的远程化、个性化、自助化以及教育与科技服务的产品化、产业化和市场化,加快社会公众的知识更新速度,提高公众的科技素质和科技创新能力。

6．数字医疗

数字医疗是指一个城市社会公众医疗保健的信息化、网络化与智能化。通过数字医疗的建设,将极大地提高医疗部门的工作效率、社会公众的医疗保障水平,改善医疗服务品质,其中包括医疗、卫生、保健等。

7．数字金融

数字金融主要是建立、健全金融CA认证体系,完善金融机构的计算机系统建设,实现金融"一卡通",居民、企业通过计算机网络等多种通信手段,进行实时的股票、期货、证券、银行业务查询、交易处理,开展全方位数字金融服务,并为企业电子商务、公众网上支付提供数字保障。

8．电子商务

电子商务是政府、企业、公众之间通过网络实现社会物资，产品的购销、供应，以及各种社会服务的网上定购、预约、配送、支付等商务活动的现代化。内容包括政府对企业（G to B）、企业对企业（B to B）、企业对顾客（B to C），以及个人对个人（C to C）等商务形式。特别是用户通过网络实现购物过程，实质上是面向城市社会公众生活领域的商家对消费者的电子商务，其中包括商场、超市、连锁店、专卖店的数字化，实现安全认证、电子支付的网上电子商城以及高效快捷的物流、配送服务体系等诸多方面。

9．数字企业

数字企业是指企业从项目的可行性研究、融资、产品设计、原材料采购、生产组织管理、质量控制、销售等完整生产周期的高度信息化、自动化、智能化和电子商务化。

10．数字社区

数字社区是以住宅小区内的城域宽带信息网为基础，建设社区服务网络，主要包括宽带网络服务系统、安全防范系统和物业管理自动化系统。

11．数字行业

数字行业主要是基于辖区的全要素数字地图，整合各行业（专业）与空间地理有关的数据资源，建立行业应用信息系统，支持行业规划管理。主要包括数字地矿、数字国土、数字电力、数字环境、数字旅游等。

§7.2　数字交通

目前，交通问题日益引起人们的关注，如交通拥挤、交通事故频繁及汽车尾气污染等，并因此造成了大量经济损失和人员伤亡。越来越多的人认识到，仅仅依靠增加道路建设是不够的，必须依赖信息技术，达到加强交通管理的目的。作为这些问题的解决手段之一的数字交通，对实现交通运输跨越式发展具有十分重要的意义。随着信息技术突飞猛进与应用的不断深入，交通运输信息化必将迈向数字交通时代。

7.2.1　数字交通的概念

数字交通是一个以空间信息为载体，将计算机技术、信息技术、数字化技术、通信技术、控制技术、空间技术、管理与决策支持技术等多学科的高新技术与交通运输系统融为一体的数字工程。数字交通的目标是：建立交通信息交换与共享的公共信息平台；建立可持续发展的数字交通信息发展战略和数字通信网络；实施交通空间信息基础设施建设与研究开发工程，逐步实现智能化的虚拟交通（孙黎莹，2000）。数字交通是数字中国的重要组成部分，同时，它也是数字铁路、数字公路、数字水运、数字港口、数字民航的统一体（刘敬青，2004）。

信息技术在交通运输领域应用的初级阶段是交通运输信息化，它是在传统的交通运输模式上以数据处理方式，将若干作业环节进行数字化或计算机化，它只是传统的交通运输系统的补充，没有触动交通运输系统运行方式的变革和功能结构的调整。信息技术在交通运输领域更进一步的应用是数字交通，它是一个全方位的数字化的交通运输系统，是将交通运输系统建立在信息化、数字化的基础之上。它是交通运输系统的一次大变革。

数字交通包括两大组成部分：其一是交通空间信息基础设施，它是针对交通运输信息的地理空间性、广泛性、社会性以及动态性的特点,按空间坐标和时间坐标数字化有关交通工程与运输方面的海量、多元、多分辨、多维的、静态与动态相结合的数据,按空间坐标及定位系统进行组织与建设而成的;其二是交通空间信息技术系统,它是以数字地球思想和技术为依托,以互联网和其他通信方式为通信平台,以 3S 为技术平台,由计算机集成、融合和管理,它能为交通管理部门、交通运输企业和货主、市民提供信息服务和技术服务,从而改造和提高交通运输产业的生产、管理和服务,推进交通运输行业的信息化,使传统的交通运输行业向以信息资源为基础的智能化新型交通运输业发展。

数字交通应用了多种信息技术,是传统行业与信息技术综合的科学工程。数字交通涵盖了交通科学、地理学、测绘学、数学和信息科学等学科的技术。其中 3S 技术、数据库技术、空间数据仓库技术、数字工程技术等将在数字交通中得到广泛应用。

7.2.2 数字交通的背景

经过多年建设,我国铁路、公路、水运、民航的信息化建设在电子政务、行业信息化、企业信息化建设等方面都取得了长足的发展。例如:目前,全国所有省交通厅都建设了机关局域网和政府网站,政务公开和公众服务的功能逐步加强;在规划、勘察、设计等工作中,许多单位已经利用网络开展联合设计;区域性运政管理计算机系统得到普遍应用,建立了多个高速公路通信、监控、收费及海事管理系统;计算机联网售票,车站、港口、车辆、船舶的计算机管理系统已经普遍应用。

与此同时,我国交通运输信息化建设还存在如下几个突出的问题:

(1)交通运输信息化停留在信息处理方式的转变,没有充分利用信息化的优势。

(2)各种运输方式内部的信息化建设相对独立,由于种种原因,现有的业务信息系统是在不同时期独立开发、自成体系,一个系统生成的数据无法难以应用于另外一个应用系统,无法实现系统之间相互操作,很难将整个运输生产的各个环节有效地联动起来。

(3)各种运输方式之间的信息化缺乏统一的规划、设计、建设,由于各种运输方式分别属于多个部门管辖,处于各自为政、条块分割的状态,难以实现相互之间信息交互与信息资源共享。

数字交通以互联网和其他宽带数据通信方式为通信平台,以全球定位系统和地理信息系统为技术平台,集成、开发其他信息技术,为交通运输中涉及空间信息的应用领域提供物理平台,还为交通管理部门、交通运输企业等提供应用服务(谢振东 等,2002)。

7.2.3 数字交通的应用范围

从数字交通提供的信息服务和技术服务来看,数字交通以各种交通运输服务方式和服务系统为载体,从而形成为交通管理部门、交通运输企业和货主开展增值信息服务的应用平台,如为他们开展货运配载、物流优化、电子贸易等增值服务提供数字服务系统。从数字交通应用方面来看,主要有以下几个方面的内容。

1. 交通管理

借助于数字交通,人们可以通过计算机网络和通信网络,检索和展示中国的二维或三维交通基础设施、路网和航运网布局及其各港站、枢纽站设施,查询有关的交通信息,并进行交通规划、分析、模拟、监测、预测和辅助决策,做出合理的资源与资本的配置。

2．交通辅助

数字交通能为司机和出行者提供服务，包括帮助出行者制订出行计划；以自动或动态联机方式提供最佳路线和导航帮助；提供事故警告、延时通告、根据实时路况预计到达目的地的时间，查询运输服务点及其班次。此外，还有运输限制，如道路、桥梁等对车辆的高度、重量的限制等。

对于旅游者，数字交通还可以提供基于电子地图的公路沿线旅游信息，这些信息包括旅游景点、旅游线路、汽车租赁、酒店等的空间信息和属性信息。

3．运输信息服务

数字交通还能为运输企业、生产企业和零售企业提供全方位的信息服务，主要有运输车辆和货源信息、为货运配载和物流服务的运输地图及运输服务等信息。

在数字交通平台上可以建立多个车辆调度服务系统和商务服务系统，其用户包括运输企业、生产企业和零售企业。根据企业的规模和运输特点，数字交通可以提供针对大型企业的应用实施、针对中小企业的应用托管和针对特种运输的技术服务。

对于大型企业，其运输车辆多、运输范围大，相应运输调度信息系统、物流信息系统等规模也比较大，一般需要在自己内部建设相关系统。数字交通中包含的信息共享平台和数据平台等基础平台，可为这些企业提供应用系统的建立提供便利的条件，并可为这些企业提供应用的完整解决方案。

对于中小型企业，其车辆较少、运输范围小、经济实力有限，可以在数字交通的应用平台上，构建应用系统，包括方案设计、实施、托管等技术服务。

对于可能有特种运输任务的企业，在进行危险品运输、长大件运输、贵重物品运输等运输任务时，需要实时、有效、准确的技术服务来选择最优路径，跟踪运输状态，调度其他运输资源配合运输，为此可以在数字交通的基础平台和应用平台上，快速生成临时的、稳定的应用系统，为每次运输提供定制的技术服务。

从数字交通管理的内容来看，其主要包括数字交通管理、一体化运输管理、决策支持、交通安全保障等方面的内容。

（1）数字交通管理涵盖了交通的多个方面，针对不同的对象需要建立对应的管理系统，主要有交通电子政务、公路管理系统、航运管理系统、港口管理系统、公路收费新系统、数字化公路运营管理系统、国际航运数字化管理系统。这些系统采用联网收费技术、车辆监控技术、空间信息技术、网络通信技术等，实现数字化的行业管理，提供人性化的社会服务。

（2）一体化运输管理主要是现代物流管理、交通一体化管理、多式联运、现代道路客货运输管理、快速水路运输管理、万箱级集装箱运输管理等内容，能够实现不同运输方式间运输设施和装备的有效衔接、信息交换和处理的高效协同，逐步达到运输方式间的无缝衔接和零距离换乘。

（3）交通科学决策支持方面的内容包括现代交通规划决策支持、现代交通统计、运输经济和决策支持等，数字交通需要形成完整的公路、水路交通以及航空运输的宏观决策支持，实现决策的数字化、可视化、智能化和协调化，为交通政策法规的制修订提供科学依据，提高交通管理部门决策的质量、效率和水平。

（4）交通安全保障主要是交通防灾减灾、道路安全保障、车辆安全、特殊气候条件下的交通安全、恶劣气候和海况条件下人员快速搜救、深潜水救助打捞、水上安全保障、交通设施安全、交通应急处理、交通安全风险评价与管理、超限运输治理等,用于全面提高我国交通安全保障水平,支撑建立一个更安全可靠的交通系统,降低交通事故死亡率,减少与交通有关的经济损失。

§7.3 数字农业

农业是国之根本,近 10 多年来,世界上兴起了一轮以生物技术和信息技术为主导的农业科技新浪潮,数字农业就是在这些高新技术支持下的新型农业模式,它不是对传统农业的否定,而是对传统农业生产和管理方式的提升与扩展。

7.3.1 数字农业的概念

当前,国内所提出的数字农业其实是精细农业,但严格来讲,数字农业的范围要大得多。具体地讲,现有的精细农业主要是指运用数字地球技术(包括各种分辨率的遥感、遥测技术,全球定位系统,计算机网络技术,地理信息技术等)来实时获取农田信息,并按照农田空间变异的特点来进行配方农田管理(如施肥、灌溉)(郑可锋 等,2005)。精细农业技术系统以大田耕作为基础,定位到每一寸土地,从耕地、播种、灌溉、施肥、中耕、田间管理、植物保护、产量预测到收获、保存、管理的全过程实现数字化、网络化和智能化;应用遥感、遥测、遥控、计算机等先进技术,以实现农业生产的信息驱动,科学经营、知识管理、合理作业,以促进农业增产为目的,使每一寸土地都得到最优化使用,形成一个包括对农作物、土地和土壤从宏观到微观的监测预测、农作物生产发育状况以及环境要素的现状和动态分析等在内的信息农业技术系统。

但是,数字农业的范围除了精细农业(耕作)外,还包括精细园艺、精细养殖、精细加工、精细经营与管理,甚至包括农、林、牧的种、养、加工、生产、供销等全部领域,涉及农业生产管理的各个部门、各个行业。从数据上看,既包括精细农业中强调的空间数据(主体),也包括农业产品交易的商务数据以及农业业务管理的政务数据等其他非空间数据。

7.3.2 数字农业的背景

近 20 年来,美国、加拿大、荷兰、英国、法国等发达国家十分重视建立基于农作系统模型和GIS 技术的数字化农业生产实验系统,并在示范应用中获得了突出的社会、经济效益。

我国 20 世纪 90 年代开始,"863 计划"智能计算机主题连续支持农业智能应用系统的研究与应用,推出了多个具有较高水平的农业专家系统开发平台,在全国建立了不少服务于农民的农业专家系统应用示范区,并开发出实用的农业专家系统。例如国家投资了数以亿计的资金建立了以北京小汤山为代表的数字农业示范区,通过数字农业的相关技术和系统,在示范区内可进行农田水分等信息的在线测量,田间作物信息采集。利用 RS 监测作物长势,以及病虫害防治、环境监测等。

在综合数据方面,建立了国内外农业科学技术、农业产前与产后加工储藏、植物保护、作物品种等众多的专项数据库;在农业宏观决策和区域农业决策信息化技术、农业信息网络平台的研究和开发、农业信息资源的开发和管理、农业宏观决策信息化技术、农业信息服务系统建设等方面取得了一定的突破。虚拟农业技术也有了迅速发展,如中国农业大学初步建立了玉米、棉花地上部分三维可视化模型,为精确反映作物生长与农业环境条件间的关系打下了坚实的基础。

此外,各地也建立了一些农业信息网,通过信息网为农业相关部门和人员提供信息服务。与此同时,农业政务和商务系统也有了比较大的发展和应用,例如广州市就在广州农业资源数据共享平台的基础上实现了农业政务、农业商务、农业信息发布以及农业资源数据管理与分析等一体的综合应用系统。

数字农业就是要将与农业的生产和管理相关的信息进行数字化的获取和存储管理,并在相关专业分析模型和领域专业知识的指导下,进行农产品、农业生产要素的查询、统计、分析、决策、流通与管理。

7.3.3 数字农业的应用范围

数字农业的应用是建立在数据层的基础之上,通过建立各种应用模型,提供农业的各种应用功能,如农业信息服务、统计分析、虚拟仿真、农田管理辅助决策等。下面就按农业中的基本任务介绍数字农业的基本应用内容。

1. 领导宏观决策

数字农业可以为农业领导决策层从宏观上了解区域农业发展的历史、现状和趋势,例如可以图文并茂地表现各类农业经济指标以及以各类专题地图形式表达农业发展信息。还可以利用遥感影像,实现农业土地利用、农作物种植结构的分类、统计,并可以实现网上的定制发布,达到农业信息的高度共享,也可以为农业区域适宜性分析、区域规划等管理提供重要的信息源。图 7-3 是通过以实拍影像为基础构建的三维景观来展示农业信息,为各级领导进行农业及相关产业的规划、计划和决策提供依据和参考信息。

图 7-3 农业信息展示

2. 农田管理辅助决策

数字农业可以为农业生产者提供端到端的信息服务支持,实现农田信息的网上查询、上报与网上农作物的决策支持。农业生产者可以将采集的农田坐标信息注册到系统数据库中,经检查验证后可以为系统所发布,然后通过采集向系统输入农田的水肥、农作物生长信息,由系统的知识库和模型库实现农田农作物长势的分析结果,以图表形式反馈给用户。

3．集约农业生产服务

集约农业是指农业生产达到了一定的集中管理的规模,如农业生产土地的面积达到了特定的规模、农业生产管理的手段达到了现代化水平,通常指农业示范基地、大规模农场等所采取的生产和管理模式。数字农业服务平台可以为农业示范基地、大规模农场提供精准农业管理模式,为集约农业的管理者及时了解、分析所管理的农业基地、农场的农田养分、农作物生长情况提供信息支持服务平台。

4．产品宣传

农产品的流通是影响农业产出的重要因素,数字农业可以为宣传区域特色农产品、农业龙头企业、单位相关信息,为区域的特色农产品的信息查询、生产场地、农业生产的龙头企业的查询提供信息服务。为促进区域农产品的交易、流通做出贡献,如通过农业信息网提供农产品的供需信息。

5．农业电子商务服务

农业电子商务可以为农产品的交易电子化提供技术保障,从而很大程度上缩短了农产品交易的周期。数字农业可以为农产品、农产品生产资料(如农用地开发和土地流转)等提供信息服务功能。

6．农业政务管理

农业政务管理是实现农业相关管理部门间的信息流通、任务分配、资源共享的管理,通常是指办公领域的管理。在数字农业的技术支持下,可以较方便地实现农业政务管理的数字化,例如可以通过数字农业的网络和数据平台,搭建一个高效的数字农业政务管理系统。

§7.4 数字水利

水利是国民经济的基础设施,随着经济和社会的发展,水利已经由原来主要为农业服务,发展为整个国民经济服务。21 世纪的中国,洪涝灾害、干旱、水污染等严重水资源问题日益突出,已经严重制约了国民经济和社会的发展。为解决水的问题,中国水利必须从传统水利向现代水利转变。

7.4.1 数字水利的概念

水利政务、防汛减灾、水资源监控调度、水环境综合治理、大型工程的设计和施工、大中型灌区的综合管理等都是水利行业面临的重要问题,都迫切需要采用计算机技术、通信网络技术、微电子技术、计算机辅助设计技术、空间信息处理技术(如 RS,GIS,GNSS)等一系列高新技术来改造传统的方式,即需要利用以信息技术为核心的一系列高新技术对水利行业进行数字化信息获取、加工与分析(陈阳宇 等,2002)。数字水利正是一个以空间信息为主的信息载体,融合各种水文模型和水利业务的专业化系统平台,对真实水文、水利过程的数字化重现,把水活动的自然演变融入计算机系统,形成现实水利的虚拟对照体。

从组成上,数字水利是建立在一个纵横交错的网络平台上,按照一定的标准将各种信息的数据采集、传输、存储、模拟和决策进行集成,形成支持水利的科学管理与决策的庞大系统。能够根据不同需要,对不同时态的数据进行检索、分析,透视水文环境要素的变化规律,实现数字仿真预演。数字水利的应用不仅仅局限在防洪抗旱,它还能够为流域内水量调度、水土流失监测、水质评价等提供决策支持服务,也能够为水利工程运行、水利电子政务和水利勘测规划设计等提供信息服务,同时能够为人口、资源、生态环境和社会经济的可持续发展提供决策支持,并为人居环境、社区规划、社会生活等方面提供全面的信息服务,从而提高人们的生活质量。

7.4.2　数字水利的背景

水是人类赖以生存的资源,对水的有效管理与控制历来是人类生产、生活中的一件大事。"水利"一词最早见于战国末期《吕氏春秋》的《孝行览·慎人》,但其中"水利"一词指捕鱼之利。史学家司马迁在《史记》中《河渠书》出现"水利",意指防洪、灌溉、航运。1933 年,"中国水利工程学会第三届年会的决议"中指出:"水利范围应包括防洪、排水、灌溉、水力、水道、给水、污渠、港工八种工程在内。"此后,"水利"的含义又有新的扩展,还包括了水土保持、环境水利、水利渔业等工程及水资源调度管理、水利行政管理等非工程内容。目前"水利"可概括为"采用各种工程措施或非工程措施,对自然界的水(如河流、湖泊、海洋以及地下水)进行控制、调节、治导、开发、管理和保护,以减轻和免除水旱灾害,满足人类生活与工业生产用水需要"。由此可见,水利不仅包括水、水利设施,还包括与"水"相关的管理上的内容。

世界上的可利用水资源很少,这一情况在我国更为严重。我国的基本国情是地域广阔、人口众多,特有的地理位置和人口因素产生了中国特有的水问题(如洪涝灾害、干旱缺水、水环境污染等),解决水问题的基本方法除了正确掌握当前水利发展的形势外,就是要采用现代的高新技术进行水利及其管理的信息化,对各类水利信息进行收集、加工处理,从而做出各种决策的过程。水利信息化是水利现代化的基础和重要标志,传统的水利及其管理缺乏信息的共享机制、信息获取与控制的时效性、信息表现的可视化与分析决策的智能性,因此随着数字水利概念的提出及数字水利工程的实施,人类期望能够用更先进的手段和技术实现水利及其管理的科学化。

数字工程提供了实施数字水利工程的一个基本框架和技术方法,指出在进行数字水利项目建设中应该依照统一规划的思路,并进行应用软件集成与共享的机制,形成一个具有网络可扩展、数据可扩展、应用功能可扩展的数字水利应用体系,满足水利管理历史性的需求,如可扩充新的和集成的数据、建设新的应用功能。因此数字工程的基本原理和方法可为建设一个成功的数字水利工程提供科学的理论和技术基础。

7.4.3　数字水利的应用范围

数字水利的应用范围主要从应用层的角度来考察数字水利建设的具体用途。数字水利的应用建立在数据层的基础之上,通过建立各种应用模型如洪水演进模型、排水模型等,提供水利行业的各种应用功能,如水利信息服务、统计分析、虚拟仿真、预报决策等。下面就按水利中的基本任务介绍数字水利的基本应用内容。

1. 水利基础工程建设

人们经过长期的实践、探索,找到了兴修水利工程除水害、兴水利的途径,水利基础工程正是人类除水害、兴水利的一种工程措施。现有的水利工程多是历史的产物,但随着全球环境的恶化以及人类对水资源利用深度的加强,仍然迫切需要进行水利基础工程的建设,需要不断研究如何修建好工程、管理好工程以及不断改进、完善,使之发挥更好、更大的效益,如我国进行三峡大坝的建设。

在水利基础工程的建设过程中,需要掌握大量的基础信息,如地质、环境、气候、社会经济等数据,从而为水利基础工程的选址、规划、开工、进度管理等提供服务,以及为水利工程的利用提供科学的参考依据,还要为水利基础工程的运行进行进一步的监视、评价。在此过程中,需要一些比较成熟的领域模型和领域专家知识进行分析、论证、模拟,利用数字工程建立的数字水利的统一网络和数字平台为水利基础工程的建设提供基础环境。图 7-4 是某水利基础工程中河道三维分析实例。

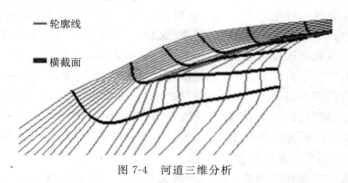

　—— 轮廓线

　■■ 横截面

图 7-4　河道三维分析

2. 水利行业部门管理

水利行业部门包括的范围较广,主要是一些从事与水相关的专业部门(包括公司),如水环境检测公司、水利工程公司等。水利行业管理是水利行政主管部门的一项基本职责,水利行政主管部门需要加强对水利行业的领导、管理、监督、服务,进行行业全面规划、行业认证认可的重大事项,并结合水利行业实际情况有组织、有步骤地开展本行业、本地区、本单位的认证认可工作,制定有关政策、管理办法,组织制定和完善水利行业技术标准体系,对强制性认证和实行生产许可产品进行直接管理,对水利认证、认可工作的各个环节进行监督,以及为水利行业提供信息服务,如发布国内外有关政策信息、管理信息、技术业务信息等。此外,在资金、办公条件等具体方面也应给予支持。

水利行业管理需要掌握区域内各类水利行业部门的基本信息,同时需要对水利行业管理的一些基本方针、措施有清楚的理解,在数字工程提供的基础网络和平台(软硬件)环境下,可以较充分地发挥数字化水利行业管理的优势。

3. 防汛抗洪决策支持

洪水是重大的灾害,已成为很多政府部门水利管理的重点任务。1998 年我国发生的百年一遇的大洪水,给国家造成了严重的损失。防汛抗洪决策支持是保障防汛抗洪工作有效和科学的前提条件,在实时数据采集建立的前提下,可以在遥测数据、遥感图像等的数据支持下,按照领域分析模型进行相应的暴雨预报、洪水预报、洪水调度等工作,提前为防汛抗洪工作做出指导性的预报、预警措施。在防汛抗洪过程中,还要涉及人员撤退、物资调度、洪水调度等具体的措施,并配备有专门的预案。

为了能够做到科学准确的洪水预报、预警、人员撤退、物资调度、洪水调度,需要能够及时准确地获取气象、环境、水文、地质、社会经济等综合信息,并需要在专有的模型及知识的支持下进行辅助决策与分析,形成一系列可供参考的决策方案。在数字工程的原理和方法的指导下,建立数字水利的基本应用环境,可为防汛抗洪决策提供良好的支持条件。

4. 抗旱减灾决策支持

旱灾也是全球面临的严重的灾害之一,为了减轻旱灾造成的危害,有必要在现有的条件下制定科学的抗旱措施。抗旱减灾决策支持收集的现势数据有两类:一是通过遥感大范围采集旱情数据;二是通过旱情监测站采集旱情数据,如地下水埋深、土壤含水量、土壤温湿度等。抗旱减灾决策支持在这些现势数据的基础上,结合相关的计算模型进行计算分析,可以快速、准确地获得同一时期内大范围的土壤含水量、农作物受灾信息以及对人们生活所造成的影响的评价,并提供第一手的辅助决策资料。

抗旱减灾同样也是在一定的基础数据的支持下,通过专业分析模型及专业知识进行的,通过数字工程建立的数字水利平台,可以为旱情相关数据的数字化采集、快速传输与实时分析提供基础条件,为抗旱减灾的时效性、科学性提供重要的保障。

5. 水资源调度决策支持

水资源是一种紧缺资源,全球可供人类使用的水资源甚少,因此为了有效利用水资源,通常需要进行水资源的调度,进行水资源的再分配,例如我国实行的"南水北调"工程就是一种水资源的再分配措施。水资源决策支持在水资源数据库(如河道分布)及地理数据库(如地形地势)的基础上,采用相关的数学模型进行计算,评价水资源量、预测水资源量、对水资源进行优化管理和科学调度。

对水资源调度决策过程中最关键的问题是确定调度的流向,即水的富足区与贫瘠区的地理位置,然后确定最佳的调度方法(如路线的确定、调度的时间安排、调度的数量),还要进行模拟与效果预测及仿真,因此获取该过程中所必要的各类数据资源的支持是必须的。此外,各类分析模型、可视化模拟与仿真都是优化调度方案的有效工具。

6. 水质管理决策支持

水的污染是近年来人类面临的一大威胁,水资源污染的来源主要是人类活动造成的,因此,对人类的活动进行监管,以及对人类活动可能危害到的水环境进行预测和模拟,是进行水质管理决策支持的有效措施。水质管理决策支持是在水环境数据库及地理数据库的基础上,采用相关的数学模型进行计算,评价水质、预测和模拟水质变化、计算水环境容量、控制规划污染物总量,为水质环境管理和环境执法提供重要的依据。

水质管理决策支持中,除了监视的环境数据外,专家的知识十分重要,如建立可靠的水污染扩散模型、依赖领域专家的主观评价等,数字水利提供的综合数据平台和应用环境为水质评价的开展提供了必要的基础环境。

7. 水土保持决策支持

水土保持决策支持是建立在水土流失数据库和地理数据库的基础上的,利用水土流失评价及治理数学模型技术,采用数字工程中的智能空间决策支持系统的思想建立水土流失模型库,为水土流失的评价及预测提供强大的决策支持。水土保持决策支持不仅需要对土壤侵蚀的评价提供科学方法,还要为指导水利保护工程的规划和实施提供必要的参考。

8. 水利综合会商支持

水利综合会商支持集成了各种水利应用提供的关于防汛、抗旱、水资源、水环境、水土保持等数据,为水利部门主管领导提供集成的会商环境,便于会商人员迅速地做出科学决策,从而启动紧急预案,下达会商命令,以预防或尽量减少未来可能造成的各种损失。

水利综合会商是集群体的智慧于一体,综合利用通信技术、可视化技术、虚拟仿真技术,来对现实情况进行综合分析与预测。因此水利综合会商需要提供各类基础信息和应用,全面地展示与会商主题相关的历史、现实及预测信息,来制定科学的决策方案。图 7-5 是一个防汛会商系统实例,其利用计算机网络技术、数据库技术等先进技术,将信息采集、预测预报、分析决策过程有机结合,为决策人员提供有力的信息支持与辅助决策。

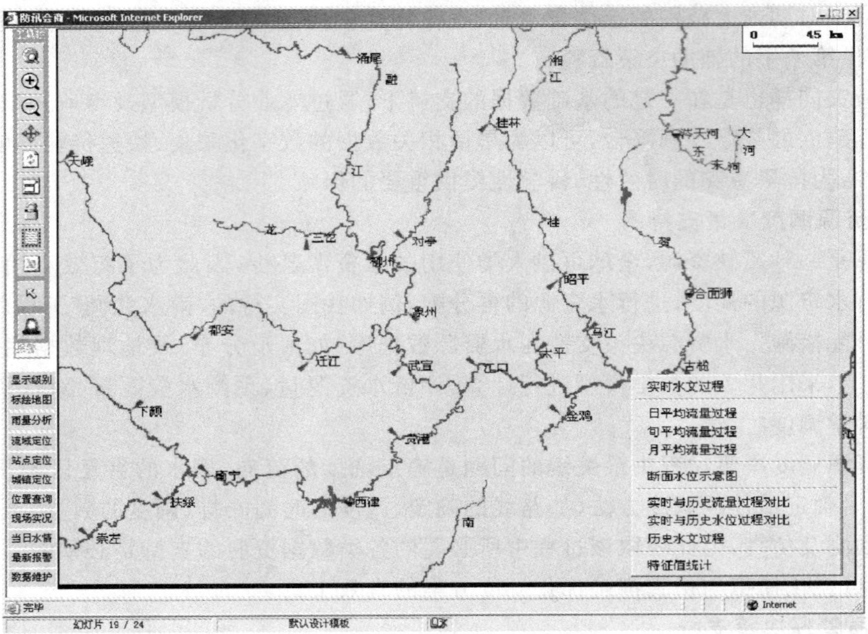

图 7-5 防汛会商系统

§7.5 数字林业

森林是人类非常宝贵的可再生资源,是陆地生态系统的主体。它不仅为人类的生活和经济建设提供直接的经济效益,而且有改造自然、美化环境、保持水土、调节气候和维持生态平衡的重要作用,是构建和谐自然的重要基础。因此合理利用森林资源,掌握它们的分布、性质及变化规律,加强林业信息数字化建设,采用新的高科技手段进行监测,利用专家知识进行预测,制订出高效合理的森林经营管理方案,将对林业的发展甚至整个社会的发展具有重大意义。

7.5.1 数字林业的概念

很多专家和学者从不同的角度对数字林业给予了不同的描述,总的来说,数字林业是利用网络技术、信息技术、空间定位技术、遥感技术、人工智能等技术来实现森林资源的信息化管理、自动化数据采集、网络化办公、智能化决策与监测等功能,从而最大限度地集成和利用各类信息源,快速、完整、便捷地提供各种信息服务,实现林业系统内部各部门之间及其他部门行业之间经济、管理和社会信息的互通与共享,保护有限的林业资源与日益脆弱的生态环境(李希胜,2003)。数字林业是林业信息化发展的一个必然趋势,它是数字地球的一个有机组成部分。

从其组成看,数字林业是建立在一个纵横交错的网络平台上,按照一定的标准将各种信息的数据采集、传输、存储、模拟和决策进行集成的,支持林业的科学管理与决策的庞大数字工程。

7.5.2 数字林业的背景

森林资源是自然资源的重要组成部分,是林业生产的物质基础和经济建设,也是人们生活的物质财富。在我国,传统的森林资源信息管理,大部分采用管理信息系统和地理信息系统两套独立的运行方式,造成数据的重复存储,无法进行一体化管理,而且在进行更新数据时需要重复录入;同时在建立各种信息系统时缺乏统一的标准,使得信息难以共享,系统间缺乏互联互通。在数据收集上,传统的森林资源信息管理没有充分利用网络通信技术,限制了森林资源管理应用上的发展。传统的发展经营模式已不再适用于当今和未来森林的经营管理要求,对经营森林资源和优化森林资源管理、实现森林资源可持续发展不利。

多年来,人们努力寻求一种能使人类、经济、环境、资源相互协调发展,并能为森林资源和管理提供一种快速、高效、便利的管理手段。随着科学技术的发展,一种以空间信息为载体、空间信息技术为基础,以计算机网络技术、通信技术等多种高新技术集成的数字林业技术应运而生,为林业生产和管理提供了全新的技术支持和辅助。

在林业方面,美国、加拿大等国家把 MSS、TM、SPOT 等卫星定位数据应用于森林资源和重大病虫害的动态监测上。此外这些国家还十分重视遥感技术与 GIS 和 GPS 的综合研究,并取得了很大进展,并在 GIS 的基础上,利用大量的遥感卫片、航片和地面监测信息、计算机模型和专家知识,进而进行辅助决策和进行资源监测管理。

我国早在 20 世纪 80 年代就开始了林业数字化研究。近年来,随着科技的发展,各林业科研院所更是加强了数字林业的研究。2002 年,国家林业局把四川省、贵州省、江西省、吉林省及内蒙古自治区作为 5 个数字林业工程的试点省区,在这 5 个省区内选定 10 个地区、30 个县开展数字林业的试点工作,建立数字林业公共平台;建立 15～30 m 分辨率的基础影像数据;建立集成系统的网络平台;建立数字林业的宏观信息服务系统;进行技术培训和推广。

7.5.3　数字林业的应用范围

数字林业通过引入空间信息技术等新技术,改变了传统森林资源管理与监测的方法,实现以空间信息为载体,建成一个集空间图形信息、遥感图像数据、统计数据、模型预测成果于一体的,使数据信息共享及产生成果丰富的,成为各级林业决策管理部门服务的综合信息管理体系(余兵 等,2004)。同时数字林业还具备广泛和易访问的林业地理空间数据,通过对数字林业信息的分析和模拟,可以突破传统的政府决策局限性,减少决策的盲目性。实现各种森林资源的数据整合,使之便于共享和使用,并能使林业管理部门、企业等有效地进行网络办公、信息化管理,在线查找、分析和统计相关信息,实施各种森林灾害的实时动态监测、预警与指挥,以及林业资源与生态环境的实时监测、保护与规划,重大事件与决策的分析和模拟,辅助决策与支持等(张风,2002)。下面就按林业管理中的基本任务介绍数字林业的基本应用内容。

1. 天然林保护

以国家林业局、省林业总局、林业管理局、林业局、林场五级计算机网络监测和管理系统,实现我国天然林保护工作的动态管理、分析、监测和决策的数字化、网络化和科学化;以网络数据库软件和空间数据管理系统为平台,建成我国天然林工程管理数据库,完成我国工程动态监测和效益评估工作。定期发布天然保护工程的进展信息,加强对公众的宣传。图 7-6 是一个森林三维可视化实例,该实例采用 IFSAR 的 X 波段测量树林高度,以不同颜色表示,叠加用 P 波段测量的地形高程;图 7-7 是对应的森林正射影像,这些方式直观地表现了森林的具体情况,便于对森林进行管理和保护。

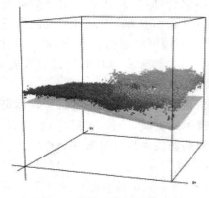

图 7-6　森林三维可视化实例

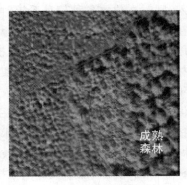

图 7-7　森林正射影像

2．森林经营管护

根据森林经营管护责任制的需要,建设经营管护基础数据库,建设数字化、网络化、信息化、智能化的监测和管理信息系统,使行政管理部门及决策者实时、同步、全面、系统、客观、准确地了解项目进展和各类资源的变动情况,并建立起科学的评估体系,逐步实现森林经营管护的数字化管理。

3．森林火灾预警、监测和评估

建立林区森林火灾基础信息数据库,利用卫星像片及航拍像片,结合地面定位观测,实现森林火灾基本信息的有效管理和分析,利用 3S 技术和网络技术获取森林火灾的预警、监测和评估的实时动态信息,并通过专家系统的支持,实现森林火灾的预报和预防方案的优选,森林火灾动态监测与快速扑救方案的确定,扑救成本的科学核算。图 7-8 是一个林业管理系统中

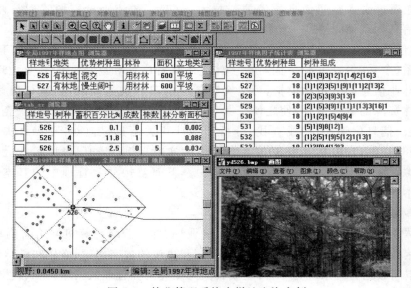

图 7-8　林业管理系统中样地查询实例

样地查询实例,用户可以通过空间信息查询样地的样地因子、样地实景图片等相关信息,利用这些信息为森林火灾预警、监测和评估服务。

4．商品林建设

根据天然林保护工程的要求和林区社会的特殊性，建设国家林业局、省林业总局、林业管理局、林业局、林场五级商品林专题数据库和相应的管理信息、网络发布系统。系统可以从科学规划、林木的定向培育、林木生长收获、市场动态、统计分析、辅助决策到网上发布，为从事林业产业建设的各级领导、生产经营者、产品经销者提供信息和决策参考。

5．林区企业管理

由于林业的特殊性，建立林区社会体系应用系统，可以实现相关企业中的数字化管理。

6．林业系列产品应用推广

建立森林系列产品专题数据库和相应的管理机制，同时建立林业基础信息和市场动态的网络发布系统。可为各级决策者、生产经营者、产品经销者提供市场信息，以获取良好的经济效益。

思考题

1．联系某个数字应用领域，考虑如何将数字工程应用到其中？

2．收集一个或多个数字城市的应用实例，并分析其优点和不足之处。

3．针对书中未分析的数字工程应用领域，分析其概念、背景应用等内容。

参考文献

边馥苓.1996.地理信息系统原理和方法[M].北京:测绘出版社.

边馥苓,涂建光.2004.从 GIS 工程到数字工程[J].武汉大学学报·信息科学版,29(2):95-99.

边馥苓,王金鑫.2003.现时空间、思维空间、虚拟空间——关于人类生存空间的哲学思考[J].武汉大学学报·信息科学版,28(1):4-8.

边馥苓,王金鑫.2004.论数字城市工程及其技术体系[J].武汉大学学报·信息科学版,29(12):1045-1049.

曹冲.2009.全球卫星导航系统的现状和前景[N].中国测绘报,2009-02-20(13).

曹元大,徐漫江.2000.面向对象知识表示在专家系统开发工具中的应用[J].北京理工大学学报,20(6):688-692.

陈述彭.2004.数字地球百问[M].北京:科学出版社.

陈述彭.2007.地球信息科学[M].北京:高等教育出版社.

陈阳宇,王现方.2002.数字水利与中国水利现代化[J].人民珠江,1:51-54.

承继成,李琦,易善桢.1999.国家空间信息基础设施与数字地球[M].北京:清华大学出版社.

仇保兴.2010.我国数字城市发展的挑战和对策[J].城市发展研究(12):1-6.

董军.1997.人工智能、面向对象和思维、混沌间的关系[J].计算机科学,24(5):67-70.

都志辉,陈渝,刘鹏.2002.网格计算[M].北京:清华大学出版社.

冯学智,都金康.2004.数字地球导论[M].北京:商务印书馆.

冯艺东,汪国平,董士海.2001.信息可视化[J].工程图学学报(增刊):324-329.

郭仁忠.2001.空间分析[M].北京:高等教育出版社.

国家信息安全工程技术研究中心,国家信息安全基础设施研究中心.2003.电子政务总体设计与技术实现[M].北京:电子工业出版社.

河海大学.2006.网上 GIS 教程[EB/OL].[2006-10-08].http://online.hhu.edu.cn/gissite/jiaocheng/1-1.htm.

胡可刚,王树勋,刘立宏,等.2005.移动通信中的无线定位技术[J].吉林大学学报·信息科学版(4):378-384.

黄河水利委员会.2003."数字黄河"工程规划[M].郑州:黄河水利出版社.

金江军.2004.网格计算在数字城市中的应用[EB/OL].[2004-11-5].http://info.broadcast.sinobnet.com/HTML/001/002/008/.

赖格英.2003.地理信息系统空间分析模型与实现方法的分析和比较[J].江西师范大学学报·自然科学版(2):164-167.

李德仁,1997.论 RS,GPS 与 GIS 集成的定义、理论与关键技术[J].遥感学报,1(1):64-68.

李德仁,王树良,李德毅.2006.空间数据挖掘理论与应用[M].北京:科学出版社.

李巍.2004.下一代软件架构——SOA[EB/OL].[2004-04-29].http://dev2dev.bea.cn/techdoc/200404186.html.

李希胜.2003."数字林业"建设的现状与思考[J].森林工程,1:17-18.

李晓栓.2003.分布式计算技术初探[DOC/OL].[2003-5-5].http://vision.pku.edu.cn/yan2/zyzl/zyzl-lxs/DC.doc.

廖楚江,杜清运.2004.GIS 空间关系描述模型研究综述[J].测绘科学,29(4):79-82.

刘敬青.2004.我国数字交通新构想[J].综合运输,8:56-59.

刘勇奎,周晓敏.2000.虚拟现实技术和科学计算可视化[J].中国图形图像学报,5(A):794-798.

陆守一.2004.地理信息系统[M].北京:高等教育出版社.

马大玮,张宏珉.2003.移动通信中的无线定位技术[J].重庆通信学院学报(4):22-26.

宁津生,张目.2003.数字工程建设与空间信息产业化[J].武汉大学学报·信息科学版,28(1):1-3.

彭笑一.2009.中国无线数字城市现在进行时[J].电子商务(2):12-13.

清水. 2004. 信息可视化:畅游网络空间的伴侣[N]. 计算机世界,2004-03-29(11).

曲国庆,王振杰,陈学星. 2001. 数字化城市的数据源分析[J]. 淄博学院学报·自然科学与工程版,3(2): 88-92.

沙宗尧,边馥苓. 2003. "3S"技术的农业应用与精细农业工程[J]. 测绘通报(6):29-31,48.

孙黎莹. 2000. 论交通空间信息基础设施建设在"数字交通"中的作用[J]. 交通标准化,1:21-23.

唐泽圣. 1999. 3 维数据场可视化[M]. 北京:清华大学出版社.

王家耀. 2005a. 关于我国电子政务与数字城市建设的思考[J]. 测绘科学,1:3-5.

王家耀. 2005b. 关于"数字黄河"的若干思考与探索[EB/OL]. [2005-02-23]. http://www.yrec.cn/HotSubj/shzhh/bg-05.htm.

王金鑫,边馥苓. 2004. 可持续发展的文化探源——兼论 GIS 在区域可持续发展中的作用[J]. 中国人口、资源与环境,5(14):17-20.

王金鑫. 2007. 关于数字的哲学畅想——从结绳记事到数字文化[J]. 科学(5):17-19.

王开军. 2005. 如何打造数字城市[J]. 北京房地产,2:40-43.

邬伦. 2001. 地理信息系统——原理、方法和应用[M]. 北京:科学出版社.

夏火松. 2004. 数据仓库与数据挖掘[M]. 北京:科学出版社.

谢振东,徐建闽. 2002. 数字交通的体系结构研究[J]. 华南理工大学学报·自然科学版,8:87-90.

信息产业部计算机技术培训中心. 2004. 计算机信息系统集成——项目经理技术手册[M]. 北京:电子工业出版社.

徐志伟,冯百明,李伟. 2004. 网格计算技术[M]. 北京:电子工业出版社.

杨君. 2004. 类比学习机制的研究[J]. 西安科技学院学报,24(2):203-207.

杨泽雪,韩中元. 2004. 基于数据仓库的决策支持系统[J]. 哈尔滨师范大学自然科学学报,20(6):67-69.

叶惠. 2010. "智能＋互联生活"呈现未来数字城市蓝图[J]. 通讯世界(6):30.

尹朝庆. 2009. 人工智能与专家系统 [M]. 2 版. 北京:中国水利水电出版社.

余兵,张利萍. 2004. "数字林业"与 3S 技术的应用集成[J]. 林业勘查设计,3:65-68.

张凤. 2002. 论数字技术在现代林业发展中的应用——数字林业[J]. 湖北林业科技,1:34-35.

张俊霞. 2001. 3 维地形可视化及其实时显示方法概论[J]. 电脑与信息技术(3):33-36.

张力军. 2004. 移动数据通讯讲座第一讲移动通信技术概述[J]. 中国数据通信(5):42-45.

张书亮,陶陶,闾国年. 2004. 地理信息共享与互操作框架研究[J]. 测绘科学(6):58-61.

张友生. 2004. 基于体系结构的软件开发模型[J]. 计算机工程与应用 (34):29-33.

张友生. 2006. 软件体系结构 [M]. 2 版. 北京:清华大学出版社.

郑可锋,祝利莉,胡为群,等. 2005. 数字农业技术研究进展[J]. 浙江农业学报,3:170-176.

郑颖. 2001. 常用移动定位技术的研究和应用[J]. 通信技术(8):79-81.

中国云计算网. 2009. 实用云计算逐个数[EB/OL]. [2009-5-27]. http://www.cloudcomputing-china.cn/Article/jh/200905/269.html.

中华人民共和国科学技术部. 2011. "十一五"我国空间信息技术及软件产业快速发展[EB/OL]. [2011-3-14]. http://fazhan.sbsm.gov.cn/article/jjch/201103/20110300080754.shtml.

周光明,徐琳. 2004. 基于解释的学习的一般性与操作性研究[J]. 计算机时代(8):7-8.

朱福喜,汤怡群,傅建明. 2002. 人工智能原理[M]. 武汉:武汉大学出版社.

FOSTER I, KESSELMAN C. 1999. The Grid: Blueprint for a New Computing Infrastructure[M]. San Francisco: Morgan Kaufmann Publishers, Inc..

FOSTER I, KESSELMAN C, NICK J, et al. 2002. The Physiology of the Grid: An Open Grid Services Architecture for Distributed System Integration[EB/OL]. [2004-11-12]. http://www.globus.org/research/paper/ogsa.pdf.

GARLAN D, SHAW M. 1994. An Introduction to Software Architecture[EB/OL]. [2010-10-20]. http://www. cs. cmu. edu/~able/publications/intro_softarch.

INMON W H. 1992. Building the data warehouse[M]. Boston: QED Technical Publishing Group.

JONES C. 1997. Geographical Information Systems and Computer Cartography[M]. London: Addison Wesley Longman Ltd.

LUO M, ENDREI M, COMTE P, et al. 2004. Patterns: Service-Oriented Architecture and Web Services[EB/OL]. [2004-6-1]. http://www. ibm. com/developerworks/cn/webservices/ws-ovsoa/index. html.

MYER T. 2003. 网格计算:为开发人员提供基本概念[EB/OL]. [2003-12-11]. http://www. ibm. com.

OGIS. 2009. Open Geodata Interoperability Specification [EB/OL]. [2009-10-20]. http://www. opengeospatial. org/standards.

RAIN. 2005. SOA 与中间件、基础件的发展[EB/OL]. [2005-6-17]. http://blog. csdn. net/rain_2005/archive/2005/06/17/396661. aspx.

RAO R, CARD S K. 1994. The Table Lens: Merging Graphical and Symbolic Representations in an Interactive Focus + Context Visualization for Tabular Information[C]//ADELSON B, DUMAIS S, OLSON J. CHI 1994 Proceedings of the SIGCHI conference on Human factors in computing systems: celebrating interdependence. New York: ACM: 318-322,481-482.

SHAW M, GARLAN D, 1996. Software Architecture: Perspectives on an Emerging Discipline[M]. New York:Prentice-Hall.

附录 空间信息与数字技术专业知识体系

空间信息与数字技术专业是研究描述地球的信息数字化、网络化、可视化和智能化的理论与技术,它将空间信息的各种载体向数字载体转换,通过网络通信技术加载到各个专业领域,支持各行业数字工程的实现,主要研究与国民经济各行业领域密切相关的数字工程建设理论与技术,如数字政府、数字国土、数字规划、数字电力、数字交通、数字国防等。

空间信息与数字技术专业面向国民经济各行业和领域数字化建设的需要,培养具有扎实软件工程理论基础与复合知识结构以及数字工程领域的基本理论和基本知识,掌握数字工程领域的软件环境和工具以及前沿技术,具有较强的大型数字工程项目设计、开发和项目管理能力,具有良好的团队合作精神和创新意识,能熟练应用英语进行交流,能够对环境、人文、社会、经济等各类信息进行数字化的处理、网络化的传输、可视化的表达、智能化的决策的厚基础、宽口径、高素质、强能力的"创造"、"创新"、"创业"交叉复合型人才。

空间信息与数字技术专业的知识体系有知识领域、知识单元和知识点三个层次组成,一个知识领域可以分解为若干知识单元,知识单元又包若干知识点。作为一门新兴的交叉学科,空间信息与数字技术专业的知识体系涵盖了所交叉的四大知识领域:空间信息科学、计算机软件工程、通信工程、管理科学与工程的知识点,涵盖了概念基础、地理空间数据与数据建模、空间数据采集技术、数据处理与操作、数据分析与空间分析、地图制图与可视化、数据集成与系统集成、软件分析与设计以及数字工程特定应用领域等 11 个领域的知识体系,其结构参见图附录-1。

1. 概念基础

概念基础的出发点在于建立空间信息与数字技术专业的基础,奠定学生学习本专业的数理基础、人文基础、空间认知基础以及编程开发基础等,重点培养学生对地理环境中的空间和时空要素进行认识、识别和鉴别,作为构建地理数据分析环境的基础。概念基础部分包括:①数理基础,其主要内容有高等数学、线性代数、概率论与数理统计;②哲学基础,其主要内容有思想道德修养与法律基础、马克思主义基本原理、毛泽东思想、邓小平理论与"三个代表"重要思想概论;③人文素质基础,其主要内容有体育、军事理论、中国近现代史纲要;④空间信息基础,其主要内容有空间对象、地理实体、地理事件、空间关系、地理数据、地理信息等空间认知基础,地球几何、地图投影、地形图、地理参照系、地理基准等地理信息模型基础;⑤计算机软件基础,其主要内容有程序设计基础、算法与数据结构、计算机组织结构、操作系统基础、数据库基础、软件系统基本概念、程序设计语言基础等;⑥通信技术基础,其主要内容有网络通信基础以及电信网、智能网、xDSL、ADSL、分组交换、ATM、TCP/IP、HTTP、IP 电话、电力线上网、移动通信(集群移动通信、移动电话网、A 网、B 网、C 网、D 网、G 网)、GSM、WAP、GPRS、FDMA、TDMA、CDMA、3G(WCDMA、CDMA2000、TD-SCDMA)、蓝牙技术与微微网(Piconet)、传感网、电视会议、微波通信、光通信等。

2. 地理空间数据与数据建模

数据建模的目标在于对现实地理环境的地理实体及其时空关系以及地理事件及其演变规

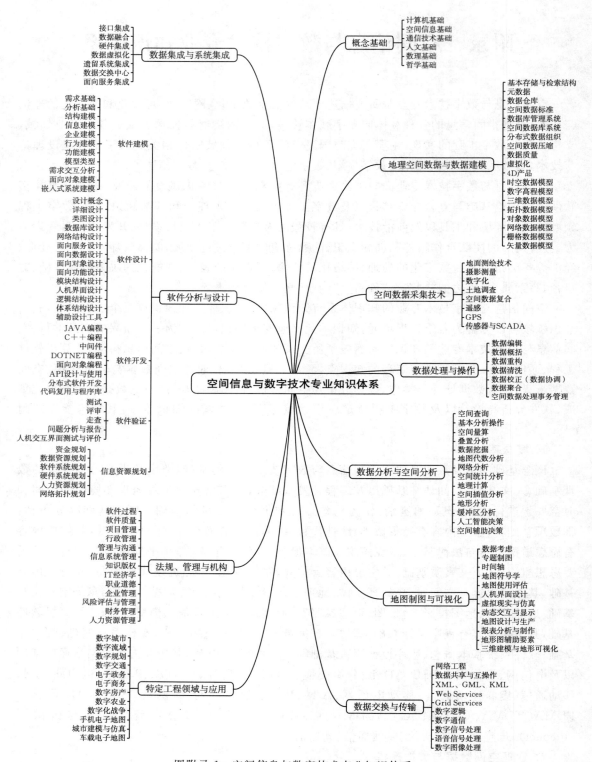

图附录-1　空间信息与数字技术专业知识体系

律进行空间认知并进行形式化表达,将数据模型转换为计算机能够识别和操作处理的数据结构。数据模型提供对最终以可计算的数据结构实现的时空概念进行形式化表述为手段,空间数据模型包括离散的(面向对象、基于特征)、连续的(基于场模型)、动态的和概率性的。数据结构则表达了数据模型在某种特定的计算环境中的具体实现。数据建模知识模块的内容主要包括:①字段、记录、图层、记录集等基本存储与检索结构;②元数据、空间元数据;③空间数据标准;④数据库与空间数据库系统;⑤数据仓库;⑥栅格数据模型;⑦矢量数据模型;⑧拓扑数据模型;⑨对象数据模型;⑩网络数据模型;⑪时空数据模型;⑫三维数据模型;⑬数字高程模型;⑭分布式数据组织;⑮空间数据压缩;⑯虚拟化;⑰4D产品与数据质量。

3. 空间数据采集技术

空间数据采集的目的是在空间数据模型的基础上,将关于现实世界和管理世界的模拟信号转换成计算机能够识别、加工处理与分析的具有某种特定数据组织结构的数据,以便进行显示或控制。空间数据采集技术内容有:①地面测绘技术,包括地面测绘的基本原理、等高线、平面测绘基本原理、高程测绘基本原理、角度测量、距离测量、三角高程测量、水准测量、碎部测量、控制测量、全数字测量等;②全球卫星定位系统,包括GPS的组成、测距原理(伪距、载波相位、差分)、定位原理、GPS误差来源、应用等;③数字化,包括模数转换、手扶跟踪数字化、屏幕跟踪数字化、重采样等;④遥感,包括遥感概念、传感器分类及其特性、遥感平台,卫星轨道(顺行轨道、逆行轨道、赤道轨道、极轨道、地球同步轨道、太阳同步轨道、地球静止轨道)、电磁波谱、大气窗口、遥感常用波段及特性、辐射传递理论、地物的波谱特性、地物的反射特性、地物的发射特性、地物的透射特性、常见地物的光谱特性、遥感原理与过程、遥感影像及其特征、分辨率(空间分辨率、时间分辨率、波谱分辨率、辐射分辨率、温度分辨率、距离分辨率和方位分辨率)、摄影成像与影像特点、光机扫描成像与影像特点、推扫式扫描成像与影像特点、雷达成像与影像特点、遥感处理(几何校正、辐射校正、数字滤波、图像识别、图像编码、彩色编码、图像镶嵌、图像分割、图像复合、图像描述、二值图像、彩色合成、穗帽变换、参照数据、图像增强、边缘增强、特征提取、特征选择、特征编码、边缘检测、比值变换、反差增强、纹理增强、比例增强、纹理分析、彩色增强、模式识别、图像变换、彩色变换、模式分析、监督分类、机助分类、图像分析、模糊分类、主分量变换、哈达码变换、沃尔什变换、直方图均衡、贝叶斯分类、假彩色合成、多时相分析)、遥感应用(气象卫星及其应用、地球资源卫星及其应用、海洋卫星及其应用、高分辨率卫星及其应用、雷达卫星及其应用、资源调查与管理、环境监测与评估、灾害动态监测与管理)等;⑤土地调查,包括土地利用分类、土地利用现状图、基本农田数据、土地权属、变化监测等;⑥摄影测量,包括摄影测量的概念与分类、摄影测量的基本原理、摄影测量坐标系、解析摄影测量、数字摄影测量、相片基线、像对、同名像点、同名光线、内方位元素、外方位元素、像幅、框标、焦距、密度、灰度、像元、核点、核面、核线、姿态、纠正、航高、全色片、红外片、黑白片、彩色片、假彩色片、伪彩色片、主核线、定向点、等比线、像主点、像底点、地底点、主垂面、主合点、加密点、连接点、黑白摄影、彩色摄影、红外摄影、全息摄影、缩微摄影、显微摄影、全景摄影、竖直摄影、倾斜摄影、摄影航线、摄影分区、摄影基线、航向重叠、旁向重叠、像片镶嵌、数字镶嵌、像片纠正、同名光线、构像方程、共线方程、共面方程、像片主距、像片判读、左右视差、上下视差、同名像点、相对走向、绝对定向、姿态参数、像片倾角、航向倾角、旁向倾角、像片旋角、立体像对、立体观测、像点位移、倾斜位移、同名核线、正射像片、机助测图、电算加密、数字测图、影像匹配、影像相关、多项式法、有限元法、光学相关、电子相关、数字相关、核线相关、解析纠正、解析定向、解析测图、正直摄影、等偏摄影、交向摄影、等倾摄影、微波辐射、立体摄影机、全景摄影机、框幅摄影机、条幅摄影机、航带摄影机、阵列摄影机、地面摄影机、弹道摄影机、水下摄影机、恒星摄影机、超焦点距离、空间分解力、物镜分辨率、影像分辨率、全色红外片、彩色红外片、假彩色摄影、多谱段摄影、摄影比例尺、区域网平差、正射影像图、像片平面图、双线性内插、双三次卷积、样条函数法、摄影机主距、投影器主距、立体摄影测量、光束法摄影测量、空中三角测量、空间后方交会、空间前方交会、摄影测量坐标、像平面坐标系、像空间坐标系、物空间坐标系、最小二乘相关、GPS 辅助空中扫角测量等；⑦遥信与遥测，包括遥测、遥控、遥信和遥调的概念、SCADA 系统、EMS 系统、视频监控以及信号传输等；⑧空间数据复合，矢量与栅格图叠加、DOM、DEM 叠加，DOM 与等高线叠加，DOM、DEM 与三维模型叠加等。

4. 数据处理与操作

无论是 GIS 系统建设还是数字工程建设，都会涉及海量的各种类型的空间数据和非空间数据，为了保证系统分析的正确性，有必要对空间数据进行必要的数据处理与转换，尤其是在数字工程系统中存在着不同的应用系统不同格式的各类数据，要对这些数据进行综合性的分析就必须对数据进行必要的加工处理，这就要求掌握以下几点：①数据表达与数据转换，包括矢栅数据转换、矢量数据转换（To GML、To KML、To WFS、To WMS 等）、三维模型数据转换等；②数据查错与编辑；③数据概括；④数据聚合；⑤数据重构；⑥数据清洗；⑦数据协调；⑧空间数据处理事务管理等。

5. 数据分析与空间分析

空间分析是 GIS 区别于其他信息系统的主要特征，在数字工程中也处于核心地位，数字工程中所有关于空间位置、地址的数据都在基础空间数据的基础上进行集成，利用空间分析技术可以发现这些数据中蕴藏的空间信息与地理规律，具体包括：①空间查询；②空间量算；③基本分析操作；④基本分析方法（提取、叠置、临近与基本统计等）；⑤空间统计；⑥数据挖掘；⑦网络分析；⑧地图代数运算（加、减、乘、除等）；⑨地形分析；⑩地理计算；⑪空间辅助决策；⑫地理建模与人工智能等。

6. 地图制图与空间信息可视化

现实世界中客观事物在经过数据采集、存储、处理与综合分析后转变为对人类改造客观世界的有用的信息，这些信息最终也要以数据的形式表达出来，地图制图与空间信息可视化旨在解决地理数据在媒介上的可视化问题，是关于地理信息的可视化表达，地图制图则是一个多种过程和技术相互影响的过程。地图制图与空间信息可视化强调地理空间数据和地理空间分析结果可视化，这一领域的主要内容包括：①计算机制图基本理论，包括计算机地图制图的理论基础、计算机地图制图数据模型；②地图符号，包括地形图符号的概念、地图符号原理、地形图符号表示地物原则、地形图图示等；③制图要素，包括地形图要素、地形图制图规则（颜色、大小、符号、结构、纹理、字体等）、地形图辅助要素（包括指北针、比例尺、图例、坡度尺、邻接图表、格网、生产说明要素等）、图形显示的可视化分析等；④数据考虑，包括数据选取、数据概括、数据分类、投影转换、重采样、数据复合等；⑤专题制图，包括简单专题制图方法（等值区域图、分区密度图、等值线图、统计图等）、多元信息显示（如根据属性制作专题图）、地形表达（阴影、等高线、高程分层设色、块状图、剖面图、通视图、晕渲图等）、图例制作、特殊用途图的制作（包括地籍图、宗地图、房产图、航海图、航空图、地质图、军事图、规划图、三维地图等）；⑥报表分析与制作，包括数据透视图、线图、柱状图、饼图等；⑦地图设计与生产，包括地图设计原理、地图设计评价（平衡性、易读性、清晰程度、视觉对比、视觉平衡与层次）、地图要素的配置、色彩设计（四色原理，用于印刷的青、品红、黄和黑）、注记（字体、大小、排列、方向、标注线、颜色）等；⑧Web制图与可视化；⑨地图输出（栅格地图输出、矢量地图输出 PDF、Adobe Illustrator Postcript）、印刷技术、分辨率问题；⑩动态和交互显示；⑪地图使用与评估，包括地图阅读、地图解译、地图量算、地图分析、地图质量等；⑫三维建模与地形可视化，包括三维表达和 2.5 维表达、地形的表达、建筑物的建模、地形模型与建筑物模型的叠置匹配显示、DEM 与不规则三角网；⑬虚拟现实与仿真，包括虚拟现实与虚拟仿真虚拟环境、沉浸式可视化、三维环境下地图的可视化表达等；⑭时间轴数据制作与表现（包括时间地理数据的可视化、时间序列数据的显示与比较、动态地理空间过程时间序列的表达等）；⑮人机交互界面设计。

7．数据交换与通信传输

无论是遥感、遥测、遥控、遥信、遥调还是实时数据采集，以及不同的信息系统之间的信息交互和集成，都要通过一定的技术手段进行数据的传输与转换工作。一般而言数据传输和数据交换都在不同数据通信网中进行，为了便于传输和交互还需要对数据进行编码和压缩等。主要的知识点包括：①网络工程，包括组网工程、网络互联技术、网络性能测试、网络安全技术、网络编程技术（包括 Java Script、AJAX、VB Script、JSP、ASP. net 等）；②数据共享与互操作，包括数据复制、数据传播、数据转换、在线共享、Web Services、Grid Services、GML、KML 等；③数字通信，包括通信网、交换技术、无线通信、3G 网络、移动通信、卫星通信、微波通信等；④数字图像处理；⑤语音信号处理；⑥数字信号处理；⑦电磁场与电磁波；⑧数字逻辑。

8．软件分析与设计

无论是 GIS 应用系统还是数字工程应用系统都是解决现实世界的问题，都属于软件的范畴，必须采用一定的科学方法和流程才能生产出高质量的数字工程软件，这一领域的很多知识来源于软件工程，主要包括：①软件建模与分析，包括建模基础、信息建模（如实体关系图、类图等）、行为建模（结构化分析、状态图、用例分析、交互图）、结构建模、领域建模、功能建模、企业建模（业务流程、组织结构、业务对象建模、目标）、嵌入式系统建模（时序分析、外部接口分析）、需求交互分析　、分析模式（问题框架、规格说明复用）等；②分析基础（包括完整性分析、一致性分析、稳健性分析、正确性分析、非功能性质量需求分析、优先级确定、折中分析、风险分析和效果分析、半形式化分析（数据流图、用例图、状态图、协作图等）、形式化分析（网状图、有限状态机）；③需求基础，包括需求定义、需求过程、需求获取、需求的层（级）、需求特性、需求变更、需求管理、需求审查、需求和体系结构之间的交互、需求规格说明与文档、需求验证等；④软件设计，包括设计概念、启发性规则、设计原则、信息隐藏、内聚与耦合、设计与需求的交互、质量属性设计、设计折中、体系结构风格、模式、复用等；⑤设计策略，包括面向功能的设计、面向对象的设计、以数据结构为中心的设计、面向方面的设计、面向服务的设计等；⑥体系结构设计，包括体系结构风格（包括管道与过滤器、分层、以事务为中心、点对点、出版—订阅架构、基于事件、客户端—服务器、浏览器—服务器、面向服务、网格等）、多属性中的体系结构折中、软件体系结构中的硬件问题、软件体系结构中的需求可追踪性、特定领域的体系结构和产品线、体系结构表示；⑦逻辑结构设计；⑧模块结构设计；⑨数据库与空间数据库设计，包括建模工具（ER图、UML）、概念模型设计、逻辑模型设计、物理模型设计等；⑩网络结构设计；⑪详细设计，包括设计方法（包括 SSA/SD、JSD、OOD 等）、设计模式、组件设计、组件和系统接口设计、设计表示等；⑫人机界面设计，包括通用人机界面设计原则、模式和导航的应用、编程技术与可视化设计、响应时间和反馈、设计形式(包括菜单驱动、表单、问答、向导、快捷键等)、本地化和国际化、人机界面设计方法、多媒体、人机界面心理学等;⑬设计支持工具,包括需求辅助工具、设计辅助工具、测试辅助工具、文档辅助工具、项目管理辅助工具,Visio、Rose、EA、UML,Project等;⑭信息资源规划,包括可行性分析(成本、效益分析)、软件系统规划(包括体系结构、非空间软件、数据库、操作系统、编程环境)、多系统集成策略、硬件系统规划、网络拓扑规划(内网、专网、外网三网集成与交互策略)、数据资源规划(包括数据选取、确定数据源、数据生产与购买策略、多源数据集成策略)、资金规划、人力资源规划(用户、开发人员、测试人员等)等;⑮开发技术,包括API设计与使用、代码复用和程序库、面向对象运行问题(多态性、动态绑定等)、参数化和泛化、断言、契约化设计、防御性编程、错误处理、异常处理和容错、基于状态和表驱动的开发技术、运行的配置和国际化、基于语法的输入处理(句法分析)、中间件(组件和容器)、分布式软件的开发方法、异构(硬件和软件)系统开发、软硬件综合设计、性能分析与优化、测试优先的程序设计、Java编程、DOTNET编程(C♯)、C＋＋编程、开发工具、开发环境、图形用户界面(graphical user interface,GUI)创建工具、单元测试工具、面向应用的语言(如脚本编程、可视化编程等)、剖析、性能分析和切片工具等;⑯软件验证与确认,包括验证与确认的术语和基础、评审(包括桌面验证、走读、检查)、测试(包括单元测试、异常处理、覆盖分析和基于结构的测试、黑盒功能测试、集成测试、基于用例开发测试用例、基于操作层面的测试、系统和确认测试、质量属性测试、可用性、安全性、兼容性、性能、可访问性、可靠性、回归测试、测试工具、发布过程等)、人机交互界面测试与评价、问题分析与报告(包括调试—错误隔离技术、缺陷分析、问题追踪)等。

9. 数据集成与系统集成

数字工程区别于GIS的最大之处就是一般而言GIS应用系统是指单一系统的设计与开发,而数字工程则重点研究多系统之间的信息交互与集成,在一个不同的硬件平台、不同操作系统、不同GIS平台、不同应用系统构成的多源、异质、异构、多语义数据环境中如何数据集成和系统集成是难点,这方面的知识点包括:①数据融合;②数据虚拟化;③遗留系统集成;④接口集成;⑤面向服务集成;⑥硬件集成;⑦数据交换中心等。

10. 法律、管理与机构

数字工程的设计、开发与使用的方方面面都离不开人的因素,人处在一个社会环境、法律环境和一定的社会机构中,这就要求进行数字工程建设就有必要掌握有关的知识,具体有:①软件过程,包括软件过程概念、软件过程模型(包括瀑布、快速原型法、敏捷、螺旋、同步稳定、V模型、迭代、面向对象、统一软件过程以及小组软件等)等;②软件质量,包括软件质量定义、属性、范围、标准、软件质量过程(包括ISO、SEI、CMM等)、过程保证(包括质量计划、过程保证的组织与报告、过程保证技术等)、产品保证等;③项目管理,包括项目管理的概念、项目组织结构、软件管理的类型(包括采购、风险、成本、开发、维护、项目、人员等)、项目计划(包括评估和计划、工作分解结构、任务进度、效果评估、资源分配、风险管理等)、项目人员与组织、项目控制(包括变更控制、监控和报告、结果度量与分析、改正和回复、奖励与惩罚、绩效标准等)、软件配置管理(包括版本控制、发布管理、工具支持、生成、软件配置管理过程、维护问题、发行和备份)等;④人力资源管理;⑤财务管理;⑥信息系统管理;⑦行政管理;⑧管理与沟通;⑨风险评估与管理;⑩企业管理;⑪IT经济学;⑫评估成本有效的方案(如利润实现、折中分析、成本分析、投资回报等);⑬实现系统价值(如优先级确定、风险识别、成本控制等);⑭知识版权;⑮团体协作与沟通；⑯职业道德等。

11. 特定数字工程领域与应用

数字工程与 GIS 一样是一门应用驱动的技术，其生命力表现在数字工程与各领域知识结合，经过二次开发后成为数字工程，用户主要操作数字工程内的各个应用系统。由于不同的用户使用和关心的空间数据不同，使用目的、应用需求、GIS 平台、应用开发商、地图投影、软硬件环境等都不同，所遵循的数据标准或者系统标准也不同，设计了不同的属性结构等，每一领域不同的用户在自己独特的应用模式中，因此需要了解常见数字工程应用领域的一般问题，主要包括：①数字城市；②数字流域；③数字规划；④数字房产；⑤数字农业；⑥数字交通；⑦电子政务；⑧电子商务；⑨城市建模与仿真；⑩车载电子地图；⑪手机电子地图；⑫数字化战争。